# 城市更新法律实务

## 拆除重建类城市更新操作指引

北京德恒(深圳)律师事务所房地产及基础设施部 组编

李建华 查晓斌 主编

**图书在版编目(CIP)数据**

城市更新法律实务：拆除重建类城市更新操作指引／李建华，查晓斌主编. —北京：北京大学出版社，2020.3

ISBN 978-7-301-31059-5

Ⅰ.①城… Ⅱ.①李… ②查… Ⅲ.①城市规划—研究—深圳 Ⅳ.①TU984.265.3

中国版本图书馆CIP数据核字(2019)第294430号

| | |
|---|---|
| **书　　名** | 城市更新法律实务——拆除重建类城市更新操作指引<br>CHENGSHI GENGXIN FALÜ SHIWU——CHAICHU CHONGJIANLEI CHENGSHI GENGXIN CAOZUO ZHIYIN |
| **著作责任者** | 李建华　查晓斌　主编 |
| **策划编辑** | 陆建华 |
| **责任编辑** | 陆建华　李慧腾 |
| **标准书号** | ISBN 978-7-301-31059-5 |
| **出版发行** | 北京大学出版社 |
| **地　　址** | 北京市海淀区成府路205号　100871 |
| **网　　址** | http://www.pup.cn　http://www.yandayuanzhao.com |
| **电子邮箱** | 编辑部 yandayuanzhao@pup.cn　总编室 zpup@pup.cn |
| **新浪微博** | @北京大学出版社　@北大出版社燕大元照法律图书 |
| **电　　话** | 邮购部010-62752015　发行部010-62750672　编辑部010-62117788 |
| **印 刷 者** | 北京鑫海金澳胶印有限公司 |
| **经 销 者** | 新华书店 |
| | 730毫米×1020毫米　16开本　24.5印张　385千字 |
| | 2020年3月第1版　2024年6月第5次印刷 |
| **定　　价** | 68.00元 |

---

# 编委会


**组　编**

北京德恒（深圳）律师事务所房地产及基础设施部

**主　编**

李建华　查晓斌

**撰稿人**

（根据姓名笔画排序）

于筱涵　邓伟方　叶智锷　刘鹏礼　孙紫涵　李建华

李婷婷　李　煦　李照亮　何　伟　余元霞　张东煜

陈东银　国家兴　赵裕秀　查晓斌　钟凯文　秦文俊

莫韵莎　徐燕松　郭云梦　郭　雳　黄文静　黄　训

曹中海　符欣欣　靳慧兵　赖铁峰　雷亚丽　雷红丽

熊德洲　潘广禄

# 序

城市更新，作为一个全新的城市发展模式，起源于20世纪初的欧洲；而在中国的兴起，则是近二三十年的事情。随着中国工业化、城市化进程的推进，各地城区尤其是核心城区土地供需矛盾不断加剧，各地政府陆续推进旨在优化老旧城区土地利用的各类城市更新政策。尽管国内不同的地区赋予城市更新不同的称呼及含义（如有的地方称之为“城市更新”，有的地方称之为“棚户区改造”“三旧改造”，有的地方则将“城市更新”“棚户区改造”两个称谓并行），但从总体趋势看，城市更新已在我国呈燎原之势。据悉，国内已有近三十个省、自治区、直辖市制定了城市更新政策，在某些地区城市更新的投资屡创历史新高，仅以深圳市为例，在2016、2017年度，用于城市更新项目建设投资总额均超过600亿元，深圳可售商品房房源中近50%源于城市更新。

城市更新既不同于普通房地产开发，又不同于普通社区改造和政府公共事务，更不同于寻常的民商事投资，它将政府公共政策、房地产开发建设、民商事投资揉为一体，法律关系呈现出多元性、复杂性。城市更新流程涉及的行政行为通常包括政府的立项、公示、信息公开，土地征收与征用、规划批准与调整，实施主体确认，土地出让，建设工程施工许可，税收征缴，不动产证办理等；就其涵盖的民商事法律关系而论，包括投资、融资、搬迁补偿、项目公司治理、项目公司清算、物业确权等；涉农土地的城市更新还包括更为复杂的历史遗留问题处理、村民股份合作公司治理等。这样一个全新的课题，的确需要从理论到实务给予全方位的关注，需要我们持续地研究。

需要注意的是，近年来一方面城市更新持续繁荣，另一方面城市更新纠纷也令人担忧。这不仅表现在城市更新纠纷的数量大幅攀升，也表现在纠纷的表现形式多种多样，新类型案件不断涌现，诉争标的额巨大，纠纷造成的影响甚广。一些更新项目陷入拆迁困局，长期难以动迁，挫伤了投资人、原权利人的积极性；一些更新项目由于“一地多卖”、原权利人肆意抬高要价导致项目进退两难；一些项目由于投资人资金不到位而停摆；还有一些项目由于地方政府政策反复而无法如期推进。凡此种种，需要法律工作者探求城市更新纠纷的缘由、规律、特点及司法裁判趋势，有效地引导投资人、权利人、政府执法机构及其他城市更新主体增强诚信意识、依法依规更新，并适时采取积极有效的措施，正确应对各类城市更新中的困难、风险和变局，在纠纷中维护自身的权益，将因纠纷而带来的损失减至最低。

毋庸讳言，我国目前尚无国家层面城市更新的立法，城市更新活动仍主要依赖地方性政策的调整。虽然地方政策为各地的城市更新提供了各种灵活的模式；但是从长远来看，地方政策因其数量多、变化快、地区差异化显著等特征，并不利于建立城市更新的长效机制，需要在总结各地城市更新经验的基础上，适时建立全国统一的城市更新法律规范。除此之外，城市更新也促使我们有充分的理由审视立法和司法现状，推动相关立法和司法改革。例如，在一些地区的城市更新政策中，确立了政府直接定向对实施主体出让土地的方法，这便突破了城市土地出让既有的“招、拍、挂”模式；又如，在城市更新中，政府公权力的边界到底在哪里？原权利人百分之百同意是否作为城市更新单一权利主体形成的一成不变的标准？另如，针对各地司法机构对同类城市更新纠纷作出的大相径庭的裁判，城市更新是否应有全国统一的司法裁判标准？这些都需要在立法层面结合现有的物权法、土地管理法律、法规和司法体制等进行积极而审慎的思考。

北京德恒（深圳）律师事务所是中国华南地区法律服务市场一支重要的力量，近年来该所房地产及基础设施部深耕城市更新法律实务和理论研究，在深圳乃至全国承接了三百多个城市更新法律服务项目，已成为国内城市更新业绩最好、最优秀的法律服务团队之一。2015 年，我有幸参加该所与深圳国际仲裁院联合举办的以“城市更新法律理论与实务”为主题的法律论坛，得知他们已在计划编著一本城市更新法律实务方面的专著，今天呈现在大家面前的这本书，正是他们这些年来经验与智慧的总结。细细品味，本书既有政策梳理、作业规范、实务指引，也不缺乏法律工作者对立法、政策的评判与独立思考，刚好回应了我前面的所思所想，十分难得。愿为序。

崔建远于清华大学明理楼

2019 年春节

# 目　录

# 第一章　总　论

## 第一节　城市更新的法律概念

近年来，城市更新作为全球各中心城市发展的研究热点之一，在世界范围内引起了广泛讨论。城市更新源于20世纪西方工业国家，是工业革命的产物，距今已有二百多年的历史。城市更新发展经历了从非理性更新到理性更新的变化，从单纯强调城市物质环境改善、推倒重建的“形体规划”思想，发展到以“人本主义”“可持续发展”为目标的追求城市整体环境提升的思路。

### 一、 城市更新的法律含义

#### （一）中西方城市更新发展简述

城市更新的外延非常广泛，它的表述形式多种多样，常见的有：城市改造、城市重建、城市振兴、城市更新、城市再开发、城市再生、城市复兴、旧区改建、旧城整治，等等。在不同时期的政策、经济形势、社会环境和人文环境的影响下，城市更新的基本特征、方式、对象、区域等均存在一定的差异。因此在理论与实践中，对于城市更新的概念和定义也存在差别。

提到城市更新，不可避免地需要了解城市更新的发展历程，下面就城市更新在中西方的发展演变进行简要概述。

1. 西方城市更新发展演变

（1）贫民窟的清理与拆除重建

“二战”后，西方国家开始执行大规模的城市更新计划，城市更新作为西方各主要国家的城市发展政策，也作为振兴城市经济以及因“二战”而被大规模破坏的城市的重要措施。在这一阶段，更侧重于“城市形象”的树立，即通过将贫民窟和破败的建筑全部推倒后进行重建，提升城市外部形象。

但是该种方式仅从外在改变了城市破败的视觉形象，并未注重城市整体格局与功能规划，未能寻找到有效刺激城市经济发展的关键。在这一阶段，虽然政府会对搬迁居民提供一定的补偿，但是该补偿并不能有效改善搬迁者的经济及居住状况。最终的结果只是将住在贫民窟的人从物理空间上进行转移，将贫民窟的居民赶向其他地区，破坏了原本已经建立的和谐的邻里社区关系。

（2）福利社区重建

为解决贫穷问题，人们希望通过改造，让众多城市居民均可以享受到城市更新带来的一系列公共服务、社会福利及其他便利条件。在20世纪六七十年代，福利社区的重建成为西方国家城市更新的主要政策。虽然该政策的发布是为了解决城市居民的贫富差距，较多地考虑了解决居民贫困问题，但是在实际操作中，进行城市更新的区域更多为社会秩序及条件较好的地区，而对于真正需要改造的贫民窟，实质上并未有任何改变。

（3）旧城再开发

20世纪80年代，政府逐步加强与私人投资商进行城市更新的合作，由政府出台相应的城市更新优惠政策及激励制度，吸引私人投资商投资修建标志性建筑、商业、娱乐、办公楼等项目，以带动城市居民回归市中心，随着该区域人流量的增长，达到刺激区域经济和文化发展的目的。时至今日，该模式仍被大多数城市采用。

（4）人居环境和可持续发展的综合开发

20世纪90年代，城市更新通过长期的理论研究与实践探索，形成了较为成熟的人本主义思想和可持续发展城市更新理念。该理念强调高度重视人居环境，提倡城市更新应当从经济、社会、文化、物质、环境等多方面、多维度综合考虑城市治理与开发问题。在该阶段，比较有代表性的是Peter Roberts教授对于城市更新的定义。他认为，城市更新就是综合协调和统筹兼顾的目标及行动，这种综合协调和统筹兼顾的目标及行动寻求持续改善亟待发展地区的经济、物质、社会和环境条件。[①] 该观点强调城市更新的整合性，即在经济、社会、物质环境等各个方面，综合、全面地进行多维化城市更新，并认为城市更

---

① 参见〔英〕彼得·罗伯茨、体·赛克斯主编：《城市更新手册》，叶齐茂、倪晓晖译，中国建筑工业出版社2009年版。

新是物质、经济、社会、文化和环境等各方面相互作用的结果。

2. 中国城市更新的理论发展

我国对城市更新的研究起步较晚，对于城市更新，在建筑学术界，暂无统一认识。基于西方国家城市更新的历史经验和启示，经过长期的理论研究与实践，我国一些研究学者结合本国社会的形态，提出了一些符合我国实际的城市更新概念及理论。较有影响力的“城市更新”理念有：吴良镛提出的“有机更新”概念，吴教授主张“城市更新应当按照城市内在的发展规律，顺应城市肌理，在可持续发展的基础上，探求城市的更新与发展”；吴晨提出的“城市复兴”理论及实践；张平宇提出的“城市再生”理论；于金提出的“城市更新”；等等。这些理念都认为城市更新除客观上需要对建筑物等进行硬件改造外，也应注重生态环境、空间环境、文化环境、视觉环境等的改造与延续，以及邻里社区的社会结构、情感模式等。

（二）城市更新具体法律含义

土地是城市的载体，是不可再生资源。目前，深圳市城市建设用地匮乏，空间承载力逼近极限。城市更新的根本目的即提高土地和房屋的空间利用率，满足城市活动对物质空间的需求，实现城市的可持续发展。从经济学的角度看，城市更新的实质是优化土地配置和利用率，发掘土地的经济价值；从法律的角度看，城市更新是一项涉及众多利益主体、耗费时间长、工作内容复杂的系统性、综合性工程，法律关系十分复杂；从主体上看，城市更新涉及主体包括土地、房屋权利人、开发商及政府等；从程序上看，城市更新包括划定更新区域、启动程序、申请立项、审批、规划、土地征收、开发建设等众多阶段及流程；而从权利义务的角度看，城市更新受到民法、行政法等多重法律的调整。

因城市更新而产生的一系列专业、复杂及多样化的权利义务关系，需要法律的明确指引与保障。但是，我国法律、法规层面上并未直接使用“城市更新”这一概念。虽然如此，但就城市更新的内涵，相关法律、法规作出了相应的原则性规定，从而使城市更新活动在国家层面上，亦有相应的法律、法规作为支撑。大体而言，在国家法律、法规层面上，关于城市更新的规定有：《中华人民共和国城乡规划法》（以下简称《城乡规划法》）第31条关于旧城区改造的规定："旧城区的改建，应当保护历史文化遗产和传统风貌，合理确定拆迁和建设规模，有计划地对危房集中、基础设施落后等地段进行改建。"2004年修正的《中华人民共和国土地管理法》(以下简称《土地管理法》)第43条就建设用地的范畴、使用程序等的规定，"任何单位和个人进行建设，需要使用土地的，必须依法申请使用国有土地"，"国有土地包括国家所有的土地和国家征收的原属于农民集体所有的土地"。《国有土地上房屋征收与补偿条例》第8条关于危房及旧城区改造的征收规定，"政府依照城乡规划法有关规定组织实施的对危房集中、基础设施落后等地段进行旧城区改建的需要"，"由市、县级人民政府作出房屋征收决定"等。

虽然目前缺乏在国家层面上的法律、法规具体规定，但是各地政府结合法律、法规的原则性规定，在其本行政区域内进行了城市更新的制度化、规范化和程序化的体系建设与研究。以深圳市为例，根据深圳市人民政府于2009年10月22日发布、自2009年12月1日起施行的《深圳市城市更新办法》(深圳市人民政府令第211号，以下简称《更新办法》)第2条规定："城市更新，是指由符合本办法规定的主体对特定城市建成区（包括旧工业区、旧商业区、旧住宅区、城中村及旧屋村等）内具有以下情形之一的区域，根据城市规划和本办法规定程序进行综合整治、功能改变或者拆除重建的活动：(一)城市的基础设施、公共服务设施亟需完善；(二)环境恶劣或者存在重大安全隐患；(三)现有土地用途、建筑物使用功能或者资源、能源利用明显不符合社会经济发展要求，影响城市规划实施；(四)依法或者经市政府批准应当进行城市更新的其他情形。"

《更新办法》是我国首部系统规划旧城改造工作的政府规章，亦是首次在政府官方文件中使用"城市更新"这一概念。当然，《更新办法》除最早将城市更新概念引进深圳市城市发展和土地二次开发外，还将城市更新细分为综合整治、功能改变和拆除重建三大类，并在传统旧城改造的基础上，着重强调完善城市功能、优化产业结构、改善人居环境，处置土地及房地产权等历史遗留问题，推进土地、能源、资源的节约集约利用，促进社会经济可持续发展等。《更新办法》的颁布实施，是深圳市城市更新的重大突破，标志着深圳市由重点推进城中村改造迈向全面城市更新的历史性新阶段，对深圳市开展城市更新具有重大的影响，而且对于其他地区开展城市更新亦具有一定的参考价值。

根据《更新办法》的规定，可以将城市更新定义为：城市更新是指在城市发展过程中，对于环境恶劣或者存在重大安全隐患及基础设施、公共服务设施等需要重建完善其功能的特定城市建成区，包括旧工业区、旧商业区、旧住宅区、城中村及旧屋村等，依据相关规定程序进行的综合整治、功能改变或者拆除重建的活动。

## 二、 城市更新概念在深圳市的发展过程

### （一）旧住宅区更新的概念

旧住宅区是指住宅建筑物由于使用年限长，初始功能状态受到外部及内部等多种因素作用影响而丧失或逐渐丧失使用功能的区域。旧住宅区更新改造的根本目的在于改善居民的居住条件，延长旧建筑的生命周期，实现既存住宅的可持续使用。自 2012 年以来，深圳市人民政府对旧住宅区更新一直保持十分审慎的态度，禁止开发商自行启动旧住宅区改造项目。

2016 年 12 月 29 日，深圳市人民政府办公厅发布的《关于加强和改进城市更新实施工作的暂行措施》（深府办〔2016〕38 号）再次强调对于旧住宅区更新改造项目执行“稳步推进”的监管政策。但同时正式提出：“对使用年限较久、房屋质量较差、建筑安全隐患较多、使用功能不完善、配套设施不齐全等亟需改善居住条件的成片旧住宅区，符合棚户区改造政策的，按照棚户区改造相关规定实施改造。”这是深圳市首次在城市更新政策文件中，将旧住宅区更新改造正式对接“棚户区改造”。

### （二）城中村改造的概念

旧城区和城中村由于历史和管理体制等原因，规划管理无序，布局结构混乱，基础设施缺失，环境卫生、消防安全、治安计生等问题突出，道路泥泞、污水横流、垃圾成堆、供水电力通讯杂乱等现象严重，极大地降低了居民的生活质量，影响了城市的整体面貌。城中村改造项目就是对旧城区和城中村改造，是改善人居环境、提升城市品味、推进城市化进程的主要措施。

深圳市人民政府于 1986 年 6 月 27 日颁布《关于进一步加强深圳特区农村

规划工作的通知》(深府〔1986〕411号)，首次提及“农村的旧村改造”，主要是为整顿农民不按城市总体规划违章滥建、多建住房和厂房高价出租等严重违反国家政策法规的行为。2004年10月22日颁布《深圳市城中村（旧村）改造暂行规定》(深府〔2004〕177号，以下简称《城中村改造暂行规定》，已失效)，正式开启大规模的城中村改造，随后于2007年3月30日颁布的深圳市人民政府《关于工业区升级改造的若干意见》(深府〔2007〕75号，已失效）将工业用地也纳入旧城改造的范围中。

（三）“三旧”改造的概念

广东省人民政府于2009年8月出台了《关于推进“三旧”改造促进节约集约用地的若干意见》(粤府〔2009〕78号，以下简称《省“三旧”改造意见》)，进一步明确了广东省“三旧”改造的相关政策。所谓“三旧”改造，是指旧城镇、旧厂房、旧村庄改造工作，“三旧”改造是广东省特有的改造模式。

“三旧”改造的基本思路是在“三旧”集中地区，按照区域做好总体规划，确定各宗地块的用途、功能、配套设施等，进行拆迁改造。“三旧”改造需要处理诸多历史遗留问题，概括起来主要是转合法、转性质及转地类。转合法是指将一部分以往的违章占地转为合法；转性质是指将列入城市规划区的集体建设用地转为国有；转地类是指将一部分原有的工矿企业或公益用地转为商业、商住等经营性用地。①

（四）棚户区改造的概念

最早的棚户区多是在一些工矿区搭建的供劳工居住的劳工房以及一些厂区和矿区周边的过渡性的简易房。财政部、国家税务总局《关于城市和国有工矿棚户区改造项目有关税收优惠政策的通知》(财税〔2010〕42号，已废止）中对棚户区的定义是，国有土地上集中连片建设的，简易结构房屋较多、建筑密度较大、房屋使用年限较长、使用功能不全、基础设施简陋的区域。棚户区改造范围包括城市棚户区、国有工矿（含煤矿）棚户区、国有林区（场）棚户区和危旧房、国有垦区危房改造项目等。

---

① 参见陶然、王瑞民:《城中村改造与中国土地制度改革：珠三角的突破与局限》，载《国际经济评论》2014年第3期。

由于棚户区住房简陋，环境较差，安全隐患多，因此改造难度较大。2013年7月4日，国务院实施了《关于加快棚户区改造工作的意见》（国发〔2013〕25号），要求各省市以适应城镇化发展的需要和以改善群众住房条件作为出发点和落脚点，加快推进各类棚户区改造，重点推进资源枯竭型城市及独立工矿棚户区、三线企业集中地区的棚户区改造，稳步实施城中村改造。

住房城乡建设部办公厅《关于棚户区界定标准有关问题的通知》（建办保函〔2014〕535号）要求抓紧制定适宜全省的统一标准。

广东省根据国务院和住建部的要求，出台了《关于加快棚户区改造工作的实施意见》（粤府〔2014〕2号）和《广东省城市和国有工矿棚户区改造界定标准》（粤建保〔2015〕103号），分别提出了广东省城市棚户区界定标准、国有工矿棚户区界定标准以及工作要求。深圳市住房和建设局根据前述两规定，结合深圳市实践，制定了《深圳市棚户区改造项目界定标准》（深建规〔2016〕9号，以下简称《棚改标准》）。深圳市没有传统意义上的国有工矿棚户区、国有垦区危房，深圳市棚户区改造范围主要为城市棚户区。

根据《棚改标准》第2条的规定，深圳市行政区域范围内棚户区的主要判断标准为：(1) 房屋结构简易，影响城市规划实施和有碍城市景观，使用年限超过30年的危旧房屋。(2) 按照《房屋完损等级评定标准》和《危险房屋鉴定标准》（JGJ125—99），经专业机构评定属于危险房屋或严重损坏房屋。(3) 房屋使用功能不全，包括房屋室内空间和设施不能满足安全和卫生要求（无集中供水、无分户厨卫）。(4) 排水、交通、供电、供气、通信、环卫等配套基础设施不齐全或年久失修。(5) 位于二线插花地斜坡类地质灾害易发区，存在安全隐患，建筑密度较大，房屋破旧拥挤，消防设施不健全，道路狭窄，电气线路老化、电气安装不规范等。

从2009年12月1日《更新办法》施行之日，不再继续沿用前述概念表述，如“城中村改造”“村改造”“旧城改造”“工业区改造”等，而是统一采用了“城市更新”这一概念。现今，深圳市已经相继配套出台《深圳市城市更新单元规划制定计划申报指引（试行）》《城市更新单元规划审批操作规则》《深圳市城市更新项目保障性住房配建比例暂行规定》等操作性规程，涵盖计划申报指引、规划审批规则、规划编制技术规定、用地审批规则等城市更新全流程，针对城市更新具体工作中存在的问题，建立了完整的、具有深圳特色的城市更新政策体系。

## 第二节　深圳市城市化进程与土地规划管理政策历史沿革

### 一、 深圳市城市化的历史概述

在现行法律、法规中，城市更新并非一个严格意义上的法律概念，其包含了一座城市行政管理体制的变革、产业结构的调整、土地规划的修撰及其实施利用，以及与之相关的政治、经济、文化等诸多方面的发展完善等内容。只是由于2009年施行的《更新办法》第一次以较大市的政府规章形式，在立法层面赋予了其特定的含义，才使人们更多地将“城市更新”一词与“旧城改造”或“建成区重建”联系在一起。所以，今天从法律角度研究、探讨城市更新时，不能离开深圳市发展的历史背景。

自1980年深圳经济特区（以下简称“深圳特区”）成立以来，从一个广东省南海边毗邻香港地区的小渔村发展成为现代化的大都市，城市常住人口从1979年的31.41万人增长到2017年年底的1252.83万人①，深圳市成为国内城市常住人口中第一个没有农村户籍的城市。从这一角度来说，深圳市作为一座城市的发展历史，客观上就是一部农村城市化的历史，也是一部城市更新的历史。

在2009年深圳市正式推行城市更新法律制度之前，有两次由深圳市委、深圳市人民政府联合发文、强制推动的农村城市化运动，其共同特点均是在原农村户籍人口一次性转为城市户籍人口的同时，将原属于农村集体所有的土地也一次性征转为国有土地。这是研究深圳市城市更新首先需要面对的客观背景。

研究、探讨、总结深圳市城市化的著述很多，笔者在此不再逐一重复引述，仅从“行为规范”的角度，尝试对深圳市城市化进程做一简单梳理和介绍。

#### （一）1992年原深圳特区范围内的农村城市化

1992年开始组织实施的原深圳特区范围内的农村城市化，其标志即为深

---

① 数据参见2017年《深圳统计年鉴》。

圳市委、深圳市人民政府于1992年6月18日以通知形式联合印发的《关于深圳经济特区农村城市化的暂行规定》。通知下发至当时的各区（即指深圳特区内的罗湖区、福田区、南山区三个区）、原宝安县、市属各局以上单位和各街道办事处。该暂行规定共分十章30条，分别为总则，管理体制，集体经济组织，土地、房屋与公用设施，人口管理，就业，社会保险与福利，民兵与其他事务，党的组织与群众团体和附则。

其内容主要包括三个方面：

（1）将原深圳特区范围内的68个村委会、沙河华侨农场和所属持特区内常住农业户口的农民、渔民和蚝民全部一次性转为城市居民。

（2）将原村民委员会的发展集体经济和组织村民自治两大职能分开，分别由新成立的集体经济组织、居民委员会和街道办事处承担。

（3）根据《中华人民共和国宪法》(以下简称《宪法》）的有关规定①，对现有特区内农村的土地采取以下办法实现国有化：

①特区集体所有尚未被征用的土地实行一次性征收，土地费的补偿办法，按照《关于深圳经济特区征地工作的若干规定》执行。《关于深圳经济特区征地工作的若干规定》是深圳市人民政府为加快城市建设步伐，根据《宪法》的规定，决定对特区内可供开发的属于集体所有的土地依法统一征用，而于1989年1月3日下发的规范性文件。同时，还另有一份附件，即《深圳经济特区征地拆迁补偿办法》，系根据《土地管理法》和《广东省土地管理实施办法》的规定，结合深圳特区的具体情况，对特区内征地的各项补偿费和安置补助费标准所作的具体规定，主要分为土地补偿费（按征用前三年平均产值分为一、二类）和青苗补偿费两大类。从现有资料看，《关于深圳经济特区征地工作的若干规定》及其所附《深圳经济特区征地拆迁补偿办法》应该是深圳市最早关于土地征收、征用补偿的规范性文件，对研究深圳城市的更新和发展具有一定的历史价值。

---

① 指1982年12月4日第五届全国人民代表大会第五次会议通过的《宪法》(即1982年《宪法》)，至1992年间，曾于1988年4月12日经过第七届全国人民代表大会第一次会议通过宪法修正案，允许土地使用权依法转让，确认私营经济的法律地位。其第10条第1款规定："城市的土地属于国家所有。"第3款规定："国家为了公共利益的需要，可以依照法律规定对土地实行征收或者征用并给予补偿。"

②按《深圳市经济特区农村社员建房用地的暂行规定》(深府〔1982〕185号)和《关于进一步加强深圳特区农村规划工作的通知》的相关规定,已划给原农村的集体工业企业用地和私人宅基地,使用权仍属原使用者,集体企业与个人应按有关规定分别与市、区国土管理部门签订土地使用合同,办理有关房地产手续。从这两份文件的内容看,深圳市人民政府在深圳特区成立不久,即已对原特区范围内的农村规划工作(其中主要是土地规划)给予了高度重视,并对特区内乱建、私建房屋的现象或行为开始进行管控和引导。

在《关于深圳经济特区农村城市化的暂行规定》中,除规定原特区内农村土地国有化的具体办法外,还明确提出特区农村城市化应与全市旧村改造工作紧密结合的要求,以利特区总体规划的实现和城市管理水平的提高。

值得关注的是,《关于深圳经济特区农村城市化的暂行规定》允许集体企业(应包括新建立的集体经济组织)经区政府有关部门批准,可以对原各村红线范围内的集体企业用地、原村民个人宅基地和在旧城改造中空出的土地进行开发建设。现在看来,当时该项政策对后续几十年城中村的形成和发展产生了一定的影响。

**表 1-1 深圳市行政区划(1991 年年底)**①

<table>
<tr><th>区、县名称</th><th>街道办事处(镇)数(个)</th><th>居委会数(个)</th><th>村委会数(个)</th><th>街道办事处(镇)名称</th></tr>
<tr><td>合计</td><td>41</td><td>181</td><td>258</td><td rowspan="6">园岭、南园、福田、华富、沙头、梅林、香蜜湖、蛟湖、桂园、南湖、黄贝、笋岗、翠竹、盐田、梅沙及沙头角镇、蛇口、南山、南头、西丽、沙河、水湾、粤海、新安、福永、沙井、松岗、公明、石岩、龙华、观兰、平湖、布吉、横岗、龙岗、坪地、坪山、葵冲、大鹏、南澳、坑梓</td></tr>
<tr><td>一、特区</td><td>23</td><td>162</td><td>68</td></tr>
<tr><td>福田区</td><td>7</td><td>37</td><td>15</td></tr>
<tr><td>罗湖区</td><td>9</td><td>96</td><td>27</td></tr>
<tr><td>南山区</td><td>7</td><td>29</td><td>26</td></tr>
<tr><td>二、宝安县</td><td>18</td><td>19</td><td>190</td></tr>
</table>

① 表 1-1 的数据来源于 1992 年《深圳统计年鉴》。

**表 1-2 土地面积和人口密度（1991 年年底）①**

| 区、县名称 | 土地面积（平方公里） | 总人口（万人） | 常住人口（万人） | 暂住人口（万人） | 平均每平方公里人口（人） |
|---|---|---|---|---|---|
| 全市 | 2020.5 | 238.53 | 73.22 | 165.31 | 1181 |
| 一、特区 | 327.5 | 119.8 | 43.21 | 76.59 | 3658 |
| 福田区 | 68.8 | 36.4 | 14.39 | 22.01 | 5291 |
| 罗湖区 | 139.2 | 51.65 | 22.31 | 29.34 | 3710 |
| 南山区 | 119.5 | 31.75 | 6.51 | 25.24 | 2657 |
| 二、宝安县 | 1693 | 118.73 | 30.01 | 88.72 | 701 |

**表 1-3 深圳市行政区划（1992 年年底）②**

| 区、县名称 | 街道办事处（镇）数（个） | 居委会数（个） | 村委会数（个） | 街道办事处（镇）名称 |
|---|---|---|---|---|
| 合计 | 41 | 294 | 190 | |
| 一、特区 | 23 | 265 | — | |
| 福田区 | 7 | 79 | — | 园岭、南园、福田、华富、沙头、梅林、香蜜湖街道办事处 |
| 罗湖区 | 9 | 129 | — | 蛟湖、桂园、南湖、黄贝、笋岗、翠竹、盐田、梅沙街道办事处及沙头角镇 |
| 南山区 | 7 | 57 | — | 蛇口、南山、南头、西丽、沙河、水湾、粤海街道办事处 |
| 二、特区外 | 18 | 29 | 190 | |
| 宝安区 | 8 | 16 | 106 | 新安、沙井、福永、松岗、观澜、龙华、石岩、公明镇 |
| 龙岗区 | 10 | 13 | 84 | 龙岗、坪地、坑梓、坪山、葵涌、大鹏、南澳、横岗、布吉、平湖镇 |

① 表 1-2 的数据来源于 1992 年《深圳统计年鉴》。

② 表 1-3 的数据来源于 1993 年《深圳统计年鉴》。

**表 1-4　土地面积和人口密度（1992 年）①**

| 区、县名称 | 土地面积（平方公里） | 总人口（万人） | 户籍人口（万人） | 暂住人口（万人） | 平均每平方公里人口（人） |
| --- | --- | --- | --- | --- | --- |
| 全市 | 2020 | 260.9 | 80.22 | 180.68 | 1292 |
| 一、特区 | 327.5 | 122.02 | 47.28 | 74.74 | 3726 |
| 福田区 | 68.8 | 38.14 | 15.92 | 22.22 | 5544 |
| 罗湖区 | 139.2 | 55.01 | 23.96 | 31.05 | 3980 |
| 南山区 | 119.5 | 28.87 | 7.4 | 21.47 | 2416 |
| 二、特区外 | 1692.5 | 138.88 | 32.94 | 105.94 | 821 |
| 宝安区 | 751.6 | — | 19.76 | — | — |
| 龙岗区 | 940.9 | — | 13.18 | — | — |

在原特区内推进农村城市化的同时，1992 年 11 月 11 日，经国务院批准，原宝安县建制正式撤销。自 1993 年 1 月 1 日起，在原宝安县境内新设宝安区和龙岗区，作为深圳市的市辖区。

随着特区内农村城市化的推进，截至 1992 年年底，表 1-3 和表 1-4 中的数据已发生显著的变化。有学者认为，到 2002 年 6 月 18 日，随着特区内最后一个以管理农业区域为主要功能的镇级建制的撤销——沙头角镇撤镇设街道办事处，深圳市由政府强力推动的原特区范围内第一次农村城市化改制宣告结束。②

1992 年由政府强力推动的原特区农村城市化，对深圳市城市发展的影响无疑是积极和深远的，其直接的效果是：在原特区内农村现有土地一次性征收为国有土地的同时，原特区内 68 个行政村、173 个自然村和沙河华侨农场改建为 100 个居民委员会、66 家城市集体股份合作公司和 12 家企业公司，近 4.6 万原特区农村农业人口（含渔民和蚝民）一次性转变为城市居民。③ 以上

① 表 1-4 的数据来源于 1993 年《深圳统计年鉴》。

② 参见孙宝强：《城市化进程中的社区型股份合作公司发展研究——基于深圳现象的思考》，中国社会科学出版社 2016 年版，第 168 页。

③ 参见深圳市社会科学院、深圳市光明新区管委会编：《新型城市化的深圳实践》，中国社会科学出版社 2016 年版，第 27、102 页。

变化也可通过对比官方统计数据得到验证。

（二）特区外宝安区、龙岗区农村城市化

深圳市历史上第二次大规模的农村城市化运动始于 2003 年，即针对原特区外宝安区、龙岗区开展的转地工作。

如前所述，宝安区、龙岗区自 1993 年 1 月 1 日正式由原宝安县撤县设区，土地面积共计约 1692.5 平方公里。其中，宝安区面积为 751.6 平方公里，北至罗田水库，西至东宝河与东莞交界，东至南头检查站，西南临珠江口及交椅湾养耗保护区，辖新安、福永、沙井、松岗、公明、石岩、龙华、观澜 8 个镇和光明华侨畜牧场，共计 106 个村委会、3 个街道办事处和 10 个居民委员会。而龙岗区是深圳市占地面积最大的行政区，总面积 940.9 平方公里，东临大亚湾，西连宝安区，南接深圳特区，北靠惠州市和东莞市，辖布吉、平湖、横岗、龙岗、坪地、坪山、坑梓、大鹏、南澳和葵涌 10 个镇、84 个居（村）民委员会。①

2003 年 10 月 29 日，深圳市委、深圳市人民政府再次联合发布了《关于加快宝安龙岗两区城市化进程的意见》，明确提出了特区外宝安、龙岗两区推进城市化的重大意义、目标和时间表。自此，深圳市由政府强力推动的第二次大规模农村城市化运动拉开帷幕。

2003 年 10 月 30 日，深圳市人民政府正式下发《关于加快宝安龙岗两区城市化进程的通告》（深府〔2003〕192 号），宣布从即日起，“在宝安、龙岗两区全面推进城市化工作”。

与 1992 年特区内城市化相同的是，此次特区外宝安、龙岗两区城市化的目标要求依然是：①撤销现有镇、村建制，设立街道办事处和居民委员会；②原村民整体转为城市居民；③原农村集体所有土地依法转为国有土地。

与 1992 年特区内城市化不同的是，2003 年开始推进的特区外农村城市化影响范围更广，涉及两区共 1692.5 平方公里土地范围内 18 个镇 218 个村约 27 万原农村村民，系统配套工程无疑难度更大、要求更高。为了积累经验，避免失误，深圳市人民政府先在两区各选择了一个镇即宝安区的龙华镇和龙岗区的

① 参见 1994 年《深圳房地产年鉴》。

龙岗镇作为试点。2004 年 6 月 29 日，深圳市在宝安区西乡会堂举行宝安、龙岗两区城市化试点工作总结暨推广动员大会，特区外两区城市化自此正式全面铺开。

为配合两区城市化的进行，深圳市人民政府及其职能部门先后制定并颁行了一系列配套政策，分别涉及教育、城管、计生、民政、组织、宣传、国资、工商、公安、农林、人事十一个方面共计 26 份文件，如深圳市教育局《关于加快推进宝安龙岗两区教育城市化的暂行意见》、深圳市城管办《关于加快宝安龙岗两区城市化进程中加强城市管理工作的暂行意见》、深圳市计生办《关于宝安龙岗两区城市化计划生育衔接工作的暂行意见》(深城办〔2003〕03 号) 等。[①] 其中，最引人注目、争议最大、对此次城市化进程发挥最重要作用的文件应属《深圳市宝安龙岗两区城市化土地管理办法》(深府〔2004〕102 号)。

2004 年 6 月 26 日，为依法推进宝安、龙岗两区城市化进程，根据《土地管理法》及其实施条例的规定与深圳市委、深圳市人民政府《关于加快宝安龙岗两区城市化进程的意见》的规定，深圳市人民政府第三届第一二三次常务会议审议通过了《深圳市宝安龙岗两区城市化土地管理办法》，该管理办法第 2 条明确规定："根据《中华人民共和国土地管理法实施条例》的相关规定，两区农村集体经济组织全部成员转为城镇居民后，原属于其成员集体所有的土地属于国家所有。" 第 3 条明确要求："两区政府应当根据城市化进程，向市政府提出属于国有的土地面积、具体地域范围（附深圳市××区集体土地转为国有土地地域范围图)，经批准后执行。" 也就是说，此次特区外宝安、龙岗两区农村城市化，其有关土地权属变化的方式系原农村集体所有土地 "径直转化" 为国有土地，而非传统的依法 "征收" 或 "征用"。该等规定及其执行，在当时引起了较大的争论。曾担任原深圳市人民政府法律顾问室法律事务处处长的曹叠云在后来撰写的《深圳转地的来龙去脉》一文中对有关争论观点和应对主张进行过具体介绍。笔者当时也在深圳市人民政府法律顾问室法律

① 参见曹叠云:《深圳转地的来龙去脉》，载 "深圳律师" 官网 (http://www.szlawyers.com/info/c179754789ed4c38835ee74cb1106c5e)，2014 年 11 月 20 日。

事务处工作，有幸参与并见证了这一段历史。

在《深圳市宝安龙岗两区城市化土地管理办法》施行后，深圳市人民政府还相继出台了一系列配套政策，其中包括《深圳市宝安龙岗两区城市化转地工作实施方案》(深府〔2005〕63号)、《深圳市宝安龙岗两区城市化土地储备管理实施方案》(深府〔2005〕64号)、《深圳市宝安龙岗两区城市化非农建设用地划定办法》(深府〔2005〕65号)、《深圳市宝安龙岗两区城市化转地补偿费使用管理办法》(深府〔2005〕67号)等规范性文件。

为具体贯彻落实深圳市人民政府上述政策要求，宝安、龙岗两区先后制定并颁行了相应的实施办法，其中包括《宝安区城市化转地工作方案》(深宝字〔2005〕25号)、《宝安区城市化非农建设用地划定操作办法》(深宝府〔2005〕56号)、《深圳市龙岗区城市化转地工作实施细则》(深龙府〔2005〕46号)及《龙岗区城市化转地后非农建设用地补划和调整置换暂行办法》(深龙府办〔2011〕82号)等规范性文件。

**表1-5 行政区划(2004年)**①

单位：个

| 地区 | 镇 | 街道办事处 | 居民委员会 | 村民委员会 |
|---|---|---|---|---|
| 全市 | — | 51 | 620 | — |
| 福田区 | — | 8 | 92 | — |
| 罗湖区 | — | 10 | 115 | — |
| 南山区 | — | 8 | 96 | — |
| 盐田区 | — | 4 | 17 | — |
| 宝安区 | — | 10 | 173 | — |
| 龙岗区 | — | 11 | 127 | — |

表1-5数据显示，据官方统计，截至2004年年底，原宝安、龙岗两区镇、村改制工作已经全部完成，原18个镇、218个村民委员会已经分别挂牌成为相应的街道办事处和社区居民委员会，原特区外27万农村村民也全部转换身份成为城市居民。至此，深圳市成为全国第一个没有农村行政建制和农村管理

① 参见2005年《深圳统计年鉴》。

体制的城市。

但是，应当承认，深圳市、区两级政府关于特区外农村城市化转地的相关政策性文件在实际执行中与规定要求及预期目标客观上还是有差距的，也遗留了不少法律问题，这也是后续开展城市更新必须客观面对的问题。

## 二、 深圳市土地规划管理政策沿革

正如前文所言，深圳市的城市发展历史，就是一部农村城市化的历史。从1979年撤县建市，或从1980年建立深圳经济特区开始，深圳市的城市化在不断地进行。1992年和2003年分别在特区内、外开展的两次城市化运动，不过是深圳市城市化进程中两个具有标志性意义的事件。

而自始至终伴随着深圳市城市化进程的，是各级政府及其部门在经济、社会、文化、教育等领域为满足城市发展需要开展的建章立制工作，尤其是深圳市在土地管理制度和城市规划方面所做的探索、创新、改革及实践，对深圳市的城市化发展影响巨大。既有成功的经验，也留有不足和缺憾。

在此，选取2009年《更新办法》正式施行之前不同历史时期深圳市在土地管理制度（包括规划）方面的法律规范性文件进行介绍，尝试简单梳理深圳市土地规划管理方面的政策沿革，分析其对城市更新可能产生的影响。

首先需要说明的是，本部分所称土地规划管理政策，是指深圳市人民代表大会及其常务委员会、深圳市人民政府依法、依职权制定并颁行的有关土地规划、土地利用、土地市场、土地开发及其行政管理等方面的各项规定，其表现形式主要是法规（包括特区法规和较大市法规）、政府规章（包括特区政府规章和较大市政府规章）、政府及部门规范性文件，本书统称为法规性文件，其共同特点是一经公布实施，在确定范围及时期内对相关行政管理相对人具有普遍约束力。

关于深圳市土地规划政策沿革的阶段划分，很多研究深圳市土地管理制度的学者从不同角度做过理论分析和总结。对此，深圳市规划国土发展研究中心的罗罡辉博士在其所著《深圳市合法外土地的管理政策变迁研究》一书中，从“合法外土地”管理角度做了介绍。[①] 在本部分，笔者仍以深圳特区内外两次城市化的时间节点作为参照，分三个阶段予以简要说明。

### （一）第一阶段：从深圳特区成立至1992年特区内城市化之前

1980年8月26日，全国人民代表大会常务委员会批准设立深圳特区，同日，全国人民代表大会审议通过的《广东省经济特区条例》第12条明确规定：“特区的土地为中华人民共和国所有……”1981年11月17日，广东省人民代表大会常务委员会审议通过的《深圳经济特区土地管理暂行规定》第4条进一步明确规定：“任何单位和个人需要使用土地，应向深圳市人民政府申请，经批准并完备应办手续后方得使用；凡未经批准而直接与原土地使用单位或个人洽谈用地者，所签订的合约，一律无效。”第5条规定，禁止买卖和变相买卖土地，禁止出租和擅自转让土地。现在看来，这些原则性规定当时没有得到切实贯彻执行。

深圳特区成立初期，政府工作重点在于如何利用特区优惠政策招商引资，利用外资开展特区基础设施建设，促进特区经济发展。而特区的土地实际上还主要掌握在各级农村集体经济组织手里，政府还没有明确的统一规划和引导利用。“三来一补”企业在发展，外来人员对居住房屋需求在增加，但原特区农村房屋的建设仍处于自发、无序的发展状态。

在此背景下，这一阶段的政府土地规划政策主要集中在以下几个方面：

1. 试行土地有偿使用制度

1980年8月26日《广东省经济特区条例》第12条规定：“特区的土地为中华人民共和国所有。客商用地，按实际需要提供，其使用年限、使用费数额和缴纳办法，根据不同行业和用途，给予优惠，具体办法另行规定。”这是土地有偿使用制度第一次通过地方性法规的形式得以确立。自此，深圳市开始了土地有偿使用制度的积极探索。

（1）1981年12月24日，广东省人民代表大会常务委员会正式发布《深圳经济特区土地管理暂行规定》，自1982年1月1日起施行。该规定明确了土

① 参见罗罡辉：《深圳市合法外土地的管理政策变迁研究》（深圳改革创新丛书），海天出版社2014年版，第三章“政策变迁的构成研究”。

地使用年限和土地使用费标准，如工业用地最长使用年限为30年，土地使用费每年每平方米收费标准为10~30元；商业（包括餐馆）用地最长使用年限为20年，收费标准为70~200元；商品住宅用地最长使用年限为50年，收费标准为30~60元；旅游事业用地最长使用年限为30年，收费标准为60~100元；种植业、畜牧业、养殖业用地最长使用年限为20年，收费标准另行商定。凡在特区内兴办教育、文化、科学技术、医疗卫生及社会公益事业的，土地使用费给予特别优惠待遇。技术特别先进的项目和不以谋利为目的的项目，可免缴土地使用费。《深圳经济特区土地管理暂行规定》还明确，自规定公布之日起，土地使用费每3年调整一次，其变动幅度不超过30%。有学者认为，由于深圳特区初期的土地提供方式主要是行政划拨，使用形式依然是无偿和有偿并存，与客商通过土地出租、合作开发、委托开发等方式开展运行，实际收取的土地使用费也非常有限，"故这种传统的行政划拨土地格局下的资金筹措功能愈发不适应后来急剧城市化进程对资金的巨大需求"①。

（2）1986年11月17日至26日，时任深圳市副市长的李传芳带队赴香港地区考察，在考察学习香港地区土地市场管理经验的基础上，考察组提出了改革现行的行政划拨土地、收取土地使用费的办法，采取以公开拍卖为主，公开拍卖、招标与行政划拨相结合的特区土地管理制度。1987年3月5日，深圳市人民政府正式成立深圳市房地产改革领导小组，开始研究起草《深圳经济特区土地管理体制改革方案》，后经深圳市委常委会审议通过。② 自此，深圳市率先在全国进行土地使用权有偿、有期出让和转让的试点改革，取消行政划拨土地方式，试行"协议、招标和拍卖"三种土地有偿出让方式。

（3）1987年12月1日，土地编号为H409-4的8588平方米土地在深圳会堂公开拍卖，时任深圳市规划国土局局长的刘佳胜担任举槌人（拍卖师）。原深圳特区房地产公司（即深房集团的前身）最终以525万元的最高价获得了这块位于罗湖区东晓路的住宅用地（即现罗湖区东晓花园所在地）50年的使

---

① 傅莹：《深圳经济特区土地有偿出让制度的历史沿革及其立法贡献》，载《鲁东大学学报（哲学社会科学版）》2014年第4期。

② 参见《土地拍卖第一槌惊天动地》，载深圳政协网"深圳文史"第十二辑（http://www1.szzx.gov.cn/content/2013-04/22/content_7969159.htm），2013年4月22日。

用权。据媒体报道，拍卖当日，时任中共中央政治局委员李铁映、国务院外资领导小组副组长周建南、中国人民银行副行长刘鸿儒以及来自全国 17 个城市的市长均来到拍卖现场，见证了这一历史性时刻。

此次以拍卖方式出让土地使用权的尝试，在社会上引起了巨大反响和理论界的争论，也引起广东省委、省政府的高度重视。1987 年 12 月中旬，广东省人大、省法制局即派人到深圳市考察土地有偿出让的立法问题。1987 年 12 月 29 日，广东省第六届人民代表大会常务委员会第三十次会议审议通过了《深圳经济特区土地管理条例》，并于 1988 年 1 月 3 日颁布施行，原《深圳经济特区土地管理暂行规定》同时废止。《深圳经济特区土地管理条例》第 8 条规定："特区国有土地使用权，由市政府垄断经营，统一进行有偿出让。"第 9 条规定，市政府有偿出让国有土地使用权可采取协议、招标、公开拍卖的方式。同时，该条例还正式确立了土地所有权和使用权分离、土地使用权有偿进入流通领域（即转让）的制度。

应该说，深圳市在土地有偿使用方面所做的大胆尝试，在很大程度上影响了后来《宪法》《土地管理法》的修改。1988 年 4 月 12 日，第七届全国人民代表大会第一次会议讨论通过了《中华人民共和国宪法修正案（1988）》，决定将原宪法中禁止土地"出租"两字删去，明确规定"任何组织或个人不得侵占、买卖或者以其他形式非法转让土地。土地的使用权可以依照法律的规定转让"。1988 年 12 月 29 日，经第七届全国人民代表大会常务委员会第五次会议审议通过，《土地管理法》也据此作了相应修改。

2. 对特区内乱建和私建房屋进行管控和引导

（1）1982 年 3 月 29 日，深圳市人民政府颁布《关于严禁在特区内乱建和私建房屋的规定》(深府布〔1982〕第 1 号，已废止)，明确规定："根据国家法令和有关政策，特区内的土地由国家统一开发，特区内的各项建设必须服从城市的总体规划，一切单位无权自行兴建建筑物，所有个人严禁在特区内私建房屋，以保证特区建设的顺利进行。"值得留意的是，《关于严禁在特区内乱建和私建房屋的规定》第 1 条即规定："凡一九八一年十月以后私建的房屋，一律停建；已建好的由市政府统一处理，任何个人不准擅自动用。一九八一年十月以前私建的房屋，按市政府有关规定处理。"即以 1981 年 10 月为分界线，对私建房屋实行区别对待。

（2）1982年9月17日，为加强对经济特区农村社员建房用地的管理，确保特区建设能够按城市总体规划顺利进行，深圳市人民政府制定了《深圳经济特区农村社员建房用地的暂行规定》(深府〔1982〕185号)，该规定第2条明确要求："社员建房要统一规划设计，以形成有利生产、方便生活、整洁优美的新村（居民点)。新村（居民点）规划建设应符合国家建设规范、防火安全和环境保护的要求。"第6条规定："新村（居民点）用地面积的计算以每户150平方米计算，每户住房的基底面积不得超过80平方米。建积可增加20%作预留发展。凡已建新村（居民点)、新房者，原有的旧村、旧房则由政府统一规划处理。"第7条规定："办事处和大队的工业用地，按每个社员15平方米计算划地。如兴办商业、服务业等建筑的，应按'深圳市城市建设管理暂行办法'，向市规划局办理申报手续，不得擅自占地乱建。"值得留意的是，该规定还对华侨、港澳同胞建房问题做了专门规定，如第5条第2款规定："现已移居国外的华侨、港澳同胞，在本社、村（镇）没有直系亲属，但原有祖屋或宅基地，而要求在本社、本村（镇）建新房者，可提出申请报告，经罗湖区人民政府审批同意后，按本规定，在原地或本村划定的范围内建房。"

上述两个规定一堵一疏，但实施效果似乎并不理想。

（3）1983年1月15日，针对深圳特区内私占土地、乱建私房现象屡禁不止的现状，深圳市人民政府根据国务院办公厅1982年12月18日对深圳特区私人建房问题的批复，制定并颁布了《关于严禁在特区内乱建和私建房屋的补充规定》(深府布〔1983〕01号)，明确规定："对于过去未经批准，私人擅自占用土地建造的私房，要逐户进行检查，根据其不同情况进行处理。今后私人擅自占地建筑私房的，以违法论处。"《关于严禁在特区内乱建和私建房屋的补充规定》附有《深圳市国家干部、职工私人建房费用的计算和核实办法》，虽然标题是针对国家干部、职工私人建房，但其中规定了"私人建筑房屋由建筑工程队施工的，一律凭正式票据计算开支"。如果是从事建筑副业的人员施工后出具的白头单，经调查核实后，也可列入开支，开了"白条"在建筑施工领域可用作结算依据的先河。由此可见当时深圳特区内乱建私房的严重程度。

3. 探索深圳特区农村规划和用地红线控制管理制度

（1）1982 年 10 月 7 日，为了搞好副食品生产基地的建设，保障副食品生产的正常进行，确保农用规划地在规划使用期间不改作他用，充分发挥农业用地的作用，深圳市人民政府根据深常纪〔1982〕9 号文件精神制定了《关于特区内农用规划地的几项规定》(深府〔1982〕198 号，已失效)，要求各行各业要大力支援农业用地的生产建设。该规定第 2 条规定："农用规划地在规划使用年限内一般不征用，如确有特殊需要征用，要经过市政府批准。"第 3 条规定："少量经批准征用的农用规划地，除付给正常征地费外，还要适当补偿农业基地建设和搬迁等费用，此费用由征用单位支付给主管部门统一使用。"该规定应是深圳特区成立后较早的一份专项规范性文件。

（2）1986 年 6 月 27 日，鉴于深圳特区农村面貌发生的深刻变化，农民迫切要求改善生活和居住条件，但由于农村规划工作跟不上，不少农民建房大大超过了规定标准，不按城市总体规划违章滥建、多建住房和厂房高价出租现象严重，为搞好农村规划，适应特区经济发展，把特区农村建设纳入城市总体规划，保证城市规划顺利实施，深圳市人民政府在 1982 年《深圳经济特区农村社员建房用地的暂行规定》的基础上，作出了《关于进一步加强深圳特区农村规划工作的通知》。该通知首次明确提出"根据现有农村建设现状，按照城市总体规划的要求，划定控制线。今后农民建房要控制在划定范围内，严禁农民无限制地建房"的要求，即对深圳特区内农村建房用地开始实施"红线管理"政策。尤其值得关注的是，该通知还明确了农村私人建房的标准，如原则上每幢不得超过三层，每人平均建筑面积在 40 平方米以内；三人以下的住户，其建筑面积不得超过 150 平方米；三人以上的住户，其建筑面积最多不得超过 240 平方米；农民建房的用地以每户 200 平方米为综合计算标准（包括道路、市政公用设施、绿地、文化体育活动场地）；每户农民建房的基底面积改为以基底投影面积 80 平方米计算等。此外，该通知再次就华侨、港澳同胞的建房问题作出了具体规定。

（3）1987 年 9 月 22 日，为了进一步加强深圳特区内已划红线用地的管理，深圳市人民政府向原宝安县政府、各管理区、市直各有关单位发出了

《关于加强特区内已划红线用地管理的通知》(深府〔1987〕368号，已废止)，对已经申请划拨用地，但超过两年未领取征地通知书，或未办理征地手续，或未按批准的用地性质和建设项目进行正式使用的，由市规划部门分情况予以收回。该等规定，是后来《土地管理法》《中华人民共和国城市房地产管理法》(以下简称《城市房地产管理法》）关于闲置土地依法收回制度的雏形。

4. 尝试建立违章用地和违章建筑的查处制度

（1）1987年9月28日，为配合深圳特区内用地红线管理制度的实施，针对屡禁不止的违规占地和乱建私房行为，深圳市人民政府制定了《关于特区内违章用地及违章建筑处理暂行办法》（深府〔1987〕427号)，对违章用地和违章建筑明确界定了行为范围或认定标准，并对违章行为的责任单位及责任人分别提出了具体的处理措施，包括责令停工、吊销施工证书、停止拨款、停止供水供电、不予办理产权登记、不予办理入户、不发或吊销营业执照、停止办理用地报建业务、罚款、没收、强制拆除等；对规划、城管部门工作人员滥用职权、徇私舞弊的，还规定了相应的行政处分和责任追究制度。

（2）1988年1月1日，为了加强土地管理，惩处制止违法违章占用土地的行为，做好深圳特区用地的清理、登记和发证工作，根据国家有关法律和深圳市人民政府1982年以来的有关规定，对违法违章占地以及土地登记发证有关问题，深圳市人民政府作出了《关于处理违法违章占用土地及土地登记有关问题的决定》(深府〔1988〕253号)，对非法占用土地的行为做了列举说明，并分别对国家机关、部队、企事业单位或个人非法占用土地、农村违法违章占地行为明确规定了处理办法。值得关注的是，该决定对“买卖或擅自转让土地”的行为进行了明确界定，并规定可分情况采取没收非法所得（包括资金、建筑物和其他物资)、罚款、无偿收回未建用的土地、限期无偿拆除已建用但影响城市建设规划的建筑物；逾期不拆者，可强行拆除，以料抵工。同时，该决定还对越权或非法批地行为、闲置土地行为、接受处罚后允许留用的情形以及核发《中华人民共和国国有土地使用证》(以下简称《国有土地使用证》）的条件等都做了原则性规定。应该说，《关于处理违法违章占用土地及土地登记有关问题的决定》是深圳市第一部比较全面处理违法违章用地问题的规范性文件。

（3）1988年11月14日，针对《关于处理违法违章占用土地及土地登记有关问题的决定》发布后出现的突出问题，深圳市人民政府办公厅又向各管理区、市直各有关单位发出了《关于严格制止超标准建造私房和占用土地等违法违章现象的通知》(深府办〔1988〕1584号)，第一次在政府文件中确定深圳特区内原集体经济组织的土地权属问题，即“特区农村规划红线内的私人宅基地，属国家所有。分配给社员的宅基地，社员只有使用权，在国有土地没有登记发证之前，不准出租和擅自转让，待登记发证后，如须转让，必须到市土地管理机关办理变更登记，宅基地转卖后的社员不再分配私人建房用地”。试图从土地权属关系上为依法查处违法违章用地提供法理依据。但是，该通知发布后的效果差强人意。在农村城市化政策陆续出台的大背景下，原农村村民出现了因害怕失地而“抢占抢建”现象。虽然深圳市人民政府于1989年11月18日又发布了《关于制止农村违章使用土地、擅自出租土地的紧急通知》(深府〔1989〕995号)，再次重申了之前的相关规定。现在看来，该等通知及相关规定的实际执行效果似乎并不理想。

5. 尝试推行深圳特区内土地统征及拆迁补偿制度

（1）1989年1月3日，为了加快城市建设步伐，根据宪法关于城市土地属于国有的规定，深圳市人民政府决定对特区内可供开发的属于集体所有的土地依法统一征用，为此制定了《关于深圳经济特区征地工作的若干规定》，决定对特区内可供开发的属于集体所有的土地，由市政府依照法律规定统一征用。明确要求各有关单位、街道办事处和村委会应予以积极支持和配合，提高工作效率，争取在短期内将属于农村集体所有的土地全部征完。其他单位和个人不得擅自向农村征地。值得关注的是，为了保证农村经济发展，《关于深圳经济特区征地工作的若干规定》第5条还规定：“市国土局根据土地被征用村庄的大小，征地数量，被征地单位拟投资的规模，结合城市规划要求，优先免地价划拨一块土地，供被征地单位兴建经营性的商业、服务楼宇（可先划地后立项)，以发展生产。”即在征地的同时，给村集体留下了一定数量的返还用地，且返还用地的使用要求签订土地使用合同，规定土地用途及使用年限，保留了将来政府征用这些土地的可能性。此即深圳市原农村集体经济组织名下拥有“征地返还用地”的由来。

深圳市人民政府同时制定了《深圳经济特区征地拆迁补偿办法》作为《关于深圳经济特区征地工作的若干规定》的附件，要求“从现在起，特区内征地的各项补偿费以及有关事项按《深圳经济特区征地拆迁补偿办法》的规定执行”。

现在看来，《关于深圳经济特区征地工作的若干规定》及其附件《深圳经济特区征地拆迁补偿办法》同时出台，其实就是1992年深圳特区内农村城市化的一次预演。至1992年6月18日《关于深圳经济特区农村城市化的暂行规定》发布实施，深圳市推行的特区内土地统征及拆迁补偿制度正式进入操作施行阶段。

（二）第二阶段：从1993年到2004年特区外农村城市化

至1992年11月3日，除沙头角镇，原特区内的福田区、罗湖区和南山区3个区68个行政村已经全部撤销，新建立的100个居民委员会均已挂牌办公，45000名农民转为城市居民[①]，标志着特区内农村城市化工作初步完成。自此以后，深圳市的土地规划管理进入了一个新的历史阶段。

在这一阶段，深圳市的土地规划管理政策涉及土地规划行政管理的各个领域，相对比较系统、规范和完善，属于成熟发展时期。其主要得之于以下背景：

其一，1992年7月1日，第七届全国人民代表大会常务委员会第二十六次会议通过了《关于授权深圳市人民代表大会及其常务委员会、人民政府分别制定法规和规章在深圳经济特区实施的决定》，决定授权深圳市人民代表大会及其常务委员会根据具体情况和实际需要，遵循宪法的规定以及法律和行政法规的基本原则，制定法规，在深圳特区实施，并报全国人民代表大会常务委员会、国务院和广东省人民代表大会常务委员会备案；授权深圳市人民政府制定规章并在深圳特区组织实施。自此，深圳市享有了特区立法权。

其二，深圳市于1993年面向全国公开选聘了100名法律专业人才，充实到深圳市委、市政府、人大、政协、公检法等单位的政策法规部门或机构，为

① 参见罗罡辉：《深圳市合法外土地的管理政策变迁研究》（深圳改革创新丛书），海天出版社2014年版，第75页；深圳市史志办公室编：《深圳市大事记：1979—2000年》，海天出版社2001年版。

深圳市有效行使特区立法权奠定了人才基础。目前，这100名法律专业人才中的大多数仍在各自工作领域发挥重要作用，有不少人还担任了深圳市委、市政府、市人大、市政协等单位的领导职务。

在此条件下，深圳市在经济建设和社会管理等各领域的法规政策都呈现出系统、规范、敢于创新和先试先行的特点，有关土地规划管理的法规政策也不例外。

鉴于这一阶段出台的深圳市有关土地规划法规、规章和规范性文件较多，大多数仍现行有效，在此不再逐一说明，仅选取几项与农村城市化及城市更新有关的重要法规予以简要介绍。

1. 关于房地产登记

1992年12月26日，深圳市第一届人民代表大会常务委员会第十三次会议审议通过了《深圳经济特区房地产登记条例》(以下简称《房地产登记条例》)，自1993年7月1日起施行。该条例明确规定了房地产权利设定、转移、抵押、变更、终止登记的原则、条件、程序等内容。其中，将深圳市人民政府批准的用地文件、划定的用地红线图、征地补偿协议书作为以行政划拨方式取得土地使用权的权属证明，要求权利人在申请初始登记时提供，在当时是很有针对性的，对当下开展城市更新权属调查工作也具有很强的现实指导意义。《房地产登记条例》于2013年经过修正，目前仍有效。

2. 关于房屋租赁

与《房地产登记条例》同一天审议通过的特区法规还有《深圳经济特区房屋租赁条例》(以下简称《房屋租赁条例》)，但规定的生效日期略早于《房地产登记条例》，后者自1993年5月1日起施行。《房屋租赁条例》明确将住宅、工商业用房、办公用房、仓库及其他用房租赁纳入规范管理的范围，并以特区法规的形式确立了一系列对房屋租赁市场产生重大影响的政策、制度，其中有些还引起了法理上的广泛争论，如房屋租赁许可证制度、标准租金管制制度、租赁管理费收缴制度以及相应的违法责任追究制度等。这些制度实施后，对深圳特区内的房屋租赁市场形成和发展产生了较大影响，可谓毁誉参半。《房屋租赁条例》第11条规定："市主管机关应当根据房屋租赁市场价格水平定期颁布房屋租赁指导租金。当事人可参照指导租金，约定租金数额。”可以肯定的是，《房屋租赁条例》是一项具有现代市场服务意识的人性化政策，对房屋租赁市场价格机制的形成具有积极的指导意义，也在一定程度上为司法审判和仲裁活动提供了支持和配合。《房屋租赁条例》经过1997年、2002年、2004年、2013年四次修正，先后废除了房屋租赁许可证制度和租赁管理费收缴制度。2015年8月28日，经深圳市第六届人民代表大会常务委员会第二次会议通过，《房屋租赁条例》被明令废止。

3. 关于房地产转让

1993年7月24日，深圳市第一届人民代表大会常务委员会第十七次会议审议通过了《深圳经济特区房地产转让条例》，自1993年10月1日起施行。该条例以规范房地产转让行为、保障当事人合法权益、维护深圳特区房地产市场秩序为立法宗旨，对以买卖、交换、赠与等方式转移房地产的行为进行规范。《深圳经济特区房地产转让条例》第5条明确规定：“房地产转让时，建筑物、附着物的所有权应当与该建筑物、附着物所占用的土地的使用权同时转让，不得分割。”第一次以特区法规的形式在房地产转让环节确立了“房地合一”原则。第7条规定，通过行政划拨取得土地使用权或取得土地使用权时减免地价款的房地产，应当经过主管机关批准并补足地价款后方可转让。第10条规定，以房地产出资设立企业、一方出地另一方或多方出资合作开发房地产、收购或并购名下有房地产的企业、以房地产抵债、房地产在国企之间或其他组织之间调拨等行为均视同房地产转让。此外，《深圳经济特区房地产转让条例》还首次明确规定了涉外房地产转让的强制公证、房地产预售、房地产转让的代理和经纪等制度。这些规定对深圳市房地产市场的规范引导作用应该说是非常明显的。1999年6月30日，《深圳经济特区房地产转让条例》经深圳市第二届人民代表大会常务委员会第三十三次会议修正后重新发布实施，现仍有效。

4. 关于土地使用权出让

1994年6月18日，深圳市第一届人民代表大会常务委员会第二十三次会议审议通过了《深圳经济特区土地使用权出让条例》，自1994年7月8日起施行。《深圳经济特区土地使用权出让条例》在1990年《中华人民共和国城镇国有土地使用权出让和转让暂行条例》的基础上，进一步明确了深圳市人民政府是国有土地使用权的出让主体，并以特区法规形式授权深圳市土地管理部门与土地使用权人签订土地使用权出让合同。此外，《深圳经济特区土地使用权出让条例》还明确了土地使用权出让的方式为拍卖、招标和协议，并具体规定了采取不同出让方式的条件、程序和要求，确定了出让合同的主要条款，规定出让合同应当附上宗地图；土地使用者应当按出让合同规定的用途、期限和条件开发、利用土地；协议出让应以土地的公告市场价格为基准协商确定，并明确限制协议出让土地使用权的范围（包括旧城改造用地）；同时还规定了依法提前收回土地使用权的各种情形。值得关注的是，《深圳经济特区土地使用权出让条例》还特别规定“原行政划拨土地使用权的土地使用者应当于一九九九年十二月三十一日前申请补办出让手续”，以完善规定日期之前划拨土地的出让程序。该条例经过 1995 年、1998 年、2008 年和 2011 年四次修正，现仍有效。

5. 关于房地产管理

（1）1993 年 7 月 14 日，为加强对宝安、龙岗两区规划、国土管理，深圳市人民政府制定了《深圳市宝安、龙岗区规划、国土管理暂行办法》（深府〔1993〕283 号），明确将两区辖区范围确定为城市规划区（第 13 条）；规定深圳市人民政府对两区的土地实行统一规划、统一征用、统一开发、统一出让和统一管理（第 2 条第 1 款）；深圳市规划国土管理部门在两区设立派出机构（第 2 条第 2 款）；除派出机构外，其他单位和个人均不得征用或出让集体所有的土地；未经征用的集体所有土地或经派出机构划定的农村非农建设用地，不得进行开发建设（第 6 条）；明确了国有土地的使用者应按规定交付土地使用价款（即地价款）的构成（含土地使用权出让金、土地开发费、市政配套设施费）（第 8 条第 1 款）；规定在两区实行房地一体化管理体制，土地使用权发生转让、出租、抵押、继承、赠与、交换时，其地上建筑物及其附着物随之转让、出租、抵押、继承、赠与、交换（第 11 条第 2 款）。在此基础上，《深圳市宝安、龙岗区规划、国土管理暂行办法》还专章规定了两区国有土地使用权出让管理，将旧城旧村改造用地纳入协议出让范围；规定境外人士可以在两区购买经批准的外销商品住宅。

特别值得关注的是，《深圳市宝安、龙岗区规划、国土管理暂行办法》第

48 条明确规定："两区农村的非农建设用地范围，由派出机构划定。其用地标准为：（一）各行政村的工商用地，按每人 100 平方米计算；（二）农村居民住宅用地，每户基底投影面积不超过 100 平方米；（三）农村道路、市政、绿地、文化、卫生、体育活动场所等公共设施用地，按每户 200 平方米计算，在城市建设规划区范围外的，可按每户 300 平方米计算。各行政村的户数和常住人口数以一九九三年一月一日公安部门登记为准。"

此外，《深圳市宝安、龙岗区规划、国土管理暂行办法》还设专章对两区撤县改区之前各种形式的非法用地行为（包括未经批准的合作建房）规定了具体的处理办法。

《深圳市宝安、龙岗区规划、国土管理暂行办法》的规定，对宝安、龙岗两区后来的农村城市化进程产生了重大影响，直到今天，深圳市在推行城市更新过程中遇到的相关历史遗留问题，仍需结合该办法所规定的政策予以协调解决。

（2）1993 年 11 月 9 日，面对深圳市迅猛发展的房地产市场，深圳市人民政府又发布实施了《深圳市房地产管理若干规定》(深府〔1993〕441 号)，以加强土地管理，规范市场秩序，发展房地产业。该规定重点对各类合作建房行为进行规范和引导，明确合作建房视同房地产转让，并限定合作建房的出资方必须是在深圳市规划国土局注册的房地产开发公司；非营利性用地、农村住宅用地及法律法规限制的其他用地不得用以合作建房；经市规划国土管理部门划定为非农用地的集体经济组织的土地，视为有偿受让用地，可以与他方合作建房，但建成的房地产只能自用或出租。需要转让的，应经市规划国土局批准并办理土地使用权转让手续。经批准合作建房的房地产，可按深圳市人民政府的规定进行预售或销售。

6. 关于规划土地监察

1995 年 11 月 3 日，深圳市第二届人民代表大会常务委员会第四次会议审议通过了《深圳经济特区规划土地监察条例》，自 1996 年 1 月 1 日起施行。该条例对违反规划、土地（包括规划、土地和房产）法律、法规的行为以特区法规形式规定了监察机关的职责、管辖权限、立案调查处理程序以及有权采取的强制措施和执行程序，自此逐步建立了市、区、街道办事处三级规划土地监察机构，为深圳市调查处理违法用地和违章建筑奠定了良好的基础。《深圳经济特区规划土地监察条例》经过2001年、2005年、2014年和2017年四次修正，现仍有效。

7. 关于城市规划

1998年5月15日，深圳市第二届人民代表大会常务委员会第二十二次会议审议通过了《深圳市城市规划条例》，自1998年7月1日起施行。该条例以科学制定城市规划、合理进行城市建设、加强城市规划管理和环境保护、保障城市规划有效实施为立法宗旨，将深圳市行政区明确列为城市规划区，强调城市规划应当依法制定，未经法定程序不得更改或废止；土地利用和各项建设应当符合城市规划，服从规划管理。在此基础上，《深圳市城市规划条例》确定了深圳市城市规划委员会及其各专业委员会的权限和职责，建立了全市总体规划、次区域规划、分区规划、法定图则和详细蓝图五个阶段的规划编制体系，明确授权深圳市人民政府制定深圳市城市规划标准与准则，作为城市规划编制和规划管理的主要技术依据。《深圳市城市规划条例》结合深圳市城市建设的实际情况，还就建设用地规划、建设工程规划制定了详细的管理程序和办法。《深圳市城市规划条例》仅在2001年进行过修正，其确定的五阶段规划编制体系与《城乡规划法》相比，具有鲜明的深圳地方特色。

需要说明的是，关于城市规划标准与准则，其实早在1990年深圳市即借鉴香港地区规划经验，制定并颁行了《深圳市城市规划标准与准则（试行）》（俗称《深标》）。[①] 1997年，在《深圳市城市总体规划（1996—2010）》编制完成后，根据该规划确定的城市定位、发展目标和具体安排，结合城市发展水平和发展要求，深圳市对1990年《深圳市城市规划标准与准则（试行）》进行了修订，并以《深圳市城市规划标准与准则》（SZB01-97）形式颁布实施。此后，深圳市又分别于2004年、2013年对1997年《深圳市城市规划标准与准则》进行修订。作为国内城市规划的第一个地方标准，《深圳市城市规划标准与准则》的实施，对深圳市合理有序地进行开发建设发挥了重要作用。

---

① 参见深圳市社会科学院、深圳市光明新区管委会编：《新型城市化的深圳实践》，中国社会科学出版社2016年版，第164页。

8. 关于土地征用和收回

1999年5月6日，深圳市第二届人民代表大会常务委员会第三十二次会议审议通过了《深圳市土地征用与收回条例》，对基于公共利益或者实施城市规划需要而依法征用集体所有土地并给予补偿安置的行为，以及根据法律、法规和土地使用权出让合同及临时使用国有土地合同的规定，收回国有土地使用权的行为进行规范，以保障土地资源的合理利用和城市规划的顺利实施，维护当事人的合法权益。《深圳市土地征用与收回条例》对征用和收回土地的行政程序、补偿条件（包括是否补偿、补偿的内容和标准）、补偿方式均作了具体规定。其中规定主管部门或派出机构组织实施征用土地或收回土地，可以委托开发建设单位办理补偿、安置等方面的具体事务（第3条第3款）；被征用或收回的土地有违法建筑的不予补偿［第11条第（一）项］；在基于公共利益需要或实施城市规划而进行旧城区改建需要等情形下，主管部门在年期届满前可以收回有偿出让的土地（第24条）。此外，《深圳市土地征用与收回条例》还对征用和收回土地及其建筑物、附着物可能涉及产权纠纷、停产停业、抵押等情形规定了相应的处理办法。这些规定，对深圳市后来的土地整备或储备工作的开展提供了法律依据和保障。

9. 关于房地产历史遗留问题处理

如何处理因深圳特区城市化遗留下来的土地及其建筑物、附着物的权属，也是这一阶段深圳市规划土地政策所重点关注的问题。

（1）1993年11月9日，针对深圳特区范围内房地产权属遗留问题，深圳市人民政府制定了《关于处理深圳经济特区房地产权属遗留问题的若干规定》（深府〔1993〕426号），对在原农村规划红线划定前后（参见本书所介绍的《关于进一步加强深圳特区农村规划工作的通知》），原农村集体在划定红线范围内外占用的工商用地，分别规定不同的处理办法，并对原农村集体非法转让红线外土地、未经批准与其他单位合作建房等各种情形，均规定了相应的处理政策。其中，原农村集体单位非法转让土地给个人或与个人合作建房的，明确规定合同一律无效，不予登记发证；原农村私人建房用地，土地所有权转为国有，视为行政划拨用地，个人拥有土地使用权。现在看来，该规定中涉及的各项政策，对处理现深圳特区范围内遗留的房地产权属问题，仍具有参考价值。

（2）1999年2月26日，深圳市第二届人民代表大会常务委员会第三十次会议审议通过了《关于坚决查处违法建筑的决定》。该决定第一次对违法建筑及其表现形式（范围）进行了界定，并结合国家有关法律、法规和深圳特区法规的规定，对利用违法建筑开展活动提出了相应的禁止性规定和要求；强调一户村民只能拥有一处宅基地；明确要求规划国土部门应当建立违法建筑定期普查制度。《关于坚决查处违法建筑的决定》的实施日期即1999年2月26日，成为深圳市后来处理农村城市化历史遗留违法建筑的重要时间节点。

（3）2001年10月17日，深圳市第三届人民代表大会常务委员会第十一次会议审议通过了《深圳经济特区处理历史遗留违法私房若干规定》和《深圳经济特区处理历史遗留生产经营性违法建筑若干规定》（以下简称“两规”），于2001年12月19日公布，自2002年3月1日起施行。2002年2月25日，经深圳市人民政府三届五十二次常务会议审议通过，深圳市人民政府分别以第111号、第112号政府令的形式发布了“两规”的实施细则，与“两规”同日生效实施。

“两规”以深圳市人民代表大会常务委员会《关于坚决查处违法建筑的决定》公布实施的1999年3月5日为节点，将该日期之前违反法律、法规所建的私房和非法占用土地兴建的工业、交通、能源等项目的建筑物及生活配套设施分别纳入历史遗留违法私房和生产经营性违法建筑的处理范围。除明确规定不予确认产权的几类情形之外，“两规”对处理范围内的违法私房和生产经营性违法建筑均确定了“限期申报→分类甄别→罚款→补办征地手续→补签土地使用权出让合同→确认产权”这一基本处理流程，同时也从深圳市城市化进程的实际出发，规定了免予处罚、免缴地价的不同情形或条件，如《深圳经济特区处理历史遗留违法私房若干规定》第5条第（一）项规定“原村民在原农村用地红线内所建违法私房符合一户一栋原则、总建筑面积未超过480平方米且不超过四层的，免予处罚，由规划国土资源部门确认产权。建房者申请补办确认产权手续时，应补签土地使用权出让合同，免缴地价”。而对在1999年3月5日之后新建、改建、扩建私房和生产经营性违法建筑的行为，“两规”均规定按深圳市人民代表大会常务委员会《关于坚决查处违法建筑的决定》和其他有关法律、法规的规定从严查处。

“两规”实施细则从贯彻落实的角度，就各区成立处理违法私房和生产经营性违法建筑领导小组、处罚（罚款）标准和处理程序作出具体规定，特别明确规定“列入旧城（村）改造规划区域”的违法私房和生产经营性违法建筑不予确认产权，并要求在补办征地手续时，必须与村集体经济组织签订征地协议；如涉及华侨及港澳台同胞申报处理的，其原籍身份由区级以上侨务部门确认；而对宝安、龙岗两区的罚款标准，则授权由区政府确定。对在处理过程中所收取的罚款和补缴地价款，“两规”实施细则规定：“实行先集中再分散的原则，统一纳入市国土基金进行管理，再逐级分配。具体分配比例为，特区内市、区两级按 35∶65 的比例分配；特区外市、区两级按 25∶75 的比例分配。区、街道（镇）两级分配比例由区政府确定。”

2002 年 9 月，在“两规”及其实施细则施行半年后，根据深圳市人民政府的授权，宝安、龙岗两区政府先后下发了《关于印发〈深圳市宝安区处理历史遗留违法私房实施办法〉和〈深圳市宝安区处理历史遗留生产经营性违法建筑实施办法〉的通知》（深宝府〔2002〕43 号）、《关于印发〈深圳市龙岗区实施《深圳经济特区处理历史遗留违法私房若干规定》的办法〉和〈深圳市龙岗区实施《深圳经济特区处理历史遗留生产经营性违法建筑若干规定》的办法〉的通知》（深龙府〔2002〕67 号）等办法，分别规定了两区的罚款标准及具体申报处理程序。

自此，深圳市在处理历史遗留违法私房和生产经营性违法建筑方面初步形成了一套完整的法规政策体系，以努力解决 1992 年深圳特区内农村城市化之后在规划土地管理方面留下的问题。

（三）第三阶段：2004 年特区外农村城市化之后

2003 年开始的原特区外宝安、龙岗两区农村城市化，在不到两年的时间内，原宝安、龙岗两区镇、村改制工作即已全部完成，原 18 个镇、218 个村民委员会分别挂牌成为相应的街道办事处和社区居民委员会，原特区外 27 万农村村民也全部转换成城市居民。深圳市由此成为全国第一个没有农村行政建制和农村管理体制的城市。

自此以后，深圳市在土地规划管理方面的政策着眼于“后城市化”时期有限土地资源的利用问题[①]，进一步加强了对城市化历史遗留违法违章建筑的调查处理，同时开始对城中村（旧村）、工业区改造进行有计划、有目标的引导和管控，至2009年12月1日起实施《更新办法》。

1. 针对农村城市化历史遗留违法建筑，继续加强清理、疏导和处理，进一步完善查处机制，努力化解“查违”困局

（1）2004年10月28日，深圳市委、市人民政府联合发布了《关于坚决查处违法建筑和违法用地的决定》（深发〔2004〕13号），将查处违法建筑和违法用地提升到增强党的执政能力的重大举措和实际行动高度，强调坚决贯彻落实“两规”及其实施细则的规定，引导现有集体经济组织和股份合作企业向现代企业制度转变，从体制上解决查处违法建筑和违法用地问题。该决定要求成立“深圳市查处违法建筑和城中村改造工作领导小组”及其下设“查处违法建筑工作办公室”和“城中村改造工作办公室”，同时要求各区、各部门依法履行职责，建立联动机制，树立并维护城市规划的权威，加强城市规划的监督管理，编制城中村（旧村）改造专项规划，有计划、有步骤地推进城中村（旧村）改造，加强对非农建设用地管理及廉租屋的建设和管理，建立违法建筑和违法用地投诉、举报奖励机制等。

（2）2005年4月19日，深圳市人民政府发布实施《深圳市宝安龙岗两区城市化非农建设用地划定办法》，进一步明确规定非农建设用地划定的组织机构、划定程序及要求。自此，宝安、龙岗两区继1998年集中划定非农建设用地后，开始了新一轮的非农建设用地划定或补划工作。

（3）2006年6月5日，为妥善解决宝安、龙岗两区城市化过程中涉及的土地遗留问题，深圳市人民政府印发了《关于处理宝安龙岗两区城市化土地遗留问题的若干规定》（深府〔2006〕95号），对六种城市化土地遗留问题分别提出明确的处理意见。虽然该规定有效期设定为自发布之日起一年，但提出的几种城市化土地遗留问题及其处理办法，对后来的相关政策制定及实施具有

① 参见罗罡辉：《深圳市合法外土地的管理政策变迁研究》（深圳改革创新丛书），海天出版社2014年版，第82页。

积极的指导意义。这几种情形分别是：①市、区政府以会议纪要形式或已由国土部门签订征地、拆迁补偿安置协议确定的征地返还用地和拆迁安置但尚未安排的用地；②国土部门与原农村集体经济组织签订了征地补偿协议，但政府尚未支付征地补偿费用，土地尚未收回的；③原镇政府（街道办事处）受区政府委托，以会议纪要和补偿协议方式同意给原农村集体经济组织但尚未落实的用地；④原农村集体经济组织擅自转让未建的用地；⑤符合原村民居住用地政策的未建宅基地；⑥区政府组织划定非农建设用地，有非农建设用地指标的。其中，有些政策规定还可能在一定程度上影响了当时司法裁判机关对相关问题的审理和认定结果，如关于原农村集体经济组织擅自转让未建的用地，《关于处理宝安龙岗两区城市化土地遗留问题的若干规定》提出的处理原则即为"所签土地买卖合同或协议无效，擅自转让土地双方按'退地还钱'方式自行解除土地买卖合同或协议。因合同或协议无效所产生的法律后果，由双方自行解决"；而有关征地返还用地和非农建设用地的历史遗留问题处理意见，也对后续原农村集体土地采取市场化方式流转及城市更新政策产生了影响。

（4）2009年5月21日，深圳市第四届人民代表大会常务委员会第二十八次会议审议通过了《关于农村城市化历史遗留违法建筑的处理决定》，自2009年6月2日公布施行。该处理决定立足于一揽子解决所有农村城市化进程中出现的历史遗留违法建筑，将不同时期相关政策实施前后形成的不同类型违法建筑全部纳入处理范畴，包括：①原村民非商品住宅超批准面积的违法建筑；②1999年3月5日之前所建的符合"两规"处理条件，尚未接受处理的违法建筑；③1999年3月5日之前所建不符合"两规"处理条件的违法建筑；④1999年3月5日之后至2004年10月28日（即《关于坚决查处违法建筑和违法用地的决定》发布实施之日）之前所建的各类违法建筑；⑤2004年10月28日之后至本决定实施之前所建的除经区政府批准复工或者同意建设外的各类违法建筑。《关于农村城市化历史遗留违法建筑的处理决定》建立了"全面普查（建立台账和数据库）——限期申报——分别采用确认产权、依法拆除或者没收、临时使用等方式，分期分批处理"的制度，明确各种处理方式所适用的条件，并对执行中的相关主体规定了相应的责任追究制度。这些规定，对深圳市城市更新的有效推进产生了深远的影响。在城市更新过程中遇到的问题，很多都可以从《关于农村城市化历史遗留违法建筑的处理决定》中找到解决依据。

（5）根据前述深圳市人民代表大会常务委员会第 101 号公告（即“新三规”）的授权要求，经深圳市政府常务会议审议通过，深圳市人民政府于 2013 年 12 月 30 日发布了《深圳市人民代表大会常务委员会〈关于农村城市化历史遗留违法建筑的处理决定〉试点实施办法》（深圳市人民政府令第 261 号），自 2014 年 4 月 1 日起施行。该办法明确界定了适用的范围和条件，并从实施机构、处理程序等方面进一步细化了《关于农村城市化历史遗留违法建筑的处理决定》的相关规定。据媒体报道，深圳市规划国土管理部门正根据试点实施效果研究制定相应的优化改进措施，以在全市范围内推行。

2. 加强对城中村（旧村）、工业区改造工作的规划引导和规范管理

（1）2004 年 10 月 22 日，深圳市人民政府印发了《城中村改造暂行规定》，准许对依照有关规定由原农村集体经济组织的村民及继受单位保留使用的非农建设用地的地域范围内的建成区域（含城市待建区域内的旧村）按规定程序进行改造。这是深圳市历史上第一个专门针对城中村改造的政府规范性文件。该规定在总结 20 世纪 90 年代中后期深圳特区内开展城中村改造实践经验的基础上，就城中村改造工作的目标、原则、条件、方式、优惠政策、计划与实施、拆迁与补偿、监督管理等方面做出了原则性规定。

（2）2005 年 4 月 7 日，为贯彻实施《城中村改造暂行规定》，深圳市人民政府又制定颁布了《关于深圳市城中村（旧村）改造暂行规定的实施意见》（深府〔2005〕56 号），就城中村（旧村）改造的范围确定、改造目标、改造模式、拆迁补偿、改造规划、改造基金、管理机构以及优惠政策等有关问题制定了更为详细的政策安排。

（3）2005 年 10 月 26 日，经深圳市人民政府批复同意，深圳市城中村改造工作办公室根据深圳市城市规划委员会 2005 年第二次会议要求组织修订后的《深圳市城中村（旧村）改造总体规划纲要（2005—2010）》正式发布，明确提出了未来 5 年深圳市开展城中村（旧村）改造的指导思想和基本原则、改造目标和策略、总体部署；从规划角度，对城中村改造范围、模式、规模调

控、开发强度、项目功能等方面作出了引导；在环境影响分析基础上，从保障机制和组织实施角度进行了多方位安排。该规划纲要颁行后，成为后续城市规划（法定图则）编制，特别是城市更新单元规划编制的有效依据。

（4）2006 年 12 月 25 日，根据《城中村改造暂行规定》和《关于深圳市城中村（旧村）改造暂行规定的实施意见》的规定，深圳市人民政府发布了《关于推进宝安龙岗两区城中村（旧村）改造工作的若干意见》(深府〔2006〕257 号)，明确要求城中村（旧村）改造应当符合深圳市土地利用总体规划、相关城市规划和《深圳市城中村（旧村）改造总体规划纲要（2005—2010）》的要求。宝安、龙岗两区政府根据上述规划和《深圳市城中村（旧村）改造总体规划纲要（2005—2010）》提出年度改造项目及其具体界线，报深圳市城中村改造工作办公室组织规划、国土部门依职责审核后，纳入深圳市城中村（旧村）改造年度计划，一并报深圳市查处违法建筑和城中村改造工作领导小组批准后实施。在此基础上，该意见提出了宝安、龙岗两区城中村（旧村）的改造范围和地价适用标准；确定在城中村（旧村）改造范围内，凡非农建设用地指标未划定具体界线的，可按照城市化转地时核定的指标，在改造项目中享受《城中村改造暂行规定》中规定的城中村（旧村）改造的优惠政策。宝安、龙岗两区的城中村可根据改造工作的需要对非农建设用地的位置做适当调整。在城中村（旧村）改造范围内已使用了非农建设用地指标的，应当从总的指标中扣除。这些城中村（旧村）改造的政策性规定，都是深圳市后续开展城市更新的重要参考依据。

（5）2006 年 12 月 25 日，针对宝安、龙岗两区政府在 2004 年 10 月 28 日(即《关于坚决查处违法建筑和违法用地的决定》发布实施之日）之前各自开展的旧城旧村改造项目，深圳市人民政府发布《关于宝安龙岗两区自行开展的新安翻身工业区等 70 个旧城旧村改造项目的处理意见》(深府〔2006〕258 号)，规定该 70 个项目中，符合《城中村改造暂行规定》及《关于深圳市城中村（旧村）改造暂行规定的实施意见》《关于推进宝安龙岗两区城中村（旧村）改造工作的若干意见》的部分，按有关政策收取地价；其余部分，按公告基准地价标准收取地价。

（6）2007 年 2 月 7 日，为加强深圳市城中村（旧村）改造扶持资金管理，深圳市人民政府印发了《深圳市城中村（旧村）改造扶持资金管理暂行办法》（深府〔2007〕24号），确定在政府投资项目计划外，由深圳市人民政府每年在深圳市国土基金中安排专门用于扶持城中村（旧村）改造的非赢利性资金，并明确该项扶持资金的用途、申请条件及使用计划。

（7）2007年3月30日，深圳市人民政府发布实施《关于工业区升级改造的若干意见》（深府〔2007〕75号），鼓励对不符合工业布局规划和现代工业发展要求的工业区，不符合安全生产和环保要求的工业区，建筑容积率偏低、土地利用率低的工业区以及内部规划不合理、基础设施不完善、建筑质量差的工业区实施升级改造，主要采取综合整治和重建两种方式。

（8）2008年3月1日，为积极稳妥推进宝安、龙岗两区城中村（旧村）改造工作，贯彻落实《关于推进宝安龙岗两区城中村（旧村）改造工作的若干意见》《关于宝安龙岗两区自行开展的新安翻身工业区等70个旧城旧村改造项目的处理意见》要求，深圳市人民政府办公厅又发布了《关于开展宝安龙岗两区城中村（旧村）全面改造项目有关事项的通知》（深府办〔2008〕25号），明确了宝安、龙岗两区城中村（旧村）全面改造项目的改造范围及调整程序，并就城中村（旧村）改造项目改造专项规划的报批程序、“旧屋村”的认定标准和审定程序、原农村集体经济组织及其继受单位尚未落实的各类非农建设用地指标处理等事项提出了处理意见。

（9）2008年3月6日，深圳市人民政府办公厅发布实施《关于推进我市工业区升级改造试点项目的意见》（深府办〔2008〕35号），对工业区升级改造的原则和前提条件、改造规划编制以及改造主体等提出明确要求。2008年9月9日，深圳市人民政府办公厅印发《关于加快推进我市旧工业区升级改造的工作方案》（深府办〔2008〕93号），对升级改造的原则、方法、步骤及配套政策提出要求。

正是在前述一系列有关城中村（旧村）、工业区改造的政策规定基础上，2009年10月22日，深圳市人民政府四届第一四六次常务会议审议通过了《更新办法》。该办法的颁布实施，标志着深圳市土地规划管理政策由此又进入一个新的历史阶段——“后城市化”时期，即围绕深圳市城市更新，遵循政府引导、市场运作、规划统筹、节约集约、保障权益、公众参与的原则，进一步提升城市土地（包括地上、地下空间）的利用价值，创新土地二次开发利用机制，在努力协调、平衡各方利益的基础上，实现新一轮土地制度改革的目标。

## 第三节　拆除重建类城市更新项目主体间法律关系总述

城市更新是近年来深圳市房地产业最热门的话题之一，其发展远远超过了传统的空间规划水平。城市更新项目本身是一个系统而全面的项目，涉及众多因素和众多利益。本节通过介绍拆迁和重建城市更新项目各实体之间的法律关系，阐明各利益相关方在城市更新项目中的地位和作用，同时也为各利益主体更好地参与城市更新项目提供指引。

### 一、 城市更新中的法律关系简析

（一）三类主体

城市更新的拆迁和重建过程主要涉及三种主体：市场主体、权利主体和政府主体。市场主体主要指城市更新开发主体；权利主体包括更新单元范围内就土地及其附着物享有合法、非法权利的所有人及归属不明的权利人；政府主体主要包括深圳市及各区人民政府及其相关职能部门。拆除重建类城市更新整个过程，始终围绕这三类主体展开，并在三者之间产生盘根错节的法律关系，其中每一类法律关系都会成为影响城市更新成败的关键因素。

（二）四个阶段

拆除重建类城市更新项目实施流程大致分为四个阶段：计划立项阶段、规划审批阶段、实施主体确认阶段和土地使用权出让阶段。另外，土地使用权重新出让后的拆除重建也是拆除重建类城市更新的一个重要阶段，但为了突出拆除重建类城市更新的特点，该阶段在此不展开论述。在城市更新的立项和审批阶段，会有一个就整个项目的实施进行申报的主体，但该申报主体与第三个阶段的实施主体并不必然为同一主体，即在拆除重建类城市更新的过程中可能出现变换主体的情形。

### （三）两类法律关系

在城市更新过程中涉及的法律关系可分为行政法律关系和民事法律关系。行政法律关系主要有：项目立项、规划许可、土地出让等过程中申报及实施主体与主管部门之间的法律关系；民事法律关系主要有：拆迁补偿、合作开发、土地和建筑物权属等市场主体与权利主体之间的法律关系。在很多情况下，行政法律关系与民事法律关系二者存在交叉并存的情形。[①]

## 二、 拆除重建类城市更新中的行政法律关系

### （一）项目立项

在项目立项过程中，最主要的法律关系是申报主体与市、区两级政府城市更新主管部门之间建立的法律关系。这部分内容规定在《深圳市城市更新办法实施细则》（以下简称《更新办法实施细则》）（深府〔2012〕1号）第二章"城市更新规划与计划"及第五章"拆除重建类城市更新"中。

申报主体需按照城市更新的主管部门深圳市规划和国土资源委员会发布的更新单元计划申报指引的要求进行申报。申报主体按照指引的要求需提前做好城市更新范围的划定、合法用地占比的确定以及法定图则的制作等一系列前期工作，之后市、区两级主管部门会对申报进行详细审查，最终做出是否通过的决定。

1. 申报主体的确定

（1）权利主体自行申报。其中城市更新单元内用地属城中村、旧屋村或者原农村集体经济组织和原村民在城中村、旧屋村范围以外形成的建成区域的，可由所在原农村集体经济组织继受单位申报。

（2）权利主体委托单一市场主体申报。

（3）市、区政府相关部门申报。关于以旧住宅区为主的城市更新单元，应当由区政府组织开展现状调研、城市更新单元拟订、意愿征集、可行性分析等工作，由区城市更新职能部门申报。

---

① 参见杨道、谢伟：《深圳市拆除重建类城市更新项目主体间法律关系评析》，载《房地产导刊》2015年第22期。

2. 更新意愿的确定

申报更新单元计划的，城市更新单元内权利主体的城市更新意愿应当符合的条件如下：

（1）城市更新单元拆除范围内用地为单一地块，权利主体单一的，该主体同意进行城市更新；建筑物为多个权利主体共有的，占份额 2/3 以上的按份共有人或者全体共同共有人同意进行城市更新；建筑物区分所有的，专有部分占建筑物总面积 2/3 以上的权利主体且占总人数占建筑物总面积 2/3 以上且占总数量 2/3 以上的权利主体同意进行城市更新。拆除范围内用地包含多个地块的，符合上述规定的地块的总用地面积应当不小于拆除范围用地面积的 80%。

（2）城市更新单元内用地属城中村、旧屋村或者原农村集体经济组织和原村民在城中村、旧屋村范围以外形成建成区域的，须经原农村集体经济组织继受单位的股东大会表决同意进行城市更新；或者符合前述（1）项规定，并经原农村集体经济组织继受单位同意。

3. 更新单元条件的满足

申报更新单元计划除应满足主体和意愿要求以外，还应同时满足已拟订城市更新单元的要求，即法定图则已划定城市更新单元；或者未划入城市更新单元的特定城市建成区具有《更新办法实施细则》第 31 条规定的情形，确需进行拆除重建类城市更新，已自行拟订城市更新单元。

《更新办法实施细则》第 31 条规定："《办法》第二条第二款第（一）项规定的'城市的基础设施、公共服务设施亟需完善'，是指城市基础设施、公共服务设施严重不足，按照规划需要落实独立占地且用地面积大于 3000 平方米的城市基础设施、公共服务设施或者其他城市公共利益项目。《办法》第二条第二款第（二）项规定的'环境恶劣或者存在重大安全隐患'，主要包括下列情形：（一）环境污染严重，通风采光严重不足，不适宜生产、生活。（二）相关机构根据《危险房屋鉴定标准》鉴定为危房集中，或者建筑质量有其他严重安全隐患。（三）消防通道、消防登高面等不满足相关规定，存在严重消防隐患。（四）经相关机构鉴定存在经常性水浸等其他重大安全隐患。《办法》第二条第二款第（三）项规定的'现有土地用途、建筑物使用功能或者资源、能源利用明显不符合社会经济发展要求，影响城市规划实施’，主要包括下列情形：（一）所在片区规划功能定位发生重大调整，现有土地用途、土地利用效率与规划功能不符，影响城市规划实施。（二）属于本市禁止类和淘汰类产业，能耗、水耗、污染物排放严重超出国家、省、市相关标准的，或者土地利用效益低下，影响城市规划实施并且可以进行产业升级。（三）其他严重影响城市近期建设规划实施的情形。”

（二）规划许可

主管部门批准更新单元计划后，申报主体应委托具有相应资质的机构结合主管部门土地核查结果，编制城市更新单元规划并报主管部门审批。这一阶段的申报与审批属于申报主体与主管部门之间的行政法律关系。

1. 对土地及建筑物进行核查汇总

更新单元计划经市政府批准后，在城市更新单元规划编制之前，计划申报主体应当向主管部门申请对城市更新单元范围内的土地及建筑物信息进行核查、汇总。主管部门根据计划申报主体提供的土地使用权出让合同、用地批复、房地产证、旧屋村范围图、建设工程规划许可证、测绘报告、身份证明等材料，对城市更新单元范围内土地的性质、权属、功能、面积等进行核查，在20个工作日内将核查结果函复计划申报主体，并对地上建筑物的性质、面积等信息进行核查和汇总。城市更新单元内土地和建筑物需完善手续的，应当尽快按照相关程序加以完善。

2. 编制城市更新单元规划

计划申报主体应当委托具有相应资质的机构，结合主管部门的土地核查结果，编制城市更新单元规划并报主管部门审查。

土地及建筑物信息核查和城市更新单元规划的报批应当在更新单元计划公告之日起1年内完成。逾期未完成的，主管部门可以按有关程序进行更新单元计划清理，将该城市更新单元调出计划。

3. 城市更新单元规划批准的法律效力

城市更新单元规划的批准视为已完成法定图则相应内容的编制和修改。经批准的城市更新单元规划是相关行政许可的依据。

### （三）土地出让

城市土地流转更新过程中最重要的法律关系是实施单位与主管部门签订土地使用权转让协议过程中的行政法律关系。关于土地使用权转让协议是民事协议还是行政协议存在争议。一种观点认为，从所有权的角度来看，当国家和政府在国有资产的基础上参与各种民事关系时，它们的身份自然是民事主体。另一种观点认为，在界定国有土地使用权转让协议的性质时，不能仅仅从所有权的角度出发。判断的关键取决于谁有权及以何种方式转让。笔者认为，国有土地使用权转让协议应属于行政法律关系，并受行政法调整，主要原因如下：

（1）第一，根据现行法律规定，国有土地使用权转让协议的一方主体，即出让方为市、县人民政府土地管理部门。第二，政府和其他行政机关代表国家签订国有土地使用权转让协议的目的是实现土地资源使用的有效管理。在有限的土地资源上进行有效分配，不同于民间实体追求利润最大化。第三，内容是强制性的。如《更新办法实施细则》第12条第（三）项规定："城市更新单元内可供无偿移交给政府，用于建设城市基础设施、公共服务设施或者城市公共利益项目等的独立用地应当大于3000平方米且不得小于拆除范围用地面积的15%。城市规划或者其他相关规定有更高要求的，从其规定。"第四，在程序方面，行政机关依据《中华人民共和国行政许可法》（以下简称《行政许可法》）第53条第3、4款的规定，在通过招标和拍卖等竞争性方式确定中标人或买受人后，应作出授予行政许可的决定并依法向中标人、买受人颁发行政许可证件。行政机关违反上述规定，损害申请人合法权益的，申请人可以依法申请行政复议或者提起行政诉讼。该程序反映了公开、公平和公正的原则，并具有强有力的行政法效力。第五，为了保证政府机关能有效监督合同的履行，规定了政府可以通过单方变更解除合同，并无偿收回国有土地使用权。如《房地产管理法》（1994年版）第26条，《城镇国有土地使用权出让和转让暂行条例》第17条。

（2）根据《行政许可法》第12条第2款的规定，国有土地使用权作为有限自然资源，其转让是行政许可。国有土地使用权转让协议是协商民主和易于实施的一种协议形式，实际上是行政许可转换的一种形式。因此，以协议形式转让国有土地使用权并不会改变政府行使土地管理权的性质。这种协议的行政性质不能仅仅从所有权的角度予以否定，而应取决于谁拥有所有权以及所有权如何分配。

(3) 现代行政活动多样性和复杂性并存。借用私法领域的协议等手段，可以更好地实现传统权力手段无法实现的行政目的。行政协议正是其中的最主要代表，它的出现产生了另一种公法和私法融合的趋势。这意味着规范公共行政的法律法规也可以适用一些与公共行政不一致的私法规则，同时保持公法的属性，从而最大限度地发挥潜力，共同解决现有问题。现已将国有土地使用权转让协议明确界定为行政协议。它不仅可以有效解决政府机构及其工作人员长期以来不能通过简单适用私法规则来阻止国有土地流转中的腐败和滥用权力的问题，还可以最大限度地发挥私法规则的功能，更好地代表捐助者和相关利益攸关方的主观地位，确实保护其合法权益。

综上，国有土地使用权转让协议是国有土地使用权的特许使用和管理方式。实现国有土地合理有效利用需要在行政管理、法律法规的基础上，在政府与用户之间达成共识的基础上，达成协议。

### (四) 土地和建筑物权属

根据深圳市有关政策规定，拟申报的城市更新单元，拆除范围内权属清晰的合法土地面积占拆除重建范围用地面积的比例应当不低于60%。在城市更新过程中，合法用地的认定主要为土地及建筑物信息核查过程中违法建筑、历史遗留建筑的权属确认，其在性质上属于权利主体与政府主体之间行政确权法律关系。一般情况下，以下用地可被认定为合法用地。

1. 国有用地

主要指国有已出让用地、行政划拨用地和已办理房地产权登记的用地。

2. 非农建设用地

指为保障原农村集体经济组织生产生活需要，促进其可持续发展，根据有关法律法规和政策规定，由规划国土主管部门核准的原农村集体经济组织保留使用的土地。包括根据深圳市人民政府 1993 年发布的《深圳市宝安、龙岗区规划、国土管理暂行办法》、2004 年发布的《深圳市宝安龙岗两区城市化土地管理办法》划定的非农建设用地，以及已批准的同富裕工程用地、扶贫奔康用地、固本强基用地等。

3. 征地返还用地

指政府征收原农村集体所有的土地或拆迁集体物业后，返还给原农村集体经济组织的建设用地。

4. 旧屋村用地

指在《关于发布〈深圳市宝安、龙岗区规划、国土管理暂行办法〉的通知》实施前已经形成且现状仍为原农村旧（祖）屋的集中居住区域，经深圳市规划和国土资源委员会依据《深圳市拆除重建类城市更新单元旧屋村范围认定办法》(深规土规〔2018〕1号）认定的属于旧屋村的用地范围。

5. 已经处理的历史遗留违法用地

已经处理的历史遗留违法用地包括两类：一是按照“两规”处理的1999年3月5日以前建设的历史遗留违法私房或违法建筑所占用地；二是按照深圳市人民代表大会常务委员会《关于农村城市化历史遗留违法建筑的处理决定》和《〈深圳市人民代表大会常务委员会关于农村城市化历史遗留违法建筑的处理决定〉试点实施办法》处理的历史遗留违法用地。

6. 其他经规划国土部门认定或处理的合法用地

拆除范围内权属清晰的合法土地面积占拆除范围用地面积的比例不足60%的，可按相关规定申请调整非农建设用地，或按深圳市农村城市化历史遗留违法建筑的相关规定对范围内的相关房屋进行处理，以提高拆除重建范围内权属清晰的合法土地的比例。

## 三、拆除重建类城市更新中的民事法律关系

### （一）搬迁补偿安置

搬迁补偿及其后续安置是拆除重建类城市更新项目实施过程中的重要环节，主要指项目意向实施主体按照统一的搬迁补偿安置标准与拆除范围内建筑物及其附属物的权利主体签署搬迁补偿安置协议，按照协议约定对被搬迁物业进行拆除并以货币或回迁物业方式向被实施主体进行补偿的过程。搬迁补偿安

置关系在性质上属于民事法律关系，实施主体与权利主体之间法律地位完全平等，实施主体与权利主体在更新单元实施方案的指导下，双方遵循平等、公平的原则签订搬迁补偿安置协议。

1. 对搬迁补偿安置协议主体的认定

指实施主体通过查询被搬迁物业权属登记信息、收集权属证明文件等方式对权利主体身份及其与被搬迁物业权属关系进行确认的过程。

（1）主体认定的依据

权利主体提供的权属证明文件系主体认定的主要依据，包括但不限于：

①土地来源证明文件，包括房地产权属证书、租赁法律文件等；

②房屋来源证明文件，包括房地产权属证书、转让法律文件、合作建房法律文件等；

③按照历史遗留违法建筑相关规定进行申报的证明文件，包括申请回执、意见书及其他认定文件等；

④原村民住宅建设申报文件，包括《建设用地规划许可证》《建设工程规划许可证》《居民（私人）兴建住宅用地批准通知书》等；

⑤其他与取得被搬迁物业权属有关的证明材料。

（2）主体认定的内容

权利主体提供的权属证明文件中载明的权属信息系确权的主要内容，包括但不限于：

①权利主体基本信息；

②建筑物及土地基本情况；

③租赁情况及实际使用主体基本信息；

④他项权基本情况；

⑤其他需要重点关注的权属信息。

（3）主体认定的方式

由于城市更新项目中被搬迁物业的权属性质较为复杂，一般情况下根据被搬迁物业是否已办理产权登记通过以下方式进行确权：

①已办理产权登记的，即取得房地产权属证书的被搬迁物业，需到深圳市房地产登记查询点（即深圳市市级、区级不动产登记中心）查询产权登记清

单、抵押登记清单、查封登记清单等，以核实登记权利主体与申报权利主体是否一致，并以登记权利主体认定为被搬迁物业的权利主体。此外还需关注被搬迁物业是否存在协议转让、司法纠纷等情形，并做个案处理。

②未办理产权登记的，即未取得房地产权属证书的被搬迁物业，此类物业的确权工作较为复杂，其中深圳市宝安区、龙岗区及坪山新区已经提出了较为明确的认定方式，基本原则为由被搬迁物业所属土地的权利人、原农村集体经济组织继受单位、社区工作站、街道办事处等相关主体出具经公示的权属确认文件。在实践中，因权属认定标准的不统一及流程的不明晰导致相关主体在出具权属证明文件时较为谨慎，并且存在较多个性化的问题难以解决，对未办理产权登记的被搬迁物业确权规程目前仍在探索中。

2. 搬迁补偿安置协议约定的内容

搬迁补偿安置协议约定的内容应包括：

①补偿方式；

②补偿金额和支付期限；

③回迁房屋的面积、地点和登记价格；

④搬迁期限、搬迁过渡方式和过渡期限；

⑤协议生效的时间和条件；

⑥对房地产权属证书注销后附着于原房地产的义务和责任的承担。包括约定相应房地产权益由搬迁人承受、在办理房地产权属证书注销之前向搬迁人提交被搬迁房屋的房地产权属证书及注销房地产权属证书委托书或提交相应的产权证明文件及房地产权益由搬迁人承受的声明书等相关事项。

3. 搬迁补偿安置协议的签订

搬迁补偿安置协议的签订可以由公证机构进行公证。实施主体应当及时将已签订的搬迁补偿安置协议报区城市更新职能部门备案。

4. 完成建筑物拆除及房屋产权证书注销

建筑物拆除后，应当及时向区城市更新职能部门申请就建筑物拆除情况进行确认，并向房地产登记部门申请办理房地产权属证书的注销登记。

（二）合作开发

合作开发指股份合作公司以更新范围内的自有房地产权益价值作价入股与

其他企业合作，共同作为实施主体开展城市更新、参与项目经营管理，并获得股东权益。合作双方在平等、共赢的前提下展开谈判，最终签订合作协议。双方的合作关系属于民事法律关系。

1. 合作主体的确认

股份合作公司董事会按照公开、公平、公正原则，选择有实力、有经验、有信誉、有资质的意向合作方并签订合作意向书。一般来讲，参与股份合作公司城市更新项目的合作方，需具备如下条件：

（1）具备房地产项目开发资质和成功经验。

（2）资产质量好，净资产规模在人民币1亿元以上，原则上资产负债率不得高于现行业平均水平，或直接规定负债率不高于50%。

（3）具有良好的诚信记录与业绩。合作意向书需提交公司董事会、集体资产管理委员会、股东代表大会或项目所涉及的居民小组一级分公司、子公司股东会议进行表决确认。合作意向书按社区股份合作公司章程规定的特别决议程序通过，报所在街道办事处审查同意后签订。

2. 编制和报批城市更新单元规划

股份合作公司自行或委托意向合作方依循程序到相关部门申报城市更新计划和单元规划。委托意向合作方申报城市更新计划和单元规划等事项的，在通过公开招标、拍卖、挂牌或竞争性谈判选定合作方时，同等条件下，意向合作方享有项目合作优先权；意向合作方通过程序未被选定为合作方的，项目前期费用由社区股份合作公司承担，且双方应约定在该项目实际开发后由股份合作公司支付上述费用。

3. 引进合作方程序

（1）公开招投标方式。一般应在项目所在地区政府采购中心或区政府认可的其他交易服务平台进行。

（2）竞争性谈判方式。采取竞争性谈判方式的，相应的股东代表大会表决通过率要求更高。

4. 签订正式合作协议并备案

股份合作公司按照股东代表大会审议和街道办事处审查通过的合作事项，与合作方签订合作协议。街道办事处在审查同意后15日内将审查情况及相关资料抄报区国有资产监督管理委员会。

## 第四节　深圳市城市更新法规政策概况

### 一、《更新办法》及《更新办法实施细则》

2009年10月22日，深圳市人民政府四届第一四六次常务会议审议通过了《更新办法》。自此，深圳市首次在政府规章中明确提出“城市更新”的概念，将之前深圳城市化进程中相关法规政策性文件中提及的旧工业区、旧商业区、旧住宅区、城中村及旧屋村等城市区域统一概括为“特定城市建成区”，并将符合规定条件的主体对该等“特定城市建成区”依规定程序所进行的综合整治、功能改变或者拆除重建的活动概括定义为“城市更新”，使之成为具有特定法律意义的概念。

2012年1月21日，深圳市人民政府印发了《更新办法实施细则》，自发布之日起施行。

2016年11月12日，深圳市人民政府六届五十三次常务会议审议通过了《关于修改〈深圳市城市更新办法〉的决定》(深圳市人民政府令第290号)。

自《更新办法》于2009年12月1日实施以来，深圳市人民政府及其相关部门、各区政府（含新区管理机构）又先后制定并颁行了一系列有关城市更新的规范性文件，构成了深圳市城市更新的法规政策体系。

在此，本节仅就《更新办法》及《更新办法实施细则》的规定，从法律关系角度，对深圳市现行城市更新有关政策内容做一简要介绍。关于城市更新的基本规则主要有以下几点。

#### （一）确定开展城市更新的条件，实行准入审查制度

根据《更新办法》第2条的规定，并非所有特定城市建成区（含旧工业区、旧商业区、旧住宅区、城中村及旧屋村）都可以申请开展城市更新活动，其必须符合及满足下列条件之一：（1）城市的基础设施、公共服务设施亟需完善；（2）环境恶劣或者存在重大安全隐患；（3）现有土地用途、建筑

物使用功能或者资源、能源利用明显不符合社会经济发展要求，影响城市规划实施；(4) 依法或者经市政府批准应当进行城市更新的其他情形。对前三项条件，《更新办法实施细则》第 31 条分别进行了具体的解释或界定，并在第 23 条对实施功能改变类城市更新的条件提出了特别要求。2016 年 12 月 29 日，深圳市人民政府办公厅在其发布的《关于加强和改进城市更新实施工作的暂行措施》中，从优化计划管理，拓展城市更新范围的角度，对拟开展拆除重建类城市更新的项目就合法用地所占比例、所涉建筑物建成年限等条件提出了更明确的要求。各区（含新区）在其颁行的城市更新实施性文件中，又对申报各类城市更新项目所需具备或满足的条件作了详细规定。

### （二）实行城市更新单元专项规划和年度计划管理

《更新办法》第 4 条第 1 款规定："城市更新应当符合国民经济和社会发展总体规划，服从城市总体规划和土地利用总体规划。城市更新实行城市更新单元规划和年度计划管理制度。"第二章"城市更新规划与计划"明确提出更新单元的概念，并对更新单元的划定及其与法定图则的关系、更新单元规划编制的基本要求等作出指引。《更新办法实施细则》第 10 条明确规定："主管部门依据全市城市总体规划和土地利用总体规划，定期组织编制全市城市更新专项规划，指导全市范围内的城市更新单元划定、城市更新计划制定和城市更新单元规划编制。"城市更新单元规划制定计划实行常态申报机制。在此条件下，纳入更新单元规划年度制定计划，即成为具体更新项目能否顺利推进的前提条件。就城市更新单元划定及其专项规划编制等问题，深圳市规划和国土资源委员会制定了几个技术性的规范指引性文件，且在不断修订中，是相关更新项目申报主体需要参考的重要依据。

### （三）推行综合整治、功能改变和拆除重建等多种更新改造方式

《更新办法》及《更新办法实施细则》均对这三种更新改造方式适用的对象、范围或条件作出了界定或指引性规定。虽然在实践中，相关权利主体和投资主体更多关注拆除重建类更新方式和项目，但从政府的立法宗旨和目标来看，相关政策导向更倾向于采取综合整治和功能改变这两种更新改造方式。深圳市人民政府在 2016 年 11 月发布的城市更新纲领性文件《深圳市城市更新

“十三五”规划》中，即明确提出在未来五年规划期内，争取完成各类城市更新用地规模30平方公里，其中，拆除重建类更新用地供应规模为12.5平方公里，而非拆除类（即综合整治类和功能改变类）更新用地规模为17.5平方公里。

（四）在改造主体多元化基础上实行单一实施主体制度

《更新办法》第5条规定：“城市更新可以依照有关法律法规及本办法的规定分别由市、区政府、土地使用权人或者其他符合规定的主体实施。”其中第21条规定，“综合整治类更新项目由所在区政府制定实施方案并组织实施”；功能改变类更新项目则由土地使用权人及/或建筑物区分所有权人依法申报实施；对拆除重建类项目，除鼓励权利人自行改造和政府组织实施之外，实行单一实施主体制度。

对此，《更新办法》第31—33条作了具体规定。第31条规定：“拆除重建类城市更新项目范围内的土地使用权人与地上建筑物、构筑物或者附着物所有权人相同且为单一权利主体的，可以由权利人依据本办法实施拆除重建。”第32条规定：“拆除重建类城市更新项目范围内的土地使用权人与地上建筑物、构筑物或者附着物所有权人不同或者存在多个权利主体的，可以在多个权利主体通过协议方式明确权利义务后由单一主体实施城市更新，也可以由多个权利主体签订协议并依照《中华人民共和国公司法》的规定以权利人拥有的房地产作价入股成立公司实施更新，并办理相关规划、用地、建设等手续。”第33条规定：“同一宗地内建筑物由业主区分所有，经专有部分占建筑物总面积三分之二以上的业主且占总人数三分之二以上的业主同意拆除重建的，全体业主是一个权利主体……”

为指导拆除重建类项目顺利形成单一实施主体，《更新办法实施细则》第45条第1款规定：“城市更新单元规划经批准后，区政府应当依据近期建设和土地利用规划年度实施计划确定的本辖区城市更新年度土地供应规模，按照已批准的城市更新单元规划，组织制定更新单元的实施方案，并组织、协调实施方案的落实。”而在区政府制定的实施方案中，即包括单一主体形成指导方案；且单一主体形成后，还应当按规定要求和程序向区城市更新职能部门申请

实施主体资格确认（《更新办法实施细则》第 49 条）

值得关注的是，《更新办法实施细则》第 70 条规定："市、区政府可以通过房屋征收、土地和房地产收购等方式对城市更新单元内的用地进行整合，采用招标、拍卖、挂牌等公开方式出让土地使用权或者成立、授权相关城市更新实施机构具体实施拆除重建类城市更新项目。"该条规定意味着，市、区政府可以基于公共利益和实施城市规划的需要，依法采取房屋征收或房地产收购的方式，自行组织实施拆除类城市更新活动。

根据《更新办法实施细则》第 73 条第 1 款的规定，"市场主体通过房地产作价入股、签订搬迁补偿安置协议、房地产收购等方式，已取得项目拆除范围内建筑面积占总建筑面积 90%以上且权利主体数量占总数量 90%以上的房地产权益时，可以申请由政府组织实施该项目"。但能否获得政府同意，则由"政府对项目实施的紧迫性和可行性、市场主体提供的收购补偿方案的真实性和合理性、剩余房地产权益取得的可实施性等因素进行统筹考虑和综合判断，决定是否组织实施"。

对涉及城中村改造的更新项目，则在确定单一市场主体实施的基础上，准许原农村集体经济组织继受单位（即现社区股份合作公司）与单一市场主体通过签订改造合作协议的方式合作实施。

（五）以协议方式出让拆除重建项目用地

《更新办法》第 34 条规定："权利人拆除重建类更新项目的实施主体在取得城市更新项目规划许可文件后，应当与市规划国土主管部门签订土地使用权出让合同补充协议或者补签土地使用权出让合同，土地使用权期限重新计算，并按照规定补缴地价。"该规定事实上默许了或者说恢复了以前的土地使用权协议出让方式，甚至有观点认为这是对国家现有土地招拍挂制度的变通，即开发商可以不经过招拍挂程序而以协议出让方式获得城市更新项目用地。值得关注的是，虽然是协议出让，但《更新办法》及《更新办法实施细则》将更新项目用地的利用与更新单元范围内城市基础设施、政策性用房（含保障性住房、创新性产业用房）建设以及历史遗留违法用地、违法建筑的处理结合起来，并通过地价进行调节，在此意义上，应该认为这是深圳市城市更新制度中具有改革创新意义的规定。

（六）对特定条件下的城市更新项目用地实行土地使用权收回制度

《更新办法》第28条规定："根据城市更新单元规划的规定，城市更新单元内土地使用权期限届满之前，因单独建设基础设施、公共服务设施等公共利益需要或者为实施城市规划进行旧城区改建需要调整使用土地或者具备其他法定收回条件的，由市规划国土主管部门依法收回土地使用权并予以补偿。"

参照2011年1月21日生效的《国有土地上房屋征收与补偿条例》的相关规定，《更新办法实施细则》第71条第1款规定："根据城市发展需要和全市城市更新专项规划等规划的要求，为实施城市规划，由政府组织对具有危房集中、基础设施落后等情形的区域进行城市更新，需要调整使用土地的，政府相关部门应当按照《国有土地上房屋征收与补偿条例》进行房屋征收。"

针对实践中出现的搬迁谈判"僵局"，《更新办法实施细则》第71条第2款还规定："拆除重建类城市更新项目在城市更新单元规划批准两年后，仍因搬迁谈判未完成等原因未能确认项目实施主体，经综合判断确有实施的必要性和紧迫性，且符合《国有土地上房屋征收与补偿条例》相关规定的，可以优先纳入征收范围。"

除依法应当收回之外，根据《更新办法》的规定，深圳市人民政府还可以根据城市更新的需要组织进行土地使用权收购。

除上述几项制度规定外，深圳市现行城市更新制度中还有与农村城市化历史遗留问题有关的城中村、旧屋村范围划定规则，原历史遗留违法用地和违法建筑清理与城市更新项目结合处理的规则，更新单元范围内土地出让地价标准测定及修正规则等，本节在此不逐一展开说明。

## 二、深圳市现行棚户区改造政策简介

（一）深圳市棚户区改造政策的背景和由来

"棚户区改造"与"城市更新"一样，也不是一个严格意义上的法律概念。2004年，辽宁省即在全国率先启动大规模的棚户区改造。2005年，在东北三省实施振兴战略中相继开展了大规模的棚户区改造工程。

2007 年 8 月 7 日，国务院发布《关于解决城市低收入家庭住房困难的若干意见》(国发〔2007〕24 号)，要求“以城市低收入家庭为对象，进一步建立健全城市廉租住房制度，改进和规范经济适用住房制度，加大棚户区、旧住宅区改造力度，力争到‘十一五’期末，使低收入家庭住房条件得到明显改善，农民工等其他城市住房困难群体的居住条件得到逐步改善”。这是目前所能见到的正式提出“棚户区改造”概念的第一份国务院规范性文件。由此可见，棚户区改造作为一项政策，最早着眼于解决低收入家庭住房困难。

2009 年 12 月 24 日，为贯彻落实《关于解决城市低收入家庭住房困难的若干意见》的精神，国家住房和城乡建设部、国家发展和改革委员会、财政部、国土资源部和中国人民银行联合发布了《关于推进城市和国有工矿棚户区改造工作的指导意见》(建保〔2009〕295 号)，将推进城市和国有工矿棚户区改造工作提高到了改善民生、完善城市功能和促进经济社会协调发展的高度，要求把改善群众的居住条件作为城市和国有工矿棚户区改造的根本目的，并从资金筹措、税费政策、土地供应和补偿安置等方面提出了原则性要求。

2012 年 12 月 12 日，国家住房和城乡建设部、国家发展和改革委员会、财政部、农业部、国家林业局、国务院侨务办公室、中华全国总工会联合发布了《关于加快推进棚户区（危旧房）改造的通知》（建保〔2012〕190 号)，第一次在政府部委规范性文件中，将“城市棚户区（危旧房）”界定为“城市规划区范围内，简易结构房屋较多、建筑密度较大，使用年限久，房屋质量差，建筑安全隐患多，使用功能不完善，配套设施不健全的区域”。

2013 年 7 月 4 日，国务院发布《关于加快棚户区改造工作的意见》，明确指出棚户区改造是重大的民生工程和发展工程，要重点推进资源枯竭型城市及独立工矿棚户区、三线企业集中地区的棚户区改造，稳步实施城中村改造，并从城市棚户区改造、国有工矿棚户区改造、国有林区棚户区改造和国有垦区危房改造方面提出了明确的工作目标，在强调政府各项政策支持的同时，鼓励民间资本参与其中。

2014 年 7 月 21 日，国务院办公厅发布了《关于进一步加强棚户区改造工作的通知》，在贯彻落实《关于加快棚户区改造工作的意见》精神的基础上，从规划、质量安全和配套建设等方面对棚户区改造提出了原则要求。

2014年，国家住房和城乡建设部办公厅制定并下发了《关于棚户区界定标准有关问题的通知》，从专业技术、有关国家标准、房屋使用年限等角度，对各类棚户区的界定标准作出指引，明令禁止将因城市道路拓展、历史街区保护、文物修缮等带来的房屋征收（拆迁）改造项目纳入城市棚户区改造范围。该通知下发后，国内很多省市住建部门均据此制定了各地对棚户区的界定标准和改造项目审批程序的规定。

广东省人民政府在2014年2月7日发布《关于加快棚户区改造工作的实施意见》（粤府〔2014〕2号）之后，又先后制定并发布了《广东省棚户区改造规划（2014—2017）》（粤建保〔2014〕120号）和《广东省城市和国有工矿棚户区改造界定标准》等政策性文件。

从上述有关棚户区改造的政策性文件规定来看，所谓棚户区，一般是指城市建成区范围内建筑结构简单、平房密度大、使用年限久远、房屋质量差、人均建筑面积小、基础设施配套不齐全、交通不便利、治安和消防隐患大、环境卫生脏、乱、差的区域。按其所处位置及使用功能，又可分为国有工矿棚户区、国有林区棚户区、国有垦区危房和城市棚户区四大类。由于深圳市并没有传统意义上的国有工矿棚户区、国有垦区危房，除原光明新区（国务院已于2018年5月25日批准成立深圳市光明区）存在部分华侨农场危房外，主要属于城市棚户区。

2016年6月16日，经深圳市人民政府批准，深圳市住房和建设局印发了《深圳市棚户区改造项目界定标准》。在此之前的6月6日，深圳市住房和建设局、深圳市财政委员会联合制定并印发了《深圳市政府购买棚户区改造服务管理办法》（深建规〔2016〕7号）。

2016年12月29日，深圳市人民政府办公厅在其发布的《关于加强和改进城市更新实施工作的暂行措施》（深府办〔2016〕38号）中，亦作出了"对使用年限较久、房屋质量较差、建筑安全隐患较多、使用功能不完善、配套设施不齐全等亟需改善居住条件的成片旧住宅区，符合棚户区改造政策的，按照棚户区改造相关规定实施改造"的政策性安排［参见"（六）稳步推进旧住宅区更新"］。

2018年3月26日，深圳市住房和建设局在其官方网站上发布《关于加强棚户区改造工作的实施意见（征求意见稿）》。

2018年5月17日，深圳市人民政府发布《关于加强棚户区改造工作的实施意见》(深府规〔2018〕8号)，就棚户区改造的政策适用范围、搬迁安置补偿和奖励标准、项目实施模式、组织机构及其职责分工、工作流程和保障措施等问题作出具体规定。自此，深圳市在政府部门规范性文件层面初步建立起棚户区改造的政策体系。

### （二）深圳市现行棚户区改造政策的主要内容

1. 适用范围

2016年由深圳市住房和建设局颁行的《深圳市棚户区改造项目界定标准》，将棚户区改造项目界定为“指位于深圳市范围内使用年限较久、房屋质量较差、建筑安全隐患较多、使用功能不完善、配套设施不齐全等危旧住宅、住宅区和城中村改造项目”主要包括以下区域（含已纳入城市更新计划的改造项目)：(1) 房屋结构简易，影响城市规划实施和有碍城市景观，使用年限超过30年的危旧房屋；(2) 按照《房屋完损等级评定标准》和《危险房屋鉴定标准》(JGJ125-99) 的规定，经专业机构评定属于危险房屋或严重损坏房屋；(3) 房屋使用功能不全，包括房屋室内空间和设施不能满足安全和卫生要求（无集中供水、无分户厨卫)；排水、交通、供电、供气、通信、环卫等配套基础设施不齐全或年久失修；(4) 位于二线插花地斜坡类地质灾害易发区，存在安全隐患，建筑密度较大，房屋破旧拥挤，消防设施不健全，道路狭窄，电气线路老化、电气安装不规范等。

该等界定标准，与国家住房城乡建设部办公厅制定并下发的《关于棚户区界定标准有关问题的通知》中所提出的界定标准是基本相符的。

至于如何判断某一改造项目是否符合上述界定标准，深圳市棚户区改造项目界定标准提出了几项具体考量依据：(1) 具有相关资质的地质灾害评估机构出具的地质灾害危险性评估报告；(2) 具有房屋安全鉴定相关专业机构出具的危房鉴定报告；(3) 具有相关资质的消防安全评价机构出具的消防安全评估报告；(4) 具有相关资质的规划设计机构出具的基础设施和公共服务设施建设评估报告；（5）符合一定条件且取得《城市更新单元规划》批复。只要具备上述任何一项报告或批复，均可作为棚户区改造项目的界定依据。

相比之下，2018 年 5 月 17 日深圳市人民政府办公厅发布的《关于加强棚户区改造工作的实施意见》，则将棚户区改造政策的适用范围定位于深圳市范围内使用年限 20 年以上，且符合或满足“存在住房质量、消防等安全隐患”“使用功能不齐全”“配套设施不完善”这三个条件之一的老旧住宅区。即其政策适用范围侧重于老旧住宅区，使用年限由 30 年以上缩短至 20 年以上。在同日发布的《关于加强棚户区改造工作的实施意见》官方解读中，深圳市住房和建设局还就“存在住房质量、消防等安全隐患”“使用功能不齐全”“配套设施不完善”这三个条件作了具体解释和界定。

同时，《关于加强棚户区改造工作的实施意见》还作了几点例外规定：

其一，虽然使用年限不足 20 年，但按照《危险房屋鉴定标准》（JGJ125-2016）的规定鉴定危房等级为 D 级的住宅区，经区政府（含新区管理机构）批准，可以纳入棚户区改造政策适用范围。根据《危险房屋鉴定标准》（JGJ125-2016）的规定，房屋危险程度可分为 A、B、C、D 级，其中 D 级危房是指承重结构已不能满足安全使用要求，房屋整体处于危险状态，构成整幢危房。

其二，符合《关于加强和改进城市更新实施工作的暂行措施》第 6 条的规定，但无法独立进行改造的零散旧住宅区，可以不纳入棚户区改造政策适用范围。

其三，鼓励各区政府根据实际情况，探索将辖区内具备改造条件的城中村、旧屋村有序纳入棚户区改造政策适用范围。即在农村城市化过程中形成的城中村、旧屋村是否纳入棚户区改造范围，由区政府根据各区实际情况自行决定，可先试点，在取得成功经验后再逐步推行。

无论是老旧住宅区，还是城中村、旧屋村，均可能存在依《更新办法》及《更新办法实施细则》所确定的更新规则进行改造的可能。在此情形下，最终采用何种改造模式、适用何种改造政策，将由所在辖区政府依职权确定。

2. 实施模式

《关于加强棚户区改造工作的实施意见》明确棚户区改造系以公共利益为目的，主要采取拆旧建新的方式，由各区政府主导，以人才住房专营机构为主，其他企业可以参与。棚改项目在满足基础设施及公共服务配套设施要求的基础上，其住宅部分除用于搬迁安置住房以外，应当全部用作人才住房和保障性住房，以租为主，租售并举，且统一由人才住房专营机构运营管理。有业界人士将该种模式解读为“政府主导+国企实施+人才住房”模式，因为市、区政府所属“人才住房专营机构”即是以国有企业形式成立的，并在事实上被授予了人才住房和保障性住房的“特许经营权”。但是，据官方解释，其他市场主体仍有机会通过招标方式成为某一具体棚改项目的实施主体。

该等实施模式下的“拆旧建新”，与城市更新项下的“拆除重建”，二者的改造方式虽然相同或相似，但无论是实施主体及其产生方式，还是项目建成后的不动产物权属性，都存在明显差别。在城市更新项下，单一实施主体取决于多种因素，普通市场主体均有机会参与其中；在项目建成后，所建住宅除搬迁安置住房、按比例配建的保障性住房和创新性政策住房外，均可取得完整产权并进入市场流通。

值得探讨的是，由于老旧住宅区以及城中村、旧屋村改造系以公共安全和公共利益为目的，《关于加强棚户区改造工作的实施意见》根据《国有土地上房屋征收与补偿条例》的规定明确“签约期限内达不成补偿协议，或者被征收房屋所有权人不明确的，由房屋征收部门报请作出房屋征收决定的市、县级人民政府依照本条例的规定，按照征收补偿方案作出补偿决定，并在房屋征收范围内予以公告”。政府意欲借行政强制力，通过房屋征收决定依法生效并获司法机关裁定准许强制执行，以引导棚户区改造顺利推进，避免出现城市更新模式下因不能满足所有业主同意而致项目难以按计划推进的情形。但房屋征收作为政府行政行为，亦需遵循其法定的行政程序。故在棚改程序进行中如何引入房屋征收程序，确实是一个需要进一步分析研究的问题。

3. 搬迁安置补偿方式及标准

根据《关于加强棚户区改造工作的实施意见》的规定，棚户区改造搬迁安置补偿采取货币补偿、产权调换以及货币补偿和产权调换相结合等方式，由权利主体自愿选择。

补偿标准由区政府制定并公示。其中，老旧住宅区的产权调换标准按照套内建筑面积 1∶1 或建筑面积不超过 1∶1.2 的比例执行。考虑到老旧住宅区业主改善居住条件的需要，《关于加强棚户区改造工作的实施意见》还明确各区政府可以根据项目的实际情况，允许权利主体每套住房增购不超过 10 平方米的建筑面积作为奖励，增购价格按照同项目的货币补偿标准计收。这里所称的权利主体，是指可以通过不动产权利证书（含房地产证）、购房合同等材料证明自己对被搬迁住房享有权利的当事人。

货币补偿标准则应当按照《深圳市房屋征收与补偿实施办法（试行）》的规定确定，不得低于与被搬迁住房同类型同地段房地产的市场评估价。

4. 棚户区改造项目用地的出让方式及地价计收标准

依《关于加强棚户区改造工作的实施意见》的规定，棚户区改造项目建设用地由各区政府负责审批，并采取协议方式出让，受让方是经区主管部门确认的棚户区改造项目实施主体，包括由区主管部门直接确认的“人才住房专营机构”和通过招标方式选定的其他市场主体。

棚户区改造项目的地价计收标准则按照项目建成后的房屋用途分别确定：

（1）搬迁安置住房。棚户区改造项目中的搬迁安置住房应当与被搬迁住房原产权性质相同。在此条件下，用于安置补偿权利主体已取得房地产证（不区分商品房性质及非商品房性质）的，按照现行基准地价标准计收；用于安置补偿权利主体未取得房地产证的，则按照现行基准地价标准的 1.1 倍计收。

（2）人才住房和保障性住房。棚户区改造项目中用于出租的人才住房和保障性住房，产权归政府的免收地价；产权不归政府的，按现行基准地价 50% 的标准计收。用于出售的人才住房和保障性住房，则按照深圳市宗地地价测算规则规定的标准计收地价。

（3）其他配套设施。棚户区改造项目中的公共服务配套设施产权归政府的免收地价。其他用途部分，按照基准地价标准计收的仅限整体转让；按市场评估地价标准计收的可分割销售。配套商业产权归政府的免收地价，但不得进入市场。

5. 棚户区改造项目实施程序

《关于加强棚户区改造工作的实施意见》基本采用了《深圳市房屋征收与补偿实施办法（试行）》所规定的国有土地上房屋征收程序，包括组织管理机构及其职责分工、年度棚改计划编制、确定棚改实施主体、制定棚改搬迁安置补偿方案、开展棚改社会稳定风险评估、确定棚改安置补偿标准、签订搬迁补偿安置协议、收回并注销原房地产证书等。

与《关于加强棚户区改造工作的实施意见》确定的实施程序不同的是，在房屋征收程序中，确定房屋征收范围后，必须提前发布房屋征收提示，此为法定程序，不可或缺；只有依法作出征收决定后，被征收人才能依征收决定所确定的补偿方案选择补偿方式、签订补偿安置协议，即政府的征收决定是签订补偿安置协议的前提条件；在法定期限内被征收人既不申请复议也不提起诉讼，在规定签约期限内未能签订补偿安置协议的，政府需依法作出补偿决定；只有在被征收人不履行补偿决定时，才能依法申请司法机关强制执行。

此外，《关于加强棚户区改造工作的实施意见》也借鉴了《更新办法》及其实施细则所规定的拆除重建类更新项目申报及实施程序，如实行棚改专项规划及项目年度计划管理、以协议方式重新出让棚改项目用地，等等。

随着《关于加强棚户区改造工作的实施意见》正式以部门规范性文件的形式发布实施，可以预见，深圳市对成片老旧住宅区的改造，除仍采用综合整治方式外，应当会逐步完成从城市更新模式下的拆除重建向棚户区改造模式下“拆旧建新”的转变。这也是在国家大力推进棚户区改造的政策背景下之大势所趋。2016 年 12 月 19 日，国家住房城乡建设部办公厅、国家发展改革委办公厅和财政部办公厅联合印发了《棚户区改造工作激励措施实施办法（试行）》，提出了拟激励支持地方名单的综合评定标准，以及对不列入激励名单的一票否决机制。该办法确定了国家发展改革委员会、财政部对列入激励名单的地方在安排保障性安居工程中央预算内投资和安排中央财政城镇保障性安居工程专项资金时给予适当倾斜支持。

但是，如何协调、平衡好具体老旧住宅区（包括城中村）在适用城市更新政策和棚户区改造政策上的差异，有效保障各权利主体的合法权益，防范房屋征收过程中的行政风险，这或许是深圳市的棚户区改造政策需要在实践中逐步积累、总结经验，并加以完善和规范的地方。

## 三、 对完善深圳市城市更新立法的思考和建议

### （一）立法现状

深圳市现行的城市更新和棚户区改造政策，主要载体是《更新办法》《更新办法实施细则》《深圳市棚户区改造项目界定标准》和《关于加强棚户区改造工作的实施意见》，还有很多技术性和程序性的规定，仍散见于大量的市、区政府及各职能部门发布的规范性文件中。从这些政策性文件中，可以看出深圳市的城市更新政策具有以下几方面特征：

第一，在表现形式上，除《更新办法》系以市政府第290号令的形式（即政府规章）出现外，包括《更新办法实施细则》在内的其他所有关于城市更新和棚户区改造的政策，均是以深圳市人民政府、深圳市人民政府办公厅、深圳市规划和国土资源委员会、深圳市住房和建设局、区政府（含新区管理机构）、区城市更新职能部门等政府机构发布的规范性文件来体现。

据2016年有关媒体报道，深圳市人民代表大会常务委员会已决定将"深圳经济特区城市更新条例"在当年的立法计划中由"预备项目"调整为"拟新提交审议项目"，并作为重点立法项目加快立法步伐。深圳市人民代表大会已将城市更新中房屋拆迁法律问题研究，委托给中国社会科学院法学研究所研究论证。[①] 按政府立法程序，该条例将由深圳市法制办征求意见和修改完善，经深圳市政府常务会议审议通过后，再以政府议案形式提交深圳市人民代表大会常务委员会会议审议。目前，该项立法进程如何，尚未可知。

第二，在内容上，行政因素对更新过程的干预作用日渐加强。《更新办法》于2009年出台时，明确提出了"政府引导、市场运作"等原则，但在实践中，通过颁行各类不同层级的规范性文件，政府行政因素对城市更新的作用正在逐步加强，似乎已由"政府引导"向"政府主导"转变。2012年《更新办

---

① 参见李舒瑜：《城市更新条例 力争年底提交审议》，载《深圳特区报》2016年10月11日，第A04版。

法实施细则》颁行后，不仅在综合整治、功能改变类更新项目中由区政府主导实施，而且在拆除重建类更新项目中，也允许政府可以通过征收、收购等方式对更新单元内用地进行整合，并成立、授权城市更新实施机构具体实施；本由市场主体通过房地产作价入股、签订搬迁补偿安置协议、房地产收购等方式，已取得项目拆除范围内建筑面积占总建筑面积90%以上且权利主体数量占总数量90%以上的房地产权益的项目，也可申请由政府组织实施该项目。

2016年10月15日，在强区放权改革的背景下，深圳市人民政府发布了《关于施行城市更新工作改革的决定》，将原由深圳市规划国土部门及其派出机构依法行使的有关城市更新的部分行政职权，通过委托或授权方式调整至各区（含新区管理机构）行使。这对各区政府在机构设置、人员配备以及办事程序和规则上提出了更高要求。为方便新设机构及其工作人员办事有章可循，提高工作效率，避免行政失误，各区政府均根据《更新办法》及《更新办法实施细则》的规定，以及深圳市人民政府办公厅、深圳市规划和国土资源委员会等部门下发的相关政策文件，制定了各区的更新实施办法及有关专项规定，但在内容上基本大同小异。

据有关机构统计，仅2017年，深圳市、区政府及其职能部门就先后出台了40个城市更新政策性文件[①]，内容涉及城市更新的各个方面，其中，2017年1月1日起实施的《关于加强和改进城市更新实施工作的暂行措施》内容最全面，在其提出的逾30项更新政策措施中，有多项是关于准入条件设定（如合法用地占比、建筑物建成年限、更新意愿占比等）、明确无偿移交政府筹备用地、公共配套设施和“两房”（保障性住房和创新人才公寓住房）建设比例的规定。从拟定更新单元计划、编制更新单元规划，到征集更新意愿、签订搬迁安置补偿协议，再到更新项目用地使用许可、签订更新用地土地使用权出让合同，几乎每一个环节都有政府“政策性要求”在发挥作用。

第三，在国家高度重视“棚户区改造”工作的背景下，深圳市老旧住宅区的改造除仍采用综合整治方式外，正逐步完成从城市更新模式下的拆除重建

---

① 参见冯少文、刘有志：《城市更新2017工改项目占比最高》，载《南方都市报》2018年1月19日，第SC34版。

向棚户区改造模式下的“拆旧建新”转变。在棚改规则下，政府明确强调以公共利益为目的，采取政府主导，以人才住房专营机构为主，其他企业可以参与的模式。在这一模式下，对老旧住宅区内不能通过协商方式达成搬迁补偿安置协议的房屋，政府可以根据公共利益的需要决定依法征收。其中的“政府主导、专营、征收”等关键词，已明确界定了“棚户区改造”与“城市更新”的区别。此即意味着深圳市未来在广义的城市更新和发展进程中，将同时并行两种不同的“旧改”模式。

严格来说，无论是城市更新下的拆除重建，还是棚户区改造下的拆旧建新，对特定城市建成区（包括旧工业区、旧商业区、旧住宅区、城中村及旧屋村等）的原权利人而言，其利益需求应该是一样的。如何定位、协调、平衡好政府、原权利人和其他市场主体之间的权利义务关系，是政府、立法机关在制定法规、政策过程中需要审慎考量的问题。

（二）完善深圳市城市更新立法的建议

无论是城市更新，还是棚户区改造，都是对已出让或已利用的存量土地进行二次开发利用的活动，必然涉及对原有用地规划及工程规划进行相应或必要的调整，涉及对原房地产权利人土地使用权及建筑物所有权权益的调整、置换或补偿，还涉及对参与该等活动的投资者或开发商合法权益包括合理利润的保护。据此，政府、原权利人和投资者是参与城市更新或改造活动最基本的三方主体，既有共同的目标，也有各自的利益需求。

1. 明确城市更新活动中各参与者的角色定位

明确城市更新活动中各参与者的角色定位，应当：据此设定政府和市场的权力边界，各司其职，各担其责；属于民事权利处分范围内的事项，指导或引导民事主体通过民事法律途径依法处理，尽量避免或减少行政干预。

（1）政府的角色定位

在城市更新或棚户区改造活动中，政府具有多重身份。

首先，作为国有土地所有者权益的代表，政府负有依法依规利用土地，提高土地利用效率，保障国有土地保值增值的责任。在此利益需求下，如何依法定程序制定、调整和完善城市总体规划和土地利用总体规划，并据此编制相应的控制性详细规划、必要的修建性详细规划和各专项规划，以及在规划确定的土地利用条件基础上，依法定程序和方式出让或出租土地使用权，这应当是政府可以充分考量并利用的调节手段。

①加强更新单元规划和棚改专项规划的规范和指导作用。在深圳市城市更新和棚改活动中，政府可以充分利用城市更新单元规划或棚改项目用地规划的编制和审批，实现政府作为国有土地所有者代表的目的。现行《更新办法》即明确要求法定图则应当对其规划范围内城市更新单元的范围、应当配置的基础设施和公共服务设施的类型和规模、城市更新单元的规划指引等内容作出规定。依此思路，市、区政府甚至可以考虑依职权将辖区范围内法定图则划定更新单元范围的区域，依规划指引和公建配套设施要求，聘请专业机构统一编制各更新单元规划或棚改规划，现行政策要求的应返还的储备用地比例、公建配套设施标准、保障性住房、创新型人才公寓比例等，均可作为项目用地条件在专项规划中予以明确。在该等专项规划依法定程序生效后，即予以公开。实施主体无论通过何种方式产生，都需受该专项规划的约束，并在重新签订更新或棚改项目用地使用权出让合同时予以明确约定。

②通过地价杠杆合理调节更新用地不同业权关系。作为有偿使用国有建设用地的对价，地价的作用在城市更新或棚改活动中应有更大的空间。在专业技术人员依专业标准测定的基础上，政府可根据更新或棚改专项规划的要求，结合更新或棚改之前土地利用的现状和更新或棚改之后土地利用的结果，分别确定地价计收的指导标准，并在官网上公布，供城市更新或棚改参与者参考。

2016 年 11 月 12 日，《更新办法》以深圳市人民政府令第 290 号重新发布，将原办法中有关地价计收的条款全部删除，仅增加了一条原则性规定，即第 44 条："城市更新项目地价计收的具体规定，由市政府另行制定。"但之前颁行的《更新办法实施细则》尚未作相应修改，仍保留了有关地价计收的专节规定（第五章第四节）。2017 年 1 月 1 日起开始实施的《关于加强和改进城市更新实施工作的暂行措施》也有很多基于公告基准地价上下浮动的规定；由深圳市规划和国土资源委员会印发的《关于规范城市更新实施工作若干问题的处理意见（一）》《关于城市更新实施工作若干问题的处理意见

（二）》，都有关于地价测算和计收的指引性规定。在此条件下，针对不同土地利用现状和重新调整后的规划利用条件及要求，就规划确定的更新单元或棚改区域的土地利用确定计收不同标准的地价，理论上可以提前确定并公开发布，并不因实施主体或申报主体不同而有所差别。

其次，作为地方政府，深圳市、区政府（含新区管理机构）还负有城市行政管理者的职责，需要按照依法治市、依法行政的基本要求，通过各种行政管理方式，实现其在经济、科学、文化、教育、医疗、养老、环境保护等领域的各项目标，为行政相对人或每一位市民提供公平参与、平等发展的机会和安全、服务保障。在此条件下，政府有权通过行政决定、行政许可、行政处罚、行政强制措施及其他一些具体行政行为来行使管理职能，但必须在法律、法规所赋予的权限范围内，并接受立法机关、上级政府及行政相对人或市民的监督。

在城市更新或棚改项目中，政府的角色更多应是制定并发布规则，指导和引导原权利人及其他参与者按照既定的更新或棚改规则，通过法律途径和市场手段组织实施，减少直接干预。

①在法律、行政法规规定的范围内，合理确定公共利益的边界。无论是现行《更新办法实施细则》，还是深圳市人民政府办公厅发布的《关于加强棚户区改造工作的实施意见》，均将老旧住宅区改造列为应由政府主导实施的公共利益范畴，其直接依据是2011年1月21日发布实施的《国有土地上房屋征收与补偿条例》。《国有土地上房屋征收与补偿条例》第8条列举了六类属于“公共利益”的情形，其中第（四）项“由政府组织实施的保障性安居工程建设的需要”和第（五）项“由政府依照城乡规划法有关规定组织实施的对危房集中、基础设施落后等地段进行旧城区改建的需要”，均直接表明系“由政府组织实施”。其他几种公共利益情形分别是：国防和外交的需要；由政府组织实施的能源、交通、水利等基础设施建设的需要；由政府组织实施的科技、教育、文化、卫生、体育、环境和资源保护、防灾减灾、文物保护、社会福利、市政公用等公共事业的需要；法律、行政法规规定的其他公共利益的需要。

其实，《国有土地上房屋征收与补偿条例》所称“旧城区改建”，主要是从实施城乡规划角度提出来的，与其他列举的，如国防、外交、能源、交通、水利等基础设施建设以及科技、教育、文化、卫生、体育、环境和资源保护、防灾减灾、文物保护、社会福利、市政公用等公共事业的建设还是有所区别的，其最大的不同点在于：既然是“旧改”，就必然涉及旧城区原业主或权利人的合法权益问题，如何遵守尚处于有效期内的土地出让合同、补充协议或其他契约约定，如何尊重并保护其有效的不动产及动产物权，这是在决定“旧改”之前必须考量的问题，与政府决定新投资建设国防、外交、能源、交通、水利等基础设施以及科技、教育、文化、卫生等公共事业甚至保障性安居工程存在明显差别，后者只需按法定程序完成投资立项、规划及施工报建，通过不同形式和方式征求公众意见即可，并不涉及确定的老业主或原权利人既有不动产拆除及搬迁安置补偿事宜。

深圳市人民政府在 2013 年发布《深圳市房屋征收与补偿实施办法（试行）》时，将“城市更新”加入列举的几类公共利益中，与“旧城区改建”并列，为深圳市、区政府在城市更新项下依法征收房屋提供了明确的规章依据。之所以明确将老旧住宅区的更新或棚改列入公共利益范畴，其主要理由一般为：这些老旧住宅区的改造建设涉及的业主（原权利人）人数众多，小区内的市政基础设施和公共配套服务设施关系到局部多数人的利益，如因此产生争议或纠纷，易发生群体性事件，危害公共利益安全。在实践中，确实存在因为少数业主基于个人对市场价值过高预期而不同意补偿方案，导致旧改项目停滞或终止的情形，该等业主也因此成为另一部分同意接受补偿方案的业主眼中的“钉子户”。在各方利益的博弈下，可能会出现个体过激或众人聚集围观的行为。

但无论是《国有土地上房屋征收与补偿条例》，还是《深圳市房屋征收与补偿实施办法（试行）》，均没有对“公共利益”概念包括的内涵和外延作出明确界定，仅采取列举的方式说明了符合公共利益的几种情形。依法理，公共利益指向的应是不确定对象的利益，所谓“公共”，并非指“大多数人”或“多数人”。无论人数多少，只要是确定对象（人）的利益，即属于个体利益或若干个体利益，而公共利益并非个体利益的简单相加。如仅因为老旧住宅区的更新或棚改涉及的业主众多而将其归于公共利益范畴，则可能导致政府行政管理行为被所谓“多数人”的个体利益绑架，增加政府行政管理决策失误的风险，这是立法机关需要审慎研究的问题。

②通过制定和发布规则、标准，提供相应的服务来实现行政管理目标，避免陷入“既当运动员，又当裁判员”的尴尬情形。

现行城市更新和棚改规则均允许区政府主导实施老旧住宅区的拆除重建或棚改，在《更新办法实施细则》和《关于加强棚户区改造工作的实施意见》中，或直接将区政府设定为申报主体，或准许区政府成立、授权相关城市更新实施机构具体实施；或直接由区政府主导，以“人才住房专营机构”为主具体实施棚改。在特定的条件下，这些政策规定或许可提高更新或棚改效率，但同时也会提高政府的行政成本，增加政府依法行政的难度和风险。事实上，只要有明确的规则、公开的信息和对等的服务，由其他市场主体组织实施城市更新或棚改，可能比由政府成立的实施机构或“人才住房专营机构”更加专业和高效，也更方便政府监督、检查或评估。

在城市更新或棚改领域，除通过更新单元专项规划或棚改专项规划、更新或棚改项目用地地价测算和计收标准体系等进行调节外，政府还可统一安排一些服务性的工作：如委托各类专业机构在全面调查、测量、评估、登记的基础上，就法定图则划定的更新单元内不同区域、地段的土地及建（构）筑物的价值进行评估，建立公开查询检索系统，并定期或适时进行更新，为参与城市更新或棚改的各方当事人（原权利人、投资者等）签订搬迁补偿安置协议提供有效的支持；在严格执行“两规”及“新三规”的基础上，进一步完善社区各股份合作公司名下原集体建设用地（包括非农建设用地、征地返还用地）的权属登记工作，在进一步完善不动产各项登记制度的基础上，按照政府信息公开的要求，在不违反保密规定的前提下，适度开放不动产登记信息检索查询，为更新或棚改实施主体在权属调查、意愿征集等工作中执行既定规则创造必要条件；建立保障性住房及其他各类政策性住房从建设、施工、交付到申请、审核、租售的全流程信息管理系统，并适度对公众开放，方便监督、使用；等等。类似该等由政府或其委托专业机构掌握、按规则设定为需更新或棚改项目申报主体或实施主体提供给政府部门核查的资料信息，在现有网络技术条件下，只要能够依法实现信息共享，都可以逐步简化相应程序。

（2）原权利主体的角色定位

对更新或棚改项目范围内的老业主或原权利人而言，其身份也是多重的。

首先，作为名下房地产的合法权利主体，老业主或原权利人依法享有占有、使用、处分和收益的权利，并受法律保护；未经其本人同意或允许，任何单位和个人均不得强迫其改变、放弃或处分其物权。

其次，作为国家公民，同时作为城市市民或居民，当政府基于公共利益需要决定征收其房屋时，老业主或原权利人有义务配合并执行，但有权主张并要求获得合理的补偿。对其认为不合理的补偿决定，有权依法寻求行政和司法救济。

最后，如果老业主或原权利人的物权属于建筑物区分所有权，则其权利的行使，应当受到建筑物区分所有权本身的约束和限制。根据《中华人民共和国物权法》(以下简称《物权法》）第六章“业主的建筑物区分所有权”的相关规定，作为区分所有权人，“业主对建筑物内的住宅、经营性用房等专有部分享有所有权，对专有部分以外的共有部分享有共有和共同管理的权利”（第70条)；“业主对其建筑物专有部分享有占有、使用、收益和处分的权利。业主行使权利不得危及建筑物的安全，不得损害其他业主的合法权益”（第71条)；“改建、重建建筑物及其附属设施”等事项应当“由业主共同决定”[第76条第1款第（六）项]；决定“改建、重建建筑物及其附属设施”和“有关共有和共同管理权利的其他重大事项”（第76条第1款)；“应当经专有部分占建筑物总面积三分之二以上的业主且占总人数三分之二以上的业主同意”(第76条第2款)；“业主大会或者业主委员会的决定，对业主具有约束力”(第78条第1款)。据此，《物权法》事实上已经明确规定了老旧住宅区的改建、重建事项，并将其决定权授予业主大会或业主委员会，由业主共同决定且满足法定比例或条件的，该等决定对区分所有权人具有约束力。

2009年3月23日，最高人民法院审判委员会第1464次会议通过了《关于审理建筑物区分所有权纠纷案件具体应用法律若干问题的解释》，自2009年10月1日起施行。该司法解释明确规定：“因物权法施行后实施的行为引起的建筑物区分所有权纠纷案件，适用本解释。”

在此情形下，如果老业主或原权利人就老旧住宅区拆除重建或棚改事项对业主大会或业主委员会作出的决定有不同意见，甚至产生争议或纠纷，完全可以通过司法途径主张权利。

各级政府可以利用其行政管理的有利条件，指导或协助建筑区划内的住宅区、商业区等建筑区域依法注册成立业主委员会，制定业主大会标准流程，发布业主公约示范文本，指导或引导老旧住宅区业主依法就住宅区拆除重建或棚改形成合法有效的决定。当某一具体的更新或棚改项目因业权争议或纠纷而受到影响时，政府及其职能部门完全可以依法履行职责，引导当事人通过法律途径解决。在业主大会或业主委员会关于住宅区拆除重建或棚改的决定未被依法认定为非法或无效之前，政府应认可其效力，并据此作出相应的行政行为。

现行政策所规定的城市更新“双 100%”比例要求（参见《关于加强和改进城市更新实施工作的暂行措施》），严格来说是不符合《物权法》规定的，有必要通过立法予以纠正。

（3）投资者的角色定位

这里所称投资者，是以其资金、专业技术或开发建设经验参与城市更新或棚改活动的市场主体，其目的是能以更新或棚改实施主体身份获得政府审查认可，并作为受让方与国土部门签订项目用地使用权出让合同或补充协议，以建设单位身份完成更新或棚改项目开发，并按《搬迁补偿安置协议》的约定履行相应的合同义务，同时实现约定的权益分配。

在此过程中，能否获得实施主体资格或身份确认，对投资者至关重要；而能否与原权利人成功签署《搬迁补偿安置协议》，又是其中不可或缺的必要条件。因此，制订符合现实需求的、公平合理的补偿安置方案并为符合规定比例的业主或原权利人所接受，就成为投资者需要审慎考量的关键问题。惟有充分尊重市场价值规律，提高自身的专业服务水平和竞争力，才是投资者能够成功参与城市更新或棚改活动、分享土地二次开发收益的不二选择。从立法角度而言，只需明确能否满足上述几个关键节点的程序条件，由市场主体与原业主或权利人协商即可，并不需要重复《物权法》的相关规定。

2. 统一更新规则

根据《中华人民共和国立法法》的规定，继续充分利用好特区立法权，将深圳市城市更新实践积累的成功经验以特区法规的形式确定下来，统一更新规则。

（1）自1992年全国人民代表大会常务委员会授予深圳市人民代表大会及其常务委员会特区立法权以来，深圳市在通过特区立法权先行先试方面已经积累了很多成功的经验，尤其是在房地产制度改革方面。2009年深圳市首次在政府规章中提出“城市更新”的概念，将旧工业区、旧商业区、旧住宅区、城中村及旧屋村等特定城市建成区的改造建设统一表述为“城市更新”，并确立了“政府引导、市场运作、规划统筹、节约集约、保障权益、公众参与”的原则，这符合深圳市城市化发展实际要求，应当继续坚持并通过各项规范或规则具体落实。

（2）“棚户区改造”是政府在特定历史条件下形成的一项民生工程，着眼于改善特定区域城市居民的居住环境和条件，“棚户区”的划定也有明确的国家和地方标准。就其“拆旧建新”方式而言，与拆除重建类城市更新并无区别，故完全可以适用统一的城市更新规则，似乎无必要另设一套棚改规则。至于建成后房屋的使用功能或用途，可以在更新单元规划中做相应安排，并在项目用地出让合同中具体约定。“人才住房专营机构”可受政府委托从事保障性住房、各种政策性住房的申请受理、资格审查公示、按规定标准分配、租售并提供相应的服务和管理等事务性工作。至于“人才住房专营机构”是否有能力担负起更新实施主体之职，应由市场选择判断，不宜由政府直接指定，否则有行政干预或垄断之嫌。

（3）《国有土地上房屋征收与补偿条例》《深圳市房屋征收与补偿实施办法（试行）》所规定的房屋征收行为，有完整的程序性要求，从纳入年度征收计划、确定征收范围、发布征收提示，到作出征收决定、签订征收补偿协议，再到作出补偿决定，中间每一个环节都不能缺少，且相关公告时间节点具有法律效力，会产生规定的后果。如《深圳市房屋征收与补偿实施办法（试行）》第9条第4款规定：“未列入全市年度房屋征收计划或者全市土地整备年度计划的，不得实施房屋征收。”第11条第1款规定：“房屋征收范围确定后3个工作日内，房屋征收部门应当在房屋征收范围、政府网站以公告形式发布征收提示，告知自公告之日起至房屋征收决定公告之日止，因下列行为导致增加房屋征收补偿费用的，对增加部分将不予补偿……”第46条第1款规定：“房屋征收部门与被征收人在征收补偿方案确定的签约期限内达不成征收补偿协议的，或者被征收房屋所有人不明确的，由房屋征收部门报请作出房屋征收决定的辖区政府作出补偿决定，并在房屋征收范围内予以公告。”因此，如在城市更新或棚户区改造过程中决定对特定房屋进行征收，同样应严格按照规定的征收程序进行，不能因为达不成搬迁补偿安置协议就直接作出征收决定，否则，有可能被司法机关以程序违法而认定无效或确认违法。

（4）将城市更新活动所涉及的所有规范或规则按一定标准进行分类，属于基本原则类、基本程序类的规范，或者涉及当事人权利义务设定的，或者涉及行政处罚及其他法律责任的规定，均在特区法规中进行规定；对需要进一步细化的程序性规范，或涉及行政管理事项的规范，或虽然涉及行政处罚但有特区法规明确授权的规定，可由市政府以规章的形式统一制定实施细则，改变目前由各区政府重复出台实施办法的现状。对于一些技术性规范、指引性规范，可由相关职能部门、各区政府（含新区管理机构）根据特区法规和政府规章的规定或授权，依职能分工制定相应的规范性文件，且规范性文件的制定应严格按照《深圳市行政机关规范性文件管理规定》的要求执行，避免在行政复议或行政诉讼程序中被审查撤销。

（5）将城市更新所涉及的专业性、技术性问题委托专业机构进行调查、研究和论证，并以适当方式广泛征求社会公众意见，确保城市更新立法客观、公平、公正，同时兼顾各方利益，使各项规则具有现实可行性和可操作性。

深圳市的城市更新实践已经走过了十多个年头，因城市更新活动而产生的争议或纠纷也开始逐步显现，需由统一的裁判规则指导各方当事主体依法参与更新活动，依法维护其合法权益。为此，笔者对深圳市早日出台具有探索意义的城市更新特区法规充满期待。

# 第五节 城市更新与依法行政

## 一、 城市更新行政决策法治化

政府各部门职责权限，在《更新办法》《更新办法实施细则》《关于施行城市更新工作改革的决定》《关于加强和改进城市更新实施工作的暂行措施》以及强区放权后各区建立的整套规章中都有详尽规定。

在城市更新中，政府主要有两方面的作用：一方面，政府在行政审批等方面起着主要的作用。区城市更新的主管部门主要为城市更新领导小组、城市更新局、街道办事处（社区工作站、居委会）。区城市更新的主要工作机制有联席会议制度、城市更新决策咨询机制、相关职能单位书面意见反馈机制（城市更新单元计划管理阶段）。由于城市更新单元计划确定阶段属于城市更新重要关键节点，具有全局性和系统性意义，所以，几乎所有的政府相关职能单位均需提出书面反馈意见，在相关职能单位书面意见反馈机制中，一般会涉及区发展改革局等 15 个或 16 个部门的意见。另一方面，因城市更新模式的不同，政府参与具体项目的程度不同，其责任和作用也不同，主要分为以下三种情况：政府主导，企业为辅型；政府引导，企业为主型；政府搭台，企业主导型。

### （一）重大决策听证制度

涉及城市更新或实施过程中的重大行政决策，应推行包括听证制度在内的一系列制度，以减轻少行政决策的失误。对于听证制度，应制定相应的听证程序或规则、办法，并依照执行，防止走过场。针对城市更新专门的听证范围、听证人员资格、听证代表筛选程序、听证配套制度、公众及专家意见的处理等有待相关规章制度予以进一步明确。

### （二）重大决策公众参与制度

政府实施城市更新重大项目，包括实施房屋征收、拆迁等决策前，应公开听取居民意见，召开政策咨询会、现场听证会、座谈会，保障居民的知情权、参与权与监督权；对城市更新中遇到的历史文物、文化遗迹、名贵树种等的保护，听取专家的意见；全程应该邀请律师参与，保障程序和实体合法合规，推动行政在合法合规的轨道上运行。

### （三）重大决策专家咨询论证制度

重大决策实行专家咨询论证制度。根据《广东省重大行政决策专家咨询论证办法（试行）》的相关规定，对重大行政决策事项，应由相关专家从合法性、科学合理性、可行性、各种负面影响及风险分析、其他必要的相关因素等方面进行咨询论证。重大行政决策主要指行政机关依法作出的涉及地区经济社会发展的重大决策以及与公共利益密切相关的专业性较强的决策。深圳市罗湖区、福田区政府坚持重大决策事项充分发挥法律专业人士的作用，聘请律师作为法律顾问全程参与城市更新重大决策的制定和实施，实行听证、专家论证等行政决策前置程序，及时发现问题、提出建议，为决策提供法律保障。

### （四）重大事项公示制度

保障公众参与重大项目决策的权利，确保政府决策的科学化、民主化、法治化。例如，更新单元计划中组织更新意愿公示、更新单元计划审批通过后公示、公示无异议或异议处理完成的公告、更新单元规划公示、实施主体资格确认公示等规定的公示、公告程序，不能减少且必须严格执行，否则会构成行政违法。还应对公众在参与决策过程中提出的意见和建议，建立分析采纳和反馈制度，以确保发挥公示的作用。

### （五）重大行政决策合法性审查制度

对城市更新以及实施过程中涉及的重大行政决策，未经合法性审查或者经审查未通过的，不得作出。这是依法行政最切实的体现，应该得到决策机关的高度重视。在作出重大行政决策过程中，应充分组织和发挥政府法律顾问的作用，倡导以政府法制机构人员为主体，吸收房地产专家和律师参加的法律顾问的作用，对城市更新的重大决策进行合法性审查；重大事项由专业律师进行尽职调查、前置合法性审查，以避免产生行政决策风险，并对决策经过予以记录保存，为执行重大决策终身责任追究和责任倒查机制提供依据。

### （六）重大政策风险评估制度

对城市更新过程中推行的重大政策，应在决策前进行风险评估，以评估、预估或测试实施后的社会效应和适应度。中共中央、国务院印发的《法治政府建设实施纲要（2015—2020 年）》中明确要求政府应聘请法律顾问、专家等专业人士对行政决策风险进行充分评估。

（七）集体决策制度

城市更新项目属于重大决策事项，为了使其决策科学化、民主化，减少因个人决策而造成的片面化以及包括廉政风险在内的其他风险，需要实行集体决策制度。在实践中，城市更新重要节点会议的召开，需要至少 2/3 班子成员出席，各参会人员每人需明确表态，投票时按相应的程序规定进行，以投票表决或其他合法方式进行确认，一般应是与会人员 1/2 以上同意，方可形成有效决议，会后及时形成会议纪要，按照会议纪要的要求予以执行。此外，也可以邀请有关人员如人大代表、政协委员、其他相关职能部门人员列席会议，形成有效的监督。

（八）应急决策制度

在城市更新中，由于规划、拆迁等事宜事涉重大，易导致群体性事件、突发性非常规事件的发生，行政部门对此应有一套应急决策制度，以防止事态的扩大或损失的蔓延。应急决策制度应包括启动、应对机制、舆情控制、事后追认、应急损失豁免等内容。对决策者的责任实行豁免机制，如《加拿大危机法》规定：对危机应对导致的损失实行国家责任，公务员个人不承担责任，国家根据《王权责任法》和其他法律承担责任，对由于危机应对的各种宣告、命令、规则而遭受损失、损害或毁损的人进行补偿。[①]

## 二、城市更新行政审批合规化的基本要求

（一）城市更新行政审批要依法

行政审批包括行政许可和非行政许可审批和登记。《行政许可法》以及城市更新的一系列法规规章，对行政许可设定的事项和程序均有严格的规定，对于民众来说，“法无禁止即可为”；对于政府来说，“法无授权不可为，法定职

① 参见林鸿潮、栗燕杰：《论非常规条件下的应急决策及其制度保障》，载《中国应急管理》2010 年第 5 期。

责必须为”，行政机关以法律规定来规范自身，一切行为在法律的框架下实行，避免实际工作中的乱作为和不作为，避免被投诉、被追责。

在城市更新中的建筑设计管理阶段，涉及大量的行政审批，诸如建设工程方案设计核查、建设工程方案设计招标备案审查等。建设工程需建设规划的，实施主体应向主管部门申请核发《建设工程规划许可证》；桩基础需提前开工的，实施主体应向主管部门申请核发《建设工程桩基础报建证明书》；施工图需备案的，其中涉及修改已批准施工图纸的，实施主体应向主管部门申请施工图修改备案核发《施工图修改备案证明书》；建设工程需开工验线，政府主管部门应在《建设工程规划许可证》或《建设工程桩基础报建证明书》上加盖验线合格专用章；需工程验收的，实施主体应向主管部门申请核发《建设工程规划验收合格证》等，如城市更新相关环节审批未通过的，政府主管部门则需核发《不予行政许可决定书》。

行政审批包括行政审核和行政批准。行政审核，通常是指行政机关对行政相对人资格真实、行为合法进行审查、认可；行政批准又称行政许可，其实质是行政主体同意或批准特定相对人取得某种法律资格或实施某种行为，依法发放许可证。

两种情形经常联合起来使用，且必须在法律规定的框架内予以实施。超越法律规定范围的乱作为或法律规定范围内的不作为，根据其过错程度、造成事件的相应后果，相关责任人员依法会受到问责处理。

城市更新过程中几乎涉及《行政许可法》第 12 条①规定的所有行政许可审批情形，如城市更新单元计划的批准属于批准许可；城市更新中可能涉及的关于污水处理、垃圾处理、燃气供应等属于特许经营权的许可；城市更新中更新单元申报主体、实施主体资格的认定属于认可许可；城市更新中从设计、施

---

① 《行政许可法》第 12 条规定：“下列事项可以设定行政许可：（一）直接涉及国家安全、公共安全、经济宏观调控、生态环境保护以及直接关系人身健康、生命财产安全等特定活动，需要按照法定条件予以批准的事项；（二）有限自然资源开发利用、公共资源配置以及直接关系公共利益的特定行业的市场准入等，需要赋予特定权利的事项；（三）提供公众服务并且直接关系公共利益的职业、行业，需要确定具备特殊信誉、特殊条件或者特殊技能等资格、资质的事项；（四）直接关系公共安全、人身健康、生命财产安全的重要设备、设施、产品、物品，需要按照技术标准、技术规范，通过检验、检测、检疫等方式进行审定的事项；（五）企业或者其他组织的设立等，需要确定主体资格的事项；（六）法律、行政法规规定可以设定行政许可的其他事项。”

工到竣工，各个环节以及有的分部分项均需要政府审批，取得诸如规划许可证、施工许可证、竣工验收合格证等，属于核准审定许可；城市更新中的实施主体公司法人的登记成立属于登记许可等。

城市更新过程对依法行政的要求特别高，尤其在强区放权后，行政审批权限下移，更加要求行政机关具备相当的行政管理水平和服务能力。

深圳市是较早推行政府部门实行权责清单制度管理的城市，使建立健全专门的城市更新法规政策体系成为可能。现在深圳市由原来的强区放权试点发展为各区有权审批的格局，各区相应公布了城市更新的实施办法或操作流程及相关配套文件，明确界定城市更新职权行使边界，机构、职能、权限、程序、责任法定化，不得逾越；明确划分事权、职权的界限，建立起协调机制，使得城市更新较好地在法治轨道上运行。

城市更新行政审批需要落实“四化”：

审批文档格式化、审批文件提交格式化。城市更新申请书需采用格式文本的，行政机关应当向申请人提供行政许可申请书格式文本。申请书格式文本中不得包含与申请行政许可事项无直接关系的内容。

审批流程电子化。行政机关应当建立和完善有关制度，推行城市更新专项电子政务，在行政机关的网站上公布行政许可事项，方便申请人采取数据电文等方式提出行政许可申请；应当与其他行政机关共享有关行政许可信息，提高办事效率，推广电子网络报件、审批。

审批内容客观化。城市更新审批权限大、项目多，应在审批过程中减少人为因素、人为判断，全程留痕，不得人为设置障碍，不得利用权力形成设租寻租空间。如对不符合法定条件的申请人准予行政许可或者超越法定职权作出准予行政许可决定的；对符合法定条件的申请人不予行政许可或者不在法定期限内作出准予行政许可决定的；或者依法应当根据招标、拍卖结果或者考试成绩择优作出准予行政许可决定，未经招标、拍卖或者考试，或者不根据招标、拍卖结果或者考试成绩择优作出准予行政许可决定情形的，依法会被上级行政机关或者监察机关要求责令改正，其直接责任人依法会受到行政处分，构成犯罪的，依法会被追究刑事责任。

审批流程规范化。在合法范围内，缩短审批时间，行政机关不得要求申请人提交与其申请的行政许可事项无关的技术资料和其他材料；上级行政机关不得要求申请人重复提供申请材料等。

通过落实“四化”，保障行政审批的城市更新项目的实施得到规范和监督，公民、法人和其他组织的合法权益得到保护，经济得以发展，社会秩序得以稳定。

行政机关对行政许可申请进行审查时，发现行政许可事项直接关系他人重大利益的，应当告知该利害关系人。申请人、利害关系人有权进行陈述和申辩。行政机关应当听取申请人、利害关系人的意见；政机关依法作出不予行政许可书面决定的，应当说明理由，并告知申请人享有依法申请行政复议或者提起行政诉讼的权利；行政机关违法实施行政许可，给当事人的合法权益造成损害的，应当依照《中华人民共和国国家赔偿》(以下简称《国家赔偿法》）的规定给予赔偿。

如果行政机关及其工作人员对符合法定条件的行政许可申请不予受理的；不在办公场所公示依法应当公示的材料的；在受理、审查、决定行政许可过程中，未向申请人、利害关系人履行法定告知义务的；申请人提交的申请材料不齐全、不符合法定形式，不一次性告知申请人必须补正的全部内容的；未依法说明不受理行政许可申请或者不予行政许可的理由的；依法应当举行听证而不举行听证的，就会依法受到其上级行政机关或者监察机关的问责，情节严重的，其直接责任人依法会受到行政处分。

强化对权力的约束，加强行政监督。内部监督方面，落实行政问责制度，对造成重大影响或严重后果的，实行责任倒查，并追究相关责任人的责任。外部监督方面，设立监督举报电话，加强各项工作廉政建设的监督。

公民、法人或者其他组织依法取得的行政许可受法律保护，行政机关不得擅自改变已经生效的行政许可。只有在行政许可所依据的法律、法规、规章修改或者废止，或者准予行政许可所依据的客观情况发生重大变化的，为公共利益的需要，行政机关可依法变更或者撤回已经生效的行政许可。但是，由此给公民、法人或者其他组织造成财产损失的，行政机关应当依法给予补偿。

在良好的法治环境下，深圳市各区根据法治政府及城市更新的特别要求，在法律风险防范方面，为城市更新需要配备专项法律顾问，聘请律师等法律专业人员，为城市更新中各个环节的依法行政提供法律保障；同时，筑起一道防火墙，隔离风险，化解政府行政风险，起到了意想不到的效果。

（二）城市更新行政审批信息要公开

政府信息是指行政机关在履行职责过程中制作或者获取的，以一定形式记录、保存的信息。政府信息公开对于推进法治政府建设和反腐倡廉都具有非常重要的意义，是行政管理体制建立行为规范、运转协调、公正透明、廉洁高效的重要内容。

对于浩如烟海的政府信息，根据信息内容，法律主要规定了主动公开、依申请公开和不予公开三种方式，城市更新也应根据这三个方面依法予以政务信息公开。

1. 主动公开

《中华人民共和国政府信息公开条例》第 9 条规定："行政机关对符合下列基本要求之一的政府信息应当主动公开：（一）涉及公民、法人或者其他组织切身利益的；（二）需要社会公众广泛知晓或者参与的；（三）反映本行政机关机构设置、职能、办事程序等情况的；（四）其他依照法律、法规和国家有关规定应当主动公开的。"政府应当主动向社会全面公开政府职能、法律依据、实施主体、职责权限、管理流程、监督方式等事项，其中涉及城乡建设和管理的重大事项；社会公益事业建设情况；征收或者征用土地、房屋拆迁及其补偿、补助费用的发放、使用情况属于法定需要重点公开的政府信息，所以城市更新的相关内容不仅属于政务公开范畴，也是需要重点公开的内容。同时，政府信息公开需要按照政务公开规定的时限进行，属于主动公开范围的政府信息，应当自该政府信息形成或者变更之日起 20 个工作日内予以公开。

2. 依申请公开

对特定公民、法人或者其他组织具有特殊作用的信息，公民、法人或者其他组织可以根据自身相关的城市更新、生产、生活、科研等特殊需要，向有关政府部门申请获取相关政府信息。

行政机关收到政府信息公开申请，能够当场答复的，应当当场予以答复；行政机关不能当场答复的，应当自收到申请之日起 15 个工作日内予以答复；

如需延长答复期限的，延长答复的期限最长不得超过15个工作日，申请公开的政府信息涉及征求第三方意见所需时间除外。

公民、法人或者其他组织认为行政机关不依法履行政府信息公开义务的，可以向上级行政机关、监察机关或者政府信息公开工作主管部门举报，直至向人民法院提起诉讼。

3. 不予公开

根据相关法律规定，行政机关应建立健全政府信息发布保密审查机制。行政机关公开政府信息，不得危及国家安全、公共安全、经济安全和社会稳定。行政机关不得公开涉及国家秘密、商业秘密、个人隐私的政府信息。

政府部门应正确处理政府信息公开与保守秘密的关系。实践中，公开为常态、不公开为例外的原则，推进政府各项事务公开。经权利人同意或者行政机关认为不公开可能对公共利益造成重大影响的涉及商业秘密、个人隐私的政府信息，可予以公开。

对城市更新信息化公开有一系列监督措施：各级行政机关应当在每年3月31日前公布本行政机关的政府信息公开工作年度报告，其中应包含城市更新的有关内容；采取考核制度、社会评议制度和责任追究制度，定期对政府信息公开工作进行考核、评议；政府信息公开工作主管部门和监察机关负责对行政机关政府信息公开的实施情况进行监督检查等。

## 三、 城市更新政府行政处罚合法化

### （一）行政强制拆除的合法化

《中华人民共和国行政强制法》（以下简称《行政强制法》）第2条第2、3款规定："行政强制措施，是指行政机关在行政管理过程中，为制止违法行为、防止证据损毁、避免危害发生、控制危险扩大等情形，依法对公民的人身自由实施暂时性限制，或者对公民、法人或者其他组织的财物实施暂时性控制的行为。行政强制执行，是指行政机关或者行政机关申请人民法院，对不履行行政决定的公民、法人或者其他组织，依法强制履行义务的行为。"

《中华人民共和国行政处罚法》(以下简称《行政处罚法》)第3条第2款规定:“没有法定依据或者不遵守法定程序的,行政处罚无效。”第4条第3款规定:“对违法行为给予行政处罚的规定必须公布;未经公布的,不得作为行政处罚的依据。”即实施行政强制拆除时,既需要有法定依据,同时也应遵守法定程序实施。深圳市认定违法建筑强制拆除的主要法律依据有:《土地管理法》《城乡规划法》《行政强制法》《深圳经济特区处理历史遗留违法私房若干规定》、深圳市人民代表大会常务委员会《关于农村城市化历史遗留违法建筑的处理决定》《深圳市城市规划条例》《深圳经济特区规划土地监察条例》《深圳市房屋征收与补偿实施办法(试行)》。经认定为违法建筑的,当事人应按要求自行拆除;逾期不拆除的,行政执法部门将强制拆除。

实施行政强制拆除的,也需要依法定程序进行:

(1)需要依法对建筑物、构筑物、设施等进行违法建筑认定。

(2)对需要强制拆除的,应当由行政机关予以公告,限期当事人自行拆除。当事人未依据《中华人民共和国行政复议法》(以下简称《行政复议法》)第9条第1款的规定“自知道该具体行政行为之日起六十日内提出行政复议申请”,也未依据《中华人民共和国行政诉讼法》(以下简称《行政诉讼法》)第46条第1款的规定“自知道或者应当知道作出行政行为之日起六个月内提出”诉讼,又不拆除的,行政机关可以依法强制拆除,所以认定违法建筑后的6个月内,行政机关不得实施强制拆除。

(3)《行政强制法》第35条明确要求行政机关要履行催告的义务,并对催告的形式和内容都作了详细规定。催告应当以书面形式作出;当事人收到催告书后有权进行陈述和申辩,行政机关应依法听取当事人陈述申辩。

(4)经行政机关催告后当事人仍不履行行政决定,且无正当理由的,行政机关方可作出强制执行决定。

### (二)城市更新行政救济公平及时

《行政许可法》第7条和《行政处罚法》第6条均有规定,公民、法人或者其他组织对行政机关实施行政许可,或者给予的行政处罚,享有陈述权、申辩权;有权依法申请行政复议或者提起行政诉讼;对行政处罚不服的,有权依法申请行政复议或者提起行政诉讼。其合法权益因行政机关违法实施行政许可或者行政处罚受到损害的，有权依法要求赔偿。

城市更新行政救济主要有以下几种方式：

1. 陈述权、申辩权

陈述权、申辩权是法律赋予当事人的法定权利，行政机关应充分听取当事人陈述和申辩意见，对当事人提出的事实、理由和证据，应当进行记录、复核。当事人提出的事实、理由或者证据成立的，行政机关应当采纳。

2. 行政复议

根据《行政复议法》第9条第1款的规定，当事人可以在知道该行政行为的60日内提出行政复议申请，但是法律规定的申请期限超过60日的除外。行政复议机关应依法按照程序受理复议申请，按时作出决定。在行政复议期间，行政复议机关应该维护申请人具有的法定权利，对作出决定的行政机关的权限进行适当限制，以达到平衡之目的。

行政复议中，申请人具有以下权利：

（1）申请人具有查阅权。申请人可以查阅被申请人提出的书面答复、作出具体行政行为的证据、依据和其他有关材料，除涉及国家秘密、商业秘密或者个人隐私外，行政复议机关不得拒绝。

（2）限制被申请人收集证据权。在行政复议过程中，被申请人不得自行向申请人和其他有关组织或者个人收集证据。

（3）申请人具有行政赔偿请求权。行政复议机关对符合《国家赔偿法》的有关规定应当给予赔偿的，在决定撤销、变更具体行政行为或者确认具体行政行为违法时，应当同时决定被申请人依法给予赔偿。

（4）申请人具有申请执行权。被申请人应当自动履行行政复议决定，如果逾期不履行，申请人有权向法院提起强制执行申请。

（5）申请人具有诉讼权。申请人对行政复议决定不服的，有权向人民法院提起行政诉讼。

3. 行政诉讼

根据《行政诉讼法》第46条的规定，当事人自知道作出行政行为之日起6个月内有权向法院提起诉讼，法律另有规定的除外。在城市更新项目中，如因不动产提起诉讼的案件，自行政行为作出之日起超过 20 年，其他案件自行政行为作出之日起超过 5 年提起诉讼的，人民法院不予受理。

法律、法规规定应当先向行政复议机关申请行政复议或者对行政复议决定不服再向人民法院提起行政诉讼的，行政复议机关决定不予受理或者受理后超过行政复议期限不作答复的，公民、法人或者其他组织可以自收到不予受理决定书之日起或者行政复议期满之日起 15 日内，依法向人民法院提起行政诉讼。

（1）行政机关应建立健全行政诉讼案件应诉制度，及时指定代理人，按时提交答辩状和证据，对于行政诉讼中的重点、难点，房屋征收类行政诉讼、行政复议应予以规范，注意对流程的规范以及证据的收集和保存。

（2）对于行政诉讼案件，机关负责人应按规定出庭应诉。

（3）行政机关依法执行已生效的法院判决书或裁定书。

（4）行政机关对法院转来的司法建议书，应认真落实，提高执法能力和水平。

4. 行政赔偿

根据《国家赔偿法》第 4 条的规定，行政机关及其工作人员在行使行政职权时，如违法征收、征用财产的，或者有造成财产损害的其他违法行为的，受害人有取得赔偿的权利。

（1）赔偿义务机关应当自收到申请之日起两个月内，作出是否赔偿的决定。

（2）赔偿义务机关作出赔偿决定，应当充分听取赔偿请求人的意见，并可以与赔偿请求人就赔偿方式、赔偿项目和赔偿数额依法进行协商。

（3）赔偿义务机关决定赔偿或不赔偿的，应当制作赔偿或不赔偿决定书，并自作出决定之日起 10 日内送达赔偿请求人。

（4）赔偿义务机关在规定期限内未作出是否赔偿的决定，赔偿请求人可以自期限届满之日起 3 个月内，向人民法院提起诉讼。赔偿请求人对赔偿的方式、项目、数额有异议的，或者赔偿义务机关作出不予赔偿决定的，赔偿请求人可以自赔偿义务机关作出赔偿或者不予赔偿决定之日起 3 个月内，向人民法院提起诉讼。

（5）赔偿义务机关应当自收到支付赔偿金申请之日起 7 日内，依照预算管理权限向有关的财政部门提出支付申请。财政部门应当自收到支付申请之日起 15 日内支付赔偿金。

（6）如法院判决或裁定依法向受害人赔礼道歉、消除影响的，行政机关及其工作人员应履行相关义务。

# 第二章　拆除重建类城市更新一般程序概要

拆除重建类城市更新程序是指参与城市更新活动的主体参与拆除重建类城市更新活动所涉及的环节、步骤、方法以及过程等。本章涉及的拆除类城市更新程序的主要依据是深圳市人民政府、深圳市人民政府办公厅、深圳市规划和自然资源局等颁布实施的文件，包括：《更新办法》(深圳市人民政府令第 290 号)、《更新办法实施细则》(深府〔2012〕1 号)、《关于施行城市更新工作改革的决定》(深圳市人民政府令第 288 号)、《关于加强和改进城市更新实施工作的暂行措施》(深府办〔2016〕38 号)、《深圳市拆除重建类城市更新单元规划编制技术规定》(深规土〔2018 号〕708)、《深圳市拆除重建类城市更新单元计划管理规定》(深规划资源规〔2019〕4 号）以及各区人民政府（新区管委会）颁布实施的城市更新实施办法等规章及系列规范性文件。

自深圳市人民政府颁布实施《关于施行城市更新工作改革的决定》以来，城市更新管理体制发生了很大的变化，其更新程序也随之发生变化。大部分区人民政府根据《关于施行城市更新工作改革的决定》相继颁布实施的城市更新实施办法对城市更新程序作出具体规定。由于各区城市更新的实际情况不同，其更新程序也存在差异。本章涉及的城市更新程序是笔者在对城市更新相关规范性文件梳理的基础上概况总结的具有共性特征的一般程序，拆除重建类城市更新的具体操作程序则要依据城市更新的相关规定。

## 第一节　城市更新单元计划审批

### 一、更新单元计划申报应符合的申报情形[①]

申报情形是指计划申报主体将特定城市建成区纳入拆除重建类城市更新计

① 参见《更新办法》(深圳市人民政府令第 290 号）第 2 条、《更新办法实施细则》(深府〔2012〕1 号）第 30 条和第 31 条及《深圳市拆除重建类城市更新单元计划管理规定》(深规划资源规〔2019〕4 号）第 5 条。

划进行申报时应当满足的条件。在申报拆除重建类城市更新单元计划时，申报主体首先应明确在哪种情况下可以申报拆除重建类城市更新，哪种情况下不能申报拆除重建类城市更新。根据《计划管理规定》，通过综合整治、功能改变方式难以有效改善或消除的特定城市建成区，具备以下情形之一的，可以申报拆除重建类城市更新单元计划。

### （一）城市基础设施、公共服务设施亟需完善

城市基础设施、公共服务设施严重不足，按照规划需要落实独立占地且用地面积大于3000平方米的城市基础设施、公共服务设施或者其他城市公共利益项目用地。

### （二）环境恶劣或者存在重大安全隐患

（1）环境污染严重，通风采光严重不足，不适宜生产、生活。

（2）经相关机构根据《危险房屋鉴定标准》（JGJ125—2016）鉴定为危房，且集中成片，或者建筑质量有其他严重安全隐患。

（3）消防通道、消防登高面等不满足相关规定，存在严重消防隐患。

（4）经相关机构鉴定存在经常性水浸等其他重大安全隐患。

### （三）现有土地用途、建筑物使用功能或者资源、能源利用明显不符合社会经济发展要求，影响城市规划实施

（1）所在片区规划功能定位发生重大调整，现有土地用途、土地利用效率与规划不符，影响城市规划实施。

（2）属于深圳市禁止类和淘汰类产业，能耗、水耗、污染物排放严重超出国家、省、市相关标准的，或者土地利用效益低下，影响城市规划实施并且可以进行产业升级的。

（3）其他严重影响城市近期建设规划实施的情形。

## 二、更新单元计划申报要划定拆除范围①

拆除范围是指申报主体在保证基础设施和公共服务设施相对完整的前提

---

① 参见《深圳市拆除重建类城市更新单元计划管理规定》第8-18条。

下，充分考虑和尊重所在区域自然、社会、经济关系的延续性，按照相关规划与技术规范，综合考虑道路、河流等自然要素及产权边界等因素而划定的相对成片的拆除区域。

（1）拆除范围应符合各项规划要求。申报的拆除范围应当符合城市总体规划、土地利用总体规划、深圳市城市更新五年专项规划以及各区城市更新五年专项规划的相关空间管控要求。

（2）拆除范围的用地面积要求。拆除范围的用地面积一般情况下应当大于10000平方米。福田区、罗湖区、南山区、盐田区的原农村集体经济组织地域范围应以整村方式划定拆除范围。重点更新单元位于福田区、罗湖区、南山区、盐田区的，申报的拆除范围用地面积原则上不小于15万平方米，位于其他区的，申报的拆除范围用地面积原则上不小于30万平方米。

（3）拆除范围内权属清晰的合法用地[①]面积占拆除范围用地面积的比例应符合一定要求。坪山中心区范围内的更新单元，其合法用地比例应当不低于50%；重点更新单元的合法用地比例应当不低于30%；其他更新单元的合法用地比例应当不低于60%。符合上述比例要求的，拆除范围内的历史违法建筑可按规定申请简易处理，经简易处理的历史违法建筑及其所在用地视为权属清晰的合法建筑物及土地。

（4）拆除范围内的建筑物建成年限应当符合一定的年限要求。拆除范围内的建筑物应在2009年12月31日前建成。其中旧住宅区未达到20年的，原则上不划入拆除范围。旧工业区、旧商业区建筑物的建成时间未达到15年的，原则上不划入拆除范围，因规划统筹和公共利益需要，在满足一定条件时，可以纳入拆除范围进行统筹改造。

（5）拆除范围边界划定应按照要求依次划定并满足相关要求。

---

① 《深圳市拆除重建类城市更新单元计划管理规定》第45条规定：“本规定所称‘合法用地’包括国有已出让（划拨）用地、城中村用地、旧屋村用地、农村城市化历史遗留违法建筑处理用地、其他已获得用地权属证明文件的用地等。”

## 三、 更新单元计划的申报要有明确的申报主体[①]

### （一）申报主体的含义

申报主体是指根据城市更新有关规定申报城市更新计划的当事人，包括权利主体[②]、权利人委托的单一主体以及授权的市、区政府相关部门。

### （二）申报主体的形成方式及分类

根据申报主体的形成方式，可将申报主体分为以下几类：

（1）单一权利主体申报。该情形是指拆除范围内权利主体单一的，可由单一权利主体申报。

（2）委托单一主体申报，包括以下情形：

第一，拆除范围内存在多个权利主体的，同意申报的相关权利主体须共同委托单一主体申报。

第二，拆除范围内存在单一权利主体的，除自行申报外，也可委托单一主体申报。

第三，属于城中村、旧屋村[③]或原农村集体经济组织和原村民在城中村、旧屋村范围以外形成的建成区域的，除由所在的原农村集体经济组织的继受单位进行申报外[④]，也可委托单一主体代为申报。

（3）授权政府部门或机构申报，包括以下情形：

第一，通过政府主导方式实施城市更新的，由市、区政府相关部门申报。

第二，重点城市更新单元计划由辖区城市更新职能部门申报。

第三，旧住宅区由辖区街道办事处申报。

---

① 申报主体的形成方式参见《更新办法实施细则》第35条及《深圳市拆除重建类城市更新单元计划管理规定》第19条。

② 《深圳市拆除重建类城市更新单元计划管理规定》第48条规定：“本规定所称‘权利主体’包括土地使用权人与地上建筑物、构筑物或者附着物所有权人。”

③ 《深圳市拆除重建类城市更新单元计划管理规定》第47条规定：“本规定所称‘城中村’指我市城市化过程中依照有关规定由原农村集体经济组织的村民及继受单位保留使用的非农建设用地、征地返还用地和原农村用地红线用地地域范围内的建成区域；‘旧屋村’是指符合《深圳市拆除重建类城市更新单元旧屋村范围认定办法》（深规土规〔2018〕1号）的旧屋村。”

④ 在城中村、旧屋村或原农村集体经济组织和原村民在城中村、旧屋村范围以外形成的建成区域内，土地、建筑物权属关系复杂，由原农村集体经济组织的继受单位进行申报或委托单一主体申报，有利于后续城市更新工作的开展。

（4）联合主体申报。该情形是指与其他各类旧区（旧工业区、旧商业区、城中村及旧屋村等）混杂的零散旧住宅区，由辖区街道办事处作为申报主体与拆除范围内其余部分的申报主体一起作为该城市更新单元计划的联合申报主体。

## 四、 更新单元计划申报要有符合条件的更新意愿

### （一）更新意愿的含义

更新意愿是指拆除范围或其他特定区域内权利主体或其他特定主体[①]是否同意申报城市更新单元计划的意思表示。更新意愿是政府部门判断拆除重建类城市更新可行性的重要依据，也是关系到更新单元计划能否通过审批的关键性因素之一。更新意愿征集由更新单元计划的申报主体负责。

### （二）更新意愿的征集对象

拆除范围内用地权利主体单一的，其申报更新单元计划的行为已经表达了更新的意愿；拆除范围内存在多个权利主体的，意愿征集的对象为多个权利主体。更新意愿征集要以权利主体是否单一为标准进行划分，而不能以拆除范围内用地是否为单一地块的标准进行划分。因为拆除范围的用地可能为单一地块，也可能包含多个地块，但单一地块的权利主体未必单一，多个地块的权利主体也存在单一的可能性。

### （三）更新意愿应符合的条件[②]

（1）拆除范围内用地为单一地块，权利主体单一的，该主体同意进行城市更新；建筑物为多个权利主体共有的，占份额 2/3 以上的按份共有人或者全体共有人同意进行城市更新；建筑物区分所有的，专有部分占建筑物总面积 2/3 以上的权利主体且占总人数 2/3 以上的权利主体同意进行城市更新。

拆除范围内用地包含多个地块的，符合上述规定的地块的总用地面积不应小于拆除范围用地面积的 80%。

---

① 特定区域是指城中村、旧屋村或原农村集体经济组织和原村民在城中村、旧屋村范围以外形成的建成区域；特定主体是指该区域所在的原农村集体经济组织的继受单位。

② 参见《更新办法实施细则》第 37 条及《深圳市拆除重建类城市更新单元计划管理规定》第 20 条。

(2) 更新改造区域内用地属城中村、旧屋村或原农村集体经济组织和原村民在城中村、旧屋村范围以外形成的建成区域的，须经原农村集体经济组织继受单位的股东大会表决同意进行城市更新；或者符合前述（1）中的规定，并经原农村集体经济组织继受单位同意。

属原农村集体经济组织继受单位物业的，可按《深圳经济特区股份合作公司条例》执行。

(3) 属于与其他各类旧区（旧工业区、旧商业区、城中村及旧屋村等）混杂的零散旧住宅区，同意进行城市更新的权利主体应达到100%。

(四) 应注意的问题

城市更新单元计划申报主体在接受权利主体委托签署《深圳市城市更新单元计划委托书》时，应提请委托人提供权属证明文件。如果委托人不提供权属证明文件，就无法证明其签署的《深圳市城市更新单元计划委托书》的合法性。权属证明文件已登记的，提供不动产权属证书；没有登记的，提供不动产其他权属来源证明文件；登记的权利人与实际权利人不一致的，由征集主体根据不同情况分别做出判断。如果情况复杂无法做出判断且不影响城市更新单元计划申报的，可暂不提请其签署《深圳市城市更新单元计划委托书》，但应提示利害关系人通过法律途径解决不动产权利的归属问题，否则可能影响后续城市更新操作流程的进展。

## 五、更新单元计划申报应有明确的更新方向及符合规定的开发强度①

城市更新单元计划申报的更新方向应符合法定图则或其他法定规划要求；申报的开发强度应合理可行，具备可实施性。

## 六、城市更新单元计划的审批程序②

已按《更新办法》《更新办法实施细则》以及《深圳市拆除重建类城市更新单元计划管理规定》等相关规定划定了拆除范围、征集了更新意愿、明确

① 参见《深圳市拆除重建类城市更新单元计划管理规定》第21条。
② 参见《深圳市拆除重建类城市更新单元计划管理规定》第五章、第六章。

了申报主体、更新方向以及公共利益项目用地的，可按如下程序进行城市更新单元计划的申报与审批。

（一）一般城市更新单元计划审批程序

1. 申报

申报更新单元计划应当提交下列材料：

（1）城市更新单元计划申请书。[①]

（2）申报表格，包括《深圳市拆除重建类城市更新单元计划申报表》《地块现状详细信息一览表》。[②]

（3）申报主体的身份证明材料[③]，包括：

①属自然人的，提供身份证复印件（核原件）。

②属法人的，提供社会信用代码证（或组织机构代码证）复印件、工商营业执照复印件（加盖工商部门复印专用章）及法定代表人（负责人）身份证明。

③属非法人组织的，提供政府批准成立的批文材料或其他能够证明其成立的法律文件复印件（核原件）及负责人身份证明。

④法人、非法人组织授权他人代理的，提供授权委托书及委托代理人个人身份证明。

⑤自然人授权他人代理的，应提供经公证的授权委托书及委托代理人个人身份证明。

⑥境外自然人、法人或非法人组织提交的身份证明须经公证部门公证、认证。香港、澳门特别行政区的公证材料须由司法部委托的律师出具。

（4）图纸，包括拆除范围图、现状权属图、建筑物信息图。[④]

（5）更新意愿证明材料，包括：

①拆除范围内权利主体单一且自行申报的无需提供意愿证明材料；属于委

---

① 申请书的内容应符合《深圳市拆除重建类城市更新单元计划管理规定》第24条第（一）项“申请书”的要求。

② 参见《深圳市拆除重建类城市更新单元计划管理规定》附件1、2。

③ 参见《深圳市拆除重建类城市更新单元计划管理规定》第24条第（三）项“申报主体的身份证明材料”。

④ 参见《深圳市拆除重建类城市更新单元计划管理规定》附件6、7。

托申报的，须提供《深圳市城市更新单元计划申报委托书》。①

②拆除范围内建筑物为多个权利主体共有或者区分所有的，须提供《深圳市城市更新单元计划申报委托书》和《更新意愿汇总表》。②

③属城中村、旧屋村或原农村集体经济组织和原村民在城中村、旧屋村范围以外形成的建成区域的：

第一，通过股东大会表决同意的，应提供经公证的股东大会会议纪要或决议、参会人员签名等相关证明材料。

第二，按《深圳经济特区股份合作公司条例》征集意愿的，应按其规定提供相应的证明材料。

第三，通过其他途径征集更新意愿的，应提供《深圳市城市更新单元计划申报委托书》《更新意愿汇总表》以及原农村集体经济组织继受单位同意的证明文件。

（6）拆除范围内土地及建筑物的相关权属证明材料。

（7）拆除范围内每一栋建筑物单体近期照片（电子文件）。

（8）拆除范围内涉及危房的，须提供具有相应资质并经建设主管部门认定的鉴定机构出具的鉴定报告，鉴定报告应当明确危房的成因，并提出处理意见。

（9）涉及旧住宅区更新的，须按《关于对城市更新项目进行社会稳定风险评估工作的通知》（深维稳办通〔2013〕8号）要求提供社会稳定风险评估报告。

（10）拆除范围内现状工业用地如涉及疑似土壤环境污染的，须提供辖区生态环境保护部门出具的项目用地不属于疑似污染地块的书面文件，或提供项目已按《深圳市建设用地土壤环境调查评估工作指引（试行）》规定完成有关工作的证明材料。

（11）拆除范围超过30万平方米的，须提供水务主管部门关于周边排水管网的系统性、承载力情况以及改造可行性等内容的意见。

---

① 参见《深圳市拆除重建类城市更新单元计划管理规定》附件4。

② 参见《深圳市拆除重建类城市更新单元计划管理规定》附件5。

（12）以整村统筹方式进行更新申报的，须提供整村统筹报告。

（13）城市更新机构认为应当提交的其他资料。[①]

2. 受理

受理是指申报主体按照规定向区城市更新职能部门提交更新单元计划申报材料，区城市更新职能部门予以接受的行为。区城市更新职能部门窗口收到申报主体提交的申报材料后，对其申报材料是否齐全、形式是否符合要求进行形式审查。符合要求的予以受理；不符合要求的，不予受理并说明理由。

3. 审查与公示

区城市更新职能部门在受理更新单元计划申报后按规定进行审查。经审查不符合要求的，书面答复申请人并说明理由；审查通过的，在规定的时间内按批次形成更新单元计划草案，在项目现场、《深圳特区报》或《深圳商报》及区政府网站进行公示，公示时间不得少于10个自然日。公示结束后，由区城市更新职能部门对公示意见进行汇总和处理。

4. 审批与公告

区城市更新职能部门将更新单元计划草案和公示意见的处理情况报区政府审批。区政府审批通过的，由区城市更新职能部门于规定时间内，在项目现场、《深圳特区报》或《深圳商报》及区政府网站上公告更新单元计划。

5. 备案

（1）申请。区城市更新职能部门应在更新单元计划公告后按照规定时间持更新单元计划备案申请表、计划公告文件等材料，报市规划和自然资源部门备案。

（2）核对。市规划和自然资源部门收到备案申请材料后，对以下事项是否符合有关规定进行核对：

①更新单元计划公告内容的规范化。

②拆除范围用地面积。

---

① 《深圳市拆除重建类城市更新单元计划管理规定》规定的“兜底”条款是“申报主体认为需要提供的其他材料”。计划审批需要申报主体提交哪些材料，应取决于计划审批工作的需要，对此应由审批部门决定。

③拆除范围关于城市总体规划、土地利用总体规划、全市或各区城市更新五年规划管控要求的落实情况。

④更新主导方向。

⑤无偿移交给政府的用地。

（3）备案。经核对，不符合有关规定的，不予备案，由市规划和自然资源部门书面函告区城市更新职能部门。不予备案的，不得开展后续工作。符合有关规定的，予以备案，由市规划和自然资源部门在其门户网站予以公布，由区城市更新职能部门通知申报主体按照程序开展后续工作。

（二）重点城市更新单元计划审批程序①

1. 申报

申报重点城市更新单元计划应当提交下列材料：

（1）城市更新单元计划申请书。

（2）申报表格，包括《深圳市拆除重建类城市更新单元计划申报表》及《地块现状详细信息一览表》。

（3）申报主体的身份证明材料。

（4）图纸，包括拆除范围图、现状权属图、建筑物信息图。

（5）更新意愿证明材料。

（6）拆除范围内土地及建筑物的相关权属证明材料。

（7）拆除范围内每一栋建筑物单体近期照片（电子文件）。

（8）区政府对重点城市更新计划申报材料的批准文件和相关说明文件。说明文件应包括重点更新单元计划的基本情况、审查情况、存在问题及处理意见等。

（9）市规划和自然资源部门认为应当提交的其他资料。

2. 受理

市规划和自然资源部门窗口收到区城市更新职能部门提交的申报材料后，对其申报材料是否齐全、形式是否符合要求进行形式审查。符合要求的予以受理；不符合要求的，不予受理并书面说明理由。

① 参见《深圳市拆除重建类城市更新单元计划管理规定》第五章、第六章的相关规定。

3. 审查与公示

市规划和自然资源部门初审后认为符合规定的，形成更新单元计划草案，会同区政府在项目现场、《深圳特区报》或《深圳商报》、区政府及市规划和自然资源部门门户网站上进行不得少于 10 个自然日的公示。公示结束后，由市规划和自然资源部门会同各区对公示意见进行汇总和处理。

4. 审批与公告

市规划和自然资源部门将更新单元计划草案和公示意见的处理情况一并报市政府审批。市政府审批通过的，由市规划和自然资源部门会同区政府于 5 个工作日内，在项目现场、《深圳特区报》或《深圳商报》、区政府及市规划和自然资源部门门户网站上对更新单元计划进行公告。

## 七、已批准的更新单元计划的效力①

更新单元计划批准后，申报主体仅获准开展历史用地处置、旧屋村认定、土地和建筑物信息核查及编制城市更新单元规划。更新单元计划的申报单位仅为申报主体，实施主体须依据《更新办法》及《更新办法实施细则》等相关规定予以确定。其效力有期限限制。《深圳市拆除重建类城市更新单元计划管理规定》施行后批准的更新单元计划，自公告之日起有效期 2 年。有效期内更新单元计划未获得市政府或授权机构批准的，该更新单元计划按照公告要求失效。确需延期的，可申请延期 1 年，原则上仅可延期一次。

## 八、更新单元计划的调整程序

### （一）申请

公告的更新单元计划内容包括拆除范围、更新方向、承担的公共利益、更新单元计划有效期（不包括申报主体）发生变化的，应申请计划调整并提供如下申请材料：

（1）计划调整申请书，应详细说明计划调整的内容和理由。

（2）申报表格。

---

① 参见《深圳市拆除重建类城市更新单元计划管理规定》第 43 条、第 32 条。

（3）申报主体的身份证明材料。

（4）图纸。涉及拆除范围的，应增加拆除范围调整图。

（5）更新意愿证明材料。属增加拆除范围的，应提供增加部分的城市更新意愿达成情况的证明文件；属减少拆除范围的，应提供减少部分的权利主体的意愿证明文件以及已自行理清经济关系的证明文件。

（6）权属证明材料。

（7）照片。涉及拆除范围调整的，应提供调整部分的现场照片。

（8）申报主体认为需提供的计划调整可行性研究报告等其他材料。

（二）审批

计划调整审批及申报程序、申报材料格式要求，参照计划制定的相关规定执行。

## 九、更新单元计划的调出程序

（一）更新单元计划依申请调出①

申报主体申请调出更新单元计划应提交以下材料：

（1）计划调出申请书，申请书应详细说明计划调出的理由。

（2）意愿证明材料，同意调出更新单元计划的意愿应符合该更新单元计划制定时的更新意愿政策要求。

（3）已自行理清经济关系的证明文件。

（4）拆除范围图。

（5）申报主体认为需要提供的其他材料。

（二）更新单元计划依职权调出

（1）批准的更新单元计划，一经发现违反城市更新政策，将调出更新单元计划。②

（2）已批更新单元计划纳入棚户区改造计划及土地整备计划的片区，调出更新单元计划。③

---

① 参见《深圳市拆除重建类城市更新单元计划管理规定》第38条。

② 参见《深圳市拆除重建类城市更新单元计划管理规定》第40条第1款。

③ 参见《深圳市拆除重建类城市更新单元计划管理规定》第40条第2款。

（3）因按规定对更新单元计划进行清理而调出的。根据《更新办法实施细则》（深府〔2012〕1号）、《关于加强和改进城市更新实施工作的暂行措施》（深府办〔2016〕38号）的规定，调出更新单元计划的情形有：

①自城市更新计划公告之日起1年内，未完成土地及建筑物信息核查和城市更新单元规划报批的；

②自城市更新单元规划批准之日起2年内，项目首期未确认实施主体的；

③自实施主体确认之日起1年内，未办理用地出让手续的；

④各区政府规定的其他情形。

（三）审批程序

计划调出的申报及审批程序、申报材料格式要求，参照计划制定的相关规定执行。

（四）更新单元计划调出的法律后果

更新单元调出更新计划的，已取得的行政许可，许可部门可以按照相关规定予以撤销，其他已批事项自公告之日起失效。被调出更新计划的更新单元，自调出计划之日起1年内不得申报计划，福田区的更新项目则更为严格，要求自调出计划之日起3年内不得申报计划。

## 十、相关问题探讨

（一）关于更新单元计划备案问题①

1. 关于备案的性质及法律后果问题

《深圳市拆除重建类城市更新单元计划管理规定》第30条规定的“备案”对申报的备案材料使用“核对”一词，没有使用“审批”或“批复”等词语，从其表面含义看，是形式审查，但从核对的结果即“不予备案的，不得开展后续工作……予以备案……申报主体按程序开展后续工作”看，则属于实质审查。因此，笔者认为，更新单元计划备案类似于上级行政机关对下级行政机关（或机构）的请示进行批示的行为，尽管使用“备案”一词，但其本

① 参见《深圳市拆除重建类城市更新单元计划管理规定》第30条。

质属于内部行政审批行为。其法律后果则是未通过备案的，不得开展后续更新工作；通过备案的，可以开展后续更新工作。除此之外，计划备案后产生对外公示的法律后果，即“符合有关规定的，予以备案，由市规划和自然资源部门在其门户网站予以公布”。

2. 关于计划审批与计划备案相关规定之间存在冲突问题

按照《深圳市拆除重建类城市更新单元计划管理规定》第 29 条的规定，区政府审批通过的，由区城市更新职能部门在 5 个工作日内，在项目现场、《深圳特区报》或《深圳商报》及区政府网站公告更新单元计划。计划通过审批且公告后，理应产生对外公示的法律效力，申报主体据此可开展后续城市更新工作。但按照计划备案的规定，未通过备案的，不得开展后续工作；予以备案的，由市规划和自然资源部门在其门户网站予以“公布”。由此产生如下问题，即更新计划在“公告”之后“公布”之前，或者更新计划在“公告”之后“备案”之前是否有效的问题。如果有效，则可开展后续城市更新工作，否则就不能开展后续城市更新工作。据此，笔者认为，《深圳市拆除重建类城市更新单元计划管理规定》第 29 条、第 30 条、第 32 条关于计划审批与备案的相关规定之间是存在冲突的。如何解决规定之间的冲突问题，关键需要进一步理顺城市更新管理体制，并在此基础上修改相关规定。

### （二）政府作出的更新单元计划批复行为是否具有可诉性

政府作出的城市更新单元计划批复行为不具有可诉性，理由如下：更新单元计划是政府部门对城市更新所涉及的拆除范围、申报主体、更新意愿、更新方向以及公共利益等内容进行的事先安排，旨在保证城市更新活动的有序进行。更新单元计划批准后，申报主体仅获准开展历史用地处置、旧屋村认定、土地信息核查及编制城市更新单元规划。因此，政府作出的城市更新计划批复行为属于过程性行政行为，不涉及对申报主体及其他利害关系人实体权利的处分，对其权利义务不产生实际影响，依法不属于行政复议或行政诉讼的受案范围。

# 第二节 土地、建筑物权属认定[①]

## 一、 土地、 建筑物权属认定的含义

土地、建筑物权属认定，指区城市更新职能部门在城市更新单元计划批准后，依据权利主体的申请对特定范围、符合特定情形的土地、建筑物核发权属认定处理意见书的行政确认行为。该权属认定具有以下特征：

（1）该权属认定是区城市更新职能部门基于城市更新活动的需要依申请作出的行政行为，不同于法院的司法确权行为。

（2）该权属认定的范围是特定的，仅限于城市更新单元计划批准的拆除范围内的土地、建筑物，并且需要符合一定情形：①属于深圳市人民政府《关于加强房地产登记历史遗留问题处理工作的若干意见》（深府〔2010〕66号）规定的处理对象且符合补办规划确认文件或补办土地权属证明文件要求的；②国有已出让（划拨）土地的建筑物未取得建设工程规划许可证、未按建设工程规划许可证的规定进行建设、未办理规划验收手续，根据《城乡规划法》《深圳市城市规划条例》等有关规定，属于不影响城市规划或者影响城市规划但尚可采取改正措施，可以补办手续的。超出上述范围的土地、建筑物权属认定，则不属于区城市更新职能部门的职责范围。

（3）该权属认定程序为简易程序，无需办理规划确认、土地权属证明、房屋安全鉴定、消防验收或备案、房地产权属登记等手续。

（4）该权属认定的效力。权利主体取得的关于城市更新单元拆除范围内《土地、建筑物处理意见书》记载的土地、建筑物视为权属清晰的土地、建筑物，但土地、建筑物一旦被调出城市更新单元计划拆除范围的，该处理意见书即权属认定文件自动失效。

---

① 参见《深圳市拆除重建类城市更新单元土地信息核查及历史用地处置规定》第4条。

## 二、土地、建筑物权属认定程序

### （一）申请

权利主体申请核发城市更新单元拆除范围内土地、建筑物处理意见书应向区城市更新职能部门提交下列文件①：

（1）城市更新单元拆除范围内土地、建筑物权属认定申请书；

（2）权利主体身份证明文件；

（3）城市更新单元计划批复文件②；

（4）土地、建筑物符合上述特定情形的证明文件；

（5）区城市更新职能部门认为应当提交的其他文件。

### （二）审核

区城市更新职能部门受理权利主体的申请后在规定时间内进行审查，并对符合条件的申请主体核发城市更新单元拆除范围内《土地、建筑物处理意见书》。③

## 三、救济问题

### （一）关于相关权利主体的救济问题

关于城市更新单元拆除范围内土地、建筑物权属认定程序，《深圳市拆除重建类城市更新单元土地信息核查及历史用地处置规定》只作了简单的规定。对于符合《深圳市拆除重建类城市更新单元土地信息核查及历史用地处置规定》条件的，核发处理意见书；对于不符合条件的没有作出明确规定。如果权利主体申请核发处理意见书的行为没有获得区城市更新职能部门的行政确认，那么该权利主体是否还有其他救济手段？对此，笔者尝试从以下两个方面分析权利主体可能存在的救济途径。

（1）是否存在行政复议或行政诉讼的救济途径。区城市更新职能部门对

---

① 关于申请土地、建筑物权属认定应当提交哪些文件，《深圳市拆除重建类城市更新单元土地信息核查及历史用地处置规定》及其他相关城市更新规范性文件没有作出详细规定。上述文件仅供参考，不作为实际操作的依据。

② 该文件由区城市更新机构作出的，申请人可以不提交。

③ 参见《深圳市拆除重建类城市更新单元土地信息核查及历史用地处置规定》附件1。

于相关权利主体向其申请核发城市更新单元拆除范围内的土地、建筑物处理意见书的请求不予答复或者驳回其申请等行政不作为行为，相关权利主体是否可对该行政不作为行为提起行政复议或者行政诉讼？笔者认为，相关权利主体依法不能提起行政复议或者行政诉讼[①]，理由如下：上述土地、建筑物权属认定特指区城市更新职能部门基于城市更新活动的需要，依据权利主体的申请对符合特定范围、特定情形的土地、建筑物作出简易权属处理的行政行为。区城市更新职能部门对权利主体的申请不作处理的行政不作为行为仅对城市更新活动的进一步开展产生影响，对相关权利主体特定范围内的土地、建筑物的实体权利义务不产生实质改变或影响，因此，相关权利主体依法不能提起行政复议或者行政诉讼。

（2）是否可以通过补办相关手续进行确权。[②] 符合上述情形的相关权利主体可向土地主管部门及房地产登记机构通过补办规划确认、土地权属证明、房屋安全鉴定、消防验收或备案、房地产权属登记等手续进行确权并在此基础上开展后续城市更新活动。

（二）关于利害关系人的救济问题

（1）利害关系人是否可以依法提起行政复议或行政诉讼。[③] 利害关系人是指除申请人之外对符合特定情形的土地、建筑物主张权利的其他当事人。据此，权利主体取得的处理意见书的效力是其记载的土地、建筑物视为权属清晰的土地、建筑物，即土地使用权及建筑物所有权归申请人所有。由此可见，若申请人与利害关系人对同一不动产标的的归属产生了争议，区城市更新职能部

---

① 最高人民法院相关行政裁定书认为，行政行为未对申请人的权利产生实际影响的，不属于《行政复议法》第6条规定的行政复议范围，亦不属于《行政诉讼法》第12条规定的受案范围。最高人民法院《关于适用〈中华人民共和国行政诉讼法〉的解释》第1条第2款规定："下列行为不属于人民法院行政诉讼的受案范围：……（十）对公民、法人或者其他组织权利义务不产生实际影响的行为。"

② 属于《关于加强房地产登记历史遗留问题处理工作的若干意见》（深府〔2010〕66号）规定的，按照该意见补办规划确认文件或补办土地权属证明文件等手续后申请办理房地产登记手续；属于国有已出让（划拨）土地的建筑物未取得建设工程规划许可证、未按建设工程规划许可证的规定进行建设、未办理规划验收手续，按照《城乡规划法》《深圳市城市规划条例》等有关规定处理后再申请办理房地产登记手续。

③ 参见《行政复议法》第6条第（四）项、《中华人民共和国行政复议法实施条例》第28条第（二）项及《行政诉讼法》第12条第（四）项。

门核发的处理意见书必然对利害关系人的权利义务造成实质影响，因此，利害关系人可依法对区城市更新职能部门作出处理意见书的行政行为提起行政复议或行政诉讼。

（2）行政复议的被申请人或行政诉讼的被告人的身份确定问题。区城市更新职能部门核发处理意见书的行政行为，其职权来源不是法律、法规的授权，而是市规划国土管理部门的委托，是基于委托作出的行政行为。[①] 因此，行政复议的被申请人或行政诉讼的被告人应当是市规划土地管理部门或其辖区派出机构。

## 第三节　土地信息核查[②]

### 一、土地信息核查的含义

土地信息核查，是指城市更新职能部门在城市更新单元计划批准后依据申报主体的申请按照规定在对拆除范围的土地信息进行核查的基础上作出核查意见的行为。该行为具有以下特征：

（1）该行为是区城市更新职能部门基于城市更新活动的需要依申请作出的行政行为。

（2）申请主体也是城市更新单元计划的申报主体，该申请主体可能是单一权利主体，也可能是受委托的主体，与前述的土地、建筑物权属认定的申请主体仅限于相关权利主体不同。

（3）核查的范围与对象限于城市更新单元拆除范围内的土地信息，不包括地上建筑物，与前述土地、建筑物权属认定的范围包括建筑物不同。虽然核查的范围限于拆除范围内的土地信息，但由于城市更新单元规划统筹、技术误差或计入外部移交用地等原因，申请核查范围可与城市更新单元拆除范围不

① 参见深圳市人民政府《关于施行城市更新工作改革的决定》（深圳市人民政府令 288 号）及深圳市规划和国土资源委员会《关于印发〈深圳市拆除重建类城市更新单元土地信息核查及历史用地处置规定〉的通知》（深规土规〔2018〕15 号）第 4 条。

② 参见《深圳市拆除重建类城市更新单元土地信息核查及历史用地处置规定》第 5 条、第 6 条规定。

一致。如果存在不一致，应区分拆除范围内、外并分别进行核查数据汇总。

（4）土地信息核查的效力。核查结果，即《土地信息核查意见的复函》可以作为该城市更新单元实施过程中规划审批、完善土地征（转）手续、历史用地处置和项目地价测算的基础，不作为土地性质、权属、面积等的证明材料。

（5）由于土地信息的核查结果可以作为该城市更新单元实施过程中规划审批、完善土地征（转）手续、历史用地处置和项目地价测算的基础，因此，土地信息核查申请应在申报主体申报城市更新单元规划之前提出，并在该规划审批之前完成。①

## 二、土地信息核查程序

### （一）申请

申报主体向区城市更新职能部门申请对城市更新单元拆除范围的土地信息进行核查应提交下列材料②：

（1）土地信息核查申请表；

（2）申请人身份证明；

（3）土地权属证明材料或处理意见书；

（4）土地信息一览表及相关图示；

（5）土地征（转）情况证明材料等其他必要材料。

### （二）核查并出具核查结果

区城市更新职能部门受理上述申请后应在规定时间内对城市更新单元拆除范围的土地权属、用地面积进行核查，并将核查结果函复申报主体。

## 三、救济问题

### （一）关于行政不作为的救济问题

申报主体对区城市更新职能部门对土地信息核查申请不予处理的行为是否

---

① 参见《更新办法实施细则》第 40 条及《深圳市拆除重建类城市更新单元土地信息核查及历史用地处置规定》第 5 条。

② 参见《深圳市拆除重建类城市更新单元土地信息核查及历史用地处置规定》第 5 条及其附件。

可以提起行政复议或行政诉讼？笔者认为，申报主体依法不能提起行政复议或行政诉讼，理由如下：土地信息核查是区城市更新职能部门依据申请对城市更新单元拆除范围内的土地信息进行核查、收集、汇总的行为，其核查结果可以作为该城市更新单元实施过程中规划审批、完善土地征（转）手续、历史用地处置和项目地价测算的基础，但不作为土地性质、权属、面积等的证明材料。[①] 因此，该不作为行为对申报主体的实际权利义务不产生实际影响，依法不属于行政复议或者行政诉讼的受案范围。

（二）关于行政作为的救济问题

申报主体对区城市更新职能部门作出《土地信息核查意见的复函》的行为不服，是否可以提起行政复议或行政诉讼？笔者认为，申报主体依法不能提起行政复议或行政诉讼，理由如下：《土地信息核查意见的复函》的内容[②]仅涉及各类土地信息，不涉及土地权利归属，属于告知性复函，对申报主体的权利义务不产生实际影响。因此，依法不属于行政复议或行政诉讼的受案范围。

## 第四节　历史用地处置[③]

### 一、历史用地处置的含义

历史用地处置，是指区城市更新职能部门依据原农村集体经济组织继受单位（以下简称“继受单位”）的申请对城市更新单元拆除范围内符合一定条件的用地手续不完善的建成区进行用地处置、明确申请人的相关义务并核发《历史用地处置意见书》的行为。该行为具有以下特征：

（1）该行为是区城市更新职能部门为完善用地手续、落实土地贡献比例依据申请而作出的行政行为。

（2）申请主体仅限于继受单位。

（3）处置范围仅限于用地行为发生在 2009 年 12 月 31 日之前，未签订征

---

① 参见《深圳市拆除重建类城市更新单元土地信息核查及历史用地处置规定》第 6 条第 2 款。

② 参见《深圳市拆除重建类城市更新单元土地信息核查及历史用地处置规定》附件 3。

③ 参见《深圳市拆除重建类城市更新单元土地信息核查及历史用地处置规定》相关规定。

(转) 地协议或已签订征（转）地协议但土地或者建筑物未作补偿的（协议明确土地或者建筑物不再补偿的，不属于“未作补偿”情形）城市更新单元拆除范围内的建成区用地。

(4) 继受单位提出历史用地处置申请可在城市更新单元规划申报时提出，也可在规划申报前提出；城市更新单元规划在2013年5月17日前已批准但未进行历史用地处置的，继受单位可在实施主体申请开发建设用地审批前向区城市更新职能部门申请历史用地处置。

(5) 处置的效力。区城市更新职能部门核发的关于城市更新单元拆除范围内《历史用地处置意见书》在城市更新项目实施主体确认后，可以作为城市更新项目用地审批及出让的依据，处置后的土地可以通过协议方式出让给项目实施主体进行开发建设，该协议出让方式不同于一般经营性土地必须采取招标、拍卖、挂牌的方式出让；处置后的土地，继受单位应与政府部门签订完善征（转）地手续的协议，政府不再另行支付任何补偿，这不同于一般征用集体土地必须依法给予补偿安置，其经济利益及其他相关权利可以通过城市更新活动实现。

## 二、 历史用地处置程序

### (一) 申请

继受单位向区城市更新职能部门申请历史用地处置应当提交下列材料[①]：

(1) 历史用地处置申请及承诺书；

(2) 土地信息核查结果的复函；

(3) 继受单位股东代表大会审议同意历史用地处置的决议。法律、法规或继受单位章程对事项的决议形式有要求的，从其要求；

(4) 法律、法规、规章及规范性文件规定的其他材料。

### (二) 审核

区城市更新职能部门受理上述申请后应按照规定的时间进行审查，对符合

① 参见《深圳市拆除重建类城市更新单元土地信息核查及历史用地处置规定》第8条以及附件3、4。

条件的核发关于城市更新单元拆除范围内《历史用地处置意见书》。[①]

## 三、 救济问题

### （一）关于行政不作为的救济问题

申请人对区城市更新职能部门不予处置历史用地处置申请的行为是否可以提起行政复议或行政诉讼？笔者认为，申请人依法不能提起行政复议或行政诉讼，理由如下：该不予处置行为对城市更新单元拆除范围内用地手续不完善的建成区的用地归属、用途及其他相关权利没有发生任何改变，仍处于继受单位申请前的状态，因此，该不作为行为对继受单位的权利义务不产生实际影响，依法不属于行政复议或行政诉讼的受案范围。

### （二）关于行政作为的救济问题

1. 申报主体对区城市更新职能部门作出的关于城市更新单元拆除范围内《历史用地处置意见书》的行为不服，是否可以提起行政复议或者行政诉讼？笔者倾向认为，申报主体可以提起行政复议或行政诉讼，理由如下：根据《深圳市拆除重建类城市更新单元土地信息核查及历史用地处置规定》第12条的规定，城市更新项目实施主体确认后，《历史用地处置意见书》可以作为项目用地审批及出让的依据。《历史用地处置意见书》的内容涉及土地分配、土地贡献以及申请人应当履行的义务。申请人因该处置意见书而享有某种权利，也会因该处置意见书而履行某种义务。因此，该处置意见书对申请人的权利义务造成实际影响，依法属于行政复议或行政诉讼的受案范围。

2. 利害关系人对区城市更新职能部门作出的关于城市更新单元拆除范围内《历史用地处置意见书》的行为不服，是否可以提起行政复议或者行政诉讼？笔者倾向认为，利害关系人可以提起行政复议或行政诉讼，理由如下：利害关系人是指申请人之外对城市更新单元拆除范围内用地手续不完善的建成区的用地归属主张权利的其他当事人。该《历史用地处置意见书》的内容涉及土地分配、土地贡献以及申请人应当履行的义务。申请人因该处

---

① 参见《深圳市拆除重建类城市更新单元土地信息核查及历史用地处置规定》附件5。

置意见书而享有某种权利，就意味着利害关系人丧失某种权利，所以，该处置意见书会对利害关系人的权利义务造成实际影响，依法属于行政复议或行政诉讼的受案范围。

## 第五节 城市更新单元规划申批[①]

### 一、 编制更新单元规划

（一）含义

编制更新单元规划，是指编制单位受申报主体的委托以已批准的计划及土地信息核查的结果为依据，以法定图则为基础，按照《深圳市拆除重建类城市更新单元规划编制技术规定》的要求，重点就更新单元的改造模式、土地利用、开发强度、配套设施、道路交通及利益平衡等方面做出详细安排的活动。[②] 编制城市更新单元规划应符合下列要求：

（1）编制更新单元规划是一项专业性、技术性很强的活动，应委托具有相应资质的专业机构进行。根据《深圳市拆除重建类城市更新单元规划编制技术规定》的有关规定，申报主体应委托具备乙级及以上规划设计资质的编制单位编制城市更新单元规划。[③]

（2）按照《深圳市拆除重建类城市更新单元规划编制技术规定》规定的原则、技术文件、管理文件等内容进行编制，并形成规范化的具有一定格式要求的城市更新单元规划成果。

（3）编制单位应对其编制的更新单元规划的技术、质量及准确性负责。

（二）分类

参考《关于加强和改进城市更新实施工作的暂行措施》（深府办〔2016〕

---

① 《深圳市罗湖区城市更新实施办法》《深圳市盐田区城市更新实施办法（试行）》等规定城市更新单元计划和规划可同时申报。

② 参见《深圳市拆除重建类城市更新单元规划编制技术规定》附录10：名词解释。

③ 罗湖区、光明区、龙华区等区人民政府颁布实施的关于城市更新实施办法的规定，申报单位应委托具有甲级规划设计资质的编制单位编制城市更新单元规划。

38号）以及《深圳市拆除重建类城市更新单元计划管理规定》的有关规定[①]，编制城市更新单元规划可分为编制一般城市更新单元规划和编制重点城市更新单元规划。

（三）委托编制的主体

编制一般城市更新单元规划由一般城市更新单元计划申报主体委托编制单位编制；编制重点城市更新单元规划由辖区人民政府组织编制，或者由其直接委托编制单位编制，或由其授权区城市更新职能部门委托编制单位编制。

## 二、更新单元规划审批程序

（一）一般更新单元规划审批程序

《更新办法实施细则》第4—44条对城市更新单元规划审批程序作了一般性规定，但自深圳市人民政府颁布实施《关于施行城市更新工作改革的决定》（深圳市人民政府令第288号）以来，城市更新单元规划审批体制发生了根本变化。大部分区人民政府根据《关于施行城市更新工作改革的决定》相继颁布实施的城市更新实施办法对城市更新单元规划审批程序作出了具体规定。因为各区城市更新的实际情况不同，所以其审批程序存在差异。本节涉及的城市更新规划审批程序是笔者在对城市更新相关规范性文件梳理的基础上概况总结的具有共性特征的一般程序，以供读者参考。

1. 申报

申报主体将编制好的城市更新单元规划成果连同其他资料提交区城市更新职能部门申请城市更新单元规划审批。关于申报主体申报城市更新单元规划应当提交哪些材料，《更新办法》及《更新办法实施细则》未作出明确的规定。目前只有部分区人民政府颁布实施的城市更新实施办法对申报城市更新单元规划应当提交的材料作出了规定[②]，但各区规定的应提交的材料也不完全相同，其中《深圳市盐田区城市更新实施办法（试行）》第8条规定，城市更

---

① 参见《关于加强和改进城市更新实施工作的暂行措施》“三、创新实施机制，试点重点更新单元开发”及《深圳市拆除重建类城市更新单元计划管理规定》第11条第（三）项。

② 参见《深圳市罗湖区城市更新实施办法》第16条、《深圳市龙华区城市更新实施办法》第18条、《深圳市盐田区城市更新实施办法（试行）》第8条等。

新单元计划与规划同时申报并提供同一份申请材料。根据城市更新的相关规定并结合城市更新实践，申报城市更新单元规划一般应提交如下材料[①]：

（1）深圳市城市更新单元规划申报表；

（2）申报主体身份证明材料；

（3）编制单位身份及资质证明材料；

（4）《土地信息核查意见的复函》《土地、建筑物处理意见书》（如有）、《历史用地处置意见书》（如有）；

（5）具备乙级及以上规划设计资质的编制单位编制的更新单元规划成果；

（6）法律、法规、规章及规范性文件规定的其他材料。

2. 受理

区城市更新职能部门窗口收到申报主体提交的申报材料后，对其申报材料是否齐全、形式是否符合要求进行形式审查。符合要求的予以受理；不符合要求的，不予受理并书面说明理由。

3. 审批

（1）初审。区城市更新职能部门对其已经受理的城市更新规划申报材料进行初审。初审不合格的，书面答复申报主体并说明理由；初审合格的，区城市更新职能部门应在规定的时间内将申报材料转至区城市更新领导小组成员单位征求意见。相关成员单位应在规定的时间内将意见反馈至区城市更新职能部门。

（2）审查。区城市更新职能部门根据成员单位的反馈意见、土地信息核查意见、土地和建筑物处理意见（如有）以及历史用地处置意见（如有）对更新单元规划申报材料进行审查并形成城市更新单元规划草案。城市更新单元规划草案需要修改的，申报主体应及时完成修改并报区城市更新职能部门再次审查，形成新的城市更新单元规划草案。

（3）审议并公告。城市更新单元规划草案经区领导小组审议通过的，由

---

① 《深圳市政务信息资源共享管理办法》第 24 条第 1 款规定："各单位应充分利用共享信息，为社会公众提供高效便捷的服务，包括业务协同、同城通办、主动服务、就近办理等。凡是可以从共享平台获取的信息，如证照、审批结果等，不得要求公众和企业等服务对象在办事过程中提供除身份证明以外的其他原件。"

区城市更新职能部门按规定组织公示。审议未通过的，书面答复申报主体并说明理由。

（4）批准。区城市更新职能部门在城市更新单元规划草案公示期满后对公示的意见进行汇总处理，城市更新单元规划草案（或调整后）符合法定图则强制性内容的，报区领导小组审定后，由区政府核发城市更新规划批准文件。城市更新单元规划草案改变法定图则强制性内容的或城市更新单元规划草案涉及的地区未制定法定图则的，报区领导小组审定后按程序提请深圳市城市规划委员会建筑与环境艺术委员会审批，审批通过后，由区政府核发城市更新规划批准文件。区城市更新职能部门在城市更新单元规划草案公示期满后对公示的意见进行汇总处理报区领导小组审议未通过的，书面答复申报主体并说明理由。

（5）公告与备案。区城市更新职能部门在城市更新单元规划批准后按规定进行公告、备案，并将其纳入全市规划“一张图”综合管理系统。

（二）重点更新单元规划审批程序

深圳市规划和自然资源部门窗口受理重点城市更新单元规划申报，由市城市更新机构审查、公示并对公示的意见进行处理，按照程序报市政府批准后进行公告和备案，并将其纳入全市规划“一张图”综合管理系统。

## 三、 城市更新单元规划的效力

城市更新单元规划一经批准，在城市更新单元范围内具有与法定图则相等的效力，是进行城市更新和规划管理的基本依据。[①] 如果已批准的城市更新单元规划与法定图则的规定不一致的，城市更新单元规划的批准视为已完成法定图则相应内容的编制和修改。经批准的城市更新单元规划是相关行政许可的依据[②]，其效力没有期限限制。

---

① 参见《深圳市拆除重建类城市更新单元规划编制技术规定》（深规土〔2018〕708号）附录10：名词解释。

② 参见《更新办法实施细则》（深府〔2012〕第1号）第44条第2款。

## 四、已批准的城市更新单元规划是否具有可诉性

关于已批准的城市更新单元规划是否具有可诉性问题，目前尚未了解到有类似的研究以及司法案列。在此，笔者尝试从可诉与不可诉两个方面入手进行粗浅分析，旨在起到抛砖引玉的作用。

### （一）已批准的城市更新单元规划具有可诉性

理由如下：

（1）城市更新单元规划批复是政府部门依据申报主体的申请按照规定的程序作出的规划许可行为，属于行政许可行为，具有外部行政行为的特征。①

（2）城市更新单元规划一经批准，其拆除范围内的权利主体是特定的，是政府部门针对特定的主体作出的行政许可行为。

（3）城市更新单元规划一旦实施将对拆除范围内的权利主体以及其他利害关系人的权利与义务造成实际影响。

### （二）已批准的城市更新单元规划具有不可诉性

笔者倾向于该观点，理由如下：

（1）城市更新单元规划是在大规模城市更新改造背景下，政府调控城市空间资源，维护社会公平、保障公共利益的一项重要公共政策②，且城市更新单元规划一经批准，在城市更新单元范围内具有与法定图则相等的效力，是进行城市更新和规划管理的基本依据。既然是一项“重要公共政策”，且具有与“法定图则”相等的效力，就说明已批准的城市更新单元规划属于具有普遍约束力的规范性文件，依法不属于行政诉讼的受案范围。③

（2）城市更新单元规划由申报主体委托编制并由其申报，这只是为启动城市更新单元规划制定程序而作出的一种安排，而规划批准文件则是以通知的形式下发给各区城市更新职能部门，既不是针对申报主体作出的，又不涉及其

---

① 《深圳市光明区城市更新实施办法》（深光府规〔2018〕号）第三章“行政许可与服务”将“城市更新单元规划审批”列入其中；《深圳市宝安区城市更新暂行办法》将“城市更新单元计划”列入第四章“许可服务”。

② 参见《深圳市拆除重建类城市更新单元规划编制技术规定》（深规土〔2018〕708号）附录10：名词解释。

③ 参见《行政诉讼法》第13条第（二）项。

他的特定权利主体。虽然启动程序具有外部行政行为的特征，但规划批准文件在性质上仍属于行政机关内部上级行政机关对下级行政机关（或机构）所作出的通知、指示、命令等①，不同于《行政许可法》规定的行政许可②，依法不属于行政诉讼的受案范围。

（3）已批准的城市更新单元规划应纳入全市规划“一张图”综合管理系统，成为对不特定的主体普遍适用的规则，其效力不会因申报主体与实施主体的不同而受影响，也不会受城市更新项目进展情况的影响。即使城市更新项目因各种原因而取消，但城市更新单元规划仍将是今后城市更新和规划管理的基本依据。

## 第六节　实施主体确认

城市更新项目的实施主体，即指城市更新项目中的单一权利主体或多个权利主体通过与市场主体签署搬迁补偿安置协议、房地产作价入股或被收购方统一收购等方式将房地产权益转移至单一主体后，经相关政府部门依法确认该单一主体成为项目的实施主体。实施主体负责项目拆除、办理项目规划、用地、建设等工作，实施主体一经确认，在项目工程竣工验收之前不得变更。获得实施主体资格必须符合一定条件，除项目已获批计划、专规外，实施主体确认的前提系项目范围内土地权属通过组建项目公司、协议、收购等方式形成单一主体。

### 一、单一主体的形成方式

形成单一主体是确认实施主体的前提条件和重要环节。如果拆除重建区域内的土地使用权人与地上建筑物、构筑物或附着物所有权人相同且为一个主体的，该权利主体即为单一主体；如果有多个权利主体，则该多个权利主体可将房地产权益转移至其中一个权利主体或转移至非原权利主体的单一市场主体，形成

---

① 参见《深圳市拆除重建类城市更新单元规划编制技术规定》（深规土〔2018〕708号）附录14：规划批准文件正文范本。

② 《行政许可法》第2条规定：“本法所称行政许可，是指行政机关根据公民、法人或者其他组织的申请，经依法审查，准予其从事特定活动的行为。”

单一主体；除鼓励权利人自行改造外，由政府组织实施的项目，政府可通过公开方式确定实施主体，或者由政府城市更新实施机构直接实施。

（一）多个权利主体形成单一主体

当权利主体为多个时，可通过如下方式形成单一主体：

（1）多个权利主体签署协议并依据《中华人民共和国公司法》(以下简称《公司法》）的规定以权利人拥有的房地产作价入股成立或加入公司，该公司即为单一主体；

（2）权利主体与搬迁人（市场主体）签订搬迁补偿安置协议，当签订协议的权利主体达到一定比例时，该市场主体即可成为单一主体；

（3）权利主体的房地产被收购方收购，收购方便成为单一主体。

其中，如单一主体为市场主体的，在市场主体的选择方面，还应注意以下两点：

（1）如果是合作实施的城中村改造项目，市场主体应当与原农村集体经济组织继受单位签署改造合作协议。

（2）如果是以旧住宅区改造为主的改造项目，经占建筑物总面积90%以上且占总数量90%以上的业主同意，由区政府通过招标、挂牌、拍卖等方式公开选择市场主体。

（二）建筑物区分所有的单一主体

如果同一宗地内建筑物由业主区分所有的，全体业主是一个权利主体，但业主同意进行拆除重建改造有两个2/3的比例要求：即专有部分占建筑物总面积2/3以上的业主且占总人数2/3以上的业主。

（三）其他特殊情形

城市更新拆除范围内未办理房地产权登记的建筑物、构筑物或附着物，应先依照深圳市以及各区规定完善手续后确定权利主体。深圳市坪山区的拆除重建更新项目，拆除范围内存在未办理权属登记的土地及建筑物的，应由街道办事处就土地、建筑物权属核查及单一主体形成情况出具意见；深圳市龙岗区拆除重建类更新项目中涉及无产权登记的土地及建筑物，由房屋所在辖区街道办事处进行确权后确定权利主体，方可通过法定方式形成单一主体；深圳市大鹏新区、龙华区的拆除重建类更新项目，拆除范围内存在未完善手续的土地及建筑物的，应由街道办事处就土地、建筑物权属情况进行认定并对单一主体形成情况出具意见。

## 二、实施主体的确认

### （一）申请实施主体资格确认

城市更新拟拆除范围内的权利主体通过规定的方式形成单一主体后，该单一主体即可向区城市更新局申请实施主体资格确认。申请实施主体资格确认，申请人应向区城市更新局提交如下材料：

（1）项目实施主体资格确认申请书；

（2）申请人身份证明文件；

（3）城市更新单元规划确定的项目拆除范围内土地和建筑物的测绘报告、权属证明及抵押、查封情况核查文件；

（4）申请人形成或者作为单一主体的相关证明文件；

（5）其他相关文件材料。

形成单一主体的证明文件根据形成单一主体的方式不同而不同，具体有如下几种：

（1）申请人收购权利主体房地产的证明材料及付款凭证（通过收购方式形成单一主体）；

（2）申请人制定的搬迁补偿安置方案及与权利主体签订的搬迁补偿安置协议、付款凭证、异地安置情况和回迁安置表（通过签署搬迁补偿安置协议形成单一主体）；

（3）作价入股或加入公司的相关证明文件（房地产作价入股或加入公司形成单一主体）；

（4）合作实施的城中村改造项目，还应提交改造合作协议。

除上述材料外，针对不同的单一主体形成方式，个别区还规定了其他的条件和要求。如对于深圳市罗湖区的城市更新项目，实施主体申请人还应先就城市更新单元项目拆除范围内所有的权利主体向辖区街道办事处申请在项目现场及罗湖区电子政务网上公示，由辖区街道办事处出具公示异议处理意见，属于城中村改造项目的，还应由原农村集体经济组织继受单位出具公示异议处理意见。涉及国有企业资产参与城市更新的，应提交相关国有资产主管部门出具的已履行国有资产处置手续的证明材料；涉及股份公司集体资产参与城市更新的，应提交经辖区街道办事处审查备案并经区集体资产主管部门备案的包括城中村更新项目合作方选择等集体资产处置证明材料。

（二）主管部门核查申请材料并公示

由区城市更新职能部门对申请材料展开核查，如认为申请人不符合实施主体资格确认条件的（例如申请材料不全、权属不清、权利受限制等），予以书面答复并说明理由；如符合实施主体确认条件，区城市更新职能部门会在项目现场、《深圳特区报》或《深圳商报》及区政府或本部门网站，对申请人提供的土地、建筑物权属情况及单一主体的形成情况进行公示，公示期不少于7日，在公示期内相关当事人可以向区城市更新职能部门提出异议。

（三）签订项目实施监管协议，核发实施主体确认文件

区城市更新职能部门应当在公示结束后5个工作日内完成公示意见的处理。有关异议经核实成立或者暂时无法确定的，应当书面答复申请人并说明理由；公示期内未收到意见或者有关异议经核实不成立的，应当在5个工作日内与申请人签订项目实施监管协议，并向申请人核发实施主体确认文件。实施主体确认文件应当抄送市城市更新主管部门及相关单位。

（四）项目实施监管协议签订的必要性及其主要内容

为保证市场主体有序参与拆除重建类城市更新项目，深圳市除规定该类项目须严格实行计划管理、规划管控之外，还要求对实施主体进行确认的同时，由区城市更新职能部门会同政府其他部门（如物业办等）与实施主体签署项目实施监管协议，通过必要的义务设定、资金监管要求、违约条款设定等合同约束机制，对实施主体进行后期的项目开发建设（包括建筑物拆除、规划、用地、建设、回迁房屋等）进行全过程的监管。该协议的主要内容包括：

（1）按照城市更新单元规划要求，实施主体应履行移交城市基础设施和公共服务设施用地等义务；

（2）实施主体应当完成搬迁，并按照搬迁补偿安置方案履行货币补偿、提供回迁房屋和过渡安置等义务；

（3）更新单元内项目实施进度安排及完成时限；

（4）区城市更新职能部门采取的设立资金监管账户或其他监管措施。

在强区放权后，深圳市各区结合辖区城市更新改革的经验，对实施监管作出了更为细致的规定，在城市更新的规范操作方面更具实践性和可操作性。例如《深圳市福田区城市更新实施办法（试行）》（福府规〔2016〕1号）《深圳市罗湖区城市更新实施办法》（罗府规〔2018〕5号）明确了银行保函的项目监管方式，规定了监管资金金额的评估确定标准，详细内容可参见本章第十节“城市更新项目监管”。

## 第七节　建筑物拆除及房地产权属证书注销

建筑物拆除系对拟拆除重建范围内原有地上建筑物、构筑物及附着物的拆除。城市更新项目，一般情况下应在实施主体确认并签订项目实施监管协议后，方可实施建筑物拆除，但也有例外情形。如《深圳市罗湖区城市更新实施办法》（罗府规〔2018〕5号）第44条第1款规定：“属于旧住宅区（含混杂零散旧住宅区）、城中村拆除重建类城市更新项目的，市场主体在取得实施主体确认文件以及签订项目实施监管协议之前不能启动搬迁，但不能满足安全使用要求需停止使用或疏散居住人员的房屋除外。”又如《深圳市龙华区城市更新实施办法》（深龙华府规〔2017〕2号）第27条规定：“城市更新项目应完成实施主体确认并签订实施监管协议后，方可实施建筑物拆除。为落实公共基础设施项目建设，需要提前使用已列入计划的更新单元范围内贡献用地的，经区城市更新局批准，可提前开展建筑物拆除工作。”深圳市坪山区也有类似规定。城市更新项目中的建筑物拆除是在区政府的组织和监督下完成的，应当严格遵守相关法律、法规、规章及其他规范性文件的要求，做好施工安全措施，待建筑物拆除完成后，实施主体应及时向区城市更新职能部门申请就建筑物拆除情况进行确认。

## 一、建筑物拆除的流程

### （一）拆除备案

在实施建筑物拆除工作前，实施主体应按照《深圳市房屋拆除工程管理办法》的规定向区住房建设局或其他相关部门申请拆除备案，并提交如下材料：

（1）与区城市更新职能部门签署的项目实施监管协议；

（2）施工合同及建筑废弃物综合利用合同；

（3）监理合同；

（4）施工单位资质证书、安全生产许可证及项目经理、注册监理工程师资格证明文件；

（5）经监理单位审核确认的《房屋拆除施工组织方案》；

（6）现场施工人员意外伤害保险凭证；

（7）《建筑废弃物减排及综合利用方案》；

（8）需实施爆破作业的，应提交公安部门核发的《爆破作业单位许可证》及《爆破作业项目行政许可决定书》；

（9）燃气或其他管线的三方监管协议；

（10）法律、法规规定的其他材料。

依照深圳市目前的规定，实施主体制定《房屋拆除施工组织方案》后应向区住建部门及街道办事处备案，制定《建筑废弃物减排及综合利用方案》后应向区城市更新职能部门备案。大鹏新区《建筑废弃物减排及综合利用方案》的备案部门是新区生态城建局，拆除工作方案的备案部门是生态资源环境综合执法局及属地办事处。

### （二）拟拆除建筑物的移交

通过签署搬迁补偿安置协议的方式形成实施主体的，搬迁补偿安置协议中已约定搬迁期限、相应房地产权益由搬迁人承受等内容。因此，权利主体应当依照搬迁补偿安置协议的约定，在规定时间内搬迁完毕并将房屋交付搬迁人（实施主体）。建筑物移交的同时，权利主体还应保证建筑物的完整性，不得随意拆除建筑物内相关附属设施、设备，结清一切费用，并将建筑物的房地产权属证书及注销房地产权属证书的委托书移交搬迁人，没有房地产权属证书的，应移交相应的权属证明文件以及房地产权益由搬迁人承受的声明书。

#### （三）建筑物拆除

1. 发布拆除公告

拆除建筑物之前应发布拆除公告，拆除公告应载明拆除人、拆除期限和范围等内容，公告应张贴在拆除范围内较为醒目的地方。

2. 拆除建筑物

建筑物拆除工程的实施单位应当具备爆破与拆除工程专业承包企业资质，如果实施主体具备该种资质可自行实施拆除工程，否则应委托具备相应资质的单位实施。

#### （四）拆除确认

城市更新拆除范围内建筑物拆除完成后，实施主体应向区城市更新职能部门申请就拆除情况进行确认。确认文件是后续进行房地产权属证书注销手续的申请文件之一。深圳市龙岗区拆除重建类城市更新项目，实施主体在完成建筑物拆除后须经辖区街道办事处核实并征求区建设主管部门意见后报主管部门进行确认。

### 二、房地产权属证书注销

#### （一）申请程序及材料

实施主体完成建筑物拆除后，应向不动产登记机构申请办理房地产权属证书的注销登记。申请房地产权属证书注销登记，应提供如下材料：

（1）申请表；

（2）申请人身份证明及委托书；

（3）房地产权属证书；

（4）城市更新单元规划成果；

（5）项目实施主体确认文件；

（6）与申请注销房地产权属证书相对应的搬迁补偿安置协议；

（7）区城市更新职能部门出具的建筑物已经拆除的确认文件；

（8）法律、法规、规章及规范性文件规定的其他材料。

（二）特殊情形处理

1. 权利人无法联系的情形

项目实施主体已与权利人签署了搬迁补偿安置协议且房屋已实际拆除完毕，但确实无法联系权利人亲自到场或进行授权委托，可由实施主体申请办理房地产证注销，但应满足如下条件：区城市更新局对搬迁补偿安置协议的真实性及房屋拆除情况进行确认，并出具同意由项目实施主体申请注销房地产证的意见；规划与国土资源委员会辖区管理局就实施主体、项目改造范围及房屋拆除情况等出具意见；项目实施主体对无法联系权利人的情况进行书面说明。满足上述条件后，由不动产登记机构在《深圳特区报》或《深圳商报》以及房屋拆除现场进行注销登记公告；公告期满无异议或异议不成立的，由不动产登记机构注销登记。

2. 房地产证遗失的情形

对于房地产证遗失的情形，应由区城市更新局对房屋拆除情况进行确认，并出具同意申请注销的意见。同时，不动产登记机构应核查搬迁补偿安置协议载明的房产证号、房屋位置、房屋权利人等房屋自然状况、权利状况与不动产登记簿的内容是否一致，并据此决定是否注销登记。

3. 不动产权利人为已注销企业的情形

不动产证书或不动产登记簿载明的权利人为企业且该企业工商登记已被注销的，在房地产确已拆除且区城市更新局对搬迁补偿安置协议的真实性及房屋拆除情况进行确认，并出具同意由搬迁补偿安置协议的签订主体共同申请注销房地产证的意见之后，可由搬迁补偿安置协议的签订主体共同提出申请。

（三）关于《放弃权利的声明》

实践中，实施主体往往会向不动产登记机构提交被搬迁人签署的关于放弃被搬迁房屋权利的《放弃权利的声明》，以使该注销登记的申请符合《不动产登记暂行条例》第14条第2款第（五）项规定的“不动产灭失或者权利人放弃不动产权利，申请注销登记的”单方申请的情形。笔者认为这一做法值得商榷。

被搬迁人与搬迁人签署搬迁补偿安置协议与被搬迁人放弃不动产权利的法律性质截然不同。就前者而言，其约定由搬迁人移交房屋并通过货币、房屋置换等方式获得补偿，从法律性质上来看，被搬迁人是以获得补偿的方式将房屋的权益让渡给搬迁人，是一种权利的有偿转让；而放弃权利是权利人对权利的直接丢弃，无关乎是否获得补偿。《不动产登记暂行条例》第14条第2款第(五)项规定的权利人放弃权利时可以单方申请注销登记，其本质是因为既然权利人放弃了权利，权利的消灭并不影响权利人的权益符合单方申请的逻辑。这与搬迁补偿安置协议不同，被搬迁人并没有放弃权利，相反，这种权利反而是其获得搬迁补偿的请求权基础的源头。权利人放弃权利直接丢弃权利，不可能依据其业已放弃的“权利”主张补偿。

因此，笔者认为，实践中要求被搬迁人签署搬迁补偿安置协议的同时，还需再行签署放弃权利声明，是相互矛盾的，这一做法值得商榷。

## 第八节　项目用地审批

根据现行土地管理制度并按照土地所有权与使用权分离原则，我国实行国有土地使用权出让制度。一般情况下，国有土地使用权出让多采用招标、拍卖、挂牌等竞争性方式，只有在特定情形下方采用协议出让方式。依照《更新办法》及《更新办法实施细则》的规定，在拆除重建类城市更新项目中，形成单一主体的实施主体可以依法申请用地审批，通过协议出让的方式获得土地使用权。一定程度上，深圳市城市更新制度于实践中形成的“协议出让模式”，系对现行城市土地管理制度的突破和创新，充分体现了深圳市城市更新“市场化”的初衷，既能有效调动市场主体的积极性，又能为市场主体有序参与城市更新提供制度规范。

### 一、用地审批

根据《更新办法实施细则》的规定，建筑物拆除和房地产证注销工作完成后，实施主体应持实施主体确认文件、项目实施监管协议、相关土地权属证明文件等材料，就城市更新单元规划确定由实施主体进行开发建设的用地及地下空间，向主管部门申请建设用地审批。用地审批是协议出让的前置性程序。

另外，对于出让给实施主体进行开发建设的用地，总面积不得大于城市更新单元项目拆除范围内手续完善的各类用地及可以一并出让给实施主体的零星用地的总面积。项目涉及农用地转用的，应当办理转用报批手续。

## 二、报批程序及材料要求

实施主体向区城市更新局申请建设用地审批，依法取得区更新局核发的《建设用地方案图》《建设用地规划许可证》。深圳市各辖区对申请的程序及材料等的规定有所差异。依据《盐田区城市更新实施办法（试行）》（深盐府规〔2017〕1 号）的规定，实施主体向区城市更新局提交材料同时申请《建设用地方案图》《建设用地规划许可证》，由区城市更新局核发；深圳市罗湖区、福田区、光明区、坪山区、龙岗区等均规定实施主体应先申请《建设用地方案图》，而后申请《建设用地规划许可证》。

虽然各区在具体用地报批流程及材料方面存在些许差异，但随着 2018 年 7 月 9 日《深圳市社会投资建设项目报建登记实施办法》（深圳市人民政府令 311 号）以及 2018 年 7 月 12 日深圳市人民政府办公厅《关于印发〈深圳市社会投资建设项目审批事项目录〉的通知》（深府办函〔2018〕190 号）的发布，深圳市社会投资建设项目中城市更新项目的土地使用权出让、建设用地规划许可、建设工程规划许可、施工许可、竣工验收和不动产登记的整个程序及材料均予以统一。对于《建设用地规划许可证》的核发，将取得《建设用地方案图》作为前提条件，办理时限统一为 20 个工作日。

## 三、贡献用地移交入库

实施主体按照城市更新单元规划，完成独立占地的城市基础设施、公共服务设施和城市公共利益项目等用地移交入库手续是签署土地使用权出让合同的前提条件。关于贡献用地移交入库的具体时间安排，深圳市福田区要求实施主体自取得《建设用地方案图》5 个工作日内申请办理贡献用地移交手续，其他辖区一般要求在签署土地使用权出让合同之前完成贡献用地移交手续即可。

## 四、土地使用权出让

实施主体获得《建设用地方案图》《建设用地规划许可证》并完成贡献用地移交入库手续，配建创新型产业用房的与创新型产业用房管理部门签订创新型产业用房监管协议，配建保障性住房的与市或区住房建设主管部门签订保障性住房建设监管协议，完成上述手续之后，应向主管部门申请签署土地使用权出让合同并提交相关材料。在此之前，实施主体应当按照规定取得城管、环保、水务、农业渔业等相关部门批准文件，或者应当进行地质灾害危险性评估的，取得相关批准文件。

土地使用权出让合同应当对如下内容予以明确：

（1）出让地块的开发建设及管理要求。

（2）人才住房、保障性住房、人才公寓、创新型产业用房、城市基础设施和公共服务设施等的配建要求。

（3）按照项目搬迁补偿安置方案和项目实施监管协议的要求，用于补偿安置的房屋不得申请预售。

（4）涉及产业发展的城市更新单元，根据产业规划和招商引资方案列明产业发展方向和定位。

（5）城市更新单元规划明确及项目实施监管协议约定的其他相关内容。

（6）集体资产备案。部分辖区还要求对集体资产备案作出安排，例如，实务中深圳市龙岗区涉及社区股份合作公司集体用地参与城市更新的，在签署土地使用权出让合同之前，还应办理集体产权交易的备案手续。

## 五、地价计收

实施主体申请签署土地使用权出让合同的同时，应申请进行地价测算。主管部门按照规定计收地价并出具地价缴款通知书，由实施主体缴纳完毕后签署土地使用权出让合同。关于地价测算的详细内容参见本书第四章。

## 第九节 更新项目报建

实施主体签署土地使用权出让合同并获得建设用地规划许可之后，还应申请获得建设工程规划许可和建设工程施工许可，在此之前应先向区城市更新局申请建设工程方案设计核查，获得建设工程方案设计核查意见。

### 一、 建设工程规划许可

实施主体申请建设工程规划许可，应提交《建设用地规划许可证》、专项规划批复、《土地使用权出让合同》及补充协议等材料。其中，属于超限高层建筑工程的，还需提交超限高层建筑抗震设防审批意见；《建设用地规划许可证》注明属文物保护、口岸、国家安全控制、轨道交通安全保护、机场净空保护等区域的项目，需取得有关专业主管部门的设计审查意见。关于办理时限，《关于印发〈深圳市社会投资建设项目审批事项目录〉的通知》将其统一为10个工作日，较之前15个工作日有所缩短。

### 二、 建设工程施工许可

实施主体向区住建局申请建设工程施工许可，并提交如下材料：建设工程施工许可申请表；办理施工许可手续承诺书；身份证明材料；土地使用权出让合同或其他房地产权属证明文件；规划许可证明文件；施工合同及工程监理合同；施工企业安全生产许可证、建造师（安全员）安全生产考核合格证；施工图审查合格文件；项目计划立项批文或财政部门关于建设资金安排的批文；消防监管部门出具的《建设工程消防设计审核意见书》(合格)；属于消防设计备案范畴的项目，取得《建设工程消防设计备案受理凭证》(“未抽中”或“抽中合格”)；不属于消防行政许可范畴的项目，可由消防监管部门提供说明；参保登记证明、工程造价和监理酬金审核文件。

区住建局自收到申请之日起5个工作日内完成审批，审批同意即向实施主体核发《建设工程施工许可证》，审批不同意则核发《不予行政许可决定书》，并告知不予许可的主要理由和依据。

一般而言，取得《建设工程规划许可证》是申请建设工程施工许可的前置性程序，但是对于桩基础工程、土石方、基坑支护、边坡支护等工程可以在未取得《建设工程规划许可证》时申请，并需提交建设工程桩基础报建说明书，其中土石方、基坑支护、边坡支护等工程还需取得《建设用地规划许可证》。

### 三、 项目报建第三方服务

为能尽快完成项目审批，避免反复修改而影响进度，实施主体应聘请有资质的消防设计、施工单位对工程进行设计施工，在设计阶段聘请第三方审图机构进行图纸审核并出具证明文件，在施工阶段聘请施工监理单位对施工进行监理。

### 四、 开发建设

实施主体在取得《建设用地规划许可证》《建设工程规划许可证》《建设工程施工许可证》等行政许可文件后，符合开工条件的应严格按照相关要求进行开发建设。

## 第十节　城市更新项目监管

政府相关部门对拆除重建类城市更新项目的监管贯穿项目始终，从更新计划及规划审批、实施主体确认、用地建设施工、竣工验收到最终的回迁安置、房地产权利登记，政府监管与市场主体的参与就如同两驾马车共同拉动项目进程。深圳市龙岗区要求在更新计划申报阶段，申报主体应在更新计划审批前与投资单位及辖区街道办事处签订城市更新单元资金监管协议。在项目实施主体确认阶段，申请人应与区城市更新局及区物业办签署项目实施监管协议。在项目竣工验收及申请预售阶段，政府的监管更要落到实处。主要的项目监管环节和监管内容分述如下。

## 一、 履约监管

区城市更新局应将项目搬迁补偿安置方案及项目实施监管协议的履行情况报房地产预售审批部门，并明确用于补偿安置的房屋不得纳入预售方案申请预售。

在项目申请规划验收时，主管部门应就城市更新单元规划确定的拆除、搬迁等捆绑责任的履行情况征求区城市更新局的意见，以确保城市更新单元规划得以落实。

## 二、 保障性住房的配建与交付

深圳市拆除重建类城市更新项目，均需按照《深圳市城市更新项目保障性住房配建规定》(深规土〔2016〕11号）的规定配建一定比例的保障性住房。具体配建方式包括在改造方向为居住用地的项目中按建筑面积的一定比例进行配建，以及在改造方向为新型产业用地的项目中安排部分保障性住房用地进行建设等。具体的配建保障性住房的配建类型、配建比例、建设规模、公共服务设施，会在城市更新单元规划中予以明确。城市更新项目配建的保障性住房原则上由项目实施主体在项目实施过程中一并建设，但独立占地的保障性住房也可划定宗地由政府相关部门组织建设。

### （一）签署保障性住房建设监管协议

实施主体需与市、区住房建设主管部门签订保障性住房建设监管协议书，协议书的内容须包括：保障性住房配建类型、比例、规模及布局；保障性住房的建设标准（含户型、面积、装修等）、交付时间以及相关违约责任等内容；涉及回购的，还应载明回购主体、回购价格的测算规则等。

### （二）保障性住房的配建比例

保障性住房的配建比例根据项目改造方向不同而有不同的核对标准，主要分为改造为居住用地的项目和新型产业用地的项目。其中居住用地的配建比例指配建保障性住房的建筑面积占该项目规划批准住宅建筑面积的比例，改造方向为新型产业用地的项目按照开发建设用地面积的一定比例配建保障性住房，且应为独立用地。

**表 2-1 保障性住房的配建比例**

| | 居住用地 | | | 新型产业用地 |
|---|---|---|---|---|
| | 一类地区 | 二类地区 | 三类地区 | |
| 基准比例 | 20% | 18% | 15% | 不少于15%且不超过20%的独立的保障性住房用地 |
| 项目拆除重建范围中包含城中村用地的 | 核减基数为8% | 核减基数为5% | | — |
| 项目位于城市轨道交通近期建设规划的地铁线路站点500米范围内 | 23% | 21% | 18% | — |
| 项目属于工业区、仓储区或城市基础设施及公共服务设施改造为住宅的 | 35% | 33% | 30% | — |
| 城市更新项目土地移交率超过30%但不超过40%的 | 18% | 16% | 13% | — |
| 土地移交率超过40%的 | 17% | 15% | 12% | — |

### （三）保障性住房配建空间范围图动态修订

为确保保障性住房配建空间范围的合理性，适应城市发展和规划发展的需要，建立了保障性住房配建空间范围图动态修订机制，由深圳市规划和国土资源委员会对《深圳市城市更新项目保障性住房配建规定》（深规土〔2016〕11号）的附图进行修订。2018年1月30日，深圳市规划和国土资源委员会发布《关于施行〈深圳市城市更新项目保障性住房配建规定〉附图（修订）的通知》（深规土〔2018〕75号），分别对一类地区、二类地区、三类地区的保障性住房配建比例进行了修订，较修订前总共增加了90万平方米，约1.8万套。

## 三、城市基础设施、公共服务设施及配套设施的建设与移交

### （一）无偿移交的比例与范围

依据《更新办法》及《更新办法实施细则》的规定，城市更新单元内可供无偿移交给政府，用于建设城市基础设施、公共服务设施或者城市公共利益

项目等的独立用地应当大于3000平方米且不小于拆除范围用地面积的15%，并且应符合全市城市更新专项规划。

（二）涉及历史用地处置的特殊比例

对于城市更新项目涉及历史用地处置的，政府应将处置后的历史用地的一定比例移交给继受单位进行城市更新，其余部分无偿移交政府。对于移交给继受单位进行城市更新的部分，还应符合有关不小于拆除范围用地面积15%的无偿移交的规定；对于移交给政府的历史处置用地，优先用于城市基础设施、公共服务设施、城市公共利益项目的建设。

**表2-2　拆除重建类城市更新单元历史用地处置比例表**

<table>
<tr><th colspan="2">拆除重建类城市更新单元</th><th>处置土地中交由继受单位进行城市更新的比例</th><th>处置土地中无偿移交给政府的比例</th></tr>
<tr><td colspan="2">一般更新单元</td><td>80%</td><td>20%</td></tr>
<tr><td rowspan="4">重点更新单元</td><td>合法用地比例≥60%</td><td>80%</td><td>20%</td></tr>
<tr><td>60%>合法用地比例≥50%</td><td>75%</td><td>25%</td></tr>
<tr><td>50%>合法用地比例≥40%</td><td>65%</td><td>35%</td></tr>
<tr><td>40%>合法用地比例≥30%</td><td>55%</td><td>45%</td></tr>
</table>

（三）建设与移交

对城市更新单元规划确定的独立占地的城市基础设施和公共服务设施的建设立项应优先予以安排，与城市更新项目同步实施。相关部门也可委托城市更新项目实施主体代为建设，在建设完成后按有关规定予以回购。而对于土地出让合同及监管协议约定的政府相关配套设施，应由项目实施主体建设并无偿移交给政府。移交政府时应与政府部门签署无偿移交协议。

## 四、产业监管

更新项目涉及产业空间的，由区产业部门对其产业规划落地以及招商引资工作进行引导、协调与监督，保证城市更新单元规划确定的产业导向和招商目标落实到位。实际进驻的产业项目不符合产业规划要求的，由区产业部门督促其改正。根据深圳市罗湖区的相关规定，位于该区的更新项目，区产业部门可在产业监管方案中对更新后形成的用于产业的建筑用房受让人、承租人资格进行限定，实际进驻的产业项目不符合产业专项规划要求的，可以采取要求实施主体承担违约责任、取消相关优惠政策、回购部分用房等监管措施。

## 五、资金监管

城市更新项目中涉及无偿移交公共设施、回迁物业的，深圳市各区提出了相应资金监管要求，要求实施主体以现金、银行保函或二者相结合的形式提供监管保证，以确保其按期履行移交义务。

### （一）纳入资金监管的事项范围

对于纳入资金监管的事项范围，深圳市各区规定略有不同。深圳市龙华区、坪山区、光明区的更新项目，纳入资金监管范围的事项包括三个方面：应当由实施主体建成并无偿移交的公共配套设施；更新项目范围内用于回迁安置的物业（但实施主体与被搬迁人约定不纳入资金监管的除外）；根据项目搬迁补偿安置协议，实施主体尚未支付的货币补偿款（约定除外）。深圳市罗湖区的更新项目，其纳入资金监管范围的事项包括：应由实施主体建成并无偿移交的房建类城市基础设施及公共服务设施；产权归政府的人才和保障性住房；回迁安置物业。深圳市龙岗区更新项目则要求申报主体在计划申报阶段即与投资单位和辖区街道办事处签订城市更新单元资金监管协议，未限制纳入资金监管的范围。

### （二）监管资金数额

对于深圳市龙华区、光明区、罗湖区的更新项目，回迁安置物业及应由实施主体建成并无偿移交的公共设施的监管资金，按照拆除范围内相应建筑面积乘以3000元人民币每平方米的标准确定。深圳市罗湖区的更新项目，对于回迁安置物业，建筑面积以搬迁补偿安置协议载明的回迁建筑面积为准。在更新项目的过程中，实施主体可根据回迁安置物业和公告配套设施的完成情况，依据实施监管协议向城市更新局申请减少监管资金的数额。

### （三）资金监管责任的免除

拆除范围内全部建筑物归属同一权利主体，虽然存在回迁安置，但权利主体申请免除实施主体监管资金监管责任，并且明示自愿承担因此所产生的风险的，可由权利主体与实施主体共同提出申请，提交经过公证的申请书、自愿承担风险的声明及搬迁补偿安置协议。主管部门可凭上述材料对该项目免除实施主体资金监管责任。

（四）监管资金的返还

实施主体可凭建筑物主体验收证明等材料向主管部门申请返还60%的监管资金；实施主体可凭竣工验收备案证明、回迁入伙证明、区产业主管部门出具的产业项目进驻认定意见、临时安置费付清证明等材料申请返还剩余的监管资金。

主管部门自收到申请之日起5个工作日内进行审查，符合监管资金返还条件的，通知银行返还相应的监管资金；不符合监管资金返还条件的，书面答复申请人并说明理由。

## 第十一节　项目竣工验收

### 一、规划验收

实施主体向主管部门申请建设工程规划验收，需提供下列材料：建设工程规划验收申请表；身份证明；经核准的施工图纸及核准文件；建设工程竣工测绘报告；需要移交配套公共设施的，还需提供移交协议书；法律、法规、规章及规范性文件规定的其他文件。

主管部门的办理时限为10个工作日。验收合格的，依照深圳市人民政府《关于施行城市更新工作改革的决定》核发《建设工程规划验收合格证》；未经验收和验收不合格的，则不予核发。

此外，实施主体还需取得区城市更新主管部门出具的确认意见，以证明城市更新单元规划已落实到位。

### 二、竣工验收备案

竣工验收备案由实施主体向区住房建设局申请，并提供如下材料：深圳市房屋建筑工程竣工验收备案表；身份证明；房屋建筑工程竣工验收报告；燃气工程竣工验收报告；市特种设备安全检验研究院出具的电梯验收合格文件；公安消防部门出具的消防验收合格文件；市气象主管机构出具的防雷装置验收合格文件；住建部门出具的民用建筑节能验收合格文件；法律、法规、规章及规范性文件规定的其他文件。

区住房建设局自收到申请之日起2个工作日内进行审核。符合条件的，依照《关于施行城市更新工作改革的决定》予以备案；不符合条件的，不予备案。

### 三、预售

城市更新项目中，房地产预售除办理房地产预售许可证、签订房地产预售合同、办理预售合同登记备案等手续外，还应注意以下两点：

（1）在提交材料过程中，还需提交区政府对项目搬迁补偿安置方案和项目实施监管协议履行情况的确认意见；

（2）搬迁补偿安置方案确定的用于补偿安置的回迁房不得纳入预售方案、申请预售。

## 第十二节　不动产权属登记

项目经竣工验收后即按照《不动产登记暂行条例》《不动产登记暂行条例实施细则》以及地方性法规、地方政府规章等规定的程序、条件进行不动产权属登记。但是，用于回迁的房屋应当以搬迁补偿安置协议等为依据由实施主体申请分户登记至被搬迁人的名下，被搬迁人给予积极配合，提供相关材料等。在办理权属登记之前，搬迁补偿安置协议的相关款项应当已经结清，涉及相关税费承担的，先按照搬迁补偿安置协议的约定进行承担，如没有约定，则按照相关法律、法规的规定处理。登记的回迁房屋的价格以搬迁补偿安置协议确定的价格为准，搬迁补偿安置协议没有约定价格的，可协商补充约定。

# 第三章　城市更新项目实施的重点法律问题

## 第一节　土地及建筑物核查处理

### 一、 历史遗留违法用地处理

#### （一）历史遗留违法用地的概念和类型

违法用地，通常是指土地使用人或占有人违反土地管理、城乡规划等关于土地利用的法律、法规的相关规定，擅自利用、处置土地的用地行为。本书所指的“历史遗留违法用地”，是指在深圳市城市化进程中，原土地使用人或占有人违反土地管理、城市规划等关于土地利用的法律、法规及深圳市地方性的相关规定，擅自利用、处置土地的行为。

历史遗留违法用地的常见类型：

（1）土地使用人未经法定程序申请，未经主管机关批准，擅自使用土地的；

（2）土地使用人虽经主管机关批准使用，但擅自改变用地位置、扩大用地范围或改变土地用途的；

（3）未经主管机关批准，土地使用人擅自将经批准使用的土地转让、交换、买卖、出租或转租的；

（4）临时用地许可使用期限届满，但临时使用人逾期交还或拒不交还，继续使用的；

（5）其他违法用地情形。

#### （二）历史遗留违法用地的处理办法

关于历史遗留违法用地以及相关权利义务的处理，我国暂未制定专门的或者具有针对性的法律、法规。

依据《省“三旧”改造意见》“六、分类处置，完善‘三旧’改造涉及的各类历史用地手续”部分规定，纳入“三旧”改造范围的各类历史用地处理办法如下。

1. 确权和办证

对于纳入“三旧”改造范围、符合土地利用总体规划和“三旧”改造规划、没有合法用地手续且已使用的建设用地，用地行为发生在1987年1月1日之前的，由市、县人民政府土地行政主管部门出具符合土地利用总体规划的审核意见书。相关权利人在依照原国家土地管理局1995年3月11日发布的《确定土地所有权和使用权的若干规定》进行确权后，办理国有建设用地确权登记发证手续。对于纳入“三旧”改造范围，没有合法用地手续的土地，符合土地利用总体规划并且保留为集体土地性质的，可以参照前述规定进行集体建设用地确权登记发证。

2. 征收和出让

用地行为发生在1987年1月1日之后、2007年6月30日之前的，已与农村集体经济组织或农户签订征地协议并进行补偿，且未因征地补偿安置等问题引发纠纷、迄今被征地农民无不同意见的，可以按照用地发生时的土地管理法律政策落实处理（处罚）后按土地现状办理征收手续。属于政府收购储备后再次供地的，必须以招标、拍卖、挂牌方式出让，其他可以协议方式出让。凡用地行为发生时法律和政策没有要求听证、办理社保审核和安排留用地的，在提供有关历史用地协议或被征地农村集体同意的前提下，不再举行听证、办理社保审核和安排留用地。

3. 无法完善用地手续

2007年6月30日之后发生的违法用地不适用前述完善用地手续的意见。

具体到深圳市而言，2018年11月，深圳市规划和国土资源委员会印发了《深圳市拆除重建类城市更新单元土地信息核查及历史用地处置规定》，明确历史用地处置范围的具体要求，按照国家、省政策规定将历史用地处置的用地行为时间要求调整为2009年12月31日前，且对历史遗留用地的处理办法进行简化。

城市更新单元计划批准后，在开展土地信息核查和历史用地处置前，城市更新单元拆除范围内土地、建筑物具备下列情形之一的，相关权利主体可向区城市更新职能部门申请核发权属认定的处理意见书，无需办理规划确认、土地权属证明、房屋安全鉴定、消防验收或备案、房地产权属登记等手续：

（1）属于《关于加强房地产登记历史遗留问题处理工作的若干意见》（深府〔2010〕66号）规定的处理对象且符合补办规划确认文件或补办土地权属证明文件要求的；

（2）国有已出让（划拨）土地的建筑物未取得建设工程规划许可证、未按照建设工程规划许可证的规定进行建设、未办理规划验收手续，根据《城乡规划法》《深圳市城市规划条例》等有关规定，属于不影响城市规划或者影响城市规划但尚可采取改正措施，可以补办手续的。

## 二、 特殊用地处理

### （一）非农建设用地、边角地、夹心地、插花地的概念

#### 1. 非农建设用地

《土地管理法》（2004年修正）第63条规定："农民集体所有的土地的使用权不得出让、转让或者出租用于非农业建设；但是，符合土地利用总体规划并依法取得建设用地的企业，因破产、兼并等情形致使土地使用权依法发生转移的除外。"那么，何为非农建设用地呢？

相对于普通农业建设用地而言，非农建设用地是指用于农业生产、普通农业建设用地之外的其他一切工程建设以及其他非农业设施所占用的土地，包括城镇建设用地、企业用地、集镇和农村居民点用地、交通运输用地等。本书所指的非农建设用地，是指在深圳市城市化进程中，原行政区划内的农村集体土地转为国有土地后，深圳市地方政府为保障原农村集体经济组织及其成员正常的生产和生活需要，促进其可持续发展，根据《深圳市宝安、龙岗区规划、国土管理暂行办法》《深圳市宝安龙岗两区城市化土地管理办法》和《深圳市宝安龙岗两区城市化非农建设用地划定办法》等深圳市人民政府颁布的关于土地规划、管理的相关规定，按照一定的标准补偿给原农村集体经济组织及其成员的继受单位股份合作公司及其成员（股民）的用于农业生产、普通农业建设用地之外的土地。

鉴于在深圳市城市更新项目中，非农建设用地（含非农建设用地指标）购

买较为常见，本章将重点分析非农建设用地。

2. 其他特殊用地

本书所指的其他特殊用地主要是指边角地、夹心地、插花地。

边角地，是指在城市规划区或者村庄建设规划区内难以单独出具规划要点、被“三旧”改造范围地块与建设规划边沿或者线性工程控制用地范围边沿分隔（割）、面积小于 3 亩的地块。

夹心地，是指在城市规划区或者村庄建设规划区内难以单独出具规划要点、被“三旧”改造范围地块包围或者夹杂于其中、面积小于 3 亩的地块。

插花地，是指在城市规划区或者村庄建设规划区内难以单独出具规划要点、与“三旧”改造范围地块形成交互楔入状态、面积小于 3 亩的地块。

（二）非农建设用地的类型

非农建设用地按照时间先后，可大致划分为 1993 年非农建设用地、1998 年非农建设用地、2003 年非农建设用地和其他非农建设用地。

1. 1993 年非农建设用地

1992 年 11 月 11 日，深圳市宝安县撤县建区，被一分为二，划分为宝安区和龙岗区，以此为契机深圳市人民政府第一次在农村集体土地利用和管理方面出台了规范性的文件。1993 年 7 月 14 日，《深圳市宝安、龙岗区规划、国土管理暂行办法》颁布实施。该办法依据当时龙岗、宝安两区经济发展的实际状况，将两区的土地划分为“城市规划建成区”和“城市规划建成区外”两部分。其中，城市规划建成区内的土地由深圳市规划国土部门派出机构，实行统一征用，转为国有土地；城市规划建成区外的土地仍属于集体土地。

该办法明确了两区农村的非农建设用地范围，由派出机构划定。具体用地标准为：

（1）各行政村的工商用地，按每人 100 平方米计算；

（2）农村居民住宅用地，每户基底投影面积不超过 100 平方米；

（3）农村道路、市政、绿地、文化、卫生、体育活动场所等公共设施用地，按每户 200 平方米计算，在城市建设规划区范围外的，可按每户 300 平方米计算。

该阶段产生的非农建设用地是深圳市第一次以政府规范性文件划定产生的非农建设用地。

2. 1998 年非农建设用地

由于 1993 年非农建设用地划定工作不彻底，具体内容有待完善，同时也为了解决辖区内日益严重的违法用地问题，从 1998 年开始，龙岗区政府针对辖区内原村集体进行了一次大规模的非农建设用地划定工作。

在本次原非农建设用地划定工作中，龙岗区政府分别对公建用地、村民住宅用地及工商用地作了如下规定：

（1）公建用地不再划给原村集体，原村集体自筹资金要求兴建公共福利设施（包括农村道路、市政、绿化、文化、文生、体育活动场所）等公共设施用地，由原国土规划部门根据规划并参照《深圳市宝安、龙岗区规划、国土管理暂行办法》规定的公建指标给予安排用地。

（2）村民住宅用地另行划定，不在本次划定范围内。

（3）工商用地以原行政村为单位，根据《深圳市宝安、龙岗区规划、国土管理暂行办法》的规定核算总指标，扣除已划定的部分，一次性给予划足。同时，本次非农建设用地划定工作，没有发放相关的用地批复，仅与社区签订了《农村原非农建设用地划定合同书》。

3. 2003 年非农建设用地

2003 年 10 月，深圳市人民政府下发了《关于加快宝安龙岗两区城市化进程的意见》的通知，全面推进深圳市宝安、龙岗两区的城市化进程。该意见规定，原属于宝安、龙岗两区农村集体所有的土地依法转为国家所有；同时，市、区两级规划国土部门要集中力量依法对两区的农村集体土地进行清理，加大管理力度，具体方案由市规划国土部门提出，报市政府批准后实施。

2004 年，《深圳市宝安龙岗两区城市化土地管理办法》颁布实施，再次确定了非农建设用地的使用标准（除取消在城市建设规划区范围外的公共设施用地可按每户 300 平方米计算的规定，其余延用《深圳市宝安、龙岗区规划、国土管理暂行办法》的标准）。2005 年，《深圳市宝安龙岗两区城市化非农建设用地划定办法》颁布实施，进一步明确了两区城市化非农建设用地的划定办法：

（1）原非农建设用地采取对工商和公建配套用地两项指标加总的方式核定，居住用地按核定未建房户用地单独划地；

（2）“固本强基”用地原划在街道办事处名下的不计入原非农建设用地指标，原划在行政村名下的计入原非农建设用地指标；

（3）征地返还用地不计入原非农建设用地指标（明确注明的除外）；

（4）“同富裕”和“扶贫奔康”用地仍执行原来的用地政策，不计入原非农建设用地指标。

另外，该阶段以2005年深圳市公安局公布的户籍人口数据为准，按上述标准进行非农建设用地的划定。因宝安区历史档案不完整且时间较长，故重新划定了非农建设用地（即涵盖原1993年非农建设用地）范围；龙岗区则将不足的非农建设用地指标补上划定，因此也造成了宝安、龙岗两区的非农建设用地的差异性。

4. 其他非农建设用地

2007年深圳市国土部门开始对非农建设用地进行登记造册，建立原农村集体经济组织非农建设用地台账。

（1）根据《深圳市宝安、龙岗区规划、国土管理暂行办法》划定给原农村集体的非农建设用地；

（2）根据《深圳市宝安龙岗两区城市化土地管理办法》划定给原农村集体的非农建设用地；

（3）以（市、区）批复或出让合同形式批准给原农村集体的征地返还用地、拆迁安置用地；

（4）已批准或确权给原农村集体或个人的私房用地；

（5）“两规”处理已确权给原农村集体或个人的私房用地、工业用地以及其他用地等；

（6）历史遗留问题处理过程中，以出让合同、处理决定书或房地产证等形式批准或确权给原农村集体的非农建设用地；

（7）以批复或出让合同形式确权给原农村集体的“同富裕”工程用地；

（8）已批准给各社区的固本强基、扶贫奔康工程用地。

此外，非农建设用地按照用地性质还可以划分为工商用地、居民住宅用地和公共设施用地，在此不作展开。

### （三）非农建设用地、边角地、夹心地、插花地的处理办法

#### 1. 非农建设用地的处理办法

根据深圳市颁布的相关规范性文件的规定，非农建设用地在满足一定条件后可以入市交易和参与城市更新项目。具体介绍如下：

（1）入市交易

非农建设用地中的工商用地及幼儿园、学校、医院等公共设施用地，在按相关规定补缴地价款并办理土地使用权出让手续后可进入市场交易。根据《关于印发〈深圳市原农村集体经济组织非农建设用地和征地返还用地土地使用权交易若干规定〉的通知》的规定，股份合作公司应当与财务状况、经营管理、信用资质良好的企业进行交易，且受让人应当符合股份合作公司设置并经街道集体资产管理部门核准的交易准入条件。具体的交易方式及相关程序如下：

①交易方式

a. 通过土地交易市场招标、拍卖、挂牌。

b. 通过竞争性谈判等方式协商交易。

c. 转让股份合作公司开发非农建设用地的项目公司股权。

②交易程序

a. 资产评估：股份合作公司聘请中介机构对拟转让的非农建设用地使用权或非农建设用地项目公司股权进行资产评估；资产评估结果在社区内公示不少于10日后，连同公示情况报街道办事处审查；召开股份合作公司“三会”（即董事会、监事会、集体资产管理委员会）审议，召开股份合作公司股东代表大会及/或项目所涉及的股份合作公司分公司、子公司股东会议表决确认。

b. 制订交易方案：根据资产评估报告制订交易方案；交易方案在社区内公示不少于15日后，连同公示情况报街道办事处审查；召开股份合作公司“三会”审议，召开股份合作公司股东代表大会及/或项目所涉及的股份合作

公司分公司、子公司股东会议表决确认，并按股份合作公司章程特别决议程序表决通过，未规定特别决议程序的，通过招标、拍卖、挂牌方式进行交易的，表决须获全体股东2/3（含）以上同意；通过竞争性谈判等方式协商进行交易的，表决须获全体股东4/5（含）以上同意，街道集体资产管理部门工作人员和公证机构应列席股东大会或股东代表大会进行现场见证。

c. 街道办事处审查：在资产评估有效期内将交易整体资料报街道办事处审查。

d. 交易：通过招标、拍卖、挂牌方式交易土地使用权的，按照《深圳经济特区土地使用权招标、拍卖规定》《关于进一步加强土地管理推进节约集约用地的意见》(深府〔2006〕106号）等文件的规定，在深圳市范围内具备资格的产权交易市场进行招标、拍卖、挂牌交易；通过挂牌方式转让项目公司股权的，除按照前述进行招标、拍卖、挂牌规则在深圳市范围内具备资格的产权交易市场挂牌交易外，还应持股权转让协议书、股权转让公证书到工商主管部门办理股权转让变更备案登记手续。

e. 交易结果备案：在交易结束后15日内，股份合作公司将交易结果报所在街道集体资产管理部门备案。

f. 办理土地出让合同变更手续：交易生效后，交易双方共同向规划国土部门申请办理土地使用权出让合同变更手续，并签订《土地使用权出让合同补充协议》。

g. 办理产权变更登记手续：非农建设用地土地使用权转让的，交易双方共同向不动产登记中心申请办理产权转移登记相关手续。

（2）参与城市更新项目

①方式

a. 自主实施：股份合作公司自主实施城市更新。

b. 合作实施：股份合作公司通过引进其他市场主体合作开发或以土地作价入股共同成立公司等方式实施城市更新。

②自主实施程序

a. 项目论证：股份合作公司对城市更新项目进行可行性分析，制定可行性分析报告。

b. 项目公示：可行性分析报告及城市更新项目主要事项在社区内公示不少于 15 天。

c. 民主决策：召开股份合作公司“三会”审议，召开股分合作公司股东代表大会及/或项目所涉及的股份合作公司分公司、子公司股东会议对可行性分析报告表决确认，并按股份合作公司章程特别决议程序表决通过，未规定特别决议程序的表决须获全体股东 2/3（含）以上同意。

d. 申报更新单元计划、规划：股份合作公司自行申报城市更新单元计划和更新单元规划。

e. 街道办事处审查：村股份合作公司在项目更新单元规划批复后，将项目整体资料报街道办事处审查。

f. 信息公开：股份合作公司向股东公开项目的实施情况和实施结果等信息，接受股东的监督。

③合作实施程序

a. 项目论证：股份合作公司对城市更新项目进行可行性分析，制定可行性分析报告。

b. 项目公示：可行性分析报告及城市更新项目主要事项在社区内公示不少于 15 日。

c. 引进意向合作方：村股份合作公司董事会应选择有实力、经验、信誉及资质的意向合作方并签订合作意向书。合作意向书应按公司章程特别决议程序通过，报街道办事处审查同意后签订。

d. 申报更新单元计划、规划：股份合作公司委托意向合作方申报城市更新单元计划和更新单元规划。

e. 资产评估：股份合作公司在取得项目更新单元规划批复后，聘请中介机构对拟合作开发的非农建设用地进行资产评估，资产评估结果在社区内公示不少于 10 日后，连同公示情况报街道办审查。召开股份合作公司“三会”审议，召开股份合作公司股东大会或股东代表大会及/或项目所涉及的股份合作公司分公司、子公司股东会议对资产评估结果表决确认。

f. 制订及实施招商方案，引进正式合作方。

g. 项目公告：合作开发项目主要事项在社区内公示不少于 15 天。

h. 街道办事处审查：股份合作公司在资产评估报告有效期内将项目整体资料报街道办事处审查。

i. 签订合作协议：股份合作公司按照股东大会或股东代表大会审议和街道办事处审查通过的合作事项，与合作方签订正式合作协议。

2. 边角地、夹心地、插花地的处理办法

根据《省“三旧”改造意见》的规定，“三旧”改造中涉及的边角地、夹心地、插花地等，符合土地利用总体规划和城乡规划的，可按照有关规定一并纳入“三旧”改造范围。允许在符合土地利用总体规划和控制性详细规划的前提下，通过土地位置调换等方式，对原有存量建设用地进行调整使用。

《更新办法实施细则》(深府〔2012〕1号) 第14条第1款规定：“未建设用地因规划统筹确需划入城市更新单元，属于国有未出让的边角地、夹心地、插花地的，总面积不超过项目拆除范围用地面积的10%且不超过3000平方米的部分，可以作为零星用地一并出让给项目实施主体；超出部分应当结合城市更新单元规划的编制进行用地腾挪或者置换，在城市更新单元规划中对其规划条件进行统筹研究。”

根据上述规定，可见广东省和深圳市对边角地、夹心地、插花地的处理政策具有较大的灵活性，便于实际操作。

## 三、 历史遗留违法建筑处理

### (一) 历史遗留违法建筑的定义

违法建筑，是指未经规划土地主管部门批准，未领取建设工程规划许可证或临时建设工程规划许可证，擅自建筑的建筑物和构筑物。

本书所指的历史遗留违法建筑的范围仅限于深圳市。2009年深圳市人民代表大会常务委员会《关于农村城市化历史遗留违法建筑的处理决定》第2条对历史遗留违法建筑规定如下：“本决定所称农村城市化历史遗留违法建筑(以下简称违法建筑) 是指：(一) 原村民非商品住宅超批准面积的违法建筑；(二) 1999年3月5日之前所建的符合《深圳经济特区处理历史遗留违法私房若干规定》和《深圳经济特区处理历史遗留生产经营性违法建筑若干规定》（以下简称‘两规’）处理条件，尚未接受处理的违法建筑；（三）1999 年 3 月 5 日之前所建不符合‘两规’处理条件的违法建筑；（四）1999 年 3 月 5 日之后至 2004 年 10 月 28 日之前所建的各类违法建筑；（五）2004 年 10 月 28 日之后至本决定实施之前所建的除经区政府批准复工或者同意建设外的各类违法建筑。”

2018 年深圳市人民政府颁布的《关于农村城市化历史遗留产业类和公共配套类违法建筑的处理办法》，将农村城市化历史遗留违法建筑分为产业类和公配类两大类，其中产业类历史违法建筑包括生产经营性和商业、办公类历史违法建筑。生产经营性历史违法建筑，是指厂房、仓库等实际用于工业生产或者货物储藏等用途的建筑物及生活配套设施。商业、办公类历史违法建筑，是指实际用于商业批发与零售、商业性办公、服务（含餐饮、娱乐）、旅馆、商业性文教体卫等营利性用途的建筑物及生活配套设施。公配类历史违法建筑，是指实际用于非商业性文教体卫、行政办公及社区服务等非营利性用途的建筑物及生活配套设施。

（二）历史遗留违法建筑的分类

我国关于违法建筑的规定散见于各种法律、法规中，包括《土地管理法》《城乡规划法》《中华人民共和国建筑法》《城市房地产管理法》等。在各种地方规范性文件中，关于违法建筑的规定很多，但不够统一，且大多是针对本地实际情况作出的规定，不具有普适性。

2002 年，深圳市人民代表大会常务委员会实施“两规”，对 1999 年 3 月 5 日以前的违法建筑作为历史遗留的违法建筑给予相应从宽处理。

2009 年，深圳市人民代表大会常务委员会颁布《关于农村城市化历史遗留违法建筑的处理决定》（该决定与“两规”合称“三规”），将 2009 年 6 月 2 日之前的违法建筑列为历史遗留问题的违法建筑进行从宽处理。

2018 年，深圳市人民政府颁布《关于农村城市化历史遗留产业类和公共配套类违法建筑的处理办法》（该办法与“两规”合称“新三规”），对 2009 年 6 月 2 日以前产生的农村城市化历史遗留违法建筑全面实施安全纳管，并以此为前提，依法拆除一批、没收一批、处理确认一批，以拓展产业发展空间，促进公共服务均等化。

（三）历史遗留违法建筑的现状

根据《更新办法》的规定，城市更新对象包括旧工业区、旧商业区、旧住宅区、城中村及旧屋村等，相比较而言，城中村和旧工业区是历史遗留违法建筑相对集中的片区。

1. 城中村

城中村的出现是我国城市化进程中产生的一种普遍现象。在城市化进程中，由于城市建设对土地的需求越来越大，政府未及时对城中村土地进行征收或在征收遇到难题时，回避和绕开征收并在城中村周边继续开发建设，逐渐将原村庄包围而形成城中村。

违法建筑物的建造人包括原村民、原村集体经济组织、外来人口等。

2. 旧屋村

根据《深圳市拆除重建类城市更新单元旧屋村范围认定办法》第 2 条的规定，旧屋村范围是指福田、罗湖、南山、盐田四区在《关于深圳经济特区农村城市化的暂行规定》实施前，宝安、龙岗、龙华、坪山、光明、大鹏六区（含新区）在《深圳市宝安、龙岗区规划、国土管理暂行办法》实施前，正在建设或者已经形成且现状主要为原农村旧（祖）屋等建（构）筑物的集中分布区域。

《关于深圳经济特区农村城市化的暂行规定》或者《深圳市宝安、龙岗区规划、国土管理暂行办法》实施前已经建设的旧（祖）屋（含因年久失修等原因坍塌或者废弃但墙基尚存的情形）；《关于深圳经济特区农村城市化的暂行规定》或者《深圳市宝安、龙岗区规划、国土管理暂行办法》实施前已经建设的，依照《深圳经济特区处理历史遗留违法私房若干规定》等规定已办理房产证的私房可以纳入旧屋村范围。《关于深圳经济特区农村城市化的暂行规定》或者《深圳市宝安、龙岗区规划、国土管理暂行办法》实施前已经建设的旧（祖）屋，实施后进行重建、加建、改建、扩建导致扩大建筑基底范围的，实施后进行重建、加建、改建、扩建导致建筑面积超过 480 平方米的，以及在2009年6月2日之后进行重建、加建、改建、扩建的，不得纳入旧屋村范围。

违法建筑物的建造人包括原村民、原村集体经济组织、外来人口等。

3. 旧住宅区

旧住宅区是指建成时间超过20年、城市的基础设施和公共服务设施亟需完善、环境恶劣或者存在重大安全隐患的住宅小区。

违法建筑物的建造人一般是小区居民、小区的原开发单位、与小区开发单位合作建房的单位。

4. 旧工业区

旧工业区是指城市的基础设施和公共服务设施亟需完善、环境恶劣或者存在重大安全隐患且属于深圳市禁止类和淘汰类产业，能耗、水耗严重超出国家、省和市相关规定的，或土地利用效益低下，影响城市规划实施并且可进行产业升级的成片旧工业区。

违法建筑物的建造人一般是工业区的开发单位、工业厂房的业主、工业厂房的承租人。

5. 旧商业区

旧商业区是指城市的基础设施和公共服务设施亟需完善、环境恶劣或者存在重大安全隐患，所在片区规划功能定位发生重大调整，现有土地用途、土地利用效率与规划功能不符，影响城市规划实施的成片旧商业建成区。

违法建筑物的建造人一般是商业区的开发单位、商业区房屋的业主、商业区的承租人。

（四）历史遗留违法建筑的处理

为了处理违法建筑物，深圳市人民代表大会常务委员会和深圳市市、区两级政府先后出台了多部地方性法规和规范性文件，包括1999年《关于坚持查处违法建筑的决定》，2002年《深圳经济特区处理历史遗留违法私房若干规定》《深圳经济特区处理历史遗留生产经营性违法建筑若干规定》《深圳市处理历史遗留违法私房和生产经营性违法建筑工作程序》，2004年《关于坚决制止违法用地和违法建筑行为的通告》《关于坚决查处违法建筑和违法用地的决定》

《城中村改造暂行规定》《深圳市宝安龙岗两区城市化土地管理办法》，2006 年《深圳市临时用地和临时建筑管理规定》《关于处理宝安龙岗两区城市化土地遗留问题的若干规定》《深圳市原村民非商品住宅建设暂行办法》，2007 年《深圳市公共基础设施建设项目房屋拆迁管理办法》，2009 年《关于农村城市化历史遗留违法建筑的处理决定》《更新办法》，2012 年《更新办法实施细则》，2018 年《关于做好没收违法建筑执行和处置工作的指导意见》《关于农村城市化历史遗留产业类和公共配套类违法建筑的处理办法》，等等。

通过对上述规定的归纳可知，深圳市对违法建筑的处理方式包括下列几种：

1. 确认产权

确认产权，是指虽然建筑物的产生违法，但是仅在程序上有瑕疵或者因历史原因造成的，在政府主管部门对违法建筑的确权申请人给予行政处罚和/或确权申请人补缴地价后，政府主管部门确认申请人享有违法建筑的所有权，从而使违法建筑转变为合法建筑的一种行政处理方式。确认产权的处理方式一般适用于程序违法建筑和历史遗留的违法建筑。

依据深圳市的相关规定，确认产权必须具备一定的条件：一是必须经过普查登记，确认建筑物违法。违法建筑物必须在法规规定的时限内主动进行申报登记并经政府主管部门予以确认。二是经过行政处罚，并按规定及时足额缴纳罚款和补缴地价款。三是按规定提交相关资料并补办了相关的手续。

目前深圳市可以确认产权的违法建筑一般包括如下两种：一是产业类历史违法建筑。产业类历史违法建筑包括生产经营性和商业、办公类历史违法建筑，其中生产经营性历史违法建筑，是指厂房、仓库等实际用于工业生产或者货物储藏等用途的建筑物及生活配套设施。商业、办公类历史违法建筑，是指实际用于商业批发与零售、商业性办公、服务（含餐饮、娱乐）、旅馆、商业性文教体卫等营利性用途的建筑物及生活配套设施。二是住宅用的违法建筑。住宅用的违法建筑包括政府规定一定日期以前违反法律、法规所建的下列私房：原村民非法占用国家所有的土地或者原农村用地红线外其他土地新建、改建、扩建的私房；原村民未经镇级以上人民政府批准在原农村用地红线内新建、改建、扩建的私房；原村民超出批准文件规定的用地面积、建筑面积所建的私房；原村民违反一户一栋原则所建的私房；非原村民未经县级以上人民政府批准单独或合作兴建的私房。

但下列违法建筑不予确认产权：一是非法占用已完成征转地补偿手续的国有土地；二是占用基本农田；三是占用一级水源保护区用地；四是占用规划高速路、快速路、主干路、广场、城市公园绿地、高压走廊及现状市、区级公共设施等用地；五是压占原水管渠蓝线；六是不符合橙线管理要求；七是位于土地利用总体规划规定的禁止建设区内。

经处理确认产权的违法建筑，通过政府的确权程序将违法建筑转变为合法建筑。根据2018年深圳市人民政府颁布的《关于农村城市化历史遗留产业类和公共配套类违法建筑的处理办法》的规定，历史违法建筑当事人或者管理人可以委托城市更新单元计划申报主体向街道办事处提出简易处理申请。已取得《简易处理通知书》的历史违建及其用地，在其所在的城市更新单元实施拆除重建时，视为权属清晰的合法建筑物及土地，涉及缴纳的罚款和地价款应当在城市更新项目实施主体签订土地使用权出让合同前缴清。城市更新单元计划未经批准的，或者经批准的城市更新单元拆除范围不包括已经简易处理的历史违建的，《简易处理通知书》自动失效。

2. 依法拆除或者没收

依法拆除，是指违法建筑的形成违反了法律、行政法规的禁止性规定，无法通过程序补救等措施予以整改，只能对其予以拆除的处理方式。具有下列情形之一的违法建筑应当依法拆除：存在严重安全隐患，又不能整改消除的；非法占用已完成征、转地补偿手续的国有土地，严重影响城市规划，又不能采取措施加以改正的；占用基本农田的；占用一级水源保护区用地的；占用公共道路、广场、绿地、高压供电走廊、公共设施和公益项目用地，压占地下管线或者其他严重影响城市规划，又不能采取措施加以改正的；其他依法应当拆除的情形。例如，危害公共安全的违法建筑、妨害公共卫生又无法整改的违法建筑、妨害交通安全又无法整改的违法建筑以及不能补办手续和整改但存在危害公共利益的违法建筑等。对于涉及违法用地的违法建筑，建设行为发生在土地用途依法确定之前的，拆除时应当予以适当补偿。

依法没收，是指虽然违法建筑违反了法律、法规的强制性规定，但其不具有危害公共利益情形或者可以整改加以利用，因而对其予以没收的行政处理方式。一方面，这种处理方式维护了法律的尊严，具有严厉惩罚功能；另一方面，从经济利益和物尽其用的角度考虑，这种处理方式使社会财富得以合法留存，又具有财产保护功能。实践中，具有下列情形之一的违法建筑应当依法没收：非法占用已完成征、转地补偿手续的国有土地，建筑物使用功能不违反城市规划，或者违反城市规划但可以采取改正措施加以利用的；超过区政府批准复工用地范围的工业及配套类违法建筑；其他依法应当没收的情形。比如，对于有条件确认产权的违法建筑，建造人逾期不申报或者不能补办手续，其存在也不危害公共利益的违法建筑等。

3. 临时使用

临时使用，是指经普查记录，对于无法确权也不至于拆除没收的违法建筑，根据“物尽其用和珍惜资源”的原则，可以允许违法建筑申报人有条件临时使用违法建筑的一种行政处理方式。违法建筑建设申报人或者管理人需要临时使用的，应当向有关部门申请工程质量和消防安全检验；经工程质量和消防安全检验合格并符合地质安全条件的，可以按规定办理临时从事生产经营活动和房屋租赁的相关手续。

笔者认为，深圳市的上述三种违法建筑处理方式，在坚持尊重历史、维护公共利益、维护法律权威的原则下，既有利于化解社会矛盾、增进社会和谐，又有利于节约社会资源，操作性强，具有示范意义。

## 四、 土地及建筑物核查汇总

### （一）土地及建筑物信息核查的释义与功能

在城市更新单元计划获得批准后并且在城市更新单元规划正式编制前，计划申报主体需要对更新单元计划范围内的土地、建筑物的相关信息进行分类核查与汇总，根据具体情况最终确定可以纳入更新改造范围的更新对象。在强区放权的大背景下，为加快审批流程，土地及建筑物核查汇总工作可以与更新单元计划申报同步启动。根据2018年深圳市规划和国土资源委员会印发的《深圳市拆除重建类城市更新单元土地信息核查及历史用地处置规定》的规定，城市更新单元拆除范围内土地、建筑物具备条件的，相关权利主体可向区城市更新职能部门申请核发权属认定的处理意见书，无需办理规划确认、土地权属证明、房屋安全鉴定、消防验收或备案、房地产权属登记等手续。

本书中的“土地及建筑物核查”，是指计划申报主体依法核查并申请确认在城市更新范围内的土地、房屋及相应附着物和构筑物的权利状态以及权利归属情况的活动。具体而言，计划申报主体向有关部门提出申请，由相关行政主管部门对计划申报主体所提供的权属证明材料按照法律规定和一般原则进行核查，并且对将要进行拆除重建区域内的土地、房屋以及相应的附着物、构筑物等的性质、权属、功能、自然数据等内容进行认定和专项清理。

在城市更新过程中，进行土地及建筑物核查之目的是为了依法明确城市更新区域范围内的土地及建筑物的权利主体，以及该权利主体在城市更新过程中所处的法律地位和应享有的权利，以最终确定补偿主体并且据此结合其他相关要素确定土地及建筑物所应获得的合理补偿标准。对土地和建筑物确权的过程就是对后续更新改造对象的性质和被补偿安置主体的资格等进行法律梳理、权属定性以及市场定位的过程。土地和建筑物的确权活动，可以为更新改造项目的补偿安置和项目实施提供事实依据，并且为后续的项目专项规划、地价核算等事务提供相关基础性信息资料。

对于经批准纳入城市更新单元计划的拆除重建区域，在进行土地、建筑物信息核查和对历史用地处置之前，拟拆除重建范围内土地、建筑物相关主体可以依据现行法律、行政法规等相关规定，先行申请开展土地、建筑物权属认定的相关工作。

### （二）土地及建筑物信息核查的必要性

#### 1. 满足法律规定和地方政策的要求

（1）满足法律、规章的相关规定

《宪法》第13条规定：“公民的合法的私有财产不受侵犯。”《物权法》第4条规定：“国家、集体、私人的物权和其他权利人的物权受法律保护，任何单位和个人不得侵犯。”《中华人民共和国民法总则》（以下简称《民法总则》）第 3 条规定：“民事主体的人身权利、财产权利以及其他合法权益受法律保护，任何组织或者个人不得侵犯。”此外，《更新办法》第 37 条规定：“城市更新项目范围内的违法用地、违法建筑应当依照有关法律、法规及广东省、本市有关规定接受处理后，方可作为权属确定的更新对象。城市更新项目范围内未办理房地产权登记、又不属违法用地或者违法建筑的建筑物、构筑物或者附着物，应当根据本市有关房地产权登记历史遗留问题处理的相关规定完善手续后，方可作为权属确定的更新对象。”

从上述规定可知：

第一，城市更新参与主体的合法财产及其相应权利受法律保护。

第二，城市更新参与主体的财产，只有产权明晰、权属合法的土地及相应拥有合法权属的建筑物才能被依法纳入城市更新改造项目的范围；并且，在此基础上对建筑物实施拆除以后，相关土地和建筑物获得补偿的权利才可以得到有效保障。

所以，在进行更新单元规划编制以前，计划申报主体首先要对拟申报的更新单元范围内的土地、建筑物等是否属于受到法律保护的财产以及相关财产权利的归属情况等信息进行详细、准确的核查，并且对更新单元范围内的土地、建筑物的相关信息进行分类汇总，分别处理，以便最终可以纳入更新改造的范围。

（2）满足地方政策的要求

广东省人民政府制定的《省“三旧”改造意见》“二、明确‘三旧’改造的总体要求和基本原则”部分规定，“明晰产权，保障权益。调查摸清‘三旧’现状，做好‘三旧’土地的确权登记工作。属于‘三旧’改造的房屋和土地，未经确权、登记，不得改造”。《更新办法》第 37 条规定：“城市更新项目范围内的违法用地、违法建筑应当依照有关法律、法规及广东省、本市有关规定接受处理后，方可作为权属确定的更新对象。城市更新项目范围内未办理房地产权登记、又不属违法用地或者违法建筑的建筑物、构筑物或者附着物，应当根据本市有关房地产权登记历史遗留问题处理的相关规定完善手续后，方可作为权属确定的更新对象。”此外，《更新办法实施细则》第 40 条第 1 款规定：“更新单元计划经市政府批准后，在城市更新单元规划编制之前，计划申报主体应当向主管部门申请对城市更新单元范围内的土地及建筑物信息进行核查、汇总。”所以，城市更新计划申报主体依法进行土地及建筑物信息的核查，也是为了满足地方政策的要求。

2. 确认补偿主体，保护合法权益

土地和建筑物的拆除重建，牵涉更新范围内的建筑物之物权消灭和后续物权设立等问题，当然与特定参与主体的物权保护息息相关。为合法、迅速推进拆除重建类城市更新项目，计划申报主体需要在相当程度上尊重和保护特定权利人的合法权益，并且尽量实现围绕特定权利人的各方利益的平衡。在城市更新计划获得批准后，需要迅速推动土地、建筑物补偿和搬迁工作，以便为后续的拆除和开发工作做好准备。因此，计划申报主体需要弄清楚应当向谁补偿，即应当根据客观情况核实更新改造范围内的土地和建筑物的权利人、身份、权利性质、标的物范围等相关信息，以此保证城市更新范围内的土地及建筑物权属清晰且无争议，同时防止在搬迁补偿阶段出现差错或者出现不必要的纠纷。所以，土地和建筑物的信息核查工作对于搬迁方和被搬迁方等参与主体都十分重要。

3. 完善各类历史用地手续，妥善解决各类历史遗留问题的需要

作为国内首先着手推动土地市场化的改革先锋，1992 年和 2004 年，深圳市先后两次实施土地国有化。在名义上，深圳市已经没有农村，其城市土地均已转化为国有性质。但是，政府征地补偿不足、配套政策断档，原有的农村集体经济组织改头换面后仍然存续并且开展多元化经营；原来在集体土地所有制下存在的土地权属不清、土地管理缺位等问题，在土地国有化的过程中并未得到妥善解决。据了解，在深圳市转地过程中，政府没有实际全部接管转地的土地，并且在转地过程中，政府在为原村民预留宅基地等问题上考虑不周。因此，深圳市现在还有大量的土地处于“政府收不回但集体用不了”的尴尬局面。

在土地国有化衍生问题没有得到解决的基础上，相伴而来的是深圳市经济迅猛发展导致城市用房需求激增，加之深圳市人民政府的建筑物管理制度跟不上迅速增长的实际需求等原因，自 20 世纪 80 年代开始，深圳市范围内（尤其是此前的“特区外”区域，如宝安区、龙岗区）存在大量违法用地和历史遗留违法建筑。深圳市范围内的大量老屋村中的建筑、城中村中的建筑以及旧厂

房、旧祠堂等，既没有产权证明也没有履行相关合法报建手续。然而，因为存在的历史悠久，在原来的村民和村集体看来，其作为“观念上的私有财产”的地位不容置疑。这些历史遗留违法建筑和自然建造的“不合法建筑”游离于政府监管和城市规划之外，也占用了大量的城市发展空间。深圳市两级政府只好因势利导，视具体情况给予特殊处理。

为在一定程度上解决上述问题，深圳市人民代表大会常务委员会及深圳市人民政府陆续发布了《深圳经济特区处理历史遗留违法私房若干规定》等相关文件，拟对“历史遗留违法私房”进行甄别并适当地采取“合法化”措施。2009年颁布实施并于2016年修订的《更新办法》、2012年实施的《更新办法实施细则》、2018年颁布的《关于农村城市化历史遗留产业类和公共配套类违法建筑的处理办法》，更在一定程度上为相当体量的违法用地和历史遗留违法建筑提供了“有序合法化”的通道。

正是通过对土地和建筑物的信息核查，政府可以在相当程度上对历史遗留问题彻底摸查，并针对不同土地和建筑物的具体情况寻求妥善解决的方案，从而使原来的“法外之地”在“具体问题具体分析”的基础上被逐步纳入合法的管理框架，进而也为拆除重建类城市更新项目的顺利推进奠定法律基础。

4. 核查汇总后方便核算地价

深圳市的城市更新相关政策规定了不同用地类型适用不同的地价计收标准。原有的合法建筑面积在进行地价测算时可作为扣减依据，土地和建筑物信息的核查确认直接影响了城市更新项目地价取得成本。例如，对于城中村部分（非农、征地返还用地），容积率在2.5及以下部分，免缴地价；容积率在2.5~4.5之间部分，按照公告基准价的20%计算补缴地价；容积率超过4.5的部分，按照公告基准价计算补缴地价。对于旧屋村部分，现状占地面积1.5倍的建筑面积免缴地价，超出部分按照公告基准地价补缴。已签订土地使用权出让合同的用地，经批准改造的，按批准的改变条件（如增加建筑面积、改变功能或延长年期等）计收地价，原土地使用权出让合同约定的建筑面积和功能不再计收地价。《更新办法》第44条规定：“城市更新项目地价计收的具体规定，由市政府另行制定。”目前，新的有关规定正在制定或进一步完善中，2018年《深圳市地价测算规则》(征求意见稿）也正在征求意见过程中。

5. 为搬迁谈判提供法律依据

如前所述，只有权属确定的城市更新对象才能被纳入城市更新项目的范围。而对土地和建筑物核查的过程就是对其进行确权的过程，即对被更新改造对象的性质和被补偿安置主体的资格等进行法律梳理和定位的过程。对土地和建筑物进行核查的最终目的是为城市更新改造项目的补偿安置提供基础性的法律和信息依据。

(三）土地及建筑物信息核查的具体要求

根据不同情形，拟拆除重建范围内的土地、建筑物相关权利主体须满足以下条件：

(1）属于历史遗留违法建筑的，应当符合《深圳经济特区处理历史遗留违法私房若干规定》《深圳经济特区处理历史遗留生产经营性违法建筑若干规定》《关于农村城市化历史遗留违法建筑的处理决定》《关于农村城市化历史遗留产业类和公共配套类违法建筑的处理办法》等深圳市历史遗留违法建筑处理的有关规定，并且已经取得深圳市规划国土部门出具的审查意见。

(2）属于房地产登记历史遗留问题的，已经依照规定和深圳市地方登记政策取得规划确认、土地权属证明等文件，依法应当给予行政处罚的有关主管部门已经予以行政处罚。

(3）属于国有已出让用地未办理相应规划手续的，已经按照规定办理了规划确认手续。

(4）属于法律、法规、规章规定的其他情形的，已经符合有关规定。

(四）土地及建筑物信息核查的主要申请材料

土地及建筑物信息核查的流程，可参见本书第二章的相关内容，在此不再赘述。

## 五、 建筑物拆除与不动产权属证书注销

建筑物拆除的概念、法律效果、拆除的流程与不动产权属证书注销的程

序，详见本书第二章第七节“建筑物拆除及房地产权属证书注销”。

### （一）建筑物拆除与不动产权属证书注销的相关问题

1. 建筑物拆除的施工许可

不论是搬迁人自行拆除还是委托他人进行建筑物拆除，实际实施建筑物拆除施工的单位必须取得建设行政主管部门颁发的“爆破与拆除工程专业承包企业资质”，取得施工许可后方可实施拆除工作，并需要落实安全生产和环境保护相关措施（如前文提到的《建筑废弃物减排及综合利用方案》）。搬迁人与被搬迁人就建筑物的搬迁和拆除达成意向并签订书面协议以后，搬迁人若不自行拆除就应当在与被搬迁人签订合同以外再与拆除工程的施工单位签订书面委托合同。该委托合同签署以后，搬迁人还需要将合同提交申请备案。

在确定建筑物拆除工程的施工单位以后，搬迁人对于具体的拆除活动也应当进行监督。例如，应当督促拆除施工方取得工程爆破作业许可。根据《民用爆炸物品安全管理条例》的规定，申请人应当向被搬迁房屋所在地的市级政府申请办理工程爆破许可。

2. 拆除宗教房屋的处理

宗教房屋，是指宗教的信众或者教徒进行宗教聚会、宗教祭祀等活动的寺院、教堂、寺庙等固定的场所。宗教房屋常常地处偏远，即与城市生活相互隔绝。《宪法》第36条第1款规定：“中华人民共和国公民有宗教信仰自由。”合法、正常的宗教活动受到我国法律保护。相应的，宗教房屋作为信众或者教徒举办和参与宗教活动的场所，也受到我国法律保护。在我国宗教政策和有关法律、法规得到实施的情况下，相当数量的本已年久失修的宗教房屋及曾经被作为“四旧”遭到人为破坏的寺庙、教堂等也得到恢复。但是，随着城市化的速度不断加快、城市范围持续向外拓展，并且在资本力量的推动下深圳市的城市更新改造工作迅速推进。于是，深圳市有相当数量的教堂、寺庙等宗教房屋也需要被拆除。

根据2017年修订的《宗教事务条例》的规定，宗教房屋应当依法进行不动产登记。为满足公共利益之需要，可以对宗教房屋进行依法征收。具体而言，可以选择产权调换或者拆除重建。[①] 根据《深圳经济特区宗教事务条例》（深圳市人民代表大会常务委员会公告第 71 号）的规定，在城市更新改造的过程中需要拆除宗教房屋的，搬迁人应当事先主动征求宗教团体或者主管部门对于拆除方案的意见，还应当依法给予宗教团体合理的安置或补偿。[②]

3. 拆除公益事业房屋的处理

为居民或者其他活动主体提供公共服务，并且不以营利为目的而满足社会公众需要的活动设施及相应建筑物、构筑物及其附属物是本书所谓的公益事业房屋。公益事业用房包括公共福利设施，例如，福利院、养老院和疗养院等用房；防空设施、防洪设施、检验检疫设施；市政基础设施，如水、电、气供应设施、装置，地理测量标志；公共交通设施；卫生设施、文化设施、教育设施、体育设施，如医院、学校、体育场、博物馆等建筑物。

公益事业房屋及相应设施是公共财产和公共利益的代表，对公益事业房屋及相应设施的保护，在《中华人民共和国刑法》《民法总则》《中华人民共和国电力法》《城市供水条例》等法律、行政法规中均有明确规定。

《深圳市房屋征收与补偿实施办法（试行）》（2016 修订）第 29 条对于拆除公益事业房屋的规定是：“征收需整村搬迁、集体安置的住宅房屋，可以在征求被征收人意见基础上，依照城市规划要求并按规定程序决定进行异地重建安置。征收原有公共基础设施或者公益事业用房，应当依照有关法律法规的规定和城市规划的要求予以重建；不能或者无需在原地重建的，按照原性质和规模予以异地重建或者按照重置价评估给予货币补偿。”

4. 拆除工程与文物保护

《中华人民共和国文物保护法》第 20 条规定：“建设工程选址，应当尽可

---

① 《宗教事务条例》第 51 条第 1 款规定：“宗教团体、宗教院校、宗教活动场所所有的房屋和使用的土地等不动产，应当依法向县级以上地方人民政府不动产登记机构申请不动产登记，领取不动产权证书；产权变更、转移的，应当及时办理变更、转移登记。”第 55 条规定：“为了公共利益需要，征收宗教团体、宗教院校或者宗教活动场所房屋的，应当按照国家房屋征收的有关规定执行。宗教团体、宗教院校或者宗教活动场所可以选择货币补偿，也可以选择房屋产权调换或者重建。”

② 参见《深圳经济特区宗教事务条例》第 35 条规定：“因城市建设需要拆迁宗教房产，应当事先征得宗教团体或者宗教活动场所和宗教事务部门的意见，依法给予合理安置或者补偿；征用宗教团体或者宗教活动场所管理使用的土地，应当按照有关法规、政策办理。”

能避开不可移动文物；因特殊情况不能避开的，对文物保护单位应当尽可能实施原址保护。实施原址保护的，建设单位应当事先确定保护措施，根据文物保护单位的级别报相应的文物行政部门批准；未经批准的，不得开工建设。”

根据《中华人民共和国文物保护法》的规定，在文物保护单位的保护范围内，不得进行其他建设工程或者爆破、钻探以及挖掘等作业。但是，因为特殊情况或者出于公共利益保护的需要，确实要在文物保护单位的保护范围内进行其他建设工程或者爆破、挖掘等作业的，必须保证文物保护单位的安全，并且经过核定文物保护单位的人民政府批准，在批准前应当征得上一级人民政府文物行政部门同意。

根据法律规定，拆除重建类城市更新项目中若涉及不可移动的文物保护单位，需要尽可能地避开；若因为特殊情况确实不能避开的，可以在报经批准后选择迁移、拆除等，由此产生的相关费用，应当由建设单位列入建设工程的预算之中。

## 第二节　集体用地交易监管

深圳市的社区股份合作公司集体资产交易监管主要指对社区股份合作公司资金、资产、资源（俗称“三资”）的交易进行监管，深圳市共有1045家社区股份合作公司，总资产约1 500多亿元，占有土地300多平方千米，因资金、资产、资源管理不到位，诱发的问题也非常突出。党的十八大以来，全市共查处社区股份合作公司董事长75人，其中2016年查处36人，主要涉及土地合作开发、旧城改造、征地拆迁等领域。这些案件往往涉案金额巨大、小官“巨腐”，影响恶劣，严重影响了基层的稳定和发展。为此2016年中共深圳市委办公厅、深圳市人民政府办公厅颁布了《关于建立健全股份合作公司综合监管系统的通知》（深办字〔2016〕55号），以2016年8月31日作为分界点，将上述集体用地交易项目纳入公共资源平台统一实施，俗称“831政策”，股份合作公司集体用地合作开发建设、集体用地使用权转让和集体用地参与城市更新等集体用地交易行为属于集体资产交易监管的重点领域。集体资产范围较广，包含资金、资产、资源等方面，本节无法全方位探讨，在此主要探讨备受开发商关注的集体用地交易监管的政策、平台现状和民主决策程序等问题。

## 一、市、区集体用地交易监管政策梳理

### （一）集体用地交易监管政策概览

《关于建立健全股份合作公司综合监管系统的通知》出台前，深圳市级层面关于集体用地交易的政策有《深圳经济特区股份合作公司条例》《深圳市原农村集体经济组织非农建设用地和征地返还用地土地使用权交易若干规定》（深府〔2011〕198号）、《关于加强股份合作公司资金资产资源管理的意见（试行）》等。《关于加强股份合作公司资金资产资源管理的意见（试行）》可能与当前各区正在大力建设的“1+4”股份合作公司综合监管平台有关，该平台包括集体资产交易、集体资产管理、财务管理及证照管理四个部分。其中集体资产交易中的集体用地交易属于业界相对关注和重视的环节，体现在《关于建立健全股份合作公司综合监管系统的通知》中，这一政策的实施强化了对集体用地开发和交易的监管力度，经过竞争充分显示了土地本身价值，同时最大限度地兼顾了村集体和村民利益。在市级层面关于集体用地交易的政策基础上，深圳市级层面及各行政区级结合自身实际情况制定了相关办法和意见，笔者对此进行了搜集和梳理（见表3-1）。

**表3-1　集体用地交易政策一览表（市级/区级）**

| 行政区 | 集体用地交易相关政策 |
|---|---|
| 深圳市市级 | 《深圳经济特区股份合作公司条例》 |
| | 《深圳市原农村集体经济组织非农建设用地和征地返还用地土地使用权交易若干规定》 |
| | 《关于加强股份合作公司资金资产资源管理的意见（试行）》 |
| 福田区 | 《福田区股份合作公司重大事项决策备案制度（试行）》 |
| | 《福田区加强股份合作公司资金资产资源管理工作方案》 |
| | 《福田区股份合作公司非农建设用地和征地返还地等集体用地开发和交易指引》 |

（续表）

| 行政区 | 集体用地交易相关政策 |
| --- | --- |
| 罗湖区 | 《罗湖区股份合作公司非农建设用地和征地返还用地土地使用权交易实施细则（试行）》 |
| | 《关于将我区股份合作公司集体资产交易纳入市、区公共资源平台交易的通知》 |
| | 《关于进一步加强股份合作公司监督管理的意见》 |
| 南山区 | 《关于进一步加强股份合作公司（分公司、经营部）监督管理有关工作的通知》 |
| | 《南山区股份合作公司非农建设用地和征地返还用地等集体用地开发和交易指引》 |
| | 《关于将南山区股份合作公司集体资产交易纳入市公共资源交易平台的通知》 |
| | 《南山区股份合作公司综合监管实施办法（试行）》 |
| | 《南山区股份合作公司集体用地开发和交易操作指引（试行）》 |
| 龙岗区 | 《龙岗区社区股份合作公司集体用地开发和交易监管实施细则》 |
| | 《龙岗区集体产权交易监督管理暂行办法》 |
| | 《龙岗区非农建设用地管理暂行办法》 |
| | 《龙岗区股份合作公司参与拆除重建类城市更新工作指引》 |
| 宝安区 | 《〈关于加快宝安区社区集体经济综合监管服务平台建设推动股份合作公司规范管理的意见〉的通知》 |
| | 《宝安区城市化转地非农建设用地后续管理暂行办法》 |
| | 《宝安区股份合作公司集体用地土地使用权交易管理办法（试行）》 |
| 盐田区 | 《关于加强盐田区股份合作公司资金资产资源管理的意见》 |
| | 《盐田区股份合作公司集体用地开发和交易管理指引》 |
| 龙华区 | 《龙华区股份合作公司集体用地土地使用权交易管理规范（试行）》 |
| | 《龙华新区股份合作公司监督管理暂行办法》 |
| | 《龙华新区城市化转地非农建设用地后续管理暂行办法》 |
| | 《龙华新区股份合作公司重大事项决策管理暂行办法》 |
| | 《龙华区股份合作公司集体用地土地使用权交易简化操作指引》 |

（续表）

| 行政区 | 集体用地交易相关政策 |
|---|---|
| 坪山区 | 《坪山新区股份合作公司非农建设用地和征地返还用地土地使用权交易实施细则（试行）》 |
| | 《坪山新区非农建设用地城市化后续管理暂行办法》 |
| | 《关于加强股份合作公司“三资”管理和公开的指导意见》 |
| | 《坪山区股份合作公司集体用地土地使用权交易实施细则（征求意见稿）》 |
| 大鹏新区 | 《深圳市大鹏新区股份合作公司集体用地开发和交易监管实施细则》 |
| | 《大鹏新区城市化转地非农建设用地调整暂行办法》 |
| | 《大鹏新区股份合作公司资金资产资源交易管理暂行办法》 |
| 光明新区 | 《光明新区社区集体经济资金资产资源交易管理暂行办法》 |
| | 《关于明确社区集体公司集体用地合作开发交易程序的通知》 |
| | 《光明新区社区集体资产监督管理暂行办法》 |
| | 《光明新区社区集体经济资金资产资源交易管理暂行办法》 |
| | 《光明新区社区股份公司集体用地交易实施细则》 |

### （二）交易监管政策要点

市、区级层面的集体用地交易政策均在多方面对集体用地交易的监管进行了明确但详细不一的规定，其中笔者归纳总结了部分核心要点和市场关注点，具体如下：

1. 可以不进入平台交易的例外情形

自“831 政策”以来，政府对集体用地使用权转让和集体用地参与城市更新等集体用地交易行为开始进行严格监管，各区纷纷出台具体规定将集体用地交易项目纳入公共资源平台统一实施。但是，针对相关政策出台前已经发生的集体用地合作开发或参与城市更新的项目，一般可以作为例外情况不进入平台进行交易。对此，除盐田区与光明新区外，各区均约定了明确的处理方式，主要对旧项目交易时间点与交易流程两方面加以限定，具体详见表 3-2。

**表 3-2 可以不进入平台交易的例外情况**

<table>
<tr><th>行政区</th><th>时间要求</th><th>例外情形</th><th>政策索引</th></tr>
<tr><td>福田区</td><td>2016 年<br>11 月 22 日前</td><td rowspan="6">规定时间之前已经实施的非农建设用地和征地返还用地等集体用地合作开发或参与城市更新项目且不违反土地及城市更新相关法律、政策规定，并能够保障股份合作公司集体利益的，经街道办事处审核把关后按股东（代表）大会决议实行。违反土地或城市更新相关法律、政策规定的，由规划国土或城市更新部门依法依规处置。</td><td>《福田区股份合作公司非农建设用地和征地返还地等集体用地开发和交易指引》第 5 条</td></tr>
<tr><td>南山区</td><td>2016 年<br>8 月 31 日前</td><td>《南山区股份合作公司非农建设用地和征地返还用地等集体用地开发和交易指引》第 5 条</td></tr>
<tr><td>罗湖区</td><td>2016 年<br>6 月 17 日前</td><td>《罗湖区股份合作公司非农建设用地和征地返还用地土地使用权交易实施细则（试行）》第 10 条</td></tr>
<tr><td>龙岗区</td><td>2011 年<br>4 月 12 日前</td><td>《龙岗区社区股份合作公司集体用地开发和交易监管实施细则》第 9 条</td></tr>
<tr><td>大鹏新区</td><td>2011 年<br>4 月 12 日前</td><td>《深圳市大鹏新区股份合作公司集体用地开发和交易监管实施细则》第 8 条</td></tr>
<tr><td>坪山新区</td><td>2015 年<br>1 月 1 日前</td><td>《坪山区股份合作公司集体用地土地使用权交易实施细则（征求意见稿）》第 6 条</td></tr>
<tr><td>宝安区</td><td>2016 年<br>9 月 13 日前</td><td>（1）股份合作公司按照市、区有关规定通过竞争性谈判等方式并提交股东大会表决确定合作方的集体用地合作开发项目。<br>（2）股份合作公司采用土地出租、合作建房等形式建成的项目，履行合同期限不超过合同总期限五分之三或者合同剩余期限超过 10 年，不使用股份合作公司非农建设用地指标且符合城市更新政策要求，并由原合作方实施城市更新合作开发的，股份合作公司履行“三会”（董事会、监事会、集体资产管理委员会）决议并经股东大会表决明确合作方及合作条件。</td><td>《宝安区股份合作公司集体用地土地使用权交易管理办法（试行）》第 7 条、第 8 条</td></tr>
</table>

（续表）

| 行政区 | 时间要求 | 例外情形 | 政策索引 |
| --- | --- | --- | --- |
| 龙华区 | 2016年8月25日前 | 经股东（代表）大会进行表决确认竞谈结果的项目，可选择不进入平台交易。 | 《龙华区股份合作公司集体用地土地使用权交易管理规范（试行）》第8条 |
| 盐田区 | — | | |
| 光明新区 | — | | |

2. 股份合作公司选定合作方的时间要求

各区对于集体资产参与城市更新中合作方的进入时间要求大致分为无严格限制、计划申报后、获得专项规划审批后三种类型。

（1）福田区、龙华区、南山区、宝安区未在区一级现行规范中明确约定选定合作方的时间点。

（2）盐田区、大鹏新区明确规定城市更新项目完成计划申报后股份合作公司才可引进合作方。宝安区政府在区级送审稿中体现出希望在计划申报后引进合作方的态度。

《盐田区股份合作公司集体用地开发和交易管理指引》第17条规定："申报城市更新单元计划前，股份合作公司不得与第三方签订含实施主体、赔偿金额等实质内容的合作协议或改造协议。"《深圳市大鹏新区股份合作公司集体用地开发和交易监管实施细则》第19条规定："股份合作公司集体用地、集体物业参与城市更新的，该城市更新应当已列入市政府城市更新计划……"虽然宝安区关于合作方进入时间的规定体现在送审稿中，但是也可以看出宝安区政府主管部门对于此类问题的态度。《宝安区股份合作公司集体用地土地使用权交易管理办法（2018年修订）》（送审稿）第18条规定："股份合作公司以竞争性谈判方式选择合作方的，应依次履行如下程序：（一）属城市更新项目，须先列入城市更新单元计划……"

（3）罗湖区、光明新区、坪山新区3个区在区级规范中都明确规定了股份合作公司引入合作方的时间应在城市更新专项规划审批后。《罗湖区股份合作公司非农建设用地和征地返还用地土地使用权交易实施细则（试行）》第16条规定："股份合作公司非农建设用地和征地返还用地土地参与城市更新的合作，应先开展城市更新项目计划申报，待城市更新项目完成规划审批后，再按本实施细则第十条规定的合作开发项目程序办理。”《光明新区社区股份公司集体用地交易实施细则》第 15 条规定：“集体用地合作开发涉及城市更新的，有关土地合作开发交易程序应在城市更新项目完成规划审批后启动，其中，前期研究立项工作可在规划审批前启动。”《坪山新区股份合作公司非农建设用地和征地返还用地土地使用权交易实施细则（试行）》第 21 条第 1 款规定：“股份合作公司非农建设用地和征地返还用地土地参与城市更新的合作，应先开展城市更新项目计划申报，待城市更新项目完成规划审批后，再按本实施细则第十六条规定的合作开发项目程序办理。”

（4）龙岗区在《龙岗区社区股份合作公司集体用地开发和交易监管实施细则》中，根据项目的具体情况设置了合作方进入的不同时间点。对于大多数的集体资产参与城市更新项目，合作方的进入时间为项目取得更新单元规划批复后。只有一些特定项目合作方才可以在城市更新计划阶段进入，具体如下：

对于大多数项目的合作方进入时间，《龙岗区社区股份合作公司集体用地开发和交易监管实施细则》第 18 条规定：“……（四）项目资产评估。1. 在项目取得建设用地规划许可证后，社区股份合作公司聘请有资质、有信誉的中介机构对拟合作开发的集体用地及地上附着物按城市更新单元规划条件进行资产评估……（五）制定合作招商方案……（六）引进合作方……”即股份合作公司引进合作方应在城市更新项目取得更新单元规划批复后进行。

对于一些特定情况合作方的进入时间可以提前到计划申报阶段，体现在《龙岗区社区股份合作公司集体用地开发和交易监管实施细则》第 19 条：“对于符合以下条件的项目，可以提前至城市更新计划阶段采用招拍挂方式选取合作开发主体，届时资产评估结合法定图则预估，其他程序参照本细则集体资产管理和城市更新项目推进有关规定：（一）属于社区股份合作公司已与区政府战略合作伙伴签订意向合作协议的重要项目（指区战略合作协议中明确需要落地的项目或区城市更新领导小组明确的优先推进的重要项目）；或属于已纳入城市更新计划且符合区产业导向的工改工项目。（二）约定以物业分成或利润分成为分配原则，退出机制符合市、区相关规定。（三）由区政府战略合作伙伴或工改工项目的意向合作方提出，经社区股份合作公司股东代表大会按相关法规和制度规定的特别决议程序审议通过，并经区集体资产管理部门备案。符合上述要求的土地整备利益统筹项目参照此规定执行。”即龙岗区符合前述条件的城市更新项目，股份合作公司可以在计划申报阶段引进合作方。

3. 交易合作方的资质要求

市级层面未对交易合作方资质要求进行明确，纵观深圳市各行政区，龙岗区、宝安区、坪山区、龙华区、光明区等有关于交易合作方的资质要求。

以龙岗区为例，根据《龙岗区社区股份合作公司集体用地开发和交易监管实施细则》(深龙府办规〔2018〕1号）第16、18条中关于意向合作方的资质条件都规定为：“1. 该公司（其控股母公司）具备房地产项目开发资质和成功经验；2. 净资产规模在人民币1亿元以上，且负债率不高于50%；3. 该公司（其控股母公司）具有良好的诚信记录与经营业绩。”

坪山新区也有相关规定。按照《坪山新区股份合作公司非农建设用地和征地返还用地土地使用权交易实施细则（试行）》第16条第（二）“制定合作招商方案”中规定：“……3. 工商类项目的合作开发商资质要符合《深圳市优化空间资源配置促进产业转型升级“1+6”文件》有关规定；住宅房地产项目的合作开发商应具备三级以上房地产开发企业资质或注册资本在5000万元以上。”

在宝安区，《宝安区股份合作公司集体用地土地使用权交易管理办法（2018年修订）》(送审稿）第16条规定：“合作方应符合一定的交易准入条件。交易准入条件由股份合作公司设置，并由股份合作公司召开“三会”进行表决。交易准入条件不得包含具有明确指向性或者明显违反公平竞争的条款；原则上，合作开发商应具备房地产开发企业资质，财务状况、经营管理、信用资质良好。”

在光明新区，《光明新区社区股份公司集体用地交易实施细则》第11条规定：“引进的合作方必须符合以下资质条件：涉及房地产开发经营的，该公司（其控股母公司）须具备房地产项目开发资质和成功经验；净资产规模在人民币1亿元以上，资产负债率不超过50%；该公司（其控股母公司）具有良好的诚信记录与经营业绩。”

龙华区对意向合作方资质要求稍有宽松。《龙华区股份合作公司集体用地土地使用权交易管理规范（试行）》第7条规定："参与集体用地合作开发的开发商需具备以下条件：1. 在工商注册登记的经营范围需含有房地产经营类项目；2. 净资产规模在人民币1亿元以上，原则上资产负债率不得高于现行行业平均水平；3. 具有良好的诚信记录，具有以下情况之一的，将取消其项目合作资格：（1）被纪检监察部门立案调查，违法违规事实成立的；（2）隐瞒真实情况，提供虚假资料的；（3）以非法手段排斥其他供应商参与竞争的；（4）阻碍、抗拒主管部门监督检查的；（5）主管部门认定的其他情形。"虽然龙华区对意向合作方也有类似房地产开发经营的要求，但是只需工商注册登记的经营范围有房地产经营项目，相对其他各区要求具有房地产开发资质的标准显然较低，也是主要考虑辖区范围内存在许多项目公司不具备房地产开发资质的历史客观情况，统筹各方利益的结果。

大鹏新区对意向合作方的资质要求最低，与各区的资质要求相比最模糊。《深圳市大鹏新区股份合作公司集体用地开发和交易监管实施细则》第11条规定："股份合作公司应当与财务状况、经营管理、信用资质良好的企业进行交易，同时受让人或合资合作申请人应当符合股份合作公司设置的经各办事处核准的其他交易准入条件。"

各区对意向合作方的资质要求核心为意向合作方是否具备房地产项目开发资质和成功经验，其中房地产项目开发资质是筛查意向合作方资质的重点。据不完整统计，在集体用地交易中各区对合作方的资质要求如表3-3所示。

**表3-3　集体用地交易合作方资质要求**

| 行政区 | 资质要求 | 政策索引 |
| --- | --- | --- |
| 龙岗区 | （1）该公司（其控股母公司）具备房地产项目开发资质和成功经验；<br>（2）净资产规模在人民币1亿元以上，且负债率不高于50%；<br>（3）该公司（其控股母公司）具有良好的诚信记录与经营业绩。 | 《龙岗区社区股份合作公司集体用地开发和交易监管实施细则》（深龙府办〔2018〕1号）第16条、第18条 |

（续表）

| 行政区 | 资质要求 | 政策索引 |
| --- | --- | --- |
| 宝安区 | 合作方应符合一定的交易准入条件。交易准入条件由股份合作公司设置，并由股份合作公司召开“三会”进行表决。交易准入条件不得包含具有明确指向性或者明显违反公平竞争的条款；原则上，合作开发商应具备房地产开发企业资质，财务状况、经营管理、信用资质良好。 | 《宝安区股份合作公司集体用地土地使用权交易管理办法（2018年修订）》（送审稿）第16条 |
| 坪山新区 | （1）工商类项目的合作开发商资质要符合《深圳市优化空间资源配置促进产业转型升级”1+6”文件》有关规定。<br>（2）住宅房地产项目的合作开发商应具备三级以上房地产开发企业资质或注册资本在5000万元以上。 | 《坪山新区股份合作公司非农建设用地和征地返还用地土地使用权交易实施细则（试行）》第16条 |
| 光明新区 | （1）涉及房地产开发经营的，该公司（其控股母公司）须具备房地产项目开发资质和成功经验；<br>（2）净资产规模在人民币1亿元以上，资产负债率不超过50%；<br>（3）该公司（其控股母公司）具有良好的诚信记录与经营业绩。 | 《光明新区社区股份公司集体用地交易实施细则》第11条 |
| 龙华区 | （1）在工商注册登记的经营范围需含有房地产经营类项目；<br>（2）净资产规模在人民币1亿元以上，原则上资产负债率不得高于现行行业平均水平；<br>（3）具有良好的诚信记录，具有以下情况之一的，将取消其项目合作资格：①被纪检监察部门立案调查，违法违规事实成立的；②隐瞒真实情况，提供虚假资料的；③以非法手段排斥其他供应商参与竞争的；④阻碍、抗拒主管部门监督检查的；⑤主管部门认定的其他情形。 | 《龙华区股份合作公司集体用地土地使用权交易管理规范（试行）》第7条 |
| 大鹏新区 | 股份合作公司应当与财务状况、经营管理、信用资质良好的企业进行交易，同时受让人或合资合作申请人应当符合股份合作公司设置的经各办事处核准的其他交易准入条件。 | 《深圳市大鹏新区股份合作公司集体用地开发和交易监管实施细则》第11条 |

4. 交易合作方的保证金要求

龙岗区对于意向合作方的保证金额度的要求。《龙岗区社区股份合作公司集体用地开发和交易监管实施细则》(深龙府办规〔2018〕1号)第16条和第18条都规定，意向合作方交纳合作意向保证金。保证金按项目中集体用地面积计算，每万平方米交纳500万元人民币，总额超过5000万元人民币的部分由协议双方协商确定。工业项目的履约保证金不得低于集体用地面积每万平方米人民币500万元。商住项目的履约保证金不得低于集体用地面积每万平方米人民币1000万元，总额超过5000万元人民币的部分由协议双方协商确定。与《龙岗区社区股份合作公司集体用地开发和交易监管实施细则》(深龙府办〔2015〕29号)相比，调整后的保证金规定，名义上明确了超过5000万元部分由协议双方协商确定，设定了保证金的上限，实质上限制了社区股份合作公司自主协商保证金数额的自由度，许多面积较大的项目都需要参照此额度比例上调意向合作保证金，对意向合作方的资金实力提出了更高的要求。

大鹏新区对意向保证金无硬性要求，具体数额由股份合作公司决定，但对后期合作方的履约保证金有明确要求。《深圳市大鹏新区股份合作公司集体用地开发和交易监管实施细则》第33条规定："合作方应缴纳履约保证金，中标合作方在办事处备案后按用地面积交纳履约保证金，具体金额由双方约定，但不得低于每万平方米人民币100万元，履约保证金由办事处、股份合作公司设定资金共管账共同监管。"

除龙岗区和大鹏新区以外，其他各区现阶段均未对意向保证金和履约保证金有限制性的规定。

5. 交易合作方的选择来源

交易合作方在集体用地交易监管程序中常规来源主要分为三类，分别为公开招标、竞争性谈判、单一来源谈判。根据深圳市南山区人民政府办公室印发的《南山区股份合作公司综合监管实施办法（试行）》附件6《南山区股份合作公司集体用地开发和交易监督管理办法》的定义，公开招标是指"招标人通过联交所发布招标公告的方式邀请所有不特定的潜在投标人参加投标，并按照相关规定程序和招标文件规定的评标标准和方法确定中标人（合作方）的一种竞争交易方式"；竞争性谈判是指"在联交所组织、协调下，股份合作公司成立项目谈判小组分别与通过公开征集且符合资格条件的有意向合作方进行谈判，以择优的方式确定合作方的一种竞争交易方式"。根据《福田区股份合作公司非农建设用地和征地返还地等集体用地开发和交易指引》第 9 条的规定，竞争性谈判是指“在政府委托第三方交易机构组织下，由谈判小组分别与通过公开征集并经资格确认的拟参与股份合作公司非农建设用地和征地返还地等集体用地合作开发的意向合作方进行谈判，并根据谈判结果择优确定合作方的方式”。

在同类监管条例中，对单一来源谈判未有明确定义，仅有光明新区发展和财政局《关于明确社区集体公司集体用地合作开发交易程序的通知》中规定，社区集体公司股东大会表决同意后，通过新区交易平台采用公开招标、竞争性谈判等方式选择开发企业，单一来源谈判方式交易程序参照竞争性谈判交易程序执行。笔者理解，单一来源谈判，顾名思义即社区股份合作公司只与一家符合条件的特定合作方开展谈判，这类选择方式应有历史因素的考量，即使来源单一，也应该通过交易平台履行必要的程序。

光明新区关于交易合作方选择来源有三类，但选择方式有特定条件。《光明新区社区股份公司集体用地交易实施细则》第 12 条规定：“以集体用地为主的城市更新项目（城市更新项目拆除用地范围内集体用地比例≥50%），须通过新区集体资产交易平台采用公开招标、竞争性谈判等方式择优选择开发企业；非集体用地为主的城市更新项目（城市更新项目拆除用地范围内集体用地比例<50%），通过采用单一来源谈判方式确定开发企业。”明确规定了单一来源谈判方式的适用范围及程序。罗湖区、大鹏新区的相关规定与光明新区类似，也有三类交易合作方选择来源，但单一来源方式有特定条件。

盐田区关于交易合作方选择来源也与光明新区相似，引进合作方的方式包括公开招标、竞争谈判和特定的单一来源三种类型。《盐田区股份合作公司集体用地开发和交易管理指引》第 10 条规定：“股份合作公司集体用地以合作方式引进合作方、作价入股、项目公司股权转让和项目公司增资扩股都应通过产权交易机构以公开招标或竞争性谈判的方式公开进行。”第 16 条规定：“引进合作方实施城市更新项目的，集体用地面积占城市更新项目用地总面积超过 20%，或城市更新项目拆除集体物业面积占总拆除面积比例超过 1/3 的（即股份合作公司对项目具有重大影响权），应通过公开招标或竞争性谈判方式选择合作方，引进合作方的城市更新项目未达到上述标准的，可不采用公开招标或竞争性谈判方式，直接选择城市更新项目内特定的实施主体作为合作方，但应按照《盐田区股份合作公司重大事项监管暂行办法》的规定履行资产评估、交易方案公示和民主决策等程序，并将项目相关材料向街道办、区集体办备案。"

南山区关于交易合作方选择来源也有三类，但单一来源方式的特定条件以是否涉及非农建设用地或征地返还用地的自主开发进行判断。根据《南山区股份合作公司综合监管实施办法（试行）》附件6《南山区股份合作公司集体用地开发和交易监督管理办法》第4条的规定："集体用地使用权出让、转让、出租或作价入股、出资与他人合作、联营等形式用于经营性项目开发的，应参照国有土地使用权公开交易的程序和办法，集体用地土地使用权交易应由深圳联合产权交易所（以下简称"联交所"）组织公开进行，并以公开招标、竞争性谈判等方式进行。但本股份合作公司或全（独）资设立的企业自行开发、使用集体用地的除外。"

坪山新区的规定与南山区类似。《坪山新区股份合作公司非农建设用地和征地返还用地土地使用权交易实施细则（试行）》第16条规定，公司可采用公开招标或竞争性谈判等方式引进合作开发商；在非农建设用地和征地返还用地参与城市更新合作中可采用单一来源谈判方式引进城市更新特定实施主体作为合作开发商。

现阶段，福田区关于交易合作方选择来源主要为竞争性谈判。根据现行有效的《福田区股份合作公司非农建设用地和征地返还地等集体用地开发和交易指引》第11条的规定，指引印发前股份合作公司自行组织公开招标、竞争性谈判或单一来源谈判产生合作方的，应提交通过招标程序产生中标结果的证明材料；本指引印发后，公司通过政府委托第三方交易机构以竞争性谈判公开遴选合作方的，应提交政府委托第三方交易机构出具的鉴证文书。其他在《福田区股份合作公司非农建设用地和征地返还地等集体用地开发和交易指引》公布实施后，均按照第9条第1款的规定"股份合作公司非农建设用地和征地返还地等集体用地以合作方式引进合作方、作价入股、项目公司股权转让和项目公司增资扩股都应通过政府指定的交易机构以竞争性谈判方式公开进行"，选择通过竞争性谈判的方式确定合作方予以执行。

龙岗区关于交易合作方选择来源仅有公开招标和竞争性谈判两类。《龙岗区社区股份合作公司集体用地开发和交易监管实施细则》第 8 条规定：“城市更新项目中集体用地面积占城市更新项目用地总面积超过 20%或改造前城市更新项目中集体物业建筑面积占城市更新项目物业总建筑面积超过 1/3 的（即社区股份合作公司对项目具有重大影响权），应通过公开招、拍、挂或竞争性谈判方式选择合作方，同时按照本细则第十八、二十条规定办理。2 个及以上社区股份合作公司同时达到上述标准，则由街道办指导社区股份合作公司协商确定主导方。未达到上述标准的（即社区股份合作公司对项目不具有重大影响权），可不通过公开招、拍、挂或竞争性谈判选择合作方，相关资产处置程序参照本细则第二十一、二十二条规定办理。”显然龙岗区未规定单一来源谈判的方式，相较其他区而言要求更加严格。宝安区、龙华区类似于龙岗区，交易合作方选择来源仅有公开招标和竞争性谈判两类。

各区关于交易合作方的选择来源主要有公开招标、竞争性谈判和单一来源三类，各有取舍。其中以是否涉及非农建设用地或征地返还用地为参考标准，各区的政策见表 3-4。

**表 3-4 集体用地交易合作方选择来源**

| 行政区 | 公开招标 | 竞争性谈判 | 单一来源 | 政策索引 |
| --- | --- | --- | --- | --- |
| 龙岗区 | 是 | 是 | 否 | 《龙岗区社区股份合作公司集体用地开发和交易监管实施细则》第 8 条 |
| 宝安区 | 是 | 是 | 否 | 《宝安区股份合作公司集体用地土地使用权交易管理办法（试行）》第 12 条 |
| 坪山新区 | 是 | 是 | 是（特定条件：非农建设用地和征地返还用地参与城市更新合作） | 《坪山新区股份合作公司非农建设用地和征地返还用地土地使用权交易实施细则（试行）》第 16 条 |

（续表）

| 行政区 | 公开招标 | 竞争性谈判 | 单一来源 | 政策索引 |
|---|---|---|---|---|
| 光明新区 | 是 | 是 | 是（特定条件：城市更新项目拆除用地范围内集体用地比例 <50%） | 《光明新区社区股份公司集体用地交易实施细则》第12条 |
| 盐田区 | 是 | 是 | 是（特定条件：集体用地面积占城市更新项目用地总面积不超过20%，或城市更新项目拆除集体物业面积占总拆除面积比例不超过1/3） | 《盐田区股份合作公司集体用地开发和交易管理指引》第16条 |
| 龙华区 | 是 | 是 | 否 | 《龙华区股份合作公司集体用地土地使用权交易管理规范（试行）》第3条 |
| 大鹏新区 | 是 | 是 | 是［特定条件：股份合作公司集体用地面积不超过城市更新项目用地总面积的20%（含20%），或者改造前股份合作公司集体物业面积不超过城市更新物业总面积的1/3（含1/3）］ | 《深圳市大鹏新区股份合作公司集体用地开发和交易监管实施细则》第19条 |
| 南山区 | 是 | 是 | 是［特定条件：股份合作公司或全（独）资设立的企业自行开发、使用集体用地］ | 《南山区股份合作公司集体用地开发和交易监督管理办法》第4条 |

## 二、 集体用地交易监管过程中的民主决策程序

股份合作公司合作开发建设、集体用地使用权转让和集体用地参与城市更新等集体用地交易行为属于集体资产交易监管的重点领域。在交易监管程序中，体现民主决策的股东（代表）大会是集体交易用地交易行为合法合规性的基础。因此，民主决策程序属于集体用地交易监管中的一大热点和难点。

股份合作公司集体用地交易民主决策程序，包括股东代表大会会议通知、决议内容、出席人数、通过比例、会议材料、公证和列席人员等要点，笔者梳理和归纳了几个常见的合规要点。

### （一）会议通知

《深圳经济特区股份合作公司条例》（2011 年修正）第 44 条规定：“股东代表大会由董事会负责召集，董事长主持会议。但本条例或者公司章程另有规定的除外。召开股东代表大会，应将会议审议的事项于会议召开前十日通知股东代表。股东代表临时会不得对通知中未列明的事项作出决议。”据此可知，会议通知应当在会议召开前 10 日发出。对于会议通知的形式，坪山新区、龙岗区、盐田区均要求以书面、电话等形式通知股东代表或股东，大鹏新区规定还可通过政府在线等有效方式通知全体股东代表。纵观各区股份合作公司民主决策程序的相关规定，均参照《深圳经济特区股份合作公司条例》的规定，要求在会议召开前 10 日发出会议通知。

### （二）出席和表决机制

会议出席人数和表决同意人数是否达到规定比例，关系着会议表决事项是否合法通过。《深圳经济特区股份合作公司条例》（2011 年修正）第 45 条规定：“股东代表大会的决议分为普通决议和特别决议。股东代表大会通过普通决议，应当有过半数的股东代表出席，并以出席会议的股东代表过半数通过。股东代表大会通过特别决议，应有过半数的股东代表出席，并以出席会议的股东代表三分之二以上通过。”而《深圳市原农村集体经济组织非农建设用地和征地返还用地土地使用权交易若干规定》第 10 条规定更为严格，通过土地交易市场招标、拍卖、挂牌或按照集体资产产权交易有关规定，转让原农村集体经济组织开发非农建设用地和征地返还用地的项目公司的全部或部分股权，由股东大会审议表决并应获全体股东 2/3（含）以上同意；选择通过竞争性谈判等方式协商交易的，需经原农村集体经济组织股东大会审议且表决时获全体股东 4/5（含）以上同意。由此可见，过半数股东或股东代表参会是一个基础，特别决议需要获得出席会议的股东（代表）2/3（含）以上同意，涉及非农建设用地和征地返还用地交易更为严格，需以全体股东（代表）而非出席股东（代表）作为计算标准，同时选择竞争性谈判方式协商交易的应获得全体股东4/5（含）以上同意。

区级层面对于集体用地自主开发或参与城市更新选定合作方时，如通过竞争性谈判方式选定合作方需参照《深圳市原农村集体经济组织非农建设用地和征地返还用地土地使用权交易若干规定》，获得全体股东（代表）4/5（含）以上表决通过，如龙岗区、大鹏新区、坪山新区、盐田区、福田区、罗湖区、南山区等。以龙岗区为例，根据《龙岗区社区股份合作公司集体用地开发和交易监管实施细则》的规定，集体用地合作开发和参与城市更新项目采用竞争性谈判方式引进合作方的，表决时均须股东代表大会、股东会议和全体个人股股东代表4/5（含）以上表决通过。宝安区、光明新区、龙华区等还规定了涉及集体用地开发通过招拍挂及项目公司股权转让等方式只需经股东大会全体股东2/3以上同意。笔者对各区关于集体用地交易引进开发商的决议比例要求整理如下（见表3-5）。

**表3-5　集体用地交易引进开发商决议比例表**

| 行政区 | 表决机制 |
| --- | --- |
| 龙岗区 | 全体股东代表4/5（含）以上通过（竞争性谈判）或2/3（含）以上通过（竞争性谈判外其他交易方式），如涉及居民小组一级子公司、分公司还需召开居民小组股东会议。 |
| 宝安区 | 合作方及交易方案须经股东大会2/3（含）以上全体股东表决通过；如属非农建设用地合作开发的，须经股东大会4/5（含）以上股东表决通过。 |
| 龙华区 | 全体股东（代表）4/5（含）以上通过（竞争性谈判）或2/3（含）以上通过（招拍挂及项目公司股权转让）。 |
| 福田区 | 全体股东（代表）4/5（含）以上通过。 |
| 罗湖区 | 未掌握数据。 |
| 南山区 | 未掌握数据。 |
| 盐田区 | 未掌握数据。 |
| 坪山新区 | 全体股东代表4/5（含）以上通过（竞争性谈判）或2/3（含）以上通过（竞争性谈判外其他交易方式），如涉及居民小组一级子公司、分公司还需召开居民小组股东会议。 |

（续表）

| 行政区 | 表决机制 |
| --- | --- |
| 大鹏新区 | 全体股东代表4/5（含）以上通过（竞争性谈判）或2/3（含）以上通过（竞争性谈判外其他交易方式），如涉及居民小组分公司还需召开居民小组分公司股东代表或股东会议。 |
| 光明新区 | 全体股东（代表）4/5（含）以上通过（竞争性谈判）或2/3（含）以上通过（招拍挂及项目公司股权转让）。 |

### （三）缺席人员的授权委托

实践中，股份合作公司股东或股东代表并未实际居住在当地或外出无法出席拟定召开的会议的情形很常见，因此时常出现缺席人员委托他人代为行使表决权的情况。《深圳经济特区股份合作公司条例》（2011年修正）第46条规定："股东代表因故不能出席股东代表大会的，由推选该股东代表的股东另行推选临时股东代表出席会议，或者由不能出席会议的股东代表委托代理人出席会议并行使表决权。代理人应当向董事会提交由股东代表出具的载明授权范围的委托书。"因此，缺席股东代表委托他人代为行使表决权的行为是合法有效的，但实践中因时间紧急或工作量大，往往出现缺席股东或股东代表不清楚自己是否授权他人或者工作人员冒充缺席股东或股东代表签署授权委托书，导致因表决人员并未实际取得授权而使表决通过的决议可能存在瑕疵。因此，为防止出现以上情况，股份合作公司或居民小组应严格把关，杜绝冒认代签行为，出现遗漏情形应在会后及时补签授权委托书进行追认。

部分行政区还对授权委托的具体形式进行了严格约束，如《龙岗区社区股份合作公司集体用地开发和交易监管实施细则》第30条（深龙府办〔2018〕1号）规定："股东代表（或股东）因故不能参加股东代表大会（或股东会议）的，可委托其他股东代表（或股东）参会及投票，但应填写书面委托书。委托书应由社区股份合作公司统一制作并统一盖章（含骑缝章），包括委托书编号、委托人和受托人姓名、委托时限及委托授权内容，委托人须在委托书上亲笔签名并按指模印。每名股东代表（或股东）最多只能接受3名其他股东代表（或股东）的委托。受托人在签到时应提交委托人的委托书，无委托书或提交不合格委托书的视为无效委托。委托人同意会议表决事项的，受托人应按委托人意愿在股东代表大会（或股东会议）决议书上签署‘××（受托人）代签’的字样。委托书由公司统一回收，作为档案资料进行保存。”

（四）公证及列席人员

2013年9月6日发布的《关于加强股份合作公司资金资产资源管理的意见（试行）》(深办发〔2013〕9号）“二、规范‘三资’运营处置”部分明确规定，股东大会、股东代表大会或者董事会按法定职权，民主讨论决定重大事项，采取“一事一议一决策”的方式逐项表决，形成书面记录，并将经讨论修改完善的方案报街道办集体资产监管部门备案。讨论决定集体用地建设、城市更新事项时，应邀请街道集体资产管理部门的人员列席会议进行现场监督。涉及集体用地建设、城市更新事项的，应邀请街道集体资产管理部门人员列席会议进行现场监督，实践中股东（代表）大会的会议决议出席人员一栏中会注明列席人员名单，并在决议表决签名页中单独设列席人员签名栏。

纵观各区规定，公证机构的公证员、股份合作公司的集体资产委员会的主任和街道办集体资产监管部门人员是列席股东（代表）大会的必备人员。因此，会议召开前应提前与列席人员，尤其是现场公证的公证员进行对接沟通，交流的内容包括决议内容、表决机制、公司章程等，还要向街道办集体资产监管部门进行核实，确认拟出具的公证书内容和形式是否符合政策及街道办集体资产监管部门的备案要求。另外，还应进行会议的预演，以免正式会议时出现突发情况，如有未备案股东或股东代表参会、出席人员异议等情况。

（五）民主决策程序常见法律文本

集体用地交易存在不同类型，但不管哪种类型，每个环节可能都会存在形式各样的法律文本，部分行政区的监管政策会罗列出民主决策过程中涉及的法律文本及主要内容，但因缺乏统一的指导文本，所以实践中未及时制作或签署某些环节的法律文本，导致需要在后期进行补救而延误项目进度。其中涉及民主决策程序的文件，从启动程序开始，常见的大致汇总如下(见表3-6)。

**表 3-6　民主决策程序产生的部分常见法律文件**

| 民主决策程序产生的部分常见法律文件 | | |
|---|---|---|
| 《意愿征集公告》 | “三会”会议纪要文本 | 招商方案文本或协议 |
| 《选择意愿方股东（代表）大会会议通知》 | 《股东（代表）大会会议通知》 | 会议决议表决签名表 |
| 《“三会”会议通知》 | 《股东（代表）大会会议议案》 | 未备案股东签字表 |
| 《董事会决议》 | 会议记录 | 见证或列席人员签字表 |
| 《监事会决议》 | 《授权委托书》 | 公告公示等 |
| 《集体资产管理委员会决议》 | 会议签到表 | 提请街道备案汇报函等 |

### （六）民主决策程序中如何区别股东大会和股东代表大会

集体用地交易民主决策程序涉及的议事机构属于业界讨论的热点问题，即股份合作公司是召开股东大会还是召开股东代表大会？这个问题经常困扰股份合作公司以及开发商，皆因在市、区两级有关集体用地交易的相关规定中，股东大会和股东代表大会并存，而导致并存现象的原因是深圳市人民代表大会常务委员会颁布的《深圳经济特区股份合作公司条例》规定，股份合作公司实行股东代表大会制，股东的权力机构为股东代表大会，出现了议事机构并存的状况。2011 年 12 月 16 日深圳市人民政府印发了《深圳市原农村集体经济组织非农建设用地和征地返还用地土地使用权交易若干规定》，其中规定涉及非农建设用地和征地返还用地土地交易的议事决策机构为股东大会。虽然《深圳经济特区股份合作公司条例》由深圳市人民代表大会常务委员会颁布，《深圳市原农村集体经济组织非农建设用地和征地返还用地土地使用权交易若干规定》是深圳市人民政府颁布，前者属于地方性法规，后者属于地方政府规章，前者的立法层级高于后者，理论上应适用前者，但实践中，非农建设用地和征地返还用地指标在集体用地交易、城市更新中都属于重要的因素，因此经常出现股东大会和股东代表大会并存的客观事实。

既然无法回避股东大会和股东代表大会并存的事实，在集体用地交易中，如何较清晰地区分应该召开股东大会还是股东代表大会？笔者认为可从以下几个方面判断。

1. 从股份合作公司的公司章程进行判断

1994年7月1日开始实施的《深圳经济特区股份合作公司条例》第40条规定，公司实行股东代表大会制。公司的权力机构为股东代表大会。但是，《深圳市原农村集体经济组织非农建设用地和征地返还用地土地使用权交易若干规定》又明确股东大会有审议表决权，两者关于集体用地交易的议事机构貌似存在冲突，其实不然。《深圳市原农村集体经济组织非农建设用地和征地返还用地土地使用权交易若干规定》第10条同时规定，章程规定由股东代表大会表决或对表决通过率有特别规定的，从其规定。由此可见，公司章程有特别规定集体用地交易表决或公司的权力机构为股东代表大会的，则应召开股东代表大会。因此，开发商需要重视所合作股份合作公司的公司章程，提前了解其规定的股东资格和民主决议议事规则，如决议的形式和内容违反公司章程都有可能会被撤销。

2. 从该集体用地交易项目是否涉及非农建设用地或征地返还用地进行判断

《深圳经济特区股份合作公司条例》规定议事机构为股东代表大会，普通决议和特别决议均需要股东代表大会进行表决通过，未专门区分涉及非农建设用地或征地返还用地指标的集体用地项目是否需要其他议事机构处理。《深圳市原农村集体经济组织非农建设用地和征地返还用地土地使用权交易若干规定》第3条规定，原农村集体经济组织非农建设用地和征地返还用地以转让、自主开发、合作开发、作价入股等方式进入市场交易的，适用本规定……”第10条规定：“原农村集体经济组织按照本规定第八条第一款第（一）、（三）项规定进行土地使用权交易或股权交易，须经原农村集体经济组织股东大会审议且表决时获全体股东2/3以上（含2/3）同意；按照本规定第八条第一款第（二）项进行土地使用权交易，须经原农村集体经济组织股东大会审议且表决时获全体股东4/5以上（含4/5）同意；但章程规定由股东代表大会表决或对表决通过率有特别规定的，从其规定。”上述条文都明确规定，一旦涉及非农建设用地或征地返还用地都由股东大会表决通过。因此，笔者认为，以集体用地交易是否涉及非农建设用地或征地返还用地为标准判断是否需召开股东大会，如涉及则召开股东大会，如不涉及则召开股东代表大会。

3. 符合各区自身的监管政策和街道办集体资产监管部门的要求

从政策的适用顺序看，应优先适用各区的监管政策，因为通常情况下各区的监管政策只能比市级层面的监管政策更加严格和特殊，在各区无政策或有政策但对该问题未明确的情况下，则适用《深圳市原农村集体经济组织非农建设用地和征地返还用地土地使用权交易若干规定》等市级层面的政策，同时，符合政策是街道办集体资产监管部门的备案要求。因此，在适用各区监管政策的同时，应提前与项目所在街道办的集体资产监管部门核实项目所属股份合作公司或居民小组（自然村）应召开的会议是股东大会还是股东代表大会，或者两者均需具备。

4. 如各区政策和政府监管部门无明确答复的，股东大会和股东代表大会可一起召开

深圳市有 10 个行政区，除市级层面的集体用地交易监管政策，几乎每个区都有各自制定的监管政策，各区对于政策的理解各不相同，再加上政府部门的实际执行情况也存在差异，因此针对各区的情况应具体问题具体分析。因每次召开股东大会或股东代表大会耗费时日、劳师动众，若各区政策或经征求政府监管部门均无明确答复的，可考虑股东大会和股东代表大会一起召开，以免出现遗漏。

## 三、 结语

虽然深圳市人民政府在 2003 至 2004 年间采取了城市化转地的措施，但全市相当比例的土地资源仍然掌握在股份合作公司手中。因此，开发商在深圳市以城市更新等方式从事房地产开发，大多数项目必然涉及集体用地交易。集体用地交易监管程序作为集体用地交易中的一个重要环节，股份合作公司严格按照相关规定落实集体用地交易监管方面的要求，不仅可从政策导向、交易平台、决策程序等方面保障集体用地交易的合法合规性，对于保护交易双方的合法权益至关重要，也能避免因未履行或违反监管程序而导致集体资产的减值、流失，使集体经济组织的全体利益不至受到损害，有利于集体经济组织的阳光透明化运作。

## 第三节　搬迁安置补偿

### 一、 搬迁补偿前期调查准备

#### （一）权利人确定

“权利人确定”是指搬迁人通过查询被搬迁房屋权属登记信息、收集权属证明文件等方式对被搬迁人身份及其与被搬迁房屋权属关系进行的确认。经确认的被搬迁房屋权利主体为被搬迁人，同时也是搬迁谈判的对象及搬迁补偿安置协议的签署主体。

1. 已办理产权登记

取得房地产权属证书的被搬迁房屋，需要到深圳市房地产登记查询点（即深圳市市级、区级不动产登记中心）查询产权登记清单、抵押登记清单、查封登记清单等，以核实登记权利主体与申报权利主体是否一致，并将登记权利主体认定为被搬迁房屋的权利主体即被搬迁人。此外还需关注被搬迁房屋是否存在协议转让、房地产权属争议等情形，并做个案处理。遇到签订房地产转让协议并支付转让价款但未办理房地产权属转移登记的情形，需要结合转让协议、支付凭证、房地产移交等因素综合判断，必要时可以考虑签订三方搬迁补偿安置协议等方式进行风险缓释。

若权利主体为个人，则其身份的认定一般以房地产产权登记部门登记的权利人为准，具体应通过核查权利人的身份证、户口簿等身份证明文件是否与产权登记中的权利人相一致进行确认。

若权利主体为企业，其身份的认定应以房地产产权登记部门登记簿上注明的产权人为准，具体应通过核查企业的工商登记信息与产权登记中的权利人是否一致来进行确认。若企业在工商局办理了名称变更，但未在房地产产权登记部门办理相关变更登记手续，导致名称不一致的，则须先行办理相关变更手续后方可对其权利主体的身份进行确认。

具体而言，已办理产权登记的类型主要有以下几种：

（1）红皮《房地产证》/《不动产权证》

红皮《房地产证》/《不动产权证》，俗称“红本”，即市场商品房地产，产权人可完全享有该房地产的占有、使用、收益、处分权利。

深圳市城市更新项目产权关系复杂、产权登记类型多样，如在工业用地中，又分为一般红本和特殊红本。一般红本在附记中载明“土地性质为商品房”，特殊红本在附记中载明“土地性质为非商品房用途，不得进行房地产开发经营”。

（2）绿皮《房地产证》

绿皮《房地产证》，俗称“绿本”，即非市场商品房地产，不得买卖，需抵押或出租的按有关规定办理。绿本一般属于非正规权属证书。深圳市规划与国土资源局《关于颁发新〈房地产证〉的通知》（深规土〔1994〕576号）第3条规定：“凡有下列情形之一的房地产，颁发绿皮《房地产证》：（一）以行政划拨方式获得的土地使用权；（二）在行政划拨的土地上建成的房地产；（三）通过协议方式并按协议地价标准支付地价款的土地使用权（以协议方式按市场地价标准支付地价款的除外）；（四）在缴付协议地价款的土地上建成的房地产；（五）获得减免地价的土地使用权；（六）在减免地价的土地上建成的房地产；（七）准成本商品房；（八）按‘房改’取得的全成本（建筑费用加室外工程配套费用）商品房；（九）微利商品住宅；（十）农村居民私人住宅；（十一）房地产登记机关确认的其他非市场商品房地产。”第4条规定：“凡绿皮本《房地产证》记载的房地产，一律不得买卖。需抵押或出租的，应经我局依法批准，并办理相应手续。抵押的，须由抵押权人先作出书面承诺，同意在处分抵押物前先垫交地价款。出租的，需按租金的6%向房屋租赁管理部门交费，抵作地价款。”

2. 未办理产权登记

未办理产权登记的物业确权工作较为复杂，且有程序性要求，需要搬迁人根据城市更新项目的实际情况进行整体把关。[①] 以下列举几种较为常见的确权方式：

（1）违法建筑物申报材料

历史遗留违法建筑物申报处理初步材料是《深圳市农村城市化历史遗留违法建筑普查申报收件回执》，权利人按照政府要求补交地价等款项之后，政府相关部门会出具《深圳市历史遗留生产经营性违法建筑处理证明书》，以证明处理结果。

（2）深圳市农民房“两证一书”

深圳市农民房“两证一书”，是指《建设用地规划许可证》《建设工程规划许可证》《兴建住宅用地批准通知书》。在城中村、旧屋村项目中“两证一书”是重要的确定权利人的证明文件。

（3）街道办或者村股份合作公司出具证明

街道办、村股份合作公司或者村股份合作公司分公司出具对被搬迁房屋相关产权的证明文件，此证明文件在实务中是一种兜底性证明文件，一般请街道办和村股份合作公司进行公示无异议后再出具此证明文件，以增加证明文件的公信力，降低搬迁人的法律风险。

（4）合作建房

合作建房的房屋已办理产权证的，按照产权证登记情况办理；若依法可以办理但尚未办理产权证的合作建房，可以根据权利人合作建房合同约定的房屋

---

① 《审核确定宝安区拆除重建类城市更新项目实施主体》中规定：项目范围内土地和建筑物权属证明资料：（1）物业有产权登记记录的，应提供权利主体的房地产证、房屋所有权证等材料（提交复印件，验原件）；（2）物业无产权登记记录的，应提供原土地所有人出具的经在项目现场公示的《权属证明意见》（提交原件，公示前应向区城市更新局提交公示材料并书面告知区城市更新局，公示异议受理单位为区城市更新局，公示时间应不少于7个自然日）。

《龙岗区拆除重建类城市更新项目实施主体资格确认工作程序》（深龙城更〔2018〕19号）中规定：（1）物业有产权登记记录的，应提供利主体的房地产证、房屋所有权证等文件；（2）物业无产权登记记录的，应提供辖区街道办出具的确认物业属权利主体所有的文件。

深圳市坪山区城市更新局《拆除重建类城市更新项目实施主体资格确认》中规定：（1）物业有产权登记记录的，提供权利主体的房地产权证、房屋所有权证等材料；（2）集体土地上物业无产权登记记录的，提供集体土地权利人关于权属材料的书面意见；（3）国有土地上无产权登记记录的物业，提供国有土地使用权人出具的权属证明材料；（4）申请确认范围内物业如存在抵押或查封的，权利主体应先履行相关责任义务，解除抵押或查封；（5）确需在解除抵押或查封前申请确认实施主体资格的，须获得相关抵押权人、查封人等的书面认可材料。

分配办法，对房屋进行确权后，根据确权结果进行补偿安置。

（5）产权公示

搬迁人应当对没有房地产证的被搬迁人身份进行公示，以降低相关法律风险。公示应通过多种途径同步进行，可以在项目现场、村办公区、《深圳特区报》《深圳商报》等进行公示，根据产权公示结果并结合其他证明途径，对被搬迁房屋予以确权。

（6）转让或者多次转让的房屋

被搬迁人的被搬迁房屋系转让或多次转让而来，此种情形下，应结合以下要点综合判断：

①根据第一手权利人的相关文件，综合判断该房屋的权属性质和情况；

②根据转让方与被转让方之间的转让合同、收据、银行底单等文件，综合判断该房屋转让的真实性、合法性；

③根据村股份合作公司的见证文件或证明文件，以及公示公告等文件，进行综合判断确认。

（7）其他

因人民法院、仲裁机构的法律文书或者人民政府的征收决定等导致物权设立、变更、转让或者消灭的，自法律文书或者人民政府的征收决定等生效时发生效力。

因合法建造、拆除房屋等事实行为设立或者消灭物权的，自事实行为成就时发生效力。

3. 特殊情形

（1）婚姻

若被搬迁房屋属于夫妻双方在婚姻存续期间的共同财产，即使其产权登记在一方名下，也应以夫妻双方为共同的被搬迁人。根据最高人民法院《关于适用〈中华人民共和国婚姻法〉若干问题的解释（一）》第 17 条的规定，夫或妻非因日常生活需要对夫妻共同财产做重要处理决定，夫妻双方应当平等协商，取得一致意见。因此在决定对夫妻双方共有的被搬迁房屋进行城市更新改造时，夫妻双方需取得一致意见。在签订搬迁补偿安置协议时，房地产证或者房屋确权资料上仅显示已婚一方名字的，若其配偶属于房屋共有人，应提供结婚证和配偶身份证，以及经公证的《房屋共有人授权委托书》等文件。

夫妻双方离婚，且通过协议或判决方式已就房屋产权进行明确分配，但未办理相关产权过户手续的，建议先办理房屋析产过户手续，以确定其权利主体的身份。[①]

（2）继承

权利主体死亡后，应以该房屋的其他共有人及继承人为共同的权利主体。继承人身份的确认有遗嘱，依遗嘱；无遗嘱或者遗嘱继承人丧失继承权的，应依据《中华人民共和国继承法》(以下简称《继承法》）的相关规定确定继承人[②]；因继承或者受遗赠取得物权的，自继承或者受遗赠开始时发生效力。

（3）家庭成员共同共有

对于家庭成员共同共有的被搬迁房屋，为避免日后因家庭内部发生分家析产、继承等纠纷，而拒绝或拖延履行搬迁补偿安置协议，建议被搬迁人及其家庭成员共同签署《家庭成员授权委托书》，家庭成员一致同意并全权授权被搬迁人作为搬迁补偿安置事务的全权代理人。这些事务包括但不限于：作为被搬迁人签署和履行搬迁补偿安置协议、接受搬迁补偿安置协议有关的款项、办理回迁房的接受、办理回迁房的不动产权证等。如被搬迁人家庭内部发生分家析产、继承等纠纷，被搬迁人及其家庭成员不得据此拒绝或者拖延履行搬迁补偿安置协议。

（二）物业权益限制

1. 抵押

城市更新项目搬迁设定抵押的房屋，应依照《物权法》《担保法》等法律、法规的相关规定执行。这里涉及搬迁人、被搬迁人、抵押权人甚至债务人，处理方式不一，解决途径多样。在具体处理过程中，应当注意综合保护抵押权人和抵押人的利益。

---

① 《物权法》第28条规定："因人民法院、仲裁委员会的法律文书或者人民政府的征收决定等，导致物权设立、变更、转让或者消灭的，自法律文书或者人民政府的征收决定等生效时发生效力。"最高人民法院《关于适用〈中华人民共和国婚姻法〉若干问题的解释（二）》第25条第1款规定："当事人的离婚协议或者人民法院的判决书、裁定书、调解书已经对夫妻财产分割问题作出处理的，债权人仍有权就夫妻共同债务向男女双方主张权利。"

② 《继承法》第10条规定，遗产按照下列顺序继承：第一顺序：配偶、子女、父母。第二顺序：兄弟姐妹、祖父母、外祖父母。继承开始后，由第一顺序继承人继承，第二顺序继承人不继承。没有第一顺序继承人继承的，由第二顺序继承人继承。

（1）如果抵押房屋搬迁采取的是货币补偿方式，抵押人应先与抵押权人协商重新设立抵押权，或者约定抵押人就其补偿款优先偿还债务，或者抵押人、抵押权人与搬迁人三方就债务清偿达成新的协议或直接清偿债务。若双方或三方不能订立新的协议或者被搬迁人不能、不愿用补偿款清偿债务，则搬迁人可暂不支付搬迁补偿款。

（2）如果抵押房屋搬迁采取的是产权调换方式，最好由被搬迁人通过债务清偿方式解除抵押，搬迁人可以提供债权清偿资金给予帮助；若用已经建设好的回迁房屋进行产权调换，抵押权人也可与抵押人就产权调换后的回迁房屋作为抵押物重新签订抵押合同，并到房屋抵押登记部门办理抵押登记，并同步注销搬迁房屋抵押登记。

2. 出租

城市更新项目中的用益物权人，是指对于所有权人所有的被搬迁的地上建筑物、构筑物及其他地上附着物依法享有占有、使用、收益权利的权利人。主要包括承租人和房屋代管人，对于这两类用益物权人的安置补偿有不同的处理方式。

（1）对于存在承租人的房屋搬迁，应分三种情况进行处理：

①租赁期限未满，房屋所有权人与承租人就解除租赁关系达成一致的，房屋所有权人应根据租赁合同的约定对承租人进行补偿；若房屋所有权人对承租人进行补偿安置的，搬迁人应对房屋所有权人给予租赁补偿。

②房屋所有权人与承租人不能就解除租赁关系达成一致的，搬迁人也可以直接与承租人协商洽谈补偿事宜，相关补偿费用应在对房屋所有权人的补偿中进行统筹安排。

③若承租人租赁的房屋为非住宅房屋，则承租人可因房屋被搬迁而获得停产停业损失的补偿。补偿的标准参照经营报税状况确定，各地的规定有所不同，实际操作中也可以委托专业机构进行审计评估。

（2）对于存在代管人的房屋搬迁，因代管人并不是房屋的所有权人，在无法联系房屋所有权人且代管人有授权的情况下，代管人可以为签订搬迁补偿安置协议的代理主体，签订此类补偿安置协议时，搬迁人应对被搬迁房屋面积、建筑材料、房屋新旧程度和房屋拆除情况等事项进行证据保全，同时对补偿安置协议的签订进行公证，以避免将来可能发生的代管人与所有权人之间以及搬迁人与所有人之间的纠纷。深圳市城中村和旧屋村项目中，房屋所有权人移居境外的情形很多，而且房屋所有权人往往年事已高，经常委托其亲戚、朋友代管房屋，这时需要审慎处理房屋搬迁补偿，应严格核实授权的真实性。

（三）物业类型分类

被搬迁房屋按照土地权属性质划分，可分为国有土地上房屋建筑物和集体土地上房屋建筑物。国有土地上房屋建筑物在本书其他章节有相关论述。以下主要介绍集体土地上房屋建筑物的相关情况。

集体土地上房屋建筑物可细分为：绿皮《房地产证》、“两证一书”（《建设用地规划许可证》《建设工程规划许可证》《兴建住宅用地批准通知书》）、《深圳市农村城市化历史遗留违法建筑普查申报收件回执》《深圳市历史遗留生产经营性违法建筑处理证明书》、老祖屋（建成 30 年以上，或单层砖瓦房）、无任何权属资料等。

按照用途划分，被搬迁房屋可分为工业厂房、宿舍、商业、住宅、办公、居改商、祠堂等。物业补偿通常按照不等的拆赔比例补偿同类用途的房屋，货币补偿通常按照统一标准进行补偿，具体由各方主体协商确定。

按照权利人身份划分，被搬迁房屋可分为原村民物业、非原村民物业、华侨物业、村股份合作公司物业等。

（四）土地和建筑物的测绘

土地和建筑物的测绘，是指搬迁人委托具备测绘资质的机构按照统一的测绘技术规范及标准对被搬迁房屋现状情况进行测绘查丈，最终形成测绘报告的过程。测绘报告记载的被搬迁房屋的建筑面积，结合房地产权利证书上记载的建筑面积，共同构成确定被搬迁房屋中可获得货币补偿和产权调换回迁房屋建筑面积的重要基础。

实务中，开发商进入城市更新项目现场后，对项目范围内的每一被搬迁物业入户进行土地和建筑物的测绘是一项重要且耗时的前期工作，测绘对象包括被搬迁人土地或者房屋范围内的建筑物、附着物、构筑物等，测绘过程和结果需要被搬迁人签字确认。最后形成以户为单位的测绘报告，是搬迁补偿谈判的重要依据和相关报建工作的重要文件。

（五）装修评估

装修评估是指搬迁人对被搬迁房屋装修情况进行评估，核实城市更新项目内建筑物的装修情况，在必要时，可以进行证据保全。装修评估时应关注的事项包括：

1. 评估方法

装修评估的方法一般有以下两种：

（1）成本法。按照评估目的重新构建价格，结合装修成新率予以计算后的重置成新价补偿给被搬迁人；前述重新构建价格指假设在估价时点重新取得全新装修估价对象的成本支出。

（2）市场法。按照各种装修市场价格对被搬迁房屋的装修进行评估计算。

2. 价格时点

由于建筑装饰材料价格变化较快，应注意采用两个时点，即装修作业时点与搬迁时点，分别采用各时点下的人工材料机械价格计算其工程造价。

3. 价格构成

一般装修成本包括直接成本、投资利息、管理费、利润、设计费、税金等因素。在计算装修造价时，除按照工程预算定额或单项单价计算施工造价外，还应计算工程的间接费用，例如：设计费、管理费、监理费、审批费用、税金等。

4. 成新率的确定

成新率的确定应考虑实际现状以及使用期限等因素。成新率的测算可以采用观察法与年限法。观察法是指由具有丰富经验和专业水平的装修评估人员，对被搬迁房屋进行技术鉴定，并考虑其自然、经济寿命，从而比较确定其成新率；年限法是指利用评估的被搬迁房屋年限与其总使用年限的比值整体判断贬值率，从而求取其成新率的方法。

5. 装修质量对价值的影响

进行装修评估时应考虑总造价的5%～10%的质量影响值，以便更准确反映装修价值。

评估完成后，评估公司应出具的正式评估报告是双方洽谈装修补偿的基础资料。

## 二、搬迁补偿策略和补偿方案制订

### （一）补偿原则

《更新办法实施细则》第 47 条第 1 款规定：“多个权利主体通过签订搬迁补偿安置协议方式形成实施主体的，权利主体和搬迁人应当在区政府组织制定的更新单元实施方案的指导下，遵循平等、公平的原则，在搬迁补偿安置协议中约定补偿方式，补偿金额和支付期限，回迁房屋的面积、地点和登记价格，搬迁期限、搬迁过渡方式和过渡期限，协议生效的时间和条件等相关事项。”第 48 条第 1 款规定：“搬迁补偿安置协议的签订可以由公证机构进行公证。搬迁人应当及时将已签订的搬迁补偿安置协议报区城市更新职能部门备案。”

在城市更新实践中，搬迁人往往借鉴同类城市更新项目的市场经验和项目的实际情况拟定搬迁补偿方案，确保搬迁补偿方式、补偿标准契合搬迁人和被搬迁人的利益诉求，最大限度地保证搬迁补偿的平等性和公平性。

### （二）补偿方式

#### 1. 货币补偿

货币补偿，即将被搬迁房屋的价值，以货币结算方式对被搬迁人进行补偿的行为。该种补偿安置方式的优点是：操作简单，且一次性了结，不会产生延长过渡期限、被搬迁人不能及时回迁等后续问题；被搬迁人可以自行在市场上挑选适合的住房，且不受地点、户型等方面的限制，避免因安置用房迟延交付、回迁房质量问题而使协议双方产生矛盾。但该方式的缺点在于搬迁人需在项目开发前期支付大量的现金，对搬迁人资金实力的要求较高，也导致项目财务成本较高、资金压力较大。

#### 2. 产权调换

产权调换，指搬迁人用在被搬迁房屋或土地进行原地建造或者异地建造的房屋与被搬迁人的房屋产权按照一定比例进行互换，即被搬迁人放弃被搬迁房屋的产权，拥有调换后房屋的产权。该种安置补偿方式实质上是按等价交换原则以实物形态体现搬迁人对被搬迁人的补偿。该种安置补偿方式涉及补偿面积和比例、回迁房位置（坐落、楼层、朝向等）、回迁房交付时间、回迁房地价和税费承担、安置房、不动产权证办理、临时安置期和安置费标准等问题，谈判难度较大，且履行周期长，项目开发建设进度等不确定因素较多。但从搬迁人的角度来看，此补偿安置方式可以减缓项目开发的资金压力；从被搬迁人的角度来看，房屋以旧换新，价值提升和环境改善较为明显；从社会管理和稳定的角度来看，通过产权调换更有利于保障权利主体的基本生活和居住条件。

3. 货币补偿与产权调换相结合

被搬迁人根据其自身的情况和需求，要求部分房屋面积用货币予以补偿，部分房屋面积用于产权调换，这种方式是实践中的一种变通方式，有效结合了货币补偿与产权调换的优点，同时也体现了协议双方在选择补偿安置方式方面的灵活性。

4. 补偿方式的调整

城市更新项目周期较长，在项目实施过程中，被搬迁人可能会对补偿方式进行调整，往往是产权调换方式全部或者部分转化为货币补偿。被搬迁物业面积较大的业主的谈判地位往往具有优势，他们要求在搬迁补偿安置协议中设置补偿方式转换条款，甚至要求原来已经支付的货币补偿转化为产权调换，以满足其利益需求。

（三）补偿标准

目前，对于拆除重建类城市更新活动中的搬迁补偿安置标准，《更新办法》及《更新办法实施细则》中并未具体规定，一般是由搬迁安置补偿协议的双方当事人通过友好协商的方式在协议中确定。根据深圳市城市更新项目的通常操作，补偿项目及标准主要包括如下内容：

1. 房屋补偿

（1）补偿方式

①货币补偿：在政府征收项目中，2016 年修订的《深圳市房屋征收与补偿实施办法（试行）》第 26 条第 1 款规定："对被征收房屋价值的补偿，不

得低于房屋征收决定公告之日被征收房屋类似房地产的市场价格。被征收房屋的补偿价格由具有相应资质的房地产价格评估机构依法评估确定，但本法另有规定除外。”第26条第3款规定：“住宅房屋的被征收人选择货币补偿，但被征收房屋经评估的补偿价格低于该房屋在产权调换情况下本次房屋征收提供的所有产权调换房屋的平均市场评估价格的，房屋征收部门应当将该价差部分作为置业补助支付给被征收人。”而在城市更新项目中，房屋评估价仅作为参考，货币补偿往往高于市场评估价，甚至有的业主参照项目周边商品房价格与开发商进行商谈，由双方协商确定。涉及地上附着物（苗木等）、工业厂房机器设备资产等特殊搬迁的，需委托专业评估机构评估后确定搬迁费。

②产权调换：在深圳市人民政府征收项目中，参照2016年修订的《深圳市房屋征收与补偿实施办法（试行）》第25条第1款的规定：“对住宅房屋以产权调换方式进行征收补偿的，作出房屋征收决定的辖区政府应当提供相应的住宅进行调换，并按照下列规定结算差价：产权调换房屋套内建筑面积超过被征收房屋套内建筑面积的，超出面积部分以市场评估价结算差价；被征收房屋市场评估价格高于产权调换房屋市场评估价格的，以市场评估价的差额结算差价。”在城市更新项目中，一般以建筑面积标准确定拆赔比例，因更新改造后房屋容积率较高、实用率低，近年来，更多的被搬迁人开始要求按照套内建筑面积标准实施产权调换。

（2）用途确定：被搬迁房屋的用途一般以房地产权利证书确定的用途为准；未办理房地产权利证书的，按照土地使用权出让合同、报建批准文件或能够证明其用途的其他文件确定用途；回迁物业的用途则需要根据项目专项规划要求确定，例如，工改工项目与工改商住项目、工改保项目，其回迁物业的用途明显不同，一个项目中专项规划有多种物业形态的城市综合体项目，开发商与被搬迁人需要明确约定回迁物业的用途和其他要求。

（3）面积认定：被搬迁房屋已办理房地产权利证书的，按照房地产权利证书确定补偿面积；没有房地产权利证书或者房地产权利证书没有载明建筑面积的，可以根据合法有效的竣工测绘报告认定房屋建筑面积（包括套内建筑面积）；仍无法认定的，由测绘机构测绘确定；回迁物业的面积在选房之后才能基本确定，在交付时根据竣工测绘报告才能完全确定。

2. 房屋构筑物、附着物补偿

对房屋构筑物、附着物补偿通常采取货币补偿方式，补偿金额以重置价评估或协商确定。

3. 装修装饰补偿

室内自行装修装饰补偿费通常按照房地产评估机构评估确定的重置成新价或协商确定。

4. 临时安置补助费

搬迁人提供周转房的，可不支付临时安置补助。绝大部分项目，需要业主自行安排住所临时过渡的，应按以下情形支付临时安置补助费：

（1）采用产权调换的补偿方式的，参照被搬迁物业同类房屋市场租金和被搬迁物业面积按月度或季度支付临时安置补助费，支付临时安置补助费的计算期限自搬迁之日起至产权调换房屋交付使用之日，住宅另加3个月、非住宅另加6个月的装修期临时安置补助费。因搬迁人的责任，延长过渡期限的，对自行安排住处的被搬迁人，应当自逾期之日起增加临时安置补助费。

（2）采用货币补偿与产权调换相结合补偿方式的，参照被搬迁物业同类房屋市场租金和用于产权调换被搬迁物业面积按月度或季度支付临时安置补助费。

（3）采用货币补偿方式的，一般不支付临时安置补助费。

5. 搬迁费

更新改造过程中涉及搬迁的，应当向权利主体或相关权利人支付搬迁费。参照征收项目的标准，根据房屋类型确定不同的搬迁费标准，商业类型房屋略高于住宅、厂房、办公房屋。涉及地上附着物（苗木等）、工业厂房机器设备资产等特殊搬迁的，需委托专业评估机构评估后确定搬迁费，或者双方协商确定。

6. 停产、停业损失的补偿

对已出租的住宅房屋，经登记、备案的，可给予租赁经营损失补偿。在对合法的经营性房屋进行更新改造时，引起其停产、停业的，应根据该房屋的区位和使用性质，结合其营利状况给予停产、停业补偿费。在对矿场、采石场、加油站、码头等特许经营项目的房屋及构筑物、其他附着物等进行更新改造时，造成其停产、停业的，应给予其剩余经营期限的停产、停业补偿费。

7. 住改商适当补偿

部分非经营性用途房屋，例如城中村农民的私宅的首层或者第二层，未经批准擅自改为经营性用途，已取得营业执照的，针对其擅改面积，给予两种用途市场租金差额的适当补偿，计算期限通常不超过3年。

8. 搬迁奖励

根据权利主体对城市更新项目的配合程度，在签约工作开始后一定期限内按期签约并承诺在搬迁公告的期限内按时搬迁腾空房屋的，可给予一定的签约搬迁现金奖励，也可以通过赠送车位使用权、减免物业管理费等方式给予权利主体奖励。

除上述常规补偿项目以外，在城市更新项目中，权利主体往往会提出其他额外补偿要求，如因更新改造导致其对第三方承担的违约责任、因公司搬迁导致停产停业产生的员工遣散费、商铺的顶手费（转让费）、机器设备或青苗买断费、客户流失损失、预期收益的损失、学位问题等。因城市更新补偿需遵循自愿、协商原则，在谈判过程中，搬迁人需对各类不同的情形和补偿要求进行区分、灵活处理，在征求主管部门、专业服务机构意见的基础上充分协商、论证。审核后能够予以补偿的，由权利主体提供详细、具体、完整的文件资料并签订保密协议，防止补偿扩大化，引发群体事件；审核后不予补偿的，应做好相关解释工作或做变通处理，避免谈判陷入僵局。

9. 特殊补偿事项

（1）合作建房的补偿事宜

合作建房的房屋已办理产权证的，按照产权证登记情况办理；若未办理产权证，可以根据权利人合作建房合同约定的房屋分配办法，对房屋进行确权后，根据确权结果进行补偿安置。

（2）出租用房的补偿事宜

对于已列入更新改造范围的出租用房，其承租人相对于出租人而言，只是以支付租金的方式取得了一定期限内该房屋的使用权，权利类型为债权；而房屋的收益权、处分权仍由房屋所有人享有。故在签订搬迁补偿安置协议时，应以房屋所有人为签约主体。但承租人实际占有房屋，承担搬迁义务，且房屋更新改造会给承租人带来一定的损害和不便，因此也应对其进行适当的补偿。在具体操作中，应注意以下几个方面：

①协议签署主体：通常情形下，开发商仅与房屋所有人签订搬迁补偿安置协议，将全部补偿款项支付给房屋所有人，由房屋所有人负责租赁关系的解除、承租人补偿款项的支付、房屋搬迁移交等，开发商不直接面对承租人。应所有权人和承租人要求，也可签订三方补偿协议；若在原租赁关系基础上，承租方再进行转租或者分租的情形，可能还需要对转租户、分租户进行统筹安排。

②区分补偿项目：无论是双方协议还是三方协议，均须将房屋所有人、承租人各自的补偿项目进行区分，若房屋所有人向承租人支付补偿款，则应约定其未履行支付义务时需承担的违约责任。

③关注搬迁问题：因承租人实际占有房屋，房屋的搬迁移交与承租人相关。而在搬迁项目中，经常出现房屋所有人已签订协议，但承租人拒不搬迁的情况，建议通过与房屋所有权人约定责任义务、安排支付补偿款项等进行风险缓释。

（3）抵押房屋的补偿事宜

①补偿协议的效力问题

未经抵押权人同意，抵押人就按揭房屋与搬迁人签订搬迁补偿安置协议的效力问题，现行法律并没有明确规定，但根据物权法的基本原则，并结合相关法律规定分析，笔者认为，在获得抵押权人同意之前签署的《搬迁补偿安置协议》属于效力待定合同，在取得抵押权人同意后，该协议才具有完全的法律效力。

②抵押注销和补偿款支付问题

2001 年原建设部修订的《城市房地产抵押管理办法》中规定，按揭房屋因国家建设需要纳入搬迁房屋的，抵押人应通知抵押权人，并向抵押权人提前清偿借款或重新设置抵押物，否则抵押权人可向法院起诉，处分该抵押的房产。深圳市房地产登记中心也要求，抵押房屋在注销抵押登记前，必须经抵押权人出具书面同意文件。按照法律的规定与相关主管部门的要求，在拆除按揭房屋前，搬迁人须告知抵押权人，并与抵押权人协商通过提前还款或重新设置抵押物等方式解除抵押合同和注销抵押登记事宜，取得抵押权人的书面同意文件，办理抵押登记注销后方可进行拆除。

如权利主体无法通过提前清偿借款或者重新设定抵押物的方式办理房屋抵押注销手续，搬迁人可以与权利主体、抵押权人三方签订搬迁补偿安置协议，约定将部分补偿款项用于清偿抵押债务或者将回迁房作为置换抵押物。但因回迁房未建成，风险较大，金融机构作为抵押权人时通常不会同意以回迁房作为置换抵押物。实践中，如补偿款项不足以偿还抵押债务、权利主体又没有能力补足的，为推进项目进度，有些开发商会向权利主体提供借款或抵押物以注销抵押，但需与权利主体、抵押权人签订系列协议，确保自身权益。同时，为避免风险，被搬迁房屋的补偿款的支付进度应与被搬迁房屋注销事项的办理进度挂钩。

（4）查封房屋的补偿事宜

对于被相关机构依法查封的房屋，原则上应在该房屋被依法解封后方可与权利主体签订搬迁补偿安置协议。但在实际操作中，为加快更新改造的步伐，可先与房屋所有人签订搬迁补偿安置协议，但在签订协议前，应告知房屋查封机构该房屋已被纳入城市更新范围，并与查封机构共同协商解除查封的办法。

搬迁人可以与权利主体、查封机构或者查封申请人就该房屋的搬迁补偿事宜签订多方协议，约定对搬迁人支付的安置补偿款项优先支付查封机构用于解除查封之用；实务中，搬迁人也常常愿意通过借款给被搬迁人的方式置换被查封财产而解除对搬迁物业的查封。

（5）绿本房的补偿事宜

虽然绿本房在产权性质上属于不完全产权房，但是国家对于该类房屋的权利属性是予以认可的，故可以将其看作权属确定的更新改造对象。与绿本房权利主体签订搬迁补偿安置协议时，对于该房屋的权利主体要求回迁时将其绿本房转为红本房的，若只涉及补缴地价的问题，双方可以在协议中约定用补偿费扣减相应的地价款，或者在补偿标准上进行相应的考虑和调整。

（6）产权不明房屋的补偿事宜

产权不明的房屋主要是指无产权关系证明、产权人下落不明、暂时无法考证产权的合法所有人及存在产权纠纷的房屋。对于该类房屋，在其产权纠纷得到最终解决或权利主体确定后，可根据确权结果与之签订搬迁补偿安置协议或者由搬迁人提出补偿安置方案，经政府主管部门审核同意，对被改造房屋办理证据保全公证，并将补偿费依法提存后，方可实施房屋拆除。

（7）特殊建筑物的补偿事宜

特殊建筑物主要指军事设施、教堂、宗祠、寺庙、文物古迹等，对于该类建筑物的更新改造，应当根据国务院宗教事务局、建设部《关于城市建设中拆迁教堂、寺庙等房屋问题处理意见的通知》等相关规定进行，对宗教团体所有的房屋进行更新改造时，应当事先征求宗教事务管理部门的意见，并与宗教团体签订搬迁补偿安置协议。对属于军事设施、文物古迹的房屋进行更新改造时，应当事先征求军事管理部门或文物管理部门的意见，并与其签订搬迁补偿安置协议。

（8）特殊人群的建筑物补偿事宜

①生活特殊困难人员

被搬迁人属于生活特殊困难人员的，在补偿安置时应当参照政府规定给予一定的照顾。

②华侨，香港、澳门特别行政区居民，台湾同胞和外籍华人

华侨的房屋包括三种类型：

a. 华侨、归侨的私有房屋。

b. 中华人民共和国成立后用侨汇购建的私有房屋。

c. 依法继承华侨、归侨的私有房屋。

对上述华侨房屋进行更新改造时，应依据《广东省拆迁城镇华侨房屋规定》的规定办理。香港、澳门特别行政区居民、台湾同胞和外籍华人的私有房屋，参照上述规定办理。

在补偿安置中，此类房屋的权利人往往不在境内，或需亲自办理或委托代理人办理，周期较长，谈判难度大。委托代理人办理的，搬迁人应注意审查其委托手续的合法性和有效性，以确保其签署搬迁补偿协议的效力。同时，根据被搬迁人所在地法规政策的不同（可能涉及高额的所得税、遗产税等），对税费、款项支付等事项作出合理安排。

## 三、 搬迁补偿安置谈判和“钉子户”问题的应对

### （一）搬迁补偿安置谈判

搬迁补偿是城市更新项目形成单一主体的主要手段。但是，由于搬迁涉及各方面的利益，各种社会矛盾的冲突也表现得较为激烈，对此搬迁人不得不消耗大量的时间和精力，搬迁的时间和周期也难以控制，搬迁补偿是否顺利进行成为城市更新项目能否有效推进的最重要环节。

1. 搬迁补偿安置谈判的特点

谈判之目的通常是尽可能找到谈判各方的利益交集，即找到一个各方均能接受的利益互换方案。谈判者的高明之处通常不是聚焦于讨价还价，而是能够快速地发现如下几个问题并找到解决方案：各方的利益交集在哪里；各方的谈判筹码和底线在哪里；如何逼近对方的底线；如何用对自己不重要的利益换取对自己重要的利益；如何分步骤作出妥协。

在搬迁补偿安置谈判中，谈判特点主要有：

第一，利益重大。一方面，搬迁补偿安置谈判关涉搬迁人与被搬迁人的搬迁补偿安置协议的签订，对于城市更新项目的开展意义重大。[①] 另一方面，在搬迁补偿安置谈判中，搬迁人与被搬迁人对补偿方式、补偿标准等的谈判结果在推进城市更新项目中易形成“蝴蝶效应”，影响已签约、未签约等被搬迁人的系列情感应激反应。若补偿标准过低，搬迁人的签约难度增大；若补偿标准过高，亦不利于被搬迁人之间的利益平衡与项目推进。

第二，谈判双方地位不对等。在搬迁补偿安置谈判中，搬迁人和被搬迁人的地位往往不对等。影响搬迁人和被搬迁人地位不对等的要素有如下三种：①信息鸿沟。搬迁人和被搬迁人对于城市更新项目的信息掌握程度、政策了解程度往往不对等，加之在新媒体发展以前，被搬迁人获取信息的渠道更为有限，与搬迁人之间的信息鸿沟更为明显，信息鸿沟的存在导致二者在搬迁补偿

---

① 《更新办法实施细则》第46条第3款规定：“属于以旧住宅区改造为主的改造项目的，区政府应当在城市更新单元规划经批准后，组织制定搬迁补偿安置指导方案和市场主体公开选择方案，经占建筑物总面积90%以上且占总数量90%以上的业主同意后，公开选择市场主体。市场主体与所有业主签订搬迁补偿安置协议后，形成单一主体。”

谈判中悬殊颇大。②谈判地位。在签订搬迁补偿安置协议之前，被搬迁人相对处于较为有利的地位，对搬迁人提出的补偿方式、补偿标准，尚有机会说不，在签订搬迁补偿安置协议之后，特别是移交被搬迁房屋后，被搬迁人在城市更新项目中的地位明显下降。③对签约的急迫程度。通常情况下，搬迁人有尽快推动项目搬迁的动力和前期投资巨大的财务压力，而被搬迁人则没有这种紧迫感，两者对于签约的急迫程度相差巨大，也是导致搬迁补偿安置谈判地位不对等的重要原因。

第三，问题复杂。搬迁补偿安置谈判是一项“接地气”的工作，搬迁补偿的安置“因人而异”“因房而异”，问题层出，解决方法也千差万别。

第四，时间紧迫。在城市更新项目推进过程中，搬迁人不断进行资金和人力的投入，若搬迁补偿安置迟迟无法完成，会对搬迁人造成巨大的财务成本和资金压力，实务中因项目推动不力最终陷入搬迁僵局甚至“知难而退”的事例屡见不鲜。因此，对于搬迁人而言，如何在有限的时间内推动搬迁补偿安置协议的签订，成为城市更新项目成败的关键之一。

2. 搬迁人对搬迁补偿安置谈判的准备

（1）相关材料

在搬迁补充安置谈判工作中，搬迁人应当事先准备好相应资料，做到有备而来，有档可查。具体包括：

①对每一栋被搬迁房屋建立完整的档案信息，包括《谈判跟进记录表》、付款银行单、收据、被搬迁人身份资料（身份证、户口簿、结婚证、回乡证、护照等）、被搬迁人家庭关系状况、被搬迁房屋的权属资料等。

②定期汇总被搬迁人及被搬迁房屋相关信息，并给予关注和日常巡查。

③对正在协商洽谈的业主档案进行定期电子扫描或电子化存档以便备存查找。

（2）知识

参与搬迁补偿安置谈判的相关工作人员应当接受一定的知识和技能培训，包括掌握一定的城市更新政策知识和积累实操经验，以及掌握对被搬迁人行为心理必要的分析判断能力，以便对不同情况进行灵活处理，提高搬迁补偿工作实效。

(3) 技巧

①谈判思考的出发点。转变思维定势，首先让交易对手满意。在整个谈判过程中，尽管搬迁人有着很强的诉求，但要反过来想两件事：被搬迁人有什么核心诉求，搬迁人用什么来交换，才能满足对方的核心诉求；满足了对方核心诉求之后，搬迁人能不能得到想要的东西。

②尝试用情感达到目标。人是有情绪的动物，在做出决策时不总是靠逻辑和理性。当搬迁补偿谈判陷入僵局时，可尝试以人际关系为基础，然后再去讲情感，最后达到目标。

③留出缓冲时间。很多谈判不一定立刻就能达成目标。对于搬迁人来说，一时没有达到预想目标的，可以将其看作"和"的局面；根据现状，放弃短期目标，留出缓冲时间，也许能获得一个"先输后赢"的局面。

④善于使用期限限制。在谈判的时候，搬迁人可以根据项目推进节点为被搬迁人设定相应的时间限制，促使其按照预定节奏去决策。

(4) 心理

从心理学的角度来看，谈判的本质除了力量博弈还有心理的较量。在搬迁补偿安置条件谈判过程中，可能会存在部分被搬迁人量地不下田、房屋不评估、先提要求等情形，如何与此类被搬迁人进行利益衡平，则需要运用心理战术。在搬迁补偿安置谈判中，应重视和利用人性的特点，包括正面的抑或负面的。既要激励被搬迁人，让其收到交易效用，享有获得感，也要给予其压力，如善于使用指定期限等方法，力争达成谈判目标。

(5) 团队

传统征地模式下，政府或开发商需和原土地权利人逐个谈判，此时的博弈为政府或开发商和原土地权利人多个个体之间的单独博弈，谈判成本高昂。在拆除重建城市更新项目中，为顺利推动项目进展，应适时组建专业的城市更新搬迁补偿谈判团队，集中团队智慧、实行团队策略、实现项目目标。

(二)"钉子户"问题应对

"钉子户"并不是一个严格意义上的法律概念，一般是指在拆除重建类城市更新项目过程中，在绝大部分被搬迁人与搬迁人签订了《搬迁补偿安置协议》的情况下，该被搬迁人提出无理要求或者过高的补偿条件因而暂时未与搬迁人达成一致要求。在本书探讨的语境下，并不存在贬义之称。“钉子户”问题是城市更新项目中最艰难的事务，笔者并无“灵丹妙药”，应对的策略不一而足，暂且简述如下供读者参考。

首先，梳理潜在问题，给予重点关注。定期对尚未签订搬迁补偿安置协议的物业和业主情况进行梳理汇总，在搬迁补偿安置谈判工作中给予重点关注。

其次，健全沟通机制，保护合法权益。搬迁过程中应对被搬迁人的知情权和参与权给予充分的关注和保护。被搬迁人的合法权益若未能得到保护，则会激化其与搬迁人及地方政府之间的矛盾，由此引发的矛盾冲突则可能演变成影响社会稳定的社会问题。搬迁人派专人有针对性地对“钉子户”的情况进行了解与安抚，建立一对一的沟通渠道，及时了解当事人的诉求，确保其利益不受损，并将相关信息纳入城市更新项目疑难问题处理机制，及时并正确处理相关信息资料，准确预警更严重事态的发展，为以后处理此类事件积累经验，掌握问题处理的主动权。

最后，分级处理方案，缓解矛盾冲突。搬迁人应该对“钉子户”进行分类，并根据具体情况制定不同的应急方案。

## 四、《搬迁补偿安置协议》的重点条款解析

搬迁补偿安置是城市更新项目中的关键环节，搬迁人通过与被搬迁人签署《搬迁补偿安置协议》，明确搬迁人与被搬迁人之间的权利义务，将被搬迁房屋相关的权益转移到同一主体从而形成单一主体，取得城市更新项目的实施主体资格。

《更新办法实施细则》第 47 条规定，在搬迁补偿安置协议中应约定补偿方式、补偿金额和支付期限、回迁物业面积、地点和登记价格，以及搬迁期限、搬迁过渡方式和过渡期限，协议生效时间和条件等相关事项。完善的《搬迁补偿安置协议》条款对于明确搬迁人、被搬迁人之间的权利义务、减少纠纷等有重要作用。以下笔者就《搬迁补偿安置协议》中的几个重点条款进行解析。

## （一）被搬迁人和被搬迁房屋

被搬迁人即被搬迁房屋的权利主体，《搬迁补偿安置协议》通常在第一部分对被搬迁人及被搬迁房屋的基本情况进行约定（锁定）。这通常基于搬迁人已经对城市更新项目范围内的权利人、被搬迁房屋的基本形态、面积、使用情况、权属状况及权利限制等基本情况进行了有效核查，且通常情况下已经形成第三方机构出具的查账测绘报告，搬迁人基本能够确保城市更新改造范围内的土地及地上建筑物权属清晰。

### 1. 被搬迁人

一方面，协议中应当确定被搬迁人的准确身份，避免签约对象错误。实务中，被搬迁人的身份确认是重点也是难点，对于已经取得房地产证的被搬迁房屋通常以登记的权利人作为被搬迁人；对于尚未进行产权登记的被搬迁房屋，则应当至少取得“两证一书”或历史遗留违法建筑申报回执等权益证明文件，并且取得街道办事处或者村股份合作公司对于被搬迁人身份的书面确认文件。

另一方面，协议中应当明确是否存在共有权人、夫妻共同财产、权利人死亡和继承权利人在境外等特殊情况。若存在上述特殊情况，搬迁人应当确定被搬迁人享有签订《搬迁补偿安置协议》的主体资格和相应权利，通常约定由被搬迁人出具符合法律要求的《房屋共有人授权委托书》等文件，从而避免后续产生纷争或者无法履行《搬迁补偿安置协议》。

### 2. 被搬迁房屋

被搬迁房屋的基本情况是确定搬迁补偿安置方式、补偿标准及具体补偿结果的主要依据，因此应在《搬迁补偿安置协议》中予以明确约定。结合城市更新项目的特点，一般将被搬迁房屋细分为永久性建筑物、构筑物、附属物和临时建筑，个别项目中还可能涉及空地。

搬迁人和被搬迁人通常在《搬迁补偿安置协议》中就被搬迁房屋的如下基本情况予以明确：①房屋位置；②查丈测绘编号等；③建筑结构；④房屋总建筑面积；⑤房屋用途性质；⑥房屋权属情况，包括独立所有、共同共有或按份共有等；⑦房屋权属情况，有房产证的，提供房产证号、建筑面积等；无房产证的，提供相关的房地产权益证明文件；⑧构筑物、附属物和临时建筑情况；⑨空地用地面积（如有）；⑩房屋租赁、抵押、担保、查封或其他权利受限制的情况（如有）。

3.《搬迁补偿安置协议》备案

在识别和确认被搬迁人和被搬迁房屋的时候，还需注意避免因被搬迁人和被搬迁房屋面积的瑕疵，可能导致《搬迁补偿安置协议》无法备案，进而影响对项目实施主体的确认。

《龙岗区拆除重建类城市更新项目搬迁补偿安置协议备案工作程序（试行）》第6条第2款规定："存在以下情况的不予备案：1. 被搬迁房屋有产权登记的，被搬迁人与产权证明记载的产权人不一致的；2. 被搬迁房屋无产权登记但已经街道办事处认定权利人的，被搬迁人与经认定权利人不一致的；3. 房屋测绘面积超过产权证记载的，超出部分的被搬迁人与产权证明记载的产权人不一致的；4. 搬迁补偿安置协议约定将尚未分户登记的安置房屋转移给第三人的（法律规定的可转移情形除外）。"搬迁人在签订《搬迁补偿安置协议》的时候，应当与被搬迁人在协议中约定以哪一份文件记载的面积作为确认补偿的依据，并结合上述规定，确定搬迁人与被搬迁房屋，避免出现不予备案的情形。相关房地产证或其他权属证明文件、第三方机构出具的测绘报告应作为协议附件。

（二）搬迁补偿方式及补偿标准

城市更新项目中，《搬迁补偿安置协议》约定的补偿方式通常包括三种：货币补偿、产权调换、货币补偿与产权调换相结合。开发商通常会制作不同版本的《搬迁补偿安置协议》，针对不同的补偿方式，约定不同的权利义务，以便在签署具体《搬迁补偿安置协议》的时候，供被搬迁人选择使用。

如被搬迁人仅选择货币补偿，补偿金额可以根据被搬迁房屋的区位、用途、建筑面积等因素，参考市场评估价格来综合确定。如被搬迁人仅选择产权调换，则可以参考被搬迁房屋和回迁物业各自的市场评估价格综合测算，约定产权调换的面积补偿比例。

除货币补偿的部分，《搬迁补偿安置协议》中往往还涉及多种款项的支付，包括临时安置补助费、二次装修费、搬迁费及搬迁奖励等，具体各款项的支付条件、支付期限等存在一定的差异。《搬迁补偿安置协议》通常需对每一种款项的支付约定具体的支付金额、支付期限、支付方式等。其中，临时安置补助费往往约定为按照季度支付，搬迁费和搬迁奖励则通常约定为一次性支付。此外，为确保搬迁人支付的相关补偿款能够计入城市更新项目的开发成本，通常在《搬迁补偿安置协议》中会明确约定被搬迁人需要就每一笔款项出具相应收款收据或发票。

值得注意的是，部分被搬迁人在签订《搬迁补偿安置协议》时就补偿方式会约定一种选择权，例如约定在一定条件成就时，被搬迁人可以选择将原来产权调换的部分通过货币补偿的方式补偿，也可选择将原定的货币补偿按一定价格换算成回迁物业，在该种情况下，协议双方应当明确行使选择权的条件，以及明确约定产权调换权益与货币补偿权益的互换标准、比例等问题。

(三) 被搬迁房屋的交付

《搬迁补偿安置协议》通常会约定被搬迁房屋的交付时间，被搬迁房屋的交付时间一般情况下也是搬迁人开始向被搬迁人支付临时安置补助费的时间，被搬迁人向搬迁人交付被搬迁房屋后，与被搬迁房屋相关的权利义务开始转移至搬迁人。

为避免被搬迁房屋交付之后，搬迁人与被搬迁人因被搬迁房屋交付之前的房屋清理情况产生争议，影响后续房屋拆除、产权注销、补偿款支付、回迁安置等搬迁补偿安置事宜，《搬迁补偿安置协议》往往会明确约定被搬迁房屋的交付标准，通常包括如下几个方面：

(1) 被搬迁房屋不存在租赁、借用或其他关系；

(2) 被搬迁房屋不存在抵押、查封等限制产权的情形；

(3) 不存在尚未结清的费用；

(4) 明确交付时被搬迁房屋的交付状态；

(5) 房地产权属证书等资料原件的移交。

双方按照《搬迁补偿安置协议》约定的交付标准办结被搬迁房屋验收移交手续后，双方签署书面的《被搬迁房屋移交确认书》，避免后续因为交付问题产生纠纷。

（四）回迁物业的交付

《搬迁补偿安置协议》中需要明确约定产权调换部分回迁物业的交付问题，通常包括回迁物业的交付标准（如毛坯交房、精装修交房等）、选房安排、交付时间、交付面积差的处理等。

回迁物业的交付标准，包括交付房屋的建筑质量、装修情况（毛坯、精装修等）以及房屋的结构类型、户型等，均需要在《搬迁补偿安置协议》及其补充协议中进行约定。通常情况下，被搬迁人会要求回迁物业的交付标准不得低于项目范围内商品房的建筑标准，以确保回迁物业的交付质量。

回迁物业的交付面积，通常根据被搬迁人选择产权调换的建筑面积及补偿标准确定。《搬迁补偿安置协议》中还需要明确，当被搬迁人最终选择的回迁物业建筑面积与协议约定可获补偿的建筑面积之间存在差异时如何处理。通常情况下，《搬迁补偿安置协议》中会约定一个合理面积差范围，双方约定在面积差范围内无须退还或补偿差价，超过合理面积差范围的，则需要按照《搬迁补偿安置协议》约定的价格退还或补偿差价，并与其他搬迁补偿款项一并结算。

《搬迁补偿安置协议》通常还会约定回迁物业的选房问题。《搬迁补偿安置协议》通常约定的选房时间以搬迁人的统一通知为准，但最迟不得晚于项目办理预售许可证之时。回迁物业的选房规则需要结合项目规划设计进度，在施工图审定之后便可开始选房，搬迁人通常会在搬迁补偿方案中明示“优先选房”条款，如以《搬迁补偿安置协议》签订的先后顺序、被搬迁房屋的移交顺序等为依据，以此激励被搬迁人尽早签约。

《搬迁补偿安置协议》通常约定，经协议双方确认无误，双方需要签署《回迁物业移交确认书》对交房情况进行确认，以确保双方对于回迁物业的交付不存在争议。

（五）违约责任

为确保《搬迁补偿安置协议》的顺利履行以及当违约发生时守约方的权利能够获得救济，搬迁人与被搬迁人有必要就各方的违约责任进行约定。

《搬迁补偿安置协议》中违约责任条款的拟定思路，一般遵循依法、全面、严格履行合同义务的原则，通过根据违约情形的严重程度合理设置违约责任、增加相关主体违约成本等督促搬迁人及被搬迁人依约履行义务。

在《搬迁补偿安置协议》中通常约定以下几个方面：

（1）对被搬迁人来说，主要关注搬迁人是否能够按时支付相关补偿款项、是否存在超过过渡期限交付回迁物业的情形、是否存在随意变更约定的安置地点和房屋交付标准的情形、是否将回迁物业另行出卖给第三人等。

（2）对搬迁人来说，主要关注被搬迁人能否按时移交被搬迁房屋、被搬迁房屋的拆除、房地产权属证书的注销、被搬迁房屋的二次处置、被搬迁房屋的扩改建等。

（3）城市更新项目实施的时间跨度大，在项目正式完成前有可能出现政府政策变动、不可抗力或者其他情形，导致搬迁人无法取得实施主体资格或者发生其他使合同目的无法实现的情况，对此搬迁人与被搬迁人应就协议权利转让、协议解除及项目清算等后续安排进行约定。

此外，在一些特殊的城市更新项目中，例如城中村改造项目，被搬迁人包括村股份合作公司、原村民股东及非原村民等不同类型。对于不同类型的被搬迁人的补偿标准和违约责任可能需要有所区别。为便于协议的签署及分类管理，搬迁人可以有针对性地制作不同版本的《搬迁补偿安置协议》供不同类型的被搬迁人选择适用。

## 五、《搬迁补偿安置协议》的履行及违约救济

《搬迁补偿安置协议》签署之后，双方需要按照约定履行，履行过程中，往往会发生许多违约行为，搬迁人、被搬迁人的主要违约行为有哪些，发生违约行为应当如何救济，下文将进行简要分析。

### （一）《搬迁补偿安置协议》履行中的重点问题分析

《搬迁补偿安置协议》的履行涉及方方面面，但对于搬迁人而言，莫过于被搬迁人如期向其交付被搬迁房屋；对于被搬迁人而言，则在于搬迁人如期向其交付回迁物业。

1. 交付被搬迁房屋

对于被搬迁房屋，搬迁人应按照协议约定的时间或方式提前通知被搬迁人腾空被搬迁房屋，并按照协议约定的标准移交。如前述“被搬迁房屋的交付”部分所述，搬迁人应当按照《搬迁补偿安置协议》中关于被搬迁房屋的交付标准，在移交过程中重点注意以下事项：

（1）确保被搬迁房屋不存在租赁、借用或其他关系，若存在，被搬迁人应当在被搬迁房屋交付之前与承租人、借用人解除租赁、借用关系，结清租金等款项；

（2）确保被搬迁房屋不存在抵押、查封等限制产权的情形，若存在，被搬迁人应当在被搬迁房屋交付之前办理完房屋抵押注销手续或房屋查封的解封手续；

（3）不存在尚未结清的与被搬迁房屋有关的水费、电费、燃气费、电话费、有线电视使用费、网络使用费、物业管理费及其他应向有关部门缴交的一切费用，被搬迁人应向搬迁人提供合法的费用收讫凭证原件；

（4）确保被搬迁房屋的完整性，不破坏房屋结构，不拆除墙、门、窗、固定装修、水电表、变压器、配电房等附属设施设备；

（5）确认被搬迁房屋是否已全部腾空；

（6）被搬迁人将被搬迁房屋的房地产权属证书等产权资料、通过公证的办理产权注销授权委托书移交给搬迁人。

如经双方核实均无异议，按照协议约定可以签署《被搬迁房屋移交确认书》，对移交情况进行书面确认。

2. 交付回迁物业

（1）回迁物业选房

如前文所述，回迁物业的选房规则需要结合项目经过审定的施工图纸，包括户型、楼层及朝向等综合考虑制定，搬迁人应按照《搬迁补偿安置协议》约定的时间及条件，提前在城市更新拆除范围内就回迁物业选房方案、选房时间等事宜进行公示并书面通知被搬迁人。

《搬迁补偿安置协议》通常会约定“优先选房”条款，实践中常见的选房方式包括以下几种：①按照《搬迁补偿安置协议》签订的先后，先签约先选房；②按照被搬迁房屋的移交顺序选房；③根据《搬迁补偿安置协议》的签订时间以及被搬迁房屋的移交时间，综合确定选房的顺序；④通过抽签确定的顺序选房。

实务中，搬迁人通常预先制订好选房方案，在方案中明确选房的原则、具体操作等事项，此外搬迁人往往邀请区政府、街道、社区、股份合作公司（如有）等相关主体对选房全过程进行监督及见证，抽签选房的还可以由公证员进行公证。

（2）回迁物业交房

按照《搬迁补偿安置协议》约定的时间及条件，搬迁人需要提前就回迁物业的交付事宜进行公示并书面通知被搬迁人。搬迁人按照被搬迁人选定的回迁物业，以及《搬迁补偿安置协议》约定的交房标准向被搬迁人交付回迁物业。存在面积差异的，按照《搬迁补偿安置协议》约定的标准及方式对差异部分进行处理，并结算相关费用。

搬迁人及被搬迁人对回迁物业交房无异议的，按照《搬迁补偿安置协议》的约定签署《回迁物业移交确认书》，对交房情况进行确认。

（3）回迁物业不动产权证的办理

搬迁人按照《搬迁补偿安置协议》约定的时间和登记的信息，为被搬迁人办理回迁物业的不动产权证书，被搬迁人应予以配合，包括提供相关权属登记申请材料等。搬迁人向被搬迁人提供独立的不动产权证书，办理不动产权证书所需缴纳的印花税、契税、登记费、贴花及工本费等，由搬迁人与被搬迁人按照《搬迁补偿安置协议》的约定承担，相关税费按照国家规定可以申请减免的，双方应相互配合共同向政府部门申请。

### （二）《搬迁补偿安置协议》履行中违约行为的救济

1. 被搬迁人的违约行为

（1）被搬迁人违约交付被搬迁房屋

①被搬迁房屋存在抵押、查封等权利限制情况。《搬迁补偿安置协议》中通常约定，被搬迁房屋交付时不存权利瑕疵及权属争议，在向搬迁人移交被搬迁房屋之前，被搬迁人应自行负责解除对被搬迁房屋的该等权利限制。若交付

时存在抵押、查封等权利限制情况，因相关争议产生的纠纷给搬迁人造成的一切损失均由被搬迁人承担，部分《搬迁补偿安置协议》还会约定被搬迁人向搬迁人支付违约金。

②被搬迁房屋租户清理问题未解决。《搬迁补偿安置协议》中通常约定，被搬迁房屋交付时不存在尚在履行的协议及未结清的费用。如果被搬迁房屋仍处于出租状态，被搬迁人在移交被搬迁房屋之前应与承租人协商解除租赁关系，并自行与承租人结清所有的债权债务。协商不成的，被搬迁人应及时提起诉讼或仲裁，解除租赁关系并自行承担一切诉讼或仲裁后果。

若被搬迁房屋的租户清理问题无法解决，则应当按照《搬迁补偿安置协议》的约定承担相应的违约责任。《搬迁补偿安置协议》中通常约定，逾期交付被搬迁房屋的，应当支付违约金。此外，搬迁人有权提起诉讼，要求被搬迁人交付被搬迁房屋。

（2）被搬迁人再次处置被搬迁房屋

《搬迁补偿安置协议》的签订视为被搬迁人对被搬迁房屋进行物权处置，实务中部分被搬迁人可能在签订《搬迁补偿安置协议》后，将被搬迁房屋进行转让、抵押等物权处置。因此，在《搬迁补偿安置协议》中通常会约定被搬迁人必须在协议签订后一定时间内，将被搬迁房屋的权属证明文件移交给搬迁人。若被搬迁人再次处置被搬迁房屋，需要承担违约责任，支付相应的违约金。搬迁人就被搬迁人将被搬迁房屋设置抵押、再次转让的救济，可详见本节“搬迁补偿安置工作的制度性缺失和完善建议”部分的相关分析，将《搬迁补偿安置协议》的备案与不动产登记系统有效衔接。

（3）被搬迁人对被搬迁房屋进行扩改建

《搬迁补偿安置协议》中通常会约定，协议签订后，被搬迁人应保持被搬迁房屋及地块现状，不得有新建、改建或扩建房屋的行为。被搬迁人违约对被搬迁房屋进行扩改建的，扩改建的部分不予补偿，部分协议中还会约定违约扩改建的，应当支付违约金。

2. 搬迁人的违约行为

（1）搬迁人违约支付相关款项的

《搬迁补偿安置协议》签订以后，搬迁人应当按照约定向被搬迁人支付货币补偿、搬迁费、临时安置补助费及搬迁奖励等款项。搬迁人违约支付的，应当向被搬迁人承担违约责任。

在《搬迁补偿安置协议》中对违约责任有约定的，从其约定。《搬迁补偿安置协议》中通常会约定，搬迁人逾期支付相关款项达到一定天数，被搬迁人有权单方解除《搬迁补偿安置协议》，以保障被搬迁人的利益。

《搬迁补偿安置协议》中对违约责任没有约定的，被搬迁人可以主张按照逾期支付的款项总金额，参照中国人民银行规定的金融机构计收逾期贷款利息的标准向被搬迁人支付违约金。

（2）搬迁人随意变更约定的回迁物业地点、交付标准的

搬迁人未经被搬迁人同意，违反《搬迁补偿安置协议》的约定，任意变更约定的回迁物业地点、交付标准等，应当根据过错责任原则，追究搬迁人的违约责任。协议对违约金有约定的从其约定，无约定的以被搬迁人的损失为计算依据，计算迟延履行滞纳金。具体如下：

①如果搬迁人擅自变更约定的回迁物业地点的，应当恢复按照原约定地点安置；无法按原约定地点安置的，可以在征得被搬迁人同意的基础上进行异地安置或重建；若被搬迁人不同意异地安置或重建的，可以责令搬迁人按照商品房价格进行结算或购买商品房予以安置。

②如果搬迁人单方面减少约定的回迁物业面积的，应当予以补足；无法补足时，可以参考商品房价格向被搬迁人折算补偿。如果搬迁人增加约定的回迁物业面积，超过的部分，搬迁人可能会被要求负担建筑安装工程费用。

③如果搬迁人擅自变更回迁物业楼层的，应当按照约定予以调整；楼层无法调整的，被搬迁人可能会要求搬迁人支付补偿费用或按市场商品房价格予以补偿。

④如果搬迁人擅自变更回迁物业交付标准，应当按照原约定的交付标准进行整改；无法整改到位的，搬迁人可能会被要求以略高于原交付标准的价格费用予以补偿或结算。

（3）搬迁人逾期交付回迁物业、逾期办理不动产权证的

《搬迁补偿安置协议》签订以后，搬迁人应当按照《搬迁补偿安置协议》约定的时间向被搬迁人交付回迁物业并为被搬迁人办理回迁物业的不动产权

证。搬迁人逾期交付回迁物业或没有按照《搬迁补偿安置协议》的约定向被搬迁人办理回迁物业的不动产权证的，应当向被搬迁人支付违约金。

《搬迁补偿安置协议》对违约金有约定的，从其约定。《搬迁补偿安置协议》中通常约定，逾期交付或者办证期间，搬迁人按照每日一定的金额向被搬迁人支付违约金，直至交付回迁物业或者办理不动产权证之日。此外，《搬迁补偿安置协议》中通常还会约定，在逾期交付期间，搬迁人还应当支付临时安置补助费。

《搬迁补偿安置协议》对违约金没有约定的，双方可以参照房屋逾期交付使用期间有关政府主管部门公布的同地段同类房屋租金标准协商确定违约金。

（4）搬迁人将回迁物业另行出卖给第三方的

《搬迁补偿安置协议》签订后，若搬迁人在回迁物业交付之前，将其另行出卖给第三方的，被搬迁人除根据《搬迁补偿安置协议》的约定要求搬迁人承担违约责任，还可以依法维护自身权益。

最高人民法院《关于审理商品房买卖合同纠纷案件适用法律若干问题的解释》第 7 条第 1 款规定：“拆迁人与被拆迁人按照所有权调换形式订立拆迁补偿安置协议，明确约定拆迁人以位置、用途特定的房屋对被拆迁人予以补偿安置，如果拆迁人将该补偿安置房屋另行出卖给第三人，被拆迁人请求优先取得补偿安置房屋的，应予支持。”

根据最高人民法院《关于审理商品房买卖合同纠纷案件适用法律若干问题的解释》第 7 条的规定，在搬迁人将回迁物业另行出卖给其他第三方情形下，被搬迁人享有优于第三方买受人取得回迁物业的权利，被搬迁人可据此通过诉讼或仲裁以及查封补偿安置房等途径维护自身利益。

## 六、 搬迁补偿安置工作的制度性缺失和完善建议

据不完全统计，截至 2018 年年底，深圳市已颁布的市级相关法规政策文件约 43 个，区级相关政策文件约 52 个，在全国率先建立了“政府引导、市场运作”的较为完善的地方性城市更新法规政策体系。

笔者承办的众多旧改和城市更新项目中，深感目前纷繁复杂的法规政策体系中仍有不少问题需要完善解决。本书仅从《搬迁补偿安置协议》签订时点、

《搬迁补偿安置协议》备案与不动产登记系统衔接、项目抵押与被搬迁人权益保护三个方面，论述目前存在的制度性缺失并提出完善建议。

### （一）《搬迁补偿安置协议》签订时点不明确

1.《更新办法》及《更新办法实施细则》的规定

根据目前的规定，城市更新项目的申报主体（一般情况下即是后续的搬迁人）通过与项目范围内全部权利人签订《搬迁补偿安置协议》，将被搬迁房屋相关的权益转移到同一主体后形成单一主体，从而取得城市更新项目的实施主体资格。《更新办法实施细则》第47条规定，权利主体和搬迁人应当在区政府组织制定的更新单元实施方案的指导下，处理签约等相关事项。对于何时可以签订《搬迁补偿安置协议》，《更新办法》及《更新办法实施细则》并没有明确的规定。

由于签约率达到100%之后申报主体才能成为项目实施主体，从申报主体（或称"搬迁人""开发商"）的角度看，越早签订《搬迁补偿安置协议》越能推进项目实施。

2. 罗湖区的相关政策规定

2016年9月，深圳市罗湖区城市更新局发布公告，未取得城市更新单元规划批复的旧住宅区业主与房地产开发企业签订《搬迁补偿安置协议》的行为不符合《更新办法》及《更新办法实施细则》的相关规定，由此造成的法律后果，均由业主自行承担。

2017年11月13日，深圳市罗湖区城市更新局发布通告，对于城中村城市更新项目，未经过股份合作公司董事会、监事会、集体资产管理委员会、股东大会表决通过并经街道办事处审查备案确定为合作方的，房地产企业擅自进驻城中村开展签约安置补偿等活动的，属于违规行为，由街道办事处依法予以取缔。与未经备案审查的房地产企业签订搬迁补偿安置协议引发的法律后果，由签约者自行承担。

2008年11月14日，《深圳市罗湖区城市更新实施办法》（罗府规［2018］5号）规定，属于合作实施的城中村改造项目，原农村集体经济组织继受单位应将改造合作协议报辖区街道办事处审查备案及区集体资产主管部门备案；未经备案，任何市场主体不得进驻城中村改造项目区域开展城市更新活动。未经同意自行开展城中村前期更新活动的，该项目在3年内不得申报城市更新单元计划；违规进驻的由辖区街道办事处依法清理，造成严重后果的，可依法取消市场主体参与罗湖区城市更新活动的资格；涉嫌犯罪的，移送司法机关依法处理。

根据上述规定，对于旧住宅区项目应当在取得城市更新单元规划批复后签订《搬迁补偿安置协议》；而对于城中村项目，仅规定了需要与经过街道办事处审查备案的合作方签订《搬迁补偿安置协议》，但对于签约的时间没有明确。此外，对旧工业区、旧屋村、旧商业区类型的城市更新项目，并没有相应的规定。

3. 福田区的相关政策规定

深圳市福田区城市更新局《关于进一步推动福田区城市更新工作的若干意见》第7条规定："辖区街道办及有关部门应当组织社区、搬迁人和权利主体共同搭建搬迁补偿谈判促进平台。对于城市更新单元规划已批准的项目，经申报主体或权利主体申请，根据争议或谈判事项的具体情况，辖区街道办可以搭建协商平台，居中调解，促进争议双方尽力达成一致意见。当事人就争议或谈判事项达成一致意见后，在辖区街道办的主持下制作并签订《搬迁补偿安置协议》。"从以上规定可以看出，福田区间接要求取得项目专项规划批复后方可签订《搬迁补偿安置协议》。

4. 实务中的签约时点

实践中，有的搬迁人是在项目所在地设立办公场所之后就开始办理签订《搬迁补偿安置协议》相关事宜，有的是在完成业主意愿委托征集之后，有的是在项目列入城市更新单元计划之后，也有的是在城市更新单元规划批复之后。正是由于目前的法律、法规对于《搬迁补偿安置协议》的签订时点不明确，实践中城市更新项目《搬迁补偿安置协议》的签订时间可谓"千姿百态"，为《搬迁补偿安置协议》埋下了纠纷的隐患。

5. 实务纠纷案例

2010年，开发商某项目公司与某企业签订《搬迁补偿安置协议》，约定项目公司对该企业所有的某搬迁厂房物业进行城市更新改造，物业占地面积约20000平方米，总建筑面积约35000平方米，补偿方式为产权调换，交付回迁物业的时间暂定为2018年。后因为项目一直没有实质推进，签约8年后项目仍没有列入城市更新单元计划，被搬迁人拟终止合作。某企业拟以项目没有列入城市更新计划、项目公司不具备搬迁人资格为由，主张《搬迁补偿安置协议》无效。目前该案件尚在审理过程中，深圳市及各区的相关规范性文件，能否被法官理解和援引，以及签订时点因素会不会影响法官认定《搬迁补偿安置协议》无效，至今尚无定论。

在笔者经办的另一个案例中，被搬迁人与原开发商签订《搬迁补偿安置协议》后违约，又与其他开发商达成新的搬迁补偿条件并重新签订相关协议，相当于"一房二拆"，其他开发商成为项目的申报主体，原开发商与被搬迁人发生纠纷。

由于城市更新单元计划申报、城市更新单元规划批复等均具有相当的不确定性，实践中因过早签订《搬迁补偿安置协议》而导致签约主体之间发生纠纷的案例不少，对此类《搬迁补偿安置协议》的效力认定和合同性质认定各级法院均存在较大争议，其中约定采取全部货币补偿方式的《搬迁补偿安置协议》，有的被法院认定为实为"房地产买卖合同"，因此《搬迁补偿安置协议》签订时点不明确是目前司法态度混乱的原因之一。

### （二）协议备案与不动产登记系统未有效衔接

《搬迁补偿安置协议》签订后，被搬迁人即应当按约定向搬迁人交付被搬迁房屋，将被搬迁房屋的相关权属证明文件移交搬迁人，并向搬迁人出具委托其注销房地产权属证书的委托书或房地产权益由搬迁人承受的声明书。笔者认为，签订《搬迁补偿安置协议》是对被搬迁房屋的一种物权处分。

#### 1. 关于协议备案的一般规定

《更新办法实施细则》要求搬迁人将签订的《搬迁补偿安置协议》报区城市更新职能部门备案，并规定回迁物业应按照备案的《搬迁补偿安置协议》，以被搬迁人为权利人办理分户登记。但《更新办法》及《更新办法实施细则》并未具体规定应当何时进行备案。

#### 2. 实务中的协议备案情况

由于法规政策并没有具体规定何时备案，实务中深圳市各区的操作规定不一致。

咨询罗湖区城市更新局的工作人员得知，由于必须确认开发商是项目实施主体，即当实施主体确认时才可以进行《搬迁补偿安置协议》的集中备案，该局不接受单份的协议备案。龙岗区城市更新局已将《搬迁补偿安置协议》备案事宜下放到龙岗区辖区各街道办事处，街道办事处实际仅从集体资产管理角度对涉及集体物业的《搬迁补偿安置协议》进行逐份单独备案。龙华区城市更新局则认为，不可以进行单独的《搬迁补偿安置协议》备案，否则无法确认是否形成单一主体。

3. 未能有效衔接衍生诸多复杂法律问题

签订《搬迁补偿安置协议》是对被搬迁房屋的物权处置，签订《搬迁补偿安置协议》之后，应当禁止被搬迁人再次处置被搬迁房屋。目前实务中，往往在实施主体确认阶段进行《搬迁补偿安置协议》的集中备案，使得《搬迁补偿安置协议》的备案并未与不动产登记系统及时有效衔接，从而无法防止被搬迁人再次处置被搬迁房屋。

《搬迁补偿安置协议》签订后，若持红本房产证的被搬迁人与其他第三方签订被搬迁房屋的买卖合同，或将被搬迁房屋进行抵押，并在不动产登记系统办理过户或抵押登记，此种情形下，被搬迁人违反《搬迁补偿安置协议》的约定固然应当承担违约责任，但如何保障搬迁人的合法权益往往比较棘手。更有甚者，被搬迁人与其他第三方串通，在签订《搬迁补偿安置协议》后仍将被搬迁房屋过户给其串通的第三方，再由其串通的第三方向搬迁人索要更高的搬迁补偿费，而搬迁人很难举证被搬迁人与第三方恶意串通。若搬迁人要追究原业主的违约责任，可能还会投鼠忌器，需要考虑原业主是否在项目范围内还有其他物业，或需要忌惮在恶意串通时原业主很可能会把新业主变成“钉子户”。

因此，在被搬迁人再次处置被搬迁房屋的情形下，搬迁人利益很难得到保护，进而影响项目实施。

### （三）项目抵押与被搬迁人权益保护的冲突

1. 对被搬迁人权益保护的一般规定

《搬迁补偿安置协议》中约定的补偿方式通常包括三种：货币补偿、产权调换、货币补偿与产权调换相结合。在深圳市房价不断上涨的背景下，大部分物业都选择了产权调换的补偿方式，即由搬迁人将城市更新项目建成后的回迁物业补偿给被搬迁人。《搬迁补偿安置协议》中通常会约定回迁物业的补偿比例、回迁物业的交付时间、回迁物业选房、房地产证办理、面积差异处理等事项。在回迁物业交付前，被搬迁人享有获得回迁物业的期待权。

《更新办法实施细则》第 52 条规定，区城市更新职能部门与实施主体签订的项目实施监管协议，实施主体应当按照搬迁补偿安置方案提供回迁房屋，区城市更新职能部门采取设立资金监管账户或者实施其他监管措施。《更新办法实施细则》第 65 条也明确规定，搬迁补偿安置方案确定的用于补偿安置的房屋不得纳入预售方案和申请预售。上述规定对于被搬迁人对回迁物业的期待权有一定的保障。

2. 实务中实施监管协议的内容和要求

在笔者承办的项目中，2012 年版的《实施阶段监管协议》约定，为确保搬迁补偿安置工作顺利开展，由房地产公司设立安置补偿监管资金专账，专门用于搬迁补偿安置工作；监管资金专账总额为“安置补偿的房屋的市场评估价款（测算标准同时不应少于该项目同类房屋收购补偿的加权平均价）的预算总和”。此类监管协议对被搬迁人利益保护相对比较可靠。

2014 年版的《实施阶段监管协议》则约定，监管资金专账总额为“核定的安置房工程造价预算总额”；首期支付总额的 30%，同时出具总监管资金 70%的保函。此外，笔者甚至遇到有的项目监管协议不需要保证金和保函，其他内容也约定得很笼统。这类目前比较常用的监管协议弱化了对被搬迁人的回迁物业权益保护作用。

3. 项目抵押导致被搬迁人回迁物业的期待权难以保障

城市更新项目在取得土地使用权之前，开发商往往需要进行融资，但由于没有取得土地使用权证，开发商只能提供项目之外的其他增信措施来进行融资，例如项目公司股权质押、保证、其他房地产抵押等，该类融资不会直接影响项目本身和被搬迁人的权益。

城市更新项目在取得土地使用权之后，开发商往往会利用项目土地使用权或者在建工程项目抵押进行融资，在建工程在预售之前土地权益或者在建工程权益是无法进行分户的，若以土地使用权抵押或者在建工程项目抵押进行融资，则选择产权置换的被搬迁人权益（回迁物业的土地权益+在建工程权益）也一并抵押给相关金融机构。

在这种项目抵押安排中，被搬迁人能否取得回迁物业被置于一种不确定的状态。若开发商违约导致相关金融机构行使抵押权，则可能使项目开发权益变化，原开发商无法向被搬迁人如约交付回迁物业，被搬迁人享有获得回迁物业的权益难以保障。此种情况下，《实施阶段监管协议》难以给予被搬迁人的权益足够的保护。

### （四）搬迁补偿安置工作的完善建议

#### 1. 明确《搬迁补偿安置协议》的签订时点

建议相关法律、法规适当明确在取得专项规划批复之后再签订《搬迁补偿安置协议》。专项规划批复确定的经济技术指标是开发商进行项目经济测算及制定搬迁补偿安置标准的重要数据，搬迁补偿安置标准是《搬迁补偿安置协议》的核心内容，取得专项规划批复更能增加《搬迁补偿安置协议》的确定性和可操作性。

从深圳市的城市更新实践来看，城市更新单元规划获得批复后，项目规划要点、建成物业业态等主要的项目要素确定，开发商对项目的整体投资测算比较明朗。此时，开发商往往于项目所在地的办公室展示项目沙盘模型，被搬迁人对项目建成后的情况也有相对明确的预期。除了户型、面积、选房等须施工图审定之外，《搬迁补偿安置协议》所涉及的合同要素可以相对全面地确定。取得专项规划批复后，开发商与被搬迁人再签订《搬迁补偿安置协议》，双方的权利义务、责任风险、合同定性和效力更具有可预见性。

#### 2. 协议备案应与不动产登记系统有效衔接

建议由城市更新职能部门健全《搬迁补偿安置协议》备案系统，启动实时备案工作安排，并且与深圳市不动产登记中心系统进行动态联网。搬迁人每签订一份《搬迁补偿安置协议》，即应到城市更新职能部门办理《搬迁补偿安置协议》备案，使《搬迁补偿安置协议》的备案不再仅作为回迁物业办理分户登记的一项依据文件，而是与不动产登记部门实行联网。对于有房产证的被搬迁房屋产权变更和处置等进行有效衔接，已经签署《搬迁补偿安置协议》

并办理备案的，应当在不动产登记系统显示并锁定，禁止被搬迁人自行再次转让和抵押被搬迁房屋。当然依法解除《搬迁补偿安置协议》之后，不动产登记系统也应相应解除对被搬迁房屋产权转让和抵押的锁定。通过协议备案与不动产登记系统的有效衔接，从根本上杜绝已经签署《搬迁补偿安置协议》的被搬迁人再次转让和抵押被搬迁房屋，维护城市更新交易秩序的诚信。

3. 明确回迁安置优先权和项目抵押的规制

对于城市更新项目而言，回迁物业是需要按照《搬迁补偿安置协议》的约定交付给被搬迁人的，搬迁人对于回迁物业只有建设和交付的义务，并没有占有、使用、收益和处分的权利。若搬迁人对项目土地或在建工程进行抵押，实质上是将回迁物业对应的土地权益和工程权益一并进行处置，从而侵犯了被搬迁人的权益。

最高人民法院《关于审理商品房买卖合同纠纷案件适用法律若干问题的解释》第 7 条规定了被搬迁人的回迁安置优先权，该回迁安置优先权系优于搬迁人将该补偿安置房屋另行出卖给第三人。但对于是否优于在建工程抵押权并未进行规定。最高人民法院《关于建设工程价款优先受偿权问题的批复》规定，建筑工程的承包人的优先受偿权优于抵押权和其他债权。消费者交付购买商品房的全部或大部分款项后，承包人就该商品房享有的工程价款优先受偿权不得对抗买受人。根据上述规定，支付款项过半的买受人取得房屋的权利优于工程价款优先受偿权，工程价款优先受偿权优于抵押权和其他债权。那么，被搬迁人取得回迁物业的权利，可否优于工程价款优先受偿权、抵押权和其他债权，目前没有明确规定且存在争议。

上述事项需要在法律层面予以明确，不属于深圳市能够管控的范畴，但是深圳市可以在城市更新项目土地使用权和在建工程抵押登记制度上进行实际规制，根据项目总建筑面积和回迁物业总面积比例，切分可抵押的土地使用权和在建工程的权益份额，保护被搬迁人回迁物业的权益。

综上，通过明确《搬迁补偿安置协议》的签订时点、建立《搬迁补偿安置协议》备案与不动产登记系统的有效衔接、明确回迁安置优先权的优先次序和项目抵押份额等方式，弥补城市更新制度性缺失，相信可以在一定程度上减少城市更新项目中的纷争，进一步健全深圳市城市更新搬迁制度法规政策体系。

# 第四章　城市更新项目并购

## 第一节　城市更新项目并购概述

虽然深圳市、广州市、珠海市等城市的地方政府制定的城市更新办法对城市更新的定义各有偏重，但都明确了城市更新系对特定城市建成区根据城市规划进行开发建设的活动。因此，城市更新的属性仍是房地产开发建设活动，研究城市更新项目的并购问题，仍然需要立足于一般房地产项目的并购。

### 一、 并购

并购并非一个严格的法律概念，从词义上看，并购具有合并、兼并和购买、收购的意思，一般认为并购包括了兼并和收购两种基本形式。

从并购过程中法律适用的角度看，并购更多适用的是《公司法》中关于公司合并以及与股权转让相关的法律规定，在资产收购特别是房地产项目资产收购过程中也会适用与房地产转让相关的法律规定。

从商业目的看，并购的核心是投融资活动，即资金方通过并购获得投资特定项目的权利，表现为资金或专业能力（如资质、知识产权等）与项目开发权益的交换；项目方通过释放特定项目权益以达到融资的目的，并相应地表现为项目开发权益与资金或专业能力的交换。当然，在房地产开发建设过程中，因资金需求量大而需通过金融借贷、信托、资产管理计划、私募基金、民间借贷、融资租赁等方式融资，但此种不以项目开发权益转让为条件的投融资，不在本章讨论的范围，本书另有专章论述。

### 二、 房地产项目并购一般模式

#### （一）本书对房地产项目并购一般模式的界定

《城市房地产管理法》（2009 年修正）第 13 条第 1、2 款规定：“土地使用权出让，可以采取拍卖、招标或者双方协议的方式。商业、旅游、娱乐和豪华住宅用地，有条件的，必须采取拍卖、招标方式；没有条件，不能采取拍卖、招标方式的，可以采取双方协议的方式。”由此可见，在法律层面，我国国有土地使用权出让是以招标、拍卖和挂牌出让为原则，以协议出让为例外。

招标、拍卖以及挂牌出让的方式，能保证公开、公平和公正，防范土地使用权出让过程中的腐败，并充分体现土地使用权市场价格的特点。2004年，国务院发布的《关于深化改革严格土地管理的决定》将招标、拍卖、挂牌出让作为推进土地资源市场化配置的重要手段；2006年5月31日发布的《招标拍卖挂牌出让国有土地使用权规范》(试行) 4.3条规定，招标拍卖挂牌出让国有土地使用权范围包括供应商业、旅游、娱乐和商品住宅等各类经营性用地以及有竞争要求的工业用地。将必须实行招标、拍卖、挂牌出让的用地范围延伸到工业用地。2007年发布实施的《物权法》第137条明确规定：“设立建设用地使用权，可以采取出让或者划拨等方式。工业、商业、旅游、娱乐和商品住宅等经营性用地以及同一土地有两个以上意向用地者的，应当采取招标、拍卖等公开竞价的方式出让。严格限制以划拨方式设立建设用地使用权。采取划拨方式的，应当遵守法律、行政法规关于土地用途的规定。”《物权法》的这一规定将《城市房地产管理法》规定的采取公开竞价出让建设用地的范围，从“商业、旅游、娱乐和豪华住宅用地”扩大到“商业、旅游、娱乐和商品住宅等经营性用地”，并将“工业用地”纳入招标、拍卖等公开竞价方式出让范围，同时明确增加“同一土地有两个以上意向用地者的，应当采取招标、拍卖等公开竞价的方式出让”。2007年修订的《招标拍卖挂牌出让国有建设用地使用权规定》(中国人民共和国国土资源部令第39号) 第4条对该内容予以重申，并明确工业用地包括仓储用地，但不包括采矿用地。

房地产开发建设中最核心、最根本的资源就是土地，在国有土地使用权出让全面采用招标、拍卖和挂牌等公开竞价方式的大背景下，房地产项目并购一般都出现在项目方已经取得了国有土地使用权之后；也是在这个大背景下，房地产项目并购成为一般房地产开发主体获取开发土地占领市场的有效拓展方式。故此，笔者也将房地产项目并购一般模式界定为项目方已经取得国有土地使用权之后的房地产项目并购。

## (二) 房地产项目资产并购模式

房地产项目资产并购一般包括对在建工程和已建成房地产项目的并购，是指收购方直接对被收购方名下的房地产进行并购。并购完成后，所涉房地产包括国有土地使用权和地上建筑物所有权（未办理土地使用手续的集体所有土地使用权可在集体范围内转让）由收购方享有并登记在其名下。

1. 房地产项目资产并购的条件

我国法律、法规对房地产项目资产并购的转让条件作了限制性规定。

（1）以出让方式取得土地使用权的房地产项目的转让条件

根据《城市房地产管理法》第38、39条的规定，以出让方式取得土地使用权的，不符合下列条件不得转让：按照出让合同约定已经支付全部土地使用权出让金，并取得土地使用权证书；按照出让合同约定进行投资开发，属于房屋建设工程的，完成开发投资总额的25%以上，属于成片开发土地的，形成工业用地或者其他建设用地条件。转让房地产时房屋已经建成的，还应当持有房屋所有权证书。由此可见，以出让方式取得土地使用权的房地产项目，在进行房地产项目资产并购过程中，首先应当核查是否具备合法转让条件，这些条件至少包括：①是否已经按照土地使用权出让合同的约定支付全部土地使用权出让金，并取得土地使用权证书。②是否取得《建设用地规划许可证》《建设工程规划许可证》《建筑工程施工许可证》。实践中，部分房地产开发项目确实存在以函代证的情形，若此，收购方应当主动与相关政府主管部门沟通，以保证并购后可合法获取上述相关证件。③属于房屋建设工程的，是否完成开发投资总额的25%以上。④属于成片开发土地的，是否符合工业用地或者其他建设用地条件。⑤转让时房屋已经建成的，应当取得不动产权登记证书。

（2）以划拨方式取得土地使用权的房地产项目的转让条件

《城市房地产管理法》第40条规定：“以划拨方式取得土地使用权的，转让房地产时，应当按照国务院规定，报有批准权的人民政府审批。有批准权的人民政府准予转让的，应当由受让方办理土地使用权出让手续，并依照国家有关规定缴纳土地使用权出让金。以划拨方式取得土地使用权的，转让房地产报批时，有批准权的人民政府按照国务院规定决定可以不办理土地使用权出让手续的，转让方应当按照国务院规定将转让房地产所获收益中的土地收益上缴国家或者作其他处理。”由此可见，转让以划拨方式取得土地使用权的房地产时，应当先报有批准权的人民政府批准，再补缴地价。补缴方式包括两种：其一，办理土地使用权出让手续并由受让方缴纳土地使用权出让金；其二，不办理土地使用权出让手续的，转让方将转让房地产所获收益中的土地收益上缴国家或作其他处理。

2. 房地产项目资产并购过程中特殊情形的处理

（1）不符合转让条件或不符合地方政策的处理

在实务操作过程中，由于确实存在大量在建工程不符合《城市房地产管理法》第38、39条规定的情形，同时由于房地产项目资产并购还需要到房地产项目所在地规土、住建部门办理变更登记。故此，在建工程项目并购不仅要关注所涉在建工程是否符合《城市房地产管理法》第38、39条的规定，同时还应直接征询当地政府主管部门的意见并查明当地政府对在建工程的转让是否存在限制政策。比如在深圳市，除非涉及司法拍卖，在实际操作中，主管部门目前是不接受在建工程的变更登记的。

在建工程如不符合相应转让条件的，相关政府部门一般不会对其进行抵押登记，收购方很难通过物权抵押的方式对项目进行锁定。收购方能做的就是尽快推进房地产项目的开发进度，待符合转让条件后进行变更登记，当然在此期间也可采取一些其他手段或方式锁定项目。

（2）房地产项目存在抵押情况的处理

根据《物权法》第180条的规定，建筑物和其他土地附着物、正在建造的建筑物可以抵押。《物权法》第191条规定，抵押期间，抵押人未经抵押权人同意，不得转让抵押财产。同时该条也规定，受让人可以采取代为清偿债务消灭抵押权的方式进行而不受须取得抵押权人同意的限制；而且若抵押权人同意转让的，应当将转让所得的价款向抵押权人提前清偿债务或者提存。一般情况下，房地产项目并购时，抵押的主债权是没有到期的，在此种情形下，若受让人有意愿代为清偿债务，则需要和主债权人、抵押权人进行沟通，这就可能涉及主债权加速到期，抑或与其他债权相冲突的问题。

（3）涉及国有资产问题的处理

涉及国有资产的房地产项目并购，不同于一般房地产项目并购之处主要在于并购程序和定价机制。根据《中华人民共和国企业国有资产法》(以下简称《企业国有资产法》) 第五章第五节的规定，国有资产转让应当有利于国有经济布局和结构的战略性调整，防止国有资产损失，不得损害交易各方的合法权益。国有资产转让由履行出资人职责的机构决定。履行出资人职责的机构决定转让全部国有资产的，或者转让部分国有资产致使国家对该企业不再具有控股地位的，应当报请本级人民政府批准。履行出资人职责的机构分别为国务院国有资产监督管理机构和地方人民政府按照国务院的规定设立的国有资产监督管理机构，即涉及国有资产的房地产项目转让的决定机构为各级国有资产监督管理机构，而且若转让全部国有资产或转让部分国有资产致使国家对该企业不再具有控股地位的，则需要由本级人民政府批准。

关于涉及国有资产转让的方式和价格，除非按照国家规定可以直接协议转让，均应当在依法设立的产权交易场所公开进行，转让价格应当以依法评估、经国有资产监督管理机构认可或者当地人民政府核准的价格为依据，合理确定最低转让价格。

《企业国有资产交易监督管理办法》第 48 条明确规定：“企业一定金额以上的生产设备、房产、在建工程以及土地使用权、债权、知识产权等资产对外转让，应当按照企业内部管理制度履行相应决策程序后，在产权交易机构公开进行。涉及国家出资企业内部或特定行业的资产转让，确需在国有及国有控股、国有实际控制企业之间非公开转让的，由转让方逐级报国家出资企业审核批准。”该办法也规定，资产转让价款原则上要求一次性付清。《深圳市属国有企业投资管理暂行规定》对需要深圳市国有资产监督管理委员会核准的投资限额进行了明确，直管企业及其所属企业属于主业范围内的房地产开发项目，投资额在直管企业净资产 50%以上，或市内 5 亿元以上，市外 3 亿元以上的，应由深圳市国有资产监督管理委员会进行核准；属于主业范围以外进行的投资项目以及主业范围内符合下列条件之一的投资项目，不论投资额大小，均由深圳市国有资产监督管理委员会审批，包括：①境外投资项目；②与非国有经济主体进行合资、合作或交易的项目；③对投资性平台公司或从事配套服务的企业进行股权投资；④资产负债率超过 70%的直管企业进行的投资项目。

(4) 城市更新项目、棚户区改造项目中的资产转让

这些项目的政府主导性非常强，除非有非常特殊的情形，一般情况下，相关政府部门不会予以办理城市更新或棚户区改造实施主体的变更（实践中仅有政府主管部门主导的个别案例）。该种情形不具有学理讨论的基础，故不再赘述。

(5) 无证房地产的处理

在房地产项目资产并购过程中，最应当关注的就是并购标的，即所涉房地产的合法性问题，但也应当明确，并非无证的房产都是违法建筑。从合法性的角度看，此类无证房产可分为违法建筑和无法办理变更登记的房产两大类。

违法建筑，一般来讲是未取得建设工程规划许可证或者未按照建设工程规划许可证进行建设的建筑。针对违法建筑的处理，《城乡规划法》第 64 条明确了三种处罚方式：①未取得建设工程规划许可证或者未按照建设工程规划许可证的规定进行建设的，责令停止建设；②尚可采取改正措施消除对规划实施的影响的，限期改正，处建设工程造价 5%以上 10%以下的罚款；③无法采取改正措施消除影响的，限期拆除，不能拆除的，没收实物或者违法收入，可以并处建设工程造价 10%以下的罚款。故此，从房地产项目资产收购的角度看，此类无证房产不仅不能进行变更登记，且随时面临被拆除或被处罚的风险，若非从收购方商业布局整体利益出发考虑而必须进行并购的，此种风险即属于影响并购意向的核心风险。

另外一种无证房地产，并非严格意义上的违法建筑，而是因为历史遗留问题形成的大量“三来一补”企业（即“来料加工”“来样加工”“来料装配”和“补偿贸易”）享有权益的房地产。从土地性质看，此类房地产均建设于未征转的集体建设用地上。实践中，笔者也在并购法律服务中处理过此类问题，即进行转让的房地产既包括在合法享有国有土地使用权的土地上建设的房地产，也包括在租赁的集体建设用地上建设的房地产。该些集体建设用地使用权以及地上建筑物均依据《广东省集体建设用地使用权流转管理办法》（广东省人民政府令第 100 号）经过政府相关主管部门的登记或权属确认，要么进行了集体建设用地使用权出让或由集体土地所有者、集体建设用地使用权人将集体建设用地使用权作价入股共同兴办企业；要么进行了集体建设用地使用权的

租赁，并向市、县人民政府土地行政主管部门办理了土地登记和领取相关权属证明；有的甚至已经完成了征地补偿程序，只是没有办理国有土地使用权证，并不属于违法建筑，但也无法直接在市场上流转。该类集体建设用地使用权以及地上建筑物获取国有土地使用权证仍要经过法定的程序，这些程序至少包括：进行征地补偿、完成土地国有化征地手续、国土部门通过协议或招拍挂的方式出让国有土地使用权、与国土部门签订国有土地使用权出让合同、按约定缴纳土地出让金等费用、办理国有土地使用权证等。这是相关主体在进行资产并购过程中需要特别予以关注的，为便宜行事，也可考虑通过股权并购获取相关权益，或者通过城市更新程序进行进一步的土地开发。

### （三）房地产项目股权并购模式

房地产项目股权并购是指收购方直接通过股权转让的方式对享有目标房地产权益的公司股权进行部分或全部收购。并购完成后，收购方并不直接享有目标房地产，而是通过持有被收购公司的股权实现对该公司的股权权益进而间接享有目标房地产的权益。股权并购模式主要包括：

#### 1. 股权（股份）收购

《公司法》第三章规定了有限责任公司的股权转让，第五章规定了股份有限公司的股份发行和转让，可见我国《公司法》对有限责任公司称为“股权转让”，对股份有限公司称为“股份转让”，具体操作过程中对两类公司的并购的法律规制也有不同。

《公司法》第71条规定，有限责任公司的股东之间可以相互转让其全部或者部分股权。股东向股东以外的人转让股权应当经其他股东过半数同意，但不同意的股东应当购买该转让的股权，不购买的则视为同意转让。需要特别关注的是，第71条也规定了公司章程对股权转让另有规定的，从其规定。故在法律尽职调查过程中应特别关注公司章程对公司股权转让的限制，有的公司章程明确禁止股东向股东之外的人转让股权，或者对转让股权存在其他的限制，对此应当予以关注并作出应对方案。

股份有限公司的股份转让，并无有限责任公司中股东过半数同意的明确要求，但应当在依法设立的证券交易场所进行或者按照国务院规定的其他方式进行，属于上市公司的，还应当遵守上市公司股份转让的相关规定。同样，涉及国有企业股权转让仍应当遵守《企业国有资产法》以及相关法律、法规或规章的相关规定。

2. 增资扩股

增资扩股是增发股份或增加注册资本，是股权收购基本的交易方式之一。有限责任公司以增加注册资本的方式进行并购，是由新股东全部认购或部分认购（部分由老股东认购）该公司增加的注册资本，最终达到新股东持有该公司股权的目的。根据《公司法》的相关规定，公司新增资本时，股东有权优先按照实缴的出资比例认缴出资。故要达到新股东认购新增资本的目的，需要有全体股东约定不按照出资比例认缴出资的章程规定或通过关于本次新增资本的股东会决议。股份有限公司可以采取定向募集股份的方式，也可以采取公开募集发行方式，定向增发是新股东通过增资扩股持有股份有限公司股份的一个重要途径。

3. 名股实债

顾名思义，“名股实债”形式上是股权转让，实质上是资金借贷，投资回报并不与企业的经营业绩挂钩，而是获取固定收益，一般采用“股权回购+溢价回购”。虽然企业间借贷逐步被最高人民法院认可，但此种做法仍作为对企业间资金借贷合同无效法律规定进行规避的主要方式；尤为重要的是，此种做法可以实现以名义股权对实际债权的担保；同时也有利于出借人根据《公司法》以股东名义了解企业运营状况；甚至出借人在必要时还可以直接对企业行使控制权，以监管投资资金的安全。

从司法判例来看，对于“名股实债”的交易既有确认股权转让合法有效的司法判决；也有明确应以当事人真实意思表示确定双方为民间借贷法律关系的司法判决；更有在企业破产情况下区分内部效力与外部效力，对内各方当事人仍按民间借贷法律关系处理，对外投资人不能直接以债权人名义参加破产程序的司法判决。故此，即使采用“名股实债”的方式，也建议投资人按照股权并购的程序对被投资人进行必要的财务和法律尽职调查，以免产生不必要的损失。

### （四）房地产项目公司合并并购模式

《公司法》第 172 条规定："公司合并可以采取吸收合并或者新设合并。一个公司吸收其他公司为吸收合并，被吸收的公司解散。两个以上公司合并设立一个新的公司为新设合并，合并各方解散。"以公司合并方式进行房地产项目并购在实践中虽较少，但也是一种区别于资产收购和股权收购且行之有效的并购模式。

房地产项目公司合并并购模式主要包括吸收合并与新设合并。

（1）从合并程序看，吸收合并与新设合并均应当由合并各方签订合并协议，编制资产负债表及财产清单，应当在做出合并决议之日起 10 日内通知债权人，并于 30 日内在报纸上公告。债权人自接到通知书之日起 30 日内，未接到通知书的自公告之日起 45 日内，可以要求公司清偿债务或者提供相应担保。股东会对公司合并的决议必须经出席会议的股东所持表决权的 2/3 以上通过。对公司合并投反对票的股东可以请求公司按照合理的价格收购其股权。

国有独资公司进行合并的，应由国有资产监督管理机构决定；重要的国有独资公司合并的，还应由国有资产监督管理机构审核后报本级人民政府批准。

（2）公司合并后会产生多种法律后果。其一，无论是吸收合并抑或新设合并，公司合并后，原公司的权利义务由存续公司或新设立公司予以概括承受，即由合并后的公司承继。《公司法》第 174 条也明确规定："公司合并时，合并各方的债权、债务，应当由合并后存续的公司或者新设的公司承继。"其二，因公司合并而需要解散是《公司法》规定的公司解散的法定事由，吸收合并的，被吸收的公司应当解散；新设合并的，各方公司都应当解散。其三，公司合并的应当依法向公司登记机关办理变更登记，新设合并后，新设立的公司应当进行设立登记。

### （五）房地产项目并购模式利弊分析

1. 房地产项目资产并购的利弊分析

房地产项目资产并购的优点明显，交易标的简单明了，尽职调查也主要针对拟收购的房地产进行，可以有效将被收购方的问题资产和公司对外债务，特别是隐性债务或对外担保进行隔离，使得资产并购不会像股权收购那样拖泥带水，一般也不会约定股东在诉讼期间内的担保责任。

房地产项目资产并购的弊端体现在交易过程中主要有如下三点：其一，交易的综合税费较高，转让方需缴纳增值税、土地增值税、印花税、企业所得税，受让方需缴纳契税、印花税等；其二，土地之使用权及地上建筑物的权属变更登记比较繁琐，涉及多个政府主管部门，具体操作过程中很有可能因为政府主管部门的内部限制规定而停滞；其三，相关法律法规对房地产项目资产转让有一定的限制条件，进行房地产项目资产转让必须符合国有土地使用权、地上建筑物转让的相关规定。如上所述，深圳市人民政府主管部门对在建工程的转让持不予受理的态度，无法完成变更登记，只能通过股权并购的方式进行。

2. 房地产项目股权并购的利弊分析

股权并购的优点体现在交易过程相对便捷，交易环节综合税费相对较低，可以适度规避房地产转让条件的限制，但并购完成后存在交易隐患。若财务或法律尽职调查不完备，则会面临原股东出资不到位、被收购公司原有员工的安置、未披露的隐性或有债务或对外担保的困扰。

3. 公司合并模式与资产并购和股权并购模式的比较

公司合并兼具资产并购与股权并购的优势和劣势，除非有特别安排，一般鲜有收购方选择公司合并的并购模式。其主要原因是，一方面，公司合并后，原公司的权利义务由存续公司或新设立的公司概括承受，被收购公司的隐形债务仍应由项目开发建设的主体承受，无法回避股权并购模式中存在的弊端。另一方面，资产并购最大的弊端就是土地使用权及在建工程或物业的繁琐的变更登记和高额的税费，虽然公司合并过程中的税费与资产并购过程中的税费并不相同，比如被吸收方转移实物资产不征收增值税，转移不动产和土地使用权可享受不征收营业税以及暂免征收土地增值税的优惠政策等，但是繁琐的变更登记手续在所难免。除非采取吸收合并且存续公司为享有土地使用权和在建工程或物业的主体，才能避免上述风险。此外，公司合并较为繁琐的程序性要求，如公告程序所需时间较长等，也是公司合并不被视为惯常并购模式的原因之一。

## 三、 城市更新语境下的并购

### （一） 房地产项目并购与城市更新项目并购

传统的房地产项目并购因受到国有土地使用权出让须通过招标、拍卖或挂牌出让方式的限制，一般都发生在被收购方取得土地使用权之后。城市更新项目的土地使用权出让方式为协议出让，这就造成了城市更新项目并购一般发生在取得国有土地使用权之前，而并购的目的就在于通过协议出让的方式获取国有土地使用权。

### （二） 城市更新项目并购的特殊性

#### 1. 并购阶段的特殊性

城市更新项目并购阶段的特殊性体现在其主要发生在取得国有土地使用权之前。当然，城市更新项目也存在取得国有土地使用权之后的并购，但这与一般的房地产项目并购无异，也不能体现其特征，这里不予以单独讨论。

需要说明的是，实践中，虽然存在个别城市更新项目取得国有土地使用权后进行了实施主体的变更（可视为广义上的转让行为），但该个别项目均属于特殊情形下的特别处理，不具有可复制性，没有讨论的价值。另外，关于城市更新项目实施主体确认后（一般也取得了国有土地使用权）的股权转让，深圳市人民政府出台的《关于加强和改进城市更新实施工作的暂行措施》（深府办〔2016〕38号）规定："区城市更新职能部门在核发实施主体确认文件时，应当同时抄送市场监督管理部门。如实施主体股权后续发生变更，市场监督管理部门应当及时将变更情况向税务部门通报，由税务部门督促相关企业依法纳税。"确认实施主体后，虽然对实施主体股权变更实行信息通报制度，但其落脚点仍在"督促相关企业依法纳税"，并未对城市更新实施主体的股权变更做出实质性限制，仍可以直接在房地产项目并购一般模式中进行讨论。

#### 2. 并购目的的特殊性

一般房地产项目并购的目的是通过并购直接或间接获得土地使用权及/或其地上建筑物，并购完成后，就已经获取房地产开发建设所需的土地资源。但城市更新项目并购的目的是通过在城市更新单位内形成单一主体，进而被确认为城市更新实施主体，通过协议出让的方式获取国有土地使用权进行土地开发。

3. 并购方式的多样性

如上所述，一般房地产项目的并购模式主要表现为资产并购、股权并购或公司合并，但城市更新项目的并购方式除了上述并购模式以外，还存在独特的项目权益并购，如签署搬迁安置补偿协议、与集体股份制公司进行合作开发等，这是一般房地产项目并购所没有的。尤为重要的是，鉴于城市更新系针对旧工业区、旧商业区、旧住宅区、城中村及旧屋村等特定的城市建成区进行的，并不是所有的并购模式都可以适用在该类区域的项目中，需要根据不同区域的项目选择相应的并购模式。

4. 违法建筑、集体土地等对并购决策的影响

毋庸置疑，在传统房地产项目并购过程中，如存在违法建筑、集体土地的问题，一定是影响并购决策的重大事项。而在城市更新项目并购过程中虽然违法建筑或集体土地的存在会从不同角度影响城市更新项目的推进，但收购方更关注权属确认问题。

（三）本书对城市更新并购的界定

本书所述城市更新并购是特定条件下的房地产项目并购，是围绕单独或共同成为城市更新实施主体，以协议出让方式获取国有土地使用权为终极目的的投融资活动。

## 第二节　城市更新项目并购模式

城市更新项目的并购是以在城市更新范围内形成土地使用权与地上建筑、构筑物或者附着物的单一权利主体，进而成为城市更新实施主体为路径，以协议出让方式获取国有土地使用权为目的的投融资活动，它一般都发生在项目方获取国有土地使用权之前。城市更新项目具体的并购模式需要根据项目所在的特定城市建成区（旧工业区、旧商业区、旧住宅区、城中村及旧屋村）予以确定。

《更新办法》第21条第1款规定："综合整治类更新项目由所在区政府制定实施方案并组织实施。"虽然功能改变类更新项目可以由土地使用权人实施，但是因仅涉及改变部分或者全部建筑物的使用功能，不改变土地使用权的权利主体和使用期限，同时也要保留建筑物的原主体结构，市场主体参与较少，故本章所述的城市更新并不包括综合整治类、功能改变类城市更新项目，仅针对深圳市拆除重建类城市更新。

为保证逻辑的一致性，本章仍以传统房地产项目的一般并购模式为基础，并将城市更新项目并购中所独有的模式统一在城市更新项目权益并购模式中体现。

## 一、 城市更新股权并购模式

《更新办法》第2条规定，特定城市建成区包括旧工业区、旧商业区、旧住宅区、城中村及旧屋村等。实践中，城市更新股权并购主要适用于旧工业区和旧商业区项目。

### （一）关于旧工业区的股权并购

《深圳市工业楼宇转让管理办法（试行）》和《深圳经济特区高新技术产业园区条例》对在工业用地上兴建的用于工业生产（含研发）用途的建筑物、构筑物及其附着物（以下简称"工业楼宇"），以及在深圳特区高新技术产业园区内的工业楼宇转让进行了规制，对深圳行政区域内以及高新技术产业园区内工业楼宇的受让主体、转让程序、须缴纳的增值收益等进行了明确规定。

1. 高新技术产业园区内工业楼宇转让的特别规定

对高新技术产业园区内的工业楼宇转让，还应特别关注《深圳经济特区高新技术产业园区条例》第30条的规定："已取得高新区土地使用权或者建筑物的企业，其控股权变更时，工商行政管理部门应当在五个工作日内书面通知高新区行政管理机构；其项目发生改变的，该企业应当自项目发生改变之日起五个工作日内告知高新区行政管理机构，高新区行政管理机构应当根据本条例第三十六条的规定重新认定入区资格。"第36条规定："进入高新区的企业或者项目，需要申请高新区土地及厂房的，应当符合高新区产业发展规划，有相应的资金保证，且资金来源明确，并具备下列条件之一：（一）市政府科技行政管理部门认定的高新技术企业或者项目；（二）国内外知名高新技术企业；（三）为高新区的高新技术企业提供相关配套服务的企业或者机构。本条前款规定之外的组织或者个人，申请进入高新区的，应当从事本市高新技术产品目录范围内产品的研究开发、生产经营和技术服务活动。"

2. 在集体建设用地上兴办的各类工商企业的股权并购

在深圳市的龙岗、宝安、龙华、光明、坪山、大鹏区存在大量在集体建设用地上兴办的各类工商企业。所涉集体建设用地大多办理了出让、出租手续，有的还签署了《征收补偿协议》但并未签署《国有土地使用权出让合同》，未缴纳土地出让金，用地手续尚不完善。在上述情况下，通过资产转让方式获取相关土地使用权及地上建筑物缺乏程序上的可操作性，一般会通过股权并购的方式进行。

在上述并购中，收购方应特别关注：①所涉"三来一补"企业是否属于独立法人主体；②所涉集体建设用地的出让、出租是否已经按规定向市、县人民政府土地行政主管部门申请办理土地登记和领取相关权属证明；③所涉集体建设用地后续是否办理相关征转手续，针对集体经济主体的补偿是否完成，项目方可以提供哪些文件和证明资料；④是否属于《关于农村城市化历史遗留违法建筑的处理决定》及深圳市其他处理历史遗留违法用地、违法建筑政策适用的范围，是否已经进行历史遗留问题申报及处理结果；⑤最根本的需关注是否已经纳入城市更新单元规划。

（二）关于旧商业区的股权并购

在旧商业区权利主体单一或数量较少的情况下，可以考虑通过股权并购的方式获取城市更新项目的实施主体，这种股权并购除一般房地产项目股权并购需关注的事项外，还需要特别关注项目标的是否纳入城市更新单元规划、相关主体进行城市更新的意愿以及相关规划内容是否具有商业运作价值等。

[典型案例]

A公司持有深地合字（1996）×××号《深圳市土地使用权出让合同》及深房地字第×××号《土地使用权证书》，《土地使用权证书》载明A公司享有某宗地号的土地且有建成地上建筑。该项目具备《建设用地规划许可证》《建设工程规划许可证》《建设工程施工许可证》，并办理了竣工、消防验收手续，但尚未办理房地产证。2017年，B公司拟将其作为后续城市更新的用地储备，与A公司所有股东协商，签署《股权收购协议》收购A公司100%的股权。此种属于典型的股权并购模式，公司实施并购的目的是通过持有A公司全部股权而实施城市更新。

## 二、城市更新项目资产并购模式

从可行性角度考虑，工业楼宇、旧住宅区、旧商业区都可以通过资产并购模式进行并购，但因为绝大部分旧住宅区、旧商业区会面临多个主体（比如存在多个业主的旧住宅区、旧商业区），谈判成本过高，交易程序复杂，而且还会产生巨额税费，一般情况下采用资产并购模式较少。因此，在资产并购模式中，需要特别关注的是，工业楼宇以及高新技术产业园区内的工业楼宇的转让对受让主体、转让程序、须缴纳的增值收益等进行了规定。

1. 受让主体

《深圳市工业楼宇转让管理办法（试行）》（深府办〔2013〕3号）第5条规定："工业楼宇的受让人须是经依法注册登记的企业。用地批准文件、土地使用权出让合同约定或市政府规定受让人准入条件的工业楼宇的转让，受让人必须符合产业准入条件并通过各区（新区）产业主管部门依法进行的资格审查。"《深圳经济特区高新技术产业园区条例》（2006年修正）第29条规定："企业以拍卖、投标等非协议方式取得土地使用权或者房地产的，该土地使用权或者房地产可以转让或者出租，但受让方和承租方资格应当符合本条例第三十六条规定的条件，其资格由高新区行政管理机构认定。"第36条规定："进入高新区的企业或者项目，需要申请高新区土地及厂房的，应当符合高新区产业发展规划，有相应的资金保证，且资金来源明确，并具备下列条件之一：（一）市政府科技行政管理部门认定的高新技术企业或者项目；（二）国内外知名高新技术企业；（三）为高新区的高新技术企业提供相关配套服务的企业或者机构。本条前款规定之外的组织或者个人，申请进入高新区的，应当从事本市高新技术产品目录范围内产品的研究开发、生产经营和技术服务活动。"

2. 政府的优先购买权

《深圳市工业楼宇转让管理办法（试行）》第6条第1款规定：“依照本办法规定限整体转让的工业楼宇，自用地批准文件生效之日起或土地使用权出让合同签订之日起不满20年进行整体转让的，政府在同等条件下享有优先购买权。”

3. 上缴增值收益（含补缴地价）

增值收益是指转让工业楼宇的交易价格扣减该工业楼宇的登记价及转让方受让该工业楼宇时已缴纳的相关税费后的余额。此外，《深圳市工业楼宇转让管理办法（试行）》规定，非商品性质的工业楼宇进行整体转让的，应按规定程序报批并按公告基准地价补缴地价；工业楼宇转让的，转让方应将一定比例的增值收益上缴政府，纳入政府设立的国有土地收益基金专项管理，具体收缴办法由市规划国土主管部门另行制定。工业楼宇转让时，已按照该办法规定补缴地价的，应同时扣减已补缴的地价。

[典型案例]

在中山市A公司股权并购暨B公司商住资产收购项目中，股权收购对象A公司及资产收购对象B均为外商独资企业C公司的全资控股子公司，A公司、B公司为同一产业链中的上下游企业。A公司为整染行业企业，名下持有一宗商住用地及一宗工业用地，A公司名下的商住用地及工业用地上均建有厂房；B公司为针织行业企业，名下持有一宗商业用地及五宗工业用地，B公司名下的商住用地及工业用地上均建有厂房。A公司、B公司名下的商住用地和工业用地均已签署国有土地出让合同并分别办理了相应权属证书，前述商住用地和工业用地上的厂房部分已办理权属证书，部分为未办理权属证书的临时建筑、违法建筑。此外，商住用地、工业用地和已办证的厂房均已抵押给银行。A公司属于被逐步淘汰的高污染企业，盈利能力不佳，而B公司在当地仍属于具有一定影响力、享受一定税收优惠政策和政府补贴的企业。A公司、B公司的控股股东C公司由于常年通过银行融资的方式投资A公司和B公司进行生产，资金压力较大，因此C公司决定全盘放弃A公司，保留B公司，同时出让B公司名下部分对现有生产影响不大的资产（土地及厂房），从而调整融资结构，缓解资金压力。D公司通过前期的市场调研，判断A公司、B公司名下的部分地块已经纳入当地政府的“三旧”改造范围，C公司的现实情况和交易意愿与D公司的投资需求不谋而合，D公司遂与C公司开展谈判。最后D公司确定以股权并购的形式收购A公司80%的股份，成为控股股东，获取A公司名下资产的实际处分权，同时以资产并购形式（商住用地资产过户加工业用地协议转让）收购B公司名下部分资产，从而成为该部分资产的权利人和实际权益享有人。

## 三、城市更新项目权益并购模式

### （一）项目权益并购模式的解析

项目权益并购是城市更新项目中所特有的并购模式。所谓权益，应理解为拆除重建区域内的房地产权利主体享有的实施拆除重建类城市更新的权益，或者与原农村集体经济组织继受单位合作实施城市更新的权益，包括但不限于，城市更新单元计划申报权益、被确认为城市更新项目实施主体的权益、与主管部门签订土地使用权出让合同的权益以及城市更新项目建设开发的权益等。

### （二）项目权益并购的几种情形

在上述城市更新项目权益并购的语境下，形成单一主体的过程实际就是项目权益收购的过程。《更新办法实施细则》第46条规定：“城市更新单元内项目拆除范围存在多个权利主体的，所有权利主体通过以下方式将房地产的相关权益移转到同一主体后，形成单一主体：（一）权利主体以房地产作价入股成立或者加入公司。（二）权利主体与搬迁人签订搬迁补偿安置协议。（三）权利主体的房地产被收购方收购。属于合作实施的城中村改造项目的，单一市场主体还应当与原农村集体经济组织继受单位签订改造合作协议。属于以旧住宅区改造为主的改造项目的，区政府应当在城市更新单元规划经批准后，组织制定搬迁补偿安置指导方案和市场主体公开选择方案，经占建筑物总面积90%以上且占总数量90%以上的业主同意后，公开选择市场主体。市场主体与所有业主签订搬迁补偿安置协议后，形成单一主体。”关于具体形成单一主体的程序和需关注的事项，因本书其他章已有专门阐述，此处不再赘述。

需要提示的是，在市场主体通过上述方式形成单一主体后，并购方亦可通过权益收购的方式对城市更新项目进行并购。

（1）成立项目公司进行城市更新建设开发的，可以通过收购项目公司股权的方式进行项目权益并购。

（2）权利主体与搬迁人签订搬迁补偿安置协议的，可以通过合同权利义务转让的方式，或通过收购权利主体股权的方式进行项目权益并购。

（3）与原农村集体经济组织继受单位签订改造合作协议的，目前看来，在2016年8月31日之后，只可以通过收购社会合作方的股权进行项目权益并购。

（4）旧住宅区通过公开选择方式确定市场主体的，从逻辑上讲，已经不可能通过合同权利义务转让方式获取项目权益，目前也仅可以通过收购市场主体的股权进行项目权益并购。

[典型案例]

A公司为某股份公司，其所在区域被列入城市更新计划。A公司持有深房地字第×××号房地产证。该房地产证载明A公司持有9000余平方米面积的土地，土地用途为工业仓储用地，使用年限30年，土地上建有厂房工业楼一栋，建筑面积1万平方米。A公司另持有深房地字第×××号房地产证，该房地产证载明A公司经受让获得用地面积5000余平方米，土地用途为工业仓储用地，使用年限30年，土地上建有厂房一栋，建筑面积1.1万平方米。A公司经董事会、股东会、村民大会决议，确认与B公司合作开发，以B公司作为城市更新单元实施主体申报。2017年，C公司为取得该项目实施的相关权益，拟收购B公司股东持有的B公司100%股权，并在收购B公司100%股权后，由B公司与A公司签署搬迁补偿安置协议，作为实施主体完成后续的城市更新。此种并购模式虽是股权并购模式，但因其实质上收购的是目标公司与村股份合作公司进行城市更新的相关权益，故也属于本书所述的项目权益并购模式。

## 第三节　城市更新并购尽职调查

尽职调查又称"审慎调查"，英文"Due Diligence"，其原意是"应有的注意"，与之相反的则是"Negligence"，即疏忽或者过失。无论在何种并购项目中，并购双方与并购标的不同的关系决定了双方对于并购标的的了解存在巨大差异，被并购方为达成并购交易或者试图在交易中获得更大的利益，往往不会主动揭示并购标的既有或潜在的种种问题、障碍、风险等不利因素，而尽职调查就成为身处信息不平等地位的收购方为防范种种未知风险，找出项目或者目标公司既有或潜在的各种重大问题以及影响交易的重要因素而应采取的必要措施。

城市更新并购的尽职调查不同于普通并购的尽职调查的地方在于，城市更新并购所涉及的土地、建筑物权属情况往往比较复杂且常常涉及诸多历史遗留问题，非经全面而详细的调查不能明晰其真实情况。除此之外，并购方在参与城市更新并购时还要全面考量城市更新项目能否顺利推进并最终开发建设以及能否获得预期利润等诸多问题，唯有基于全面、详细、准确的尽职调查报告，并购方才能综合考量城市更新项目的价值、可行性和潜在风险，进而做出科学的决策，决定是否并购以及并购的对价和方式。为此，如何全面、有效地开展尽职调查是进行城市更新并购项目的前提和基础，也是城市更新并购实务中关键问题之一。

## 一、 不同并购模式下尽职调查的侧重点

在城市更新并购项目中，不同的并购对象、并购方式、城市更新项目的不同类别以及并购时更新项目所处的不同阶段等因素，决定了城市更新并购尽职调查的内容及对象千差万别，无法形成一个统一的尽职调查模式。因而，针对不同的城市更新项目类别、不同并购模式项下的不同并购对象及并购时项目的不同进展阶段，尽职调查的内容应当有所区分和侧重。

资产并购模式下，一般仅涉及对拟并购不动产相关信息的调查，而无需对交易相对方的企业本身及其债权、债务进行详尽调查。调查应当侧重于目标土地使用权或建筑物的现状、性质、规划、权属、权利负担等方面，并根据项目具体情况适当对项目申报及有关行政许可和审批情况进行调查。

股权并购模式下，除调查目标公司名下用地及建筑物的相关信息、项目申报及行政许可和审批情况以外，还需要从主体资格、历史沿革到企业各项资产、负债、用工、税务、保险、资质等各个环节对企业进行详尽的调查，进而

最大限度地防范并购风险。

权益并购模式下，并购方亦需调查项目用地及建筑物的相关信息、项目申报及行政许可和审批情况等，同时调查应侧重于合作方或目标公司的项目权益，包括权益来源、效力、是否可以转让以及是否存在争议等，如涉及以取得目标公司股权的方式实现权益转让的，还需要对目标公司主体进行详尽的调查。

## 二、 调查项目用地及地上建筑物现状

调查城市更新项目范围内用地及地上建筑物的情况，是城市更新并购尽职调查的核心部分。与普通的房地产项目并购不同，城市更新项目所涉土地及建筑物的情况往往非常复杂，除性质、功能、权属清晰的已出让国有建设用地以外，城市更新项目通常还会涉及非农建设用地、城中村、旧屋村、历史遗留用地等。查清项目范围内土地及地上建筑物的现状，对于并购方充分了解和掌握城市更新项目的基本信息、不动产权属和法律关系，以及发现项目潜在的法律风险至关重要，而在城市更新并购的尽职调查过程中，对项目所涉土地及地上建筑物的调查也是最为复杂、工作量最为繁重的一个部分。无论城市更新并购采取何种并购模式，或是城市更新项目的申报、审批处于何种阶段，并购方为控制自身风险，均要对项目所涉土地及地上建筑物的现状进行调查，具体包括以下内容：

### （一）城市更新项目范围内的土地利用现状

城市更新项目范围内的土地利用现状，包括土地使用权的性质、权属、面积、使用年限、规划用途、是否缴清地价、权利负担等方面。并购方在尽职调查过程中，首先需要全面掌握更新项目范围内所有土地的上述基本信息，并侧重就以下几个方面进行审查：

1. 审查更新项目范围内的土地是否已取得相关权利证书

土地权利证书是依法确认土地使用权的法律凭证，包括《国有土地使用证》《集体土地所有证》《集体土地使用证》《土地他项权利证明书》等。在城市更新并购项目中，并购方需要审查项目范围内的土地是否取得土地使用权

证、用地批复等关于土地已取得合法手续的相关证明文件，审查国有出让用地的用地主体是否与国土部门签订了土地使用权出让合同。对于已取得上述文件的土地，根据文件中记载的权属、面积、使用年限、规划用途等信息，确认相关土地是否权属清晰，是否满足申请拟订城市更新单元的条件，是否符合并购方的开发利益需求以及能否控制开发成本等。

2. 审查更新项目范围内的土地面积是否满足划定城市更新单元标准

在城市更新单元计划申报环节，用地面积符合城市更新单元的拟订标准是政府相关部门拟订城市更新单元并纳入城市更新单元计划的基础条件之一。在城市更新并购尽职调查中，对于尚未纳入城市更新单元计划的拟并购更新项目，并购方需要审查项目用地面积是否满足以下关于拟订城市更新单元的标准[①]：

（1）审查项目用地面积是否符合《深圳市拆除重建类城市更新单元计划管理规定》第 11 条“拆除范围用地面积应大于 10000 平方米”的规定。

（2）审查拆除范围内权属清晰的合法土地面积占拆除范围用地面积的比例是否符合要求，其中坪山中心区范围内的更新单元，其合法用地比例应当不低于 50%；重点更新单元的合法用地比例应当不低于 30%；其他更新单元的合法用地比例应当不低于 60%。

（3）审查拆除范围内是否包含完整的规划独立占地的城市基础设施、公共服务设施或其他城市公共利益项目用地，且可供无偿移交给政府的城市公共利益项目用地是否满足大于 3000 平方米且不小于拆除范围用地面积 15% 的要求。

（4）审查项目用地是否属于原则上不得单独拟订为城市更新单元的零散用地[②]、政府社团用地、特殊用地。

（5）审查项目用地是否在政府土地整备区范围内。

---

① 深圳市规划和自然资源局发布的《深圳市拆除重建类城市更新单元计划管理规定》自 2019 年 3 月 15 日起施行（深规划资源规〔2019〕4 号），原《深圳市城市更新单元规划制定计划申报指引（试行）》（深规土告〔2010〕16 号）同时废止，关于拆除范围用地面积不足 10000 平方米但不小于 3000 平方米的“小地块”更新单元的规定取消。

② “零散用地”是指根据《深圳市城市规划标准与准则》的规定，用地面积小于 1 万平方米的用地。

（6）审查边角地、夹心地、插花地等未出让的国有用地总面积是否超过项目建设用地面积的10%，位于特区内的面积是否超过3000平方米。

3. 审查更新项目范围内土地是否具有不得划入拆除范围的情形

《深圳市拆除重建类城市更新单元计划管理规定》(深规划资源规〔2019〕4号）第16条规定："以下用地不划入拆除范围：（一）市年度土地整备计划和棚户区改造计划确定的区域。(二）未建设用地、独立的广场用地和停车场用地。(三）土地使用权期限届满的用地。(四）调出更新单元计划未满三年的用地。"更新项目范围内地块存在以上情形之一的，相应地块将无法一并纳入拆除重建类城市更新单元计划，并购方需要考虑将其移出并购范围或以其他方式进行处理。

4. 审查更新项目范围内土地的使用权性质及权属

拆除重建类城市更新项目范围内的土地是否满足相关文件规定的合法用地比例，是并购方判断城市更新项目是否具有可行性的重要因素之一。对于尚未纳入城市更新单元计划的更新项目，拆除范围内权属清晰的合法土地（即"五类用地"）面积占拆除范围用地面积的比例应当不低于60%（坪山中心区范围内的更新单元，其合法用地比例应当不低于50%，重点更新单元的合法用地比例应当不低于30%），更新单元拆除范围合法用地比例达到50%的（坪山中心区范围内其合法用地比例达到50%、重点更新单元的合法用地比例达到30%)，拆除范围内的历史遗留违法建筑可按规定申请简易处理，经简易处理的历史违建及其所在用地视为权属清晰的合法建筑物及土地。前述所称权属清晰的合法土地包括：

（1）国有建设用地。国有建设用地包括已出让国有建设用地、已划拨国有建设用地或其他已办理合法用地手续的国有建设用地。核查国有建设用地，不仅要仔细审查土地使用权证、不动产登记簿等权属证明，还应进一步审查相关土地出让合同、划拨文件或其他相关批文以及相关土地出让金、市政配套费等款项的支付凭证，以确保权利人、权利证明和有关合同相一致。

（2）集体经济组织确权建设用地。集体经济组织确权建设用地主要包括城中村红线用地、非农建设用地、征地返还用地。

城中村红线用地是指政府根据相关规定，对农村建设状况进行调查清理后划定的属于原村民控制内的合法建设用地。对于城中村红线用地，需要核查城中村红线范围图，或者加盖国土部门红线图章的用地范围及坐标图，或者注明权属和界址点坐标的其他证明文件等。

非农建设用地是指在深圳市城市化进程中，集体土地转为国有土地后，政府为满足原农村集体经济组织生产和生活需要，促进其可持续发展，根据相关规定，按照一定标准核准由原农村集体经济组织保留使用的土地。对于非农建设用地，需要核查划定非农建设用地的范围图及非农建设用地指标调入相关批文等。城市更新实务中，申报主体往往通过调入（调整）非农指标来提高项目土地合法比例，以期达到城市更新申报条件。深圳市宝安区、龙岗区、龙华区、坪山区等不同区域分别出台了关于非农建设用地管理的相关规定，收购方应根据城市更新项目所在区域的具体管理规定，审查非农建设用地指标的调入（调整）程序是否合法并合法取得相应批文。

征地返还用地是指政府为保障原农村集体经济组织生产和生活需要，促进其可持续发展，在征收原农村集体所有的土地后，根据有关规定返还给原农村集体经济组织的建设用地。对于征地返还用地，需要核查征地返还用地批文、征地补偿协议以及征地补偿款的支付情况。

（3）旧屋村用地。根据《深圳市拆除重建类城市更新单元旧屋村范围认定办法》的规定，旧屋村范围是指福田、罗湖、南山、盐田四区在《关于深圳经济特区农村城市化的暂行规定》实施前，宝安、龙岗、龙华、坪山、光明、大鹏六区（含新区）在《深圳市宝安、龙岗区规划、国土管理暂行办法》实施前，正在建设或者已经形成且现状主要为原农村旧（祖）屋等建（构）筑物的集中分布区域。对于旧屋村用地，需要重点审查政府核发的旧屋村范围图。

（4）按“历史遗留违法建筑”处理的用地。就深圳市而言，按“历史遗留违法建筑”处理的用地是指依据《深圳经济特区处理历史遗留违法私房若干规定》《深圳经济特区处理历史遗留生产经营性违法建筑若干规定》《关于农村城市化历史遗留违法建筑的处理决定》等相关规定，可以按“历史遗留违法建筑”处理的用地。在处理该类用地法律事务时，需要核查相关主体申请按历史遗留建筑处理的相关文件材料（如申报及回执），以及最终按“历史遗留违法建筑”处理的政府批文。

（5）按“房地产登记历史遗留问题”处理的用地。按“房地产登记历史遗留问题”处理的用地是指依据《关于加强房地产登记历史遗留问题处理工作的若干意见》的相关规定，可以按登记历史遗留问题处理的用地。在处理该类用地时，则需要核查相关主体申请按历史遗留问题处理的相关文件材料，以及最终按“房地产登记历史遗留问题”处理的政府批文。

（6）其他经规划国土部门确认或处理，完善相关处理手续的用地。对以上五个类别以外的其他土地，需要核查是否具有规划国土部门的相关确认或处理文件。

5. 审查非农建设用地指标的调用情况

根据深圳市人民政府《关于印发〈深圳市原农村集体经济组织非农建设用地和征地返还用地土地使用权交易若干规定〉的通知》（深府〔2011〕198号）的规定，非农建设用地指根据深圳市人民政府1993年发布的《深圳市宝安、龙岗区规划、国土管理暂行办法》、2004年发布的《深圳市宝安龙岗两区城市化土地管理办法》划定的非农建设用地。深圳市规划国土部门的派出机构负责本辖区范围内非农建设用地、征地返还用地的清理和管理工作，以原行政村和自然村为单位建立非农建设用地和征地返还用地指标台账，实行动态更新管理。台账应记载非农建设用地和征地返还用地指标的划定、调整、注销等内容。非农建设用地指标台账应包括工商用地指标、居民住宅用地（含一户一栋住宅用地、统建楼用地）指标和公共设施用地指标。

针对实践中普遍存在的城市更新项目拆除范围内权属清晰的合法土地面积占比不足而不符合拟订城市更新单元计划条件的问题，将非农建设用地指标调入城市更新项目以满足权属清晰的合法土地面积占比要求，为项目申报主体解决上述问题的重要方式及手段之一。

在城市更新并购中，并购方需要核查更新项目是否涉及非农建设用地指标的调用，核查更新项目是否存在因权属清晰的合法土地面积占比不足而需要调用非农建设用地指标的情况。项目确需调用该用地指标的，核查项目是否满足项目所在地区政府规定的将非农建设用地指标调入的条件；项目已开展非农建设用地指标调整工作的，审查非农建设用地指标调整的相关程序是否符合规定。

6. 核查项目土地是否被纳入水源保护、文物保护、生态环境保护的范围

《更新办法实施细则》第12条第1款第（二）项规定："城市更新单元不得违反基本生态控制线、一级水源保护区、重大危险设施管理控制区（橙线）、城市基础设施管理控制区（黄线）、历史文化遗产保护区（紫线）等城市控制性区域管制要求。"在城市更新项目初期的并购中，并购方需关注上述控制区域的管制要求，审查项目用地范围是否存在与上述控制区域交叉、重叠的情形。

7. 其他

除了上述需要关注的内容以外，并购方在开展尽职调查时，还应核查项目土地是否存在转让限制（如是否为划拨用地、是否附带政策性条件等）、土地规划用途调整或变更的可能性及预期产生的成本等。例如，规划为工业的旧工业区，需要按照简易程序调整法定图则用地功能建设人才住房、安居型商品房或公共租赁住房的，需审查是否满足"工改保"的条件，即项目是否在满足拆除重建必要性的基础上，具有相应的城市基础设施和公共服务设施的支撑。

（二）城市更新项目范围内地上建筑物现状

对项目建筑物的尽职调查在城市更新并购项目的尽职调查工作中所占比重较大，特别是对于拆除重建模式下的城市更新项目，有关建筑物的尽职调查对拆除重建难度的判断至关重要。对于城市更新项目建筑物的核查重点主要在于建筑物的取得是否合法合规、权属是否清晰、是否存在权利负担、是否存在纠纷或潜在纠纷。核查建筑物是否合法合规，不仅要关注是否已取得权属证书，还要关注取得房屋权属的整个过程，因为关注整个过程往往能同时获知房屋权属是否清晰、是否存在权利负担、是否存在纠纷或潜在纠纷。

具体而言，并购方通常应就以下方面对项目范围内的地上建筑物展开详尽的尽职调查：

1. 审查更新项目用地范围内建筑物的合法性

并购方要全面核查建筑物的合法性，除了对土地进行尽职调查以外，对于地上建筑物，还需要核查是否取得建筑物的规划许可证、施工许可证、施工合

同、消防验收文件、环评验收文件、不动产权属证书、不动产登记簿、可以交付使用的相关证明、房屋建造款支付凭证等。在尽职调查中不仅要核查取得建筑物权属程序的完备性，还要核查上述证书批文记载事项是否一致。如建筑物未办理不动产登记的，需要核查相关购房协议、房款支付凭证、主管部门确认所有权的相关书面文件。如建筑物属于历史遗留违法建筑①或者其他违法、违章建筑物的，在开展尽职调查工作时，需要核查是否取得相关主管部门的处理批文。历史遗留建筑如经确认产权的，主管部门视具体情况予以处罚并补收地价款，按规定办理初始登记，核发房地产证。需要强调的是，主管部门对于历史遗留建筑确认批文并不属于权属证明文件。除核查该等批文外，还要核查处罚、地价缴款凭证、不动产初始登记文件。如建筑物性质属于小产权房、在建工程、合作建房、公益事业用房、军事设施、教堂、宗祠、寺庙、文物古迹等，需要取得明细清单、相关合同等资料。如项目建筑物属于在建工程的，需要核查工程总包合同、分包合同，把握工程进度，了解承包方、分包方资质等基本情况、工程结算约定等。

2. 审查更新项目用地范围内建筑物的权属

城市更新并购区别于常规房地产项目并购的一大特征，便是城市更新并购项目所涉建筑物权属的复杂性。城市更新涉及的建筑物种类纷繁复杂，包括商品房、私宅、城中村、统建楼、集资房、福利房、微利房、经济适用房、历史遗留违法建筑、临时建筑等，有的不具有房产证（或不动产权证），而即使具有房产证的房屋，也分为市场商品房和非市场商品房，即俗称的红本房和绿本房。

（1）审查房屋是否取得房屋权属证书（包括不动产权证、国有土地使用

---

① 历史遗留违法建筑包括：1. 原村民非商品住宅超批准面积的违法建筑。2. 1999 年 3 月 5 日之前所建的符合“两规”处理条件，尚未接受处理的违法建筑（包括：①原村民非法占用国家所有的土地或者原农村用地红线外其他土地新建、改建、扩建的私房；②原村民未经镇级以上人民政府批准在原农村用地红线内新建、改建、扩建的私房；③原村民超出批准文件规定的用地面积、建筑面积所建的私房；④原村民违反一户一栋原则所建的私房；⑤非原村民未经县级以上人民政府批准单独或合作兴建的私房；⑥1999 年 3 月 5 日以前违反规划、土地等有关法律、法规的规定，未经规划国土资源部门批准，未领取建设工程规划许可证，非法占用土地兴建的工业、交通、能源等项目的建筑物及生活配套设施）。3. 1999 年 3 月 5 日之前所建不符合“两规”处理条件的违法建筑。4. 1999 年 3 月 5 日之后至 2004 年 10 月 28 日之前所建的各类违法建筑。5. 2004 年 10 月 28 日之后至《关于农村城市化历史遗留违法建筑的处理决定》实施之前所建的除经区政府批准复工或者同意建设外的各类违法建筑。

证、房屋所有权证等各类产权证）。

（2）审查房屋是否取得建设工程规划许可证或规划国土部门出具的现状确认文件。

（3）属于历史遗留违法建筑情形的，审查是否符合《深圳经济特区处理历史遗留违法私房若干规定》《深圳经济特区处理历史遗留生产经营性违法建筑若干规定》《关于农村城市化历史遗留违法建筑的处理决定》等深圳市关于历史遗留违法建筑处理的规定，审查是否取得区历史遗留违法建筑处理部门出具的相关意见，并向规划国土部门申请土地、建筑物权属认定。

（4）属于房地产登记历史遗留问题的，审查是否已经依照规定取得规划确认文件、土地权属证明，依法应予行政处罚的是否已由有关主管部门给予处罚，并向规划国土部门申请土地、建筑物权属认定。

3. 审查更新项目用地范围内建筑物的建成时间

根据2019年3月15日起施行的《深圳市拆除重建类城市更新单元计划管理规定》（深规划资源规〔2019〕4号）第14条的规定，拆除范围内建筑物应在2009年12月31日前建成。其中旧住宅区未达到20年的，原则上不划入拆除范围。旧工业区、旧商业区建筑物建成时间未达到15年的，原则上不划入拆除范围。①

2009年12月31日前建成的旧工业区，在符合深圳市产业发展导向的同时，因企业技术改造、扩大产能等发展需要且通过综合整治、局部拆建等方式无法满足产业空间需求的前提下，可申请拆除重建，更新方向应为普通工业（M1）。

国有已出让用地在2007年6月30日之前已建设，但建设面积不足合同或有关批准文件确定的建筑面积，不涉及闲置土地或闲置土地处置已完成，因规划实施等原因，整宗地可划入拆除范围，适用城市更新政策。

---

① 因规划统筹和公共利益需要，符合以下条件之一的，可纳入拆除范围进行统筹改造：（1）拆除范围内建成时间未满15年的建筑物占地面积之和原则上不得大于6000平方米，且不超过拆除范围用地面积的1/3。宗地内全部建筑物建成时间未满15年的，其占地面积为该宗地面积；宗地内部分建筑物建成时间未满15年的，按其建筑面积占宗地内建筑面积的比例折算其占地面积。（2）拆除范围内法定规划确定的公共利益用地面积原则上不小于拆除范围用地面积的40%且不小于6500平方米。

对于单一宗地的“工改工”项目，部分建筑物未满 15 年但满足旧工业区综合整治类更新年限要求，且该部分建筑物建筑面积不超过宗地总建筑面积 1/3 的，可申请以拆除重建为主、综合整治为辅的城市更新。

4. 审查建筑物现状是否满足拟订城市更新单元的基本条件

根据规定，拟申请以拆除重建方式实施城市更新的特定城市建成区，须具有以下情形之一，且通过综合整治、功能改变的方式难以有效改善或消除（见表 4-1）。

**表 4-1 深圳市申请以拆除重建方式实施城市更新的特定城市建成区情形表**

| 情形 | 详情 |
| --- | --- |
| （1）城市基础设施、公共服务设施亟需完善 | 城市基础设施、公共服务设施严重不足，按规划需要落实独立占地且用地面积大于 3000 平方米的教育设施、医疗卫生、文体设施、供应设施、交通设施、社会福利设施、消防设施、公园绿地等城市基础设施、公共服务设施或其他城市公共利益项目用地。 |
| （2）环境恶劣或者存在重大安全隐患 | ①环境污染严重，通风采光严重不足，不适宜生产、生活。<br>②经相关机构根据《危险房屋鉴定标准》的规定鉴定为危房，且集中成片，或者建筑质量有其他严重安全隐患。<br>③消防通道、消防登高面等不满足相关规定，存在严重消防隐患。<br>④经相关机构鉴定存在经常性水浸等其他重大安全隐患。 |
| （3）现有土地用途、建筑物使用功能或者资源、能源利用明显不符合社会经济发展要求，影响城市规划实施 | ①所在片区规划功能定位发生重大调整，现有土地用途、土地利用效率与规划不符，影响城市规划实施。<br>②属于深圳市禁止类和淘汰类产业，能耗、水耗、污染物排放严重超出国家、省和市相关规定，或土地利用效益低下，影响城市规划实施并且可进行产业升级。<br>③其他严重影响城市近期建设规划实施的情形。 |

（三）城市更新项目范围内土地及建筑物的权利负担

城市更新项目范围内土地及建筑物的权利负担主要包括抵押、租赁、信托、交换或偿还债务、任何形式的权利负担等。在审查项目所涉土地、建筑物存在的权利负担时，需要特别核查相应的抵押合同、租赁合同、信托协议、债权债务合同等约定权利负担的书面文件，以及在房地产权登记中心查询的

《房地产权抵押登记查询表》、土地租赁登记备案文件等。具体而言，对于项目土地、建筑物存在抵押情形的，资产并购模式下需要解除抵押，才能办理相关转让手续。而在股权并购模式、项目权益并购模式下则可能视并购方具体需求来决策。对于项目所涉土地、建筑物存在租赁情形的，需要核查相关国有土地使用权租赁合同、房屋租赁合同、国有土地使用权证租赁登记证明等。对于项目土地、建筑物存在信托情形的，则需要核查信托合同、信托登记、信托合同项下为办理信托事务而签署的其他文本协议等。

在取得上述文件后，需要对项目所涉土地及建筑物权利负担情况进行梳理。例如，取得租赁合同后需要明晰合同主体、租赁期限、租金标准、租金给付方式、是否有因“三旧”改造或者城市更新而约定的免责条款等基本信息并形成汇总表格，在此基础上整体把握租赁清退难度、预估耗用成本及时间。

（三）项目土地及地上建筑物权属纠纷或争议情况

项目土地及地上建筑物是否存在纠纷、争议或潜在纠纷、潜在争议是开展城市更新项目法律尽职调查时需要重点关注的方面。例如集体土地转为国有土地的补偿未落实，引发村民与开发商的权属纠纷；项目开发对周边片区造成影响，可能引起相邻权纠纷等。如果确有纠纷、争议的，应要求被并购方提供书面说明，并根据具体情况，对土地涉及的相关诉讼或仲裁文书资料、执行文件，或相关主体就土地争议纠纷事项达成的和解协议等文件进行核查。

## 三、调查拟并购城市更新项目的申报及审批情况

通过开展尽职调查以把握城市更新项目申报的进度、是否有实质障碍、最终意见及审批结果，是收购方决定交易架构及交易价款支付条件必不可少的前提。这部分尽职调查工作应当重点审查城市更新项目的合法性，着重从以下几个方面考察。

（一）项目有关行政许可和审批情况

1. 项目是否已经纳入城市更新单元计划

通过查询、查阅政府主管部门关于城市更新单元计划的相关公告、拟使用或调入的非农建设用地指标的函、城市更新单元计划草案或初审答复等有关文

件，核查城市更新项目是否已经纳入城市更新单元计划；未纳入城市更新单元计划的，核查城市更新单元计划申报和审批阶段及进度情况。

如项目尚未纳入城市更新单元计划，则尽职调查需要在已核查相关土地、建筑物的基础上，审查更新项目是否具备拟订城市更新单元计划的基本条件。如项目已纳入城市更新单元计划，则继续审查项目是否取得更新单元专项批复、是否完成实施主体确认等程序，并在尽职调查报告中予以说明。

2. 项目是否已经完成土地、建筑物信息核查

城市更新单元计划经政府批准后，在编制城市更新单元规划之前，计划申报主体应当向主管部门申请对城市更新单元范围内的土地及建筑物信息进行核查、汇总。对于已纳入城市更新单元计划的更新项目，并购方需要核查项目是否已经取得规划国土部门出具的城市更新单元范围内土地、建筑物信息核查意见、核查结果复函等文件，进而以该核查意见为依据开展后续的搬迁补偿安置协议的签订工作。

3. 项目是否取得更新单元规划批复

在城市更新并购项目中，更新单元规划作为并购方最为关注的因素之一，其在项目经济指标上的重要性不言而喻。在尽职调查过程中，并购方需要通过核查项目城市更新单元规划的公告、批复、复函或规划草案、公示意见等文件，考量项目的规划用途、设计方案等是否符合并购方的投资需求。对于已经取得更新单元规划批复的项目，需要在尽职调查报告中对更新单元规划中的用地性质、规划用途、容积率等重要指标加以说明；已申报更新单元规划但尚未取得批复的，审查申报主体已提交的相关申报材料。

4. 项目是否已完成实施主体确认

城市更新项目完成实施主体确认后，申请人即取得对城市更新改造范围内的房屋及其他建筑物实施拆除重建的权利，并可以在建筑物拆除、房地产登记注销后依法开展后续的报建工作。已完成实施主体确认的城市更新项目，需要审查主管部门核发的实施主体确认文件、城市更新主管部门与实施主体签订的项目实施监管协议、建筑物拆除确认文件、房地产证完成注销的相关证明文件等。对于已完成实施主体确认的城市更新并购项目，可以按照普通房地产项目并购的内容和要求开展相关尽职调查工作。

（二）已经提交的与城市更新项目有关的各类申报文件

城市更新项目的申报方式可以是权利主体自行申报、委托单一市场主体申报或市区政府相关部门申报。判断项目申报是否有实质障碍，则需要核查申报主体、内部审批决议程序、城市更新诉求等是否符合相关法律、法规规定及城市总体规划和土地利用总体规划等要求。根据城市更新项目所处的不同进展阶段，并购方需要核查申报主体已经形成或提交的与项目有关的各类申报文件，包括但不限于城市更新单元计划申请书、更新单元计划申报表、地块现状信息一览表、更新意愿汇总表、更新意愿证明材料、更新单元范围图、现状权属图、建筑物信息图、土地及建筑物相关权属资料、土地及建筑物信息核查申请表、房地产权利证书、土地征（转）证明材料、更新单元规划申请表、土地及建筑物信息核查复函、旧屋村认定复函、历史用地处置方案、非农建设用地调整初步意见、实施主体申请书、具有甲级规划设计资质的规划编制单位编制的更新单元规划成果、地块周边市政及公共设施承载的研究报告、具有相应资质的测绘单位出具的地块及周边现状的测绘报告、集体资产处置相关证明材料、申请人制订的搬迁补偿安置方案、申请人与权利主体签订的搬迁补偿安置协议、付款凭证、异地安置情况和回迁安置表、权利主体以其房地产作价入股成立或者加入公司的证明材料、以合作方式实施城中村改造的改造合作协议以及相关申报主体的主体资料，等等。

## 四、调查项目搬迁补偿安置情况

搬迁（或称“拆迁”）补偿安置工作是城市更新项目能否完成的核心与关键，它与更新改造项目中的成本控制、进度推进、风险防控密切相关。纵观整个城市更新工作，“拆不动”一直以来都是困扰房地产开发商的难题，与项目范围内权利主体签订搬迁补偿安置协议的进度直接影响城市更新工作的进程。为预估项目需要付出的资金成本、判断补偿安置方案能否合法实施，需要对城市更新项目补偿安置情况展开尽职调查。

（一）搬迁补偿安置方案制订情况

搬迁补偿安置方案是城市更新项目中的重要文件，是开发单位为明确被搬迁人可享有的搬迁补偿权益，体现搬迁补偿安置工作的公平、公开，就搬迁补偿安置工作制订的关于补偿内容、补偿方式及补偿标准等的公开参考文件，通常在签署正式搬迁补偿安置协议之前完成制订并向全体被搬迁人公示。搬迁补偿安置方案的制订，有助于指导搬迁人与被搬迁人就搬迁补偿安置事宜有序开展谈判、签署搬迁补偿安置协议等相关工作。

需调查的搬迁补偿安置方案的内容主要包括：房屋征收范围、补偿内容、补偿方式、补偿标准、安置物业的区位、数量、调换标准、套型面积、计价依据、过渡方式、临时安置用房标准、拟订的签约期限、提前搬迁奖励期限、提前签约奖励标准等。此外，补偿安置方案相关内容的公示公告情况、关于补偿安置方案的内部审批决策情况等，关系到补偿安置方案是否经过合法的制订程序，也是并购方需要审查的一项重要内容。

### （二）搬迁补偿安置协议签订情况

在城市更新项目开发实践中，开发商无法完成项目范围内业主 100%签约是造成多数城市更新项目难以落地的重要原因，而即使开发商已与相关业主签订搬迁补偿安置协议，也频频因协议的履行引发纠纷。在法院受理的与城市更新相关的诉讼案件中，搬迁补偿安置协议纠纷案件数量远远高于其他案件。故此，并购方在开展并购项目之前，需要对项目范围内已签订的搬迁补偿安置协议进行严格审查，后续一旦因搬迁补偿安置协议引发纠纷，并购方不仅要投入大量财力、物力、人力进行解决，还会使得项目进展受到极大的阻碍，进而需要付出更多的时间成本。笔者认为，并购方可从以下几个方面对已签订搬迁补偿安置协议的情况进行严格审查。

#### 1. 核查签约情况

在决定并购项目实施前，并购方首先需要核查已签署搬迁补偿安置协议的签约主体是否已全面涵盖被搬迁主体，核查已签署的补偿安置协议所覆盖的建筑物面积是否已全面涵盖城市更新项目范围，核查签约主体在补偿安置协议中是否表达了真实意愿。对于签约率未达到 100%的，则要核查并分析相关权利人未签约的原因、利益诉求以及后续签约的可能性。

#### 2. 审查签约主体

在审查补偿安置协议的内容时，必须审查被搬迁人的签约主体资格。一方面，须确认被搬迁人是否具有完全的民事行为能力，进而保证协议签署的合法、有效性；另一方面，并购方需要审查被搬迁人是否为被搬迁房屋适格的权利主体。核查并明确适格主体，是后续实施补偿安置的前提，但由于立法滞后、历史遗留、政策限制等原因，现实中可能出现的情形纷繁复杂，比如权利人死亡、失踪的，购买房改房、统建房的，名为租赁实为买卖的，等等，房屋的实际权利人难以确定，笔者在此列举如下情形以供参考：

（1）一般情况下，应以房屋权属证书（包括各类红本、绿本产权证）及不动产登记部门档案中记载的权利人为适格的权利主体。

（2）对于没有取得不动产权证书或没有办理不动产登记，但有其他证明文件可以证明其权属关系（如买卖、赠与、遗赠等），经有关权利人认可，也可将其作为被搬迁人。

（3）被搬迁房屋存在共有人的，应由全部共有人在搬迁补偿安置协议上签字，否则应取得其他全部共有人经公证的授权或放弃权利的证明文件。被搬迁房屋由夫妻双方基于婚姻关系共有的，应将夫妻双方共同列为被搬迁人。

（4）被搬迁房屋的权利人死亡的，如权利人生前立有遗嘱，在审查遗嘱效力后，可确定遗嘱继承人为被搬迁人；如生效的法律文书已就被搬迁房屋确定了继承人，应以确定的继承人为被搬迁人；未确定合法继承人的，根据《继承法》的相关规定确定合法继承人后，将确定的继承人作为被搬迁人。

（5）权利人为境外人士或定居境外的，可委托第三人代为签署，但须出具经境内公证机构公证的授权委托书；若授权委托书系在国外签署，则须经签署地所在国公证机关予以公证，并经中华人民共和国驻该国使领馆予以认证，或履行我国与该所在国订立的有关条约中规定的相关证明手续后，方可由受托人代为签署。

3. 审查协议文本

搬迁补偿安置协议的内容一般包括补偿安置方式、补偿安置标准、补偿安置款支付方式、房屋搬迁及交付、回迁房屋的分配及交付方式、延期安置违约责任、保密条款、争议解决方式等，并购方应对上述内容逐一进行审查，以确认协议内容是否充分保障搬迁人的相关权益，相关风险是否可控。另外，补偿安置协议中关于被搬迁人及被搬迁房屋的基本信息（包括但不限于证号、位置、面积等）应与产权证书或产权登记部门档案中记载的信息一致。

## 五、 调查项目相关合作协议的签署及履行情况

在项目转让时项目公司往往持有已经签订的大量的合同文件，这些合同文件涉及的主体繁多，有政府主管部门、村股份合作公司、项目合作方、融资银行、拆迁公司、评估机构、测绘机构等。在城市更新并购中，并购方需要审查这些合同文件的条款内容、履行状况、履行合同中相关材料的存档等情况。

### （一）相关合作协议的签署情况

在与村股份合作公司以合作方式实施的城市更新改造项目中，开发商为抢占开发权，往往会先与村股份合作公司签署框架协议、合作意向书、合作协议等基础性协议，或达成有关开展城市更新项目的其他书面约定。

审查框架协议、合作意向书、合作协议等有关书面文件内容及其履行情况，对于判断城市更新项目能否顺利推进作用较大。审查上述合作开发协议类文件，应主要关注合作模式、权益分配、双方权利义务以及违约救济等。具体项目需要具体判断，例如涉及非农指标的，需要关注非农指标落地情况、合作前提及合作条件等；如项目内存在历史遗留问题的，则需要关注融资方或被收购方处理历史遗留问题的方式及所采取的措施等。

### （二）村股份合作公司决策程序的执行情况

项目合作开发事宜的决策审批程序一般需要取得董事会、股东（大）会、集体资产管理委员会对合作开发事宜及城市更新项目合作方案的内部决策文件，通常还会取得决议的公证文件、主管部门对城市更新项目方案的备案资料。故以股份合作公司为例，在核查项目合作开发事宜的决策审批程序时，需要核查公司章程、表决机制及程序、“三会”（股东会、董事会、监事会）以及集体资产管理委员会决议、股东签字确认表、未备案股东签字确认表、见证人员签字表等，审查股份合作公司内部运行是否存在较大矛盾、内部决策程序是否完备、是否符合公司章程等。除此之外，原始权益人引进合作方的相关程序性文件还包括招投标文件、竞争性谈判文件等。另外，在股权收购模式下，对被收购方在主体资格审查方面有更细致的要求，比如是否被委托为城市更新项目申报主

体、是否已申报城市更新单元计划、是否已取得城市更新项目阶段性成果等，在开展城市更新并购项目的尽职调查中需要密切关注上述要求。

（三）集体资产处置情况

2016年，中共深圳市委办公厅、深圳市人民政府办公厅发布了《关于建立健全股份合作公司综合监管系统的通知》（深办字〔2016〕55号），要求将集体用地合作开发建设、集体用地使用权转让和城市更新等资源交易项目纳入各区公共资源平台统一实施。在涉及集体用地、集体资产交易或合作开发的城市更新并购项目中，并购方在开展尽职调查工作时需要了解和掌握各区对于平台合作交易的监管细则，并审查股份合作公司的决策是否符合集体资产交易的相关规定。比如，宝安区规定城市更新项目中集体用地面积占城市更新项目总用地面积比例超过20%，或改造前城市更新项目中集体物业面积占城市更新项目总物业面积比例超过1/3的应通过公开招、拍、挂或竞争性谈判方式选择合作方；未达到上述标准的，可不通过公开招、拍、挂或竞争性谈判方式选择合作方，但应履行公司内部民主决策程序，并报街道办事处审核备案。再比如，宝安区（商住项目）、龙岗区、龙华区、坪山区均明确要求合作方或控股公司具备房地产开发资质。

此外，在城市更新项目的并购中，不乏存在村股份合作公司或相关权利主体可能与两个以上开发主体签订合作框架协议的情况。因此在并购的尽职调查中，除审查目标公司与村股份合作公司及相关主体签订的合作协议外，还需要核查村股份合作公司和相关权益主体是否与其他第三方签署了协议、协议的内容及其履行情况。对于在开展拟并购项目前确有签署过相关合作协议的，则要特别关注协议的效力、履行情况、相关主体的违约风险以及上述因素对拟并购项目及并购方可能造成的影响，以避免引发不必要的纠纷。

## 六、调查目标公司情况

在城市更新并购项目中，凡涉及以收购目标公司股权来控制不动产或相关项目权益的，均需要对目标公司的主体情况进行详尽调查，因而使并购方能更多地了解和掌握目标公司设立、经营等各方面的信息，确认目标公司在设立、历史沿革、公司治理结构、经营等方面的合法合规性，避免因目标公司存在法律、财务、税务等问题而产生法律风险。

对目标公司主体情况的调查内容主要包括：公司的主体资格；公司设立与历史沿革；注册资本及缴纳情况；公司独立性；公司股权结构与控股股东、实际控制人；公司董事、监事及高级管理人员任职资格；公司财务和内部控制制度；同业竞争与关联交易；公司主要资产与经营设施；在建或已完工的建设项目、重大债权债务及对外借款、担保情况、税务及财政补贴、重大合同、财产租赁情况、财产保险事项、公司对外投资情况、公司劳动用工、劳动保护及劳动保险情况、重大诉讼、仲裁及行政处罚情况等。由于上述调查内容与一般股权并购项目的尽职调查内容并无差异，故不再赘述。

### 七、 其他需要调查的内容

除上述列举的各项调查内容外，根据具体城市更新项目的情况以及并购方自身需求等，可能还需要对诸如项目区域法定图则、项目地块功能和容积率是否具有可调整空间、土地贡献率、公共配套设施及保障性住房配建等可能影响项目利润空间的因素展开调查。

其中，需要调查的项目容积率的内容包括规划容积、基础容积、转移容积及奖励容积等，在调查项目地块规划容积率的过程中，需适当注意以下可以有条件申请调整容积率的情形：增配公共设施（含非营利性的民办学校）、交通设施、市政设施导致更新单元开发条件发生变化，且不增加经营性建筑面积的；依据现行规定增加人才住房、保障性住房、人才公寓、创新型产业用房且不增加经营性面积的；因产业转型升级需要，市政府明确支持项目提高容积率的；因法定图则发生片区功能等重大变化导致更新单元开发条件变化的。必须注意的是，在城市更新单元规划批准两年内，或已签订土地使用权出让合同的城市更新项目，容积率不予调整。

## 第四节 城市更新项目并购与合作法律文件设计

城市更新项目并购中通常需要签署的协议文本包括收购协议、合作开发协议、股权转让协议及相关意向书、框架协议等，项目并购交易双方依据项目尽职调查结果，对前期确定的核心商业条件进行调整和细化，在此基础上形成完善的项目并购交易方案，最终拟定并签署项目并购的正式交易法律文件。

城市更新项目的并购交易与一般的并购交易不同，由于项目不动产权属、项目审批以及搬迁补偿谈判等因素的高度复杂性，仅仅以一般并购交易的主要条款为框架来制定交易文件，往往难以满足并购方的风险防控需求，而在不同的并购模式下，不同的项目进展阶段、不同目的的并购项目决定了并购交易中的法律文件形式、内容各异。根据并购交易双方的不同需求，在各类合同的具体条款设置上也应有所不同或应当有所侧重。以下简要介绍在几种并购模式下，并购交易法律文件中应当注意设置的特别条款。

## 一、 资产并购模式下的合同条款设置

在资产并购模式中，并购方以直接取得项目不动产所有权为手段获得更新项目开发权益。相较于其他两种模式，资产并购模式是法律关系较为简明清晰的一种，在尽职调查工作开展到位的情况下，很大程度上可以避免标的不动产及相关项目的权益瑕疵或争议被隐瞒、遗漏的风险，但由于城市更新项目并购存在一定的特殊性，更新项目中可能存在大量的诸如历史遗留用地、历史遗留违法建筑等无法办理产权登记的不动产，在针对未办理不动产登记的资产并购中，应当格外注意并购方可能面临的权属争议、瑕疵风险。除一般资产并购合同中包括的并购标的、价款、支付方式、双方权利义务、保密、不可抗力、违约责任以及争议解决等共性条款外，并购方要额外注意以下条款的设置。

### （一）合同主体

根据本章前述尽职调查工作中对标的不动产性质及权属的调查结果，并购标的办理了不动产权登记的，通过相关产权证书、不动产登记中心查询结果或者主管部门出具的权属核查文件可明确其权利人，该种情形下则以登记的权利人作为合同的转让方。

标的不动产未办理或无法办理不动产权登记的，包括历史遗留违法建筑、早年集体用地流转、“明租实售”等多种情形，如有主管部门出具的权属核查

文件作为依据，则可依据权属核查文件确认转让方是否具备适格的合同主体资格；反之，则需要通过由转让方完成补缴相关土地地价款、土地出让金、市政配套设施金等费用，取得村股份合作公司书面承诺并确认唯一权利人，或通过历史遗留用地、历史遗留违法建筑申报、缴纳罚款、补缴地价等处理程序完善用地手续等其他方式确认转让方为标的不动产的唯一权利人。

（二）标的不动产现状确认

鉴于城市更新并购活动中涉及的标的不动产的复杂性以及搬迁过程中可能面临的权利人为获得更多补偿而实施的加建行为，在签订收（并）购协议时，收购方需要确认标的不动产的现状，包括用地及建筑物的权属性质、坐落、四至范围、建筑面积、规划指标、权利负担、租赁期限、装修程度等，并将其在合同中予以明确记载。

（三）声明与承诺

城市更新并购中，标的不动产的权属及历史渊源较一般的房地产项目并购更为复杂，为保证转让方提供的资料、信息及相关陈述均属客观事实，避免出现标的不动产权属存在瑕疵或争议的情况，确保并购项目能够依法推进，并购方往往会要求转让方就相关事实作出声明与承诺，并明确约定声明或承诺内容不实应当承担的法律责任。

声明与承诺的内容包括以下几个方面：

（1）主体适格，转让方为标的不动产的权利人，且具有完全民事行为能力；

（2）转让方为标的不动产的唯一权利人或已理清经济关系，标的不动产不存在权属争议或瑕疵；

（3）就出让并购合同项下标的不动产及作出相关声明与承诺的意思表示真实；

（4）转让方不得再将标的不动产进行处置（包括转让、抵押、出租等）；

（5）转让方不得就标的不动产与任何第三方签订搬迁补偿安置协议、合作协议等；

（6）遵守诚实守信原则，严格按照合同约定履行义务；

(7) 如有第三方就标的不动产主张权利的解决途径及相关法律责任等。

(四) 清租及返租

在城市更新项目并购中，经常会遇到标的不动产存在租赁关系的情况。由于《中华人民共和国合同法》(以下简称《合同法》) 规定“买卖不破租赁”，并购方在收购标的不动产后开展城市更新工作，势必会影响到承租人的权益，标的不动产附带的租赁关系甚至会阻碍更新项目搬迁工作的进行。为保证后续城市更新项目的顺利开展，并购方需要在法律尽职调查过程中注意标的不动产的租赁情况，结合城市更新项目进展的实际情况，要求转让方自行与承租人终止租赁合同或与承租人重新协商租赁期限，避免出现租赁期限届满租户仍占用土地和建筑物、租户主张搬迁补偿费用等可能导致无法及时完成搬迁工作、项目搬迁成本增加或项目开发进度受阻的情况，以确保在项目实施主体确认完成的同时，顺利开展搬迁工作。

(五) 出让人的协助义务

根据实践经验，更新改造项目中的房产大多为非商品性质，而非商品性质的房产交易需要缴交城市更新项目用地在流转过程中产生的土地地价款、土地出让金、市政配套设施金等费用，并在通过历史遗留问题处理申报、罚款、补缴地价等方式完善用地手续并转为商品性质后，方可办理产权转移登记。即使双方约定在不办理房地产转移登记的情况下直接开展项目申报，在申报过程中也需要转让方提供大量的配合、协助工作，比如要求由转让方、村股份合作公司共同作出书面承诺并确认并购方完成物业收购后即为更新项目用地及地上建筑物的唯一权利人，完全享有不动产权益及城市更新项目开发权益。

(六) 抵押、查封的解除

拟收购房产存在抵押、查封等权利限制情况的，可在交易文件中明确约定由转让方负责在办理交易所涉不动产变更登记前以还款、另行提供抵押等方式，解除目标房产的抵押、查封状态，并承担相应费用。必要时，可采取设立共管资金账户等方式，督促出让人积极、按时履行还款、另行提供抵押等相关义务。

(七) 税费负担

在城市更新项目并购过程中，采用资产并购模式不可避免地要面临标的不动产增值所带来的高额税费。在标的不动产交割以前，交易双方应根据此前商务谈判结果，确定标的不动产交易税费的负担比例、方式。以上内容应当在双方的交易文件中予以明确约定。与此同时，可以视情况约定负责完善纳税手续的主体及完成期限，双方约定由并购方承担全部或部分税费的，该部分税费亦可抵扣城市更新项目开发成本。

### （八）不动产的交付

在不动产收（并）购交易文件中，应对标的不动产的交付条件作出明确约定，以保证城市更新项目的后续顺利开展，实现并购方收购标的不动产的根本目的。其中，根据并购方及项目审批的要求，拟收购不动产的交付条件包括以下几方面：

（1）已缴交在流转过程中产生的土地地价款、市政配套设施金等费用，或历史遗留问题经过处理，并已取得相关主管部门作出的处理决定；

（2）已办理不动产转移登记；

（3）土地和建筑物存在抵押、查封等权利限制情况的，抵押、查封等权利限制情况已经解除；

（4）土地和建筑物存在租赁关系的，租赁关系解除，租金、保证金、水电费等相关费用结清，承租人已搬离，建筑物已腾空；

（5）早年签署“明租实售”等协议获取相关房产及土地使用权的，已结清相关“租金”、管理费及相关补偿费用，并协调村股份合作公司出具相关书面文件进行确认；

（6）已缴清相关税费；

（7）并购方认为需要满足的其他条件。

## 二、股权并购模式下的合同条款设置

在本章讨论的股权并购模式中，标的公司为特定城市建成区（包括旧工业区、旧商业区）的不动产权利人。如前文所述，以公开招标、竞争性谈判等方式确定的利用原农村集体经济组织合法取得土地使用权的非农建设用地、征地返还用地、搬迁安置用地等国有土地进行城市更新项目的社会合作方，其合作权益的转让可以通过股权并购的方式进行。但因其并非直接针对土地使用权的转让而是针对合作方享有的合作权益进行转让，本章将其归于项目权益并购模式。

相较于简单直接的资产并购模式，股权并购可在一定程度上规避不动产交易所面临的一系列政策性限制、较高的税费成本及地价成本，但同时也面临着原股东出资不到位、未披露的隐性或有债务或对外担保、被收购公司原有员工的安置存在纠纷等一系列风险。除一般股权转让合同、增资扩股合同中通常包括的标的股权、价款、支付方式、双方权利义务、保密、不可抗力、违约责任以及争议解决等共性条款外，并购方需要额外注意以下条款的设置。

(一) 交易背景条款

在旧工业区、旧商业区的产权、历史沿革以及所处城市更新项目情况等较为复杂的大背景下，需要在相关交易合同中对交易所涉物业性质、产权、所处城市更新项目现状、规划指标、实施进度等方面进行客观描述及说明，并将该等项目要件作为确定项目交易对价的依据，以在一定程度上减少并购方在标的公司、标的物业或标的物业所处城市更新项目达不到并购方要求时所需承担的风险或损失。

(二) 声明与承诺

在城市更新项目股权并购交易中，交易标的为目标公司的股权，并购方以收购目标公司股权为手段，从而达到控制目标公司资产的目的。由于并购方意图控制的标的不动产并非股权并购交易的标的物，为保证实现交易目的，并购方可以要求转让方作出相关声明与承诺，承诺其对目标公司的全部资产（或剥离后剩余资产）拥有完整的所有权，不存在任何抵押、质押、留置或其他担保的情形。除此之外，过渡期内不得就城市更新项目所涉不动产订立任何买卖、抵押、租赁、合作、搬迁补偿等协议，不得为第三方提供担保（包括但不限于抵押、质押、保证担保等）而导致目标公司负有一定债务。

(三) 资产和负债的剥离

结合城市更新项目并购的尽职调查结果，除项目所涉不动产外，目标公司可能拥有并控制其他资产，或对外负有一定债务。并购方可以根据双方需求，视情况要求转让方对与城市更新项目无关的其他资产或负债予以剥离。对于目标公司负债的剥离，须取得相关债权人的许可。

(四) 过渡期设置

在城市更新项目股权并购中，为确保交易双方诚信履约，可根据双方需求，设置一定期限作为并购交易的过渡期，在过渡期内，由交易双方对城市更新项目所涉不动产证照、目标公司证照、印鉴等重要资料进行共管。同时，在过渡期内，可同步筹划并开展解除抵押、查封、清租、退租或处理历史遗留问题、完善相关用地手续等工作。

(五) 细化股权转让款支付条件

在目标公司股权被转让前，若转让方已经取得或控制项目部分或全部现状物业，则交易双方应当在并购方案中明确现状不动产移交及相关不动产权益归属事宜，包括但不限于物业移交的具体内容、方式、期限。

现状物业产权人应当在移交物业前缴清现状物业所涉及的相关水、电、气及通信等费用并配合办理过户手续；若现状物业附带租约，则双方还应当确认转让方是否负责清租以及清租的期限与费用承担，若双方约定附租约交付，则应当约定租金结算及押金移交的具体期限及方式。

(六) 职工安置

为维护自身权益，实务中收购方往往会与转让方约定，拟收购的目标公司原职工的安置、就业、补偿等相关事宜及费用由股权转让方负责。股权转让完成后，如因原职工安置、就业、补偿等问题使目标公司或收购方受到追索或者其他影响的，由股权转让方承担所有责任和后果。

(七) 目标公司股东（大）会决议程序

股权并购协议应明确收购方的出资数额及持股比例，拟收购的目标公司应当召开股东会就该等事宜作出决议，收购双方应达成约定及时让拟收购的目标公司修改公司章程、股东名册并办理相关工商变更登记手续等。简言之，一系列的增资、扩股均需符合法定程序。决议文件、股东名册、工商核准变更登记等相关文件建议作为股权并购协议的附件，收购方应及时进行核查。

## 三、 权益并购模式下的合同条款设置

在城市更新权益并购项目中，合作方或目标公司通常为已经取得城市更新项目阶段性工作成果的主体，比如与相关业主、权利人或村股份合作公司签订了相关合作协议、取得了更新项目范围内相关不动产权利人的申报委托并作为申报主体申报了城市更新单元计划、经过集体资产交易平台遴选为项目合作方等。

此时的合作方或目标公司所享有的权益，应当理解为拆除重建区域内的房地产权利主体享有的实施拆除重建城市更新的权益，或者与原农村集体经济组织继受单位合作实施城市更新的权益，包括但不限于城市更新单元计划申报权益、确认为城市更新项目实施主体的权益、与主管部门签订土地使用权出让合同的权益以及城市更新项目建设开发的权益等。至于并购方取得上述权益的方式，可通过直接交易获得，也可通过并购目标公司股权来实现。但针对不同的权益来源，政府相关部门对其权益的交易亦有所限制，例如旧住宅区通过公开选择确定市场主体的，其无法通过合同权利义务转让的方式转让其项目权益。

无论是并购方收购项目公司股权，还是合作方将其合作协议项下的权利义务直接转让，其核心都是围绕如何获得城市更新项目的相关权益。鉴于前文对股权并购模式下的交易文件设计已有详细论述，本部分仅以并购方对城市更新项目相关权益的获得为基础，对城市更新权益并购项目交易文件中的特别条款设置作出归纳和梳理。

### （一）交易标的

在城市更新权益并购模式中，不同的并购标的、权益类型决定了并购交易模式的不同。在明确并购方拟取得城市更新项目权益的类型、城市更新有关政策对于并购标的权益的转让限制等因素的前提下，结合交易双方最终选择的权益转让方式，应在交易文件中对交易标的予以明确。成立项目公司进行城市更新建设开发的，可以通过收购项目公司股权的方式进行项目权益并购；权利主体与搬迁人签订搬迁补偿安置协议的，可以通过合同权利义务转让的方式，或通过收购权利主体股权的方式进行项目权益并购。收购项目公司股权的，条款设置可以结合前述关于股权并购模式下合同条款设置的论述，并针对目标公司

所涉及的项目权益进行细化、优化。

（二）项目情况确认

在城市更新权益并购项目中，并购方收购合作方或目标公司权益的前提，是合作方或目标公司已就城市更新项目开展有关工作，并取得了一定的阶段性成果。在并购交易文件中，为准确、全面表述并购交易的客观情况及背景，需要双方就项目情况予以书面确认，包括项目名称、坐落、面积等基本信息，以及项目进展阶段、相关行政许可和审批情况、相关协议的签订情况，等等，具体可由并购交易双方根据项目具体情况进行描述。

（三）声明与承诺

转让方或目标公司所享受的项目权益，与资产并购模式中转让方所享有的不动产物权不同，权益并购中合作方或目标公司所取得的项目权益通常是以协议方式约定的相关权益，该等权益的实现须以相关协议真实有效且相关方严格按照协议约定履行义务为前提。故此，基于并购方对拟收购的项目权益真实有效且将来得以实现的需求，应当要求转让方在交易合同中就相关项目权益的取得及实现作出声明与承诺。

声明与承诺的内容可以包括以下几个方面：

（1）主体适格，转让方为依法设立的企业法人，具有完全民事行为能力；

（2）转让方所提供其取得城市更新项目相关权益的合同、协议、授权等相关文件均为当事各方的真实意思表示，文件内容均真实有效；

（3）转让方依据上述相关文件取得了相关城市更新项目的相关权益，且其取得不违反法律、法规的强制性规定；

（4）权利人及出方让未就上述相关权益与其他第三方订立有关授予、转让权益的合同、协议或授权委托等相关文件；

（5）转让方将严格遵守交易文件的约定履行相关义务，且不得将上述相关权益全部或部分授予或转让任何第三方；

（6）如有任何第三方就上述相关权益主张权利，则转让方应负责解决并向并购方承担相关法律责任等。

（四）转让方的协助义务

鉴于权益并购中的合作方或目标公司就其已取得的项目权益，已经和相关主体洽谈、磋商、谈判，并最终订立相关协议，其对项目情况及相关信息的掌握程度往往是并购方所不及的。为确保并购方在完成相关权益的收购后能够顺利推进项目实施，并购方可在并购交易中要求转让方提供项目有关信息，以及配合完成相关协调工作。

### （五）资料交割

在权益并购交易中，就并购权益所涉及的全部合同、协议及其他相关文件进行交割，为交易的重要组成部分。在权益并购交易文件中，需要明确由转让方将上述相关资料向并购方交割，其中以股权转让方式进行权益并购的，还需要明确由转让方办理股权过户手续，以及将所有的公司文件、公章证照等资料物件向并购方进行移交的时间、条件等。在实际履行过程中，双方可以签署《交割备忘录》对移交过程加以确认。

### （六）相关方对有关事项的确认

为保证转让方项目权益来源的真实性、完整性，保证相关权益在将来得以实现，并在某些特殊情形下得到相关权利主体对于权益转让的认可，在权益并购交易文件中可增加相关方对有关事项的确认，根据并购方的需要，确认的内容可以包括项目权益来源、条件、限制、相关协议的履行情况、期限以及相关权利主体的认可及承诺等。

# 第五章　城市更新项目融资之法律问题研究[①]

## 第一节　城市更新项目融资概述

### 一、概述

经过几十年城镇化、工业化的高速发展，中国城镇建设在取得重大成绩的同时，始终存在土地利用方面使用效率不高甚至闲置等问题，与存量土地再利用、提升城市经济发展效益的目标之间，形成新的突出矛盾。城市更新等特殊“拿地”方式是在用地指标硬约束现实条件下，通过“政策创新”进行自下而上的先行先试，试图在集约用地方面创造一条新的思路，并逐步成为新型城市化进程的重要推动力。在国内不同区域，尤其在土地利用矛盾尖锐的广东、上海等地，都在如火如荼地开展。

城市更新类项目资金需求量大，开发阶段长和权利不确定性使得此类项目融资具有特殊性。本书所称的“城市更新项目融资”是指区别于一般房地产开发项目，具有城市更新等特殊“拿地”特征的“土地一级开发融资”，具体包括城市更新等特殊项目筹备阶段、申报及规划阶段、搬迁及土地出让阶段，以及前述阶段中所涉并购活动的融资行为。

### 二、城市更新项目融资的主要特征

#### （一）项目现状权益不充分、基础权利不确定

融资方在寻求项目融资时通常尚未取得与融资金额相当的项目权益，例如项目往往尚未签署土地出让合同，也未办理不动产登记，国有建设用地土地使

① 本章写作分工如下：第一节：钟凯文、国家兴；第二节：雷亚丽；第三节：邓伟方；第四节：郭云梦；第五节：莫韵莎；第六节：刘鹏礼；第七节：郭云梦、钟凯文；第八节：钟凯文、邓伟方。

用权处于不明确状态等。融资方通常只是通过与村股份合作公司或原业主单位签署合作协议取得城市更新项目合作权，持有城市更新项目中少量物业或项目公司部分股权。但就项目本身而言，其可能处于城市更新立项申报、专规编制、土地建筑物信息核查或搬迁补偿阶段中任何一个阶段或同时处于几个阶段，而对于何时可以完成城市更新项目实施主体的确认以及签署土地出让合同，则在项目前期的融资阶段无法予以准确预估，这便导致在城市更新项目融资中其底层的基础权利是不确定的，对于金融资产管理产品来说，风险较大。

（二）担保不足

正如上文所述，基于城市更新项目底层资产的权利不明确，从而难以作为融资担保的抵押物，因此，在城市更新项目中股权质押或连带责任保证的担保方式较为常见。但从资产评估角度来看，项目权益本身的不确定性以及担保物价值都与常规的房地产融资存在巨大差异；从债务性融资通常要求的抵押率等担保充足性指标来看，城市更新融资项目可能达不到担保充足率的要求。

因此，在城市更新项目中，往往存在担保不足的情况。在金融机构开展融资项目时，关注更多的是融资方的主体信用，比如有无上市公司或其他具备偿还能力的主体提供流动性支持或连带责任保证担保。

（三）未来权益及还款来源不确定

在完成实施主体确认后，城市更新等特殊类项目的实质性权益才得以最终确定。在此之前，作为投资标的的城市更新等特殊项目的未来权益及价值均存在一定的不确定性。此外，其他项目如土地整备需要经集体经济组织审议表决及相应平台招标、竞争性谈判后才能确认，融资方能否最终取得项目权益存在不确定性。

正是基于城市更新项目未来权益的不确定性，且耗时长，目前金融机构对城市更新项目开展融资的条件较为苛刻和谨慎。实践中，往往由于各种条件的局限而导致融资项目中止。

由于城市更新项目周期长，时间跨度大，未来权益不确定，与常规的房地产融资项目依靠商品房预售款作为还款来源不同，城市更新项目中的还款来源存在很大的不确定性，往往在融资期限届满之前就存在金融机构要求退出的情形，因此还款来源难以依赖标的项目的商品房预售回款，而主要取决于提供流动性支持的第三方主体的资金流情况。

## 三、 城市更新资产端中的参与主体及法律关系分析

在土地资源匮乏、土地存量过低、新增建设用地总体供给不足的情况下，出于满足城市发展建设的需求，深圳市需要对存量土地进行二次开发，但这类用地通常权属混乱，存在诸多历史遗留问题，从而陷入政府拿不走、居民用不好、市场难作为的困境。[①]

在这一背景下深圳市出台了《更新办法》《深圳市城市更新历史用地处置暂行规定》等一系列规定，对城市更新的概念予以明确，即城市更新是指在城市发展过程中，对于环境恶劣或者存在重大安全隐患及基础设施、公共服务设施等需要重建完善其功能的特定城市建成区，包括旧工业区、旧商业区、旧住宅区、城中村及旧屋村等，依据相关规定程序进行的综合整治、功能改变或者拆除重建的活动。

笔者认为，对存量土地进行二次开发困境的本质就在于城市更新涉及的主体繁多、法律关系错综复杂。因此，在展开城市更新融资相关问题前，有必要对城市更新资产端所涉及的主体及法律关系进行梳理并予以明确。

### （一）深圳市城市更新资产端中的参与主体

从2004年深圳市人民政府出台《城中村改造暂行规定》到2009年颁布《更新办法》首创“城市更新单元”概念，再到2012年出台《更新办法实施细则》(深府〔2012〕1号)、2016年颁布《关于施行城市更新工作改革的决定》(深府办〔2016〕32号)，并修订《更新办法》明确指出了未来5年内深圳市城市更新工作的总体方向和目标，可以说深圳市已经形成一套较为完备的城市更新配套法规体系。在这套规范体系下，深圳市城市更新工作也已形成一套标准化的推进流程（见图5-1）。

---

① 参见刘芳、张宇：《深圳市城市更新制度解析——基于产权重构和利益共享视角》，载《城市发展研究》2015年第2期。

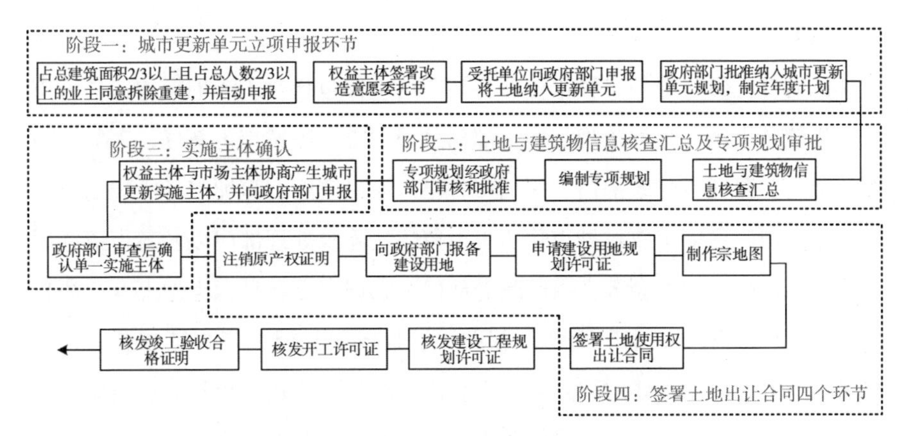


**图 5-1　深圳市城市更新工作推进流程图**

如图 5-1 所示，根据深圳市城市更新相关政策的规定，深圳市城市更新主要包括 17 个环节，分别为：原物业权利人启动申报将物业纳入深圳市城市更新单元；（有市场主体等其他单位介入的）由权益主体签署改造意愿委托书；受托单位向相关政府部门正式申报将物业所在土地纳入城市更新单元；城市更新相关政府部门批准将物业所在土地纳入城市更新单元规划，并制定城市更新年度计划；由政府相关职能部门对已纳入城市更新单元的土地及建筑物信息核查汇总；政府相关职能部门编制城市更新专项规划；城市更新专项规划经政府相关部门审核批准；权益主体与市场主体协商产生城市更新实施主体，并向政府申报；政府相关部门审查后确认城市更新单一实施主体；注销已纳入城市更新单元的土地建筑物权属证明；向相关政府部门报备建设用地；向规划国土部门申请建设用地规划许可证；制作宗地图；签署土地使用权出让合同；政府相关部门核发建设工程规划许可证；政府相关部门核发开工许可证；工程验收合格后由相关政府部门核发竣工验收合格证明。

以城市更新各环节中参与主体的身份及城市更新各环节工作的性质作为划分标准，可以将上述城市更新流程大致划分为四个阶段：城市更新单元立项申报阶段、城市更新土地与建筑物信息核查汇总及专项规划审批阶段、城市更新实施主体确认阶段和签署土地出让合同阶段。这四个阶段牵涉诸多主体，并在政府引导、市场运作、规划统筹、节约集约、保障权益、公众参与的原则下，相关主体以各种角色或方式参与到城市更新的各个环节中，构成了错综复杂的法律关系。

具体而言，参与深圳市城市更新各环节的主体包括：①深圳市查违与城市更新工作领导小组、深圳市规划国土部门、深圳市各级城市更新局、深圳市发展改革部门、深圳市财政部门、深圳市各辖区人民政府、深圳市各级规划土地监察工作机构、深圳市农村城市化历史遗留违法建筑处理部门以及各街道办事处、社区工作站、居委会等在内的政府部门；②城市更新目标土地上有合法权证的权益人、持有“绿本”房产证权益人、权属明确但无产权证权益人、土地权属明确但房产未报建的权益人、无合法手续的违法建筑权益人、安居房与房改房等特殊房产权益人、村集体股份公司、承租人及次承租人、地上建筑实际占有人等权益主体；③参与到城市更新各个开发环节的房地产开发企业、金融机构等市场主体。政府部门是城市更新工作的统筹者，城市更新模式由政府整体统筹进行，具体体现在两个方面：一是城市更新政策由政府制定；二是城市更新中的计划与规划必须由政府进行审批。权益主体是城市更新工作的发起者与重要参与者，作为权利人的权益主体就其所拥有的物业或土地向政府部门申报纳入城市更新单元是城市更新进程的起点。同时，在土地、建筑物信息核查汇总、实施主体确认等阶段也必须有权益主体的参与。市场主体是城市更新工作的推动者，负责在城市更新工作中与权益主体、政府部门两方进行协调、配合完成城市更新的相关工作，进而成为城市更新中的单一实施主体，并负责城市更新中的工程建设、拆迁补偿等工作，最终成为城市更新项目的实际权利人。

### （二）深圳市城市更新主要阶段各参与主体间的法律关系

基于上述，参与深圳市城市更新各环节的主体总体上可以分为三类，分别为政府部门、权益主体以及市场主体。这三类主体在城市更新的不同阶段扮演着不同的角色或发挥着不同的作用。也正是由于不同主体在城市更新不同环节中所扮演的角色、发挥的作用存在差异，城市更新中的各主体之间形成了一系列错综复杂的法律关系。

#### 1. 更新单元立项申报阶段中主要的法律关系

在这一阶段，政府部门相关主体的职责是为城市更新单元的划定设定一些具体的标准，即对于是否将申报的土地列入城市更新规划予以考量、确认，行使行政审批权，确保相关主体依法依规使用土地，提高土地利用效率；权益主体在这一阶段的权利即对城市更新事项行使城市更新申报权。这一阶段的核心内容即政府相关部门审查城市更新单元申报主体的事项是否符合规定的条件，并在此基础上做出是否同意或批准将申报区域纳入更新单元计划的决定，设立行政法律关系，即由作为行政主体的政府部门对作为行政相对人的权益主体所申报事项进行审查并做出决定。

就市场主体而言，虽然现行城市更新相关法规、政策并未在更新单元立项申报阶段设定市场主体的角色，但在城市更新实践中，房地产开发企业往往会主动参与其中，扮演各个权益主体与相关政府部门间的“纽带”角色，推动城市更新单元的划定和申报工作。[①] 因此，市场主体必然会通过与权益主体签订改造意愿委托书或框架协议的方式对双方在更新单元立项申报阶段及后续城市更新阶段的权利义务进行约定，即在此阶段权益主体与市场主体间设立了一系列民事法律关系。

综上，该阶段各主体间所构成的法律关系如图 5-2 所示。

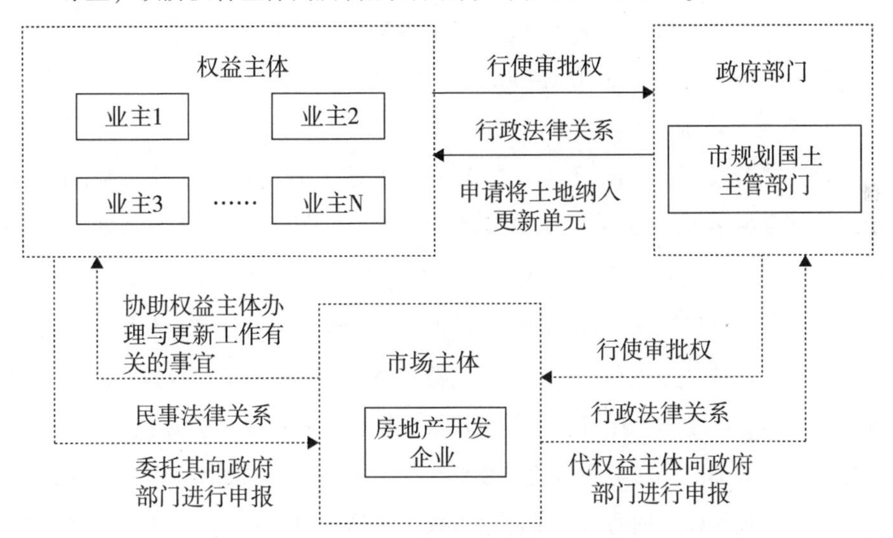


**图 5-2　立项申报阶段法律关系图**

① 参见钟澄：《城市更新市场化过程中的三方主体关系——基于广东省深圳市的实践》，载《中国土地》2018 年第 1 期。

2. 信息核查汇总及专项规划审批阶段主要的法律关系

在土地与建筑物信息核查汇总及专项规划审批阶段，政府部门扮演着主要角色。一方面政府相关部门需要根据申报主体提供的相关材料对城市更新单元范围内的土地及附随建筑物的性质、权属、功能、面积等进行核查，以确保更新单元内的不动产权属情况真实。另一方面需要在信息核查的基础上对城市更新单元的规划进行审批；权益主体的主要任务即向作为拟实施主体的房地产开发企业及政府部门提供相应的权属证明，以证明其真实拥有相关的权益。这一交互过程的主要内容即政府相关部门根据申报主体提供的相关材料对城市更新事宜进行核查，并在信息核查的基础上进行审批，这一系列行为同样属于行政权力的行使，政府相关部门与权益主体间设立了一系列行政法律关系①，受《更新办法》等法规调整。房地产开发企业则依然扮演城市更新项目推动者的角色，协助政府部门开展信息核查工作，但随着信息核查汇总及专项规划审批工作的推进，以及城市更新项目市场价值的上升，市场主体会进一步介入到城市更新项目中，因此必然会维系并强化其在前一阶段中与权益主体所设立的民事法律关系，或与权益主体设立更多、更为复杂的民事法律关系。

综上，该阶段各主体间所构成的法律关系如图 5-3 所示。

3. 实施主体确认阶段主要的法律关系

在这一阶段，政府部门虽不直接参与权益主体与市场主体的协商、议价，但其掌握着单一实施主体最终的确认权。作为权利让渡方的各权益主体，在这一阶段中处于相对主动的地位，直接享有选择实施主体的权利。但在实践中，伴随城市更新项目前两个阶段的房地产开发企业往往会利用其自身的信息优势，化被动为主动，最终取得权益主体所让渡的不动产权益，成为专项规划的单一实施主体。在市场主体与权益主体交互过程中，市场主体将通过平等协商的方式与全体权益主体达成合意，权益主体将其在更新项目中的全部权益让渡给市场主体，同时市场主体给予权益主体相应的补偿，如现金补偿、回

① 根据《更新办法实施细则》第 44 条的规定，经批准的城市更新单元规划是相关行政许可的依据。被批准的规划具有行政许可执行性，并且规划申报具有强制性，不申报将承担不利后果。根据《更新办法实施细则》第 41 条的规定，土地及建筑物信息核查和城市更新单元规划的报批应当在更新单元计划公告之日起一年内完成，否则将被清理出更新单元计划。

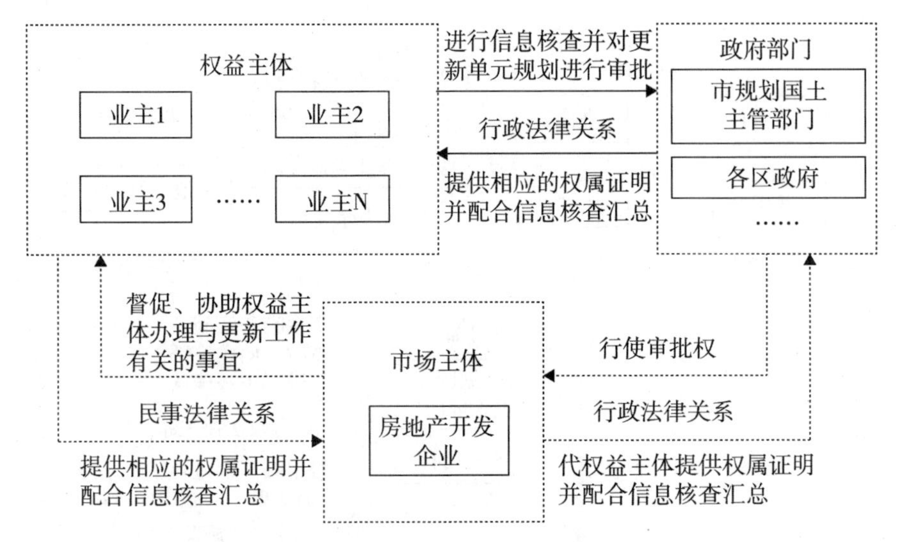


**图 5-3　信息核查汇总及专项规划审批阶段法律关系图**

迁承诺等，并签订拆迁（或称“搬迁”）补偿安置协议予以确定。这一过程中市场主体与权益主体间通过协议设立了民事法律关系，受《合同法》等民商事法律调整。但市场主体与全体权益主体签订协议受让全部更新项目权益后还需要得到政府部门的确认。《更新办法实施细则》第 49 条规定：“城市更新单元内项目拆除范围的单一主体，应当向区城市更新职能部门申请实施主体资格确认……”因此，市场主体还需要通过申请行政确认，与政府部门设立行政法律关系后，才能够最终取得城市更新项目单一实施主体身份。需要注意的是，这一阶段中城市更新职能部门与实施主体签订的项目实施监管协议，不仅具有行政行为的性质，也具有一般民事合同的性质①，后续在司法实务中对此类合同如何定性也可能存在一定争议。

综上，该阶段各主体间所构成的法律关系如图 5-4 所示。

---

①　为规范城市更新活动，进一步完善城市功能，推进土地、能源和资源的节约利用，城市更新主管部门对此进行的监管具有行政属性。且根据《更新办法实施细则》第 52 条和第 67 条，实施主体需要向政府无偿移交独立的城市基础设施、配套设施和公共服务设施用地，完成搬迁并履行完成搬迁补偿，设立资金监管账户。以上规定明显具有行政合同的特点。与民事合同主体签订合同是因为自身利益不同，行政主体签订行政合同是为了实现行政管理目标，维护公共利益。

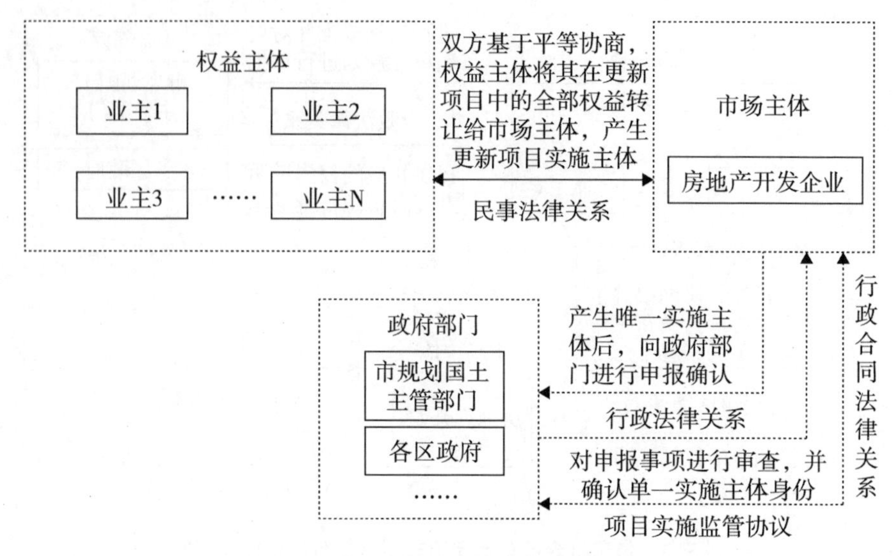


**图 5-4　实施主体确认阶段法律关系图**

4. 签署土地出让合同阶段主要的法律关系

在这一阶段，市场主体依托前一阶段中与权益主体签订的补偿协议，仅就城市更新项目享有一种债权权益，尚没有实现绑定物权的效果。因此，作为单一实施主体的市场主体还需要与政府部门签署新的土地出让合同，对其在城市更新项目中的物权予以确定；相应的，在这一阶段，政府部门需要在考量公共利益的基础上，与作为单一实施主体的市场主体进行协商，进而签订土地出让合同；原权益主体在向市场主体出让其在更新项目中的全部权益后，不再参与这一阶段的工作。在市场主体与市规划国土部门就更新单元范围内的具体更新改造项目签订国有土地使用权出让合同及/或补充协议这一过程中，房地产开发企业通过与政府部门签订行政合同设立了兼具民事属性与行政属性的行政合同法律关系，使市场主体在前一阶段与权益主体签订补偿协议所受让的债权权益转化为具有排他性质的物权权益。

该阶段各主体间所构成的法律关系如图 5-5 所示。

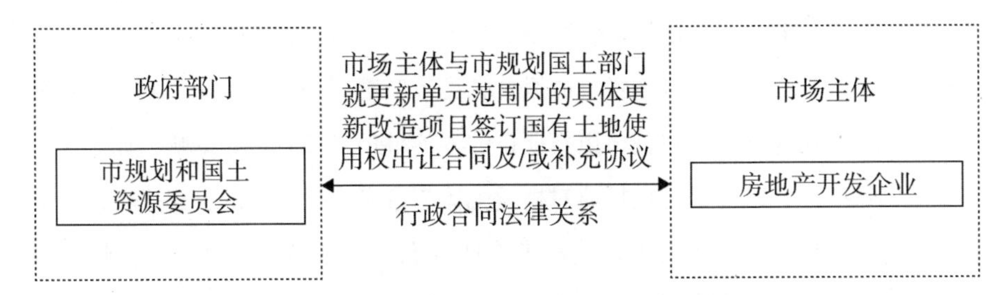


**图 5-5　签署土地出让合同阶段法律关系图**

## 四、 城市更新资产端主要环节的法律意义

基于前文的论述可知，深圳市城市更新资产端的各个环节是各主体间权益移转、权利形态变换、设立法律关系的关键节点，而且城市更新的各环节对于不同的参与主体的意义也存在差异。

### （一） 城市更新的各环节对于市场主体的法律意义

对于市场主体来说，随着城市更新各环节工作的完成，城市更新项目的市场价值必然随之升高，同时也意味着市场主体在城市更新项目中参与程度会不断加深。在更新单元立项申报阶段与信息核查汇总及专项规划审批阶段，房地产开发公司的介入方式仅限于与权益主体就城市更新项目签署一些框架性协议或合作性协议，协助城市更新项目工作的推进。进入实施主体确认阶段后，市场主体正式由幕后走向台前，其通过受让全体权益主体所享有的更新项目权益，成为城市更新项目的权利人，参与程度大大加深，但这种权益在性质上仍只是一种债权。在签署土地出让合同后，市场主体就城市更新项目所享有的债权随之转换为具有排他性的物权，使得该市场主体成为城市更新项目及后续建设工程的唯一权利人。即随着城市更新各环节的达成，市场主体的参与程度不断加深，其所掌握的权利也由一开始基于框架协议、合作协议所享有的债权转化为就城市更新项目所享有的债权，再转化为就城市更新项目所享有的物权，从而成为城市更新项目的唯一权利人。

### （二） 城市更新各环节对于政府部门的法律意义

由于城市更新各环节所牵涉的政府部门繁多，各政府部门在城市更新中的职责与参与程度也存在差异，但总体来看，随着城市更新各环节的推进，政府等行政部门在城市更新项目中的影响程度呈不断下降的趋势。在更新单元立项申报阶段与信息核查汇总及专项规划审批阶段，相关政府部门作为行使城市更新领域各项行政职权的主体，能够对城市更新项目的各项事项发挥直接的影响；而到了实施主体确认阶段，政府部门仅扮演对权益主体与市场主体达成的合意进行最终确认的角色，对城市更新项目的影响程度有所减弱；进入签署土地出让合同阶段后，政府部门则转变为合同的缔约方，在与实施主体充分协商的基础上达成出让合意，签署土地出让合同，对于城市更新的影响程度进一步减弱。同时，在这个过程中，政府部门与其他主体设立的法律关系也逐步由管理型的传统行政法律关系转变为兼具平等协商属性的参与式行政法律关系，落实了政府引导、市场运作、规划统筹、节约集约、保障权益、公众参与的城市更新原则。

### （三）城市更新各环节对于权益主体的法律意义

对于权益主体而言，城市更新各环节推进的过程是一个权利与城市更新项目不断剥离的过程。权益主体之所以能够参与到城市更新项目的进程中正是因为其权利附着在城市更新项目（物业或土地）之上，城市更新项目本身也正是其权利的载体。但随着城市更新进程的不断推进，权益主体就城市更新项目所享有的绝对的物权权益，就会通过确认城市更新项目单一实施主体、与市场主体签订搬迁补偿安置协议等过程，不断与城市更新项目（原有土地、物业）相剥离，最终转换为其对实施主体（市场主体）所享有的债权权益。

## 五、对现有城市更新模式中权利（权力）变动的思考

### （一）现有城市更新模式下权利（权力）变动所能实现的效果

城市更新是一个权利（权力）相互变动的过程。在这个过程中，参与城市更新的各个主体通过设立各种法律关系推动城市更新工作的开展。其中，各主体间设立的民事法律关系（民事合同或契约法律关系）是推动城市更新工作开展的核心力量，而政府部门以及政府部门与市场主体、权益主体间设立的行政法律关系的作用更多是对城市更新相关事项、状况进行审批，或是对权益主体与市场主体达成的合意进行确认。由此可见，政府部门是以一种“积极不干预”的行为准则处理城市更新相关事务，仅充当城市更新的规划引导者、政策

提供者的支持性角色，结合补偿性政策以平衡改造项目的财务可行性，以此鼓励和吸引私人投资。[①] 这种城市更新模式能够在改善城市环境、提升人居环境、优化产业空间布局结构的同时使政府获得土地出让金，促进房地产行业的持续繁荣，并带动相关行业发展，增加税收。从另一个侧面观察，这种政府"积极不干预"的城市更新模式也表现为城市更新的"充分市场化"，市场主体与权益主体，甚至是与政府部门通过平等协商、合理议价的方式确定城市更新工作中的大部分内容，提高了城市更新中资源配置的效率，并在很大程度上促成了参与城市更新各主体间的互利共赢、利益共享的效果。即房地产开发企业参与城市更新项目获得可用于二次开发利用的土地，并通过参与城市更新项目获取丰厚利益；政府部门则通过城市更新项目撬动市场资金与社会力量快速推动重点区域改造与更新，从而实现城市功能的重构与强化，推动城市整体发展；权益主体则通过参与城市更新获得了相应的货币或房屋补偿，在无需额外支出金额的条件下，显著改善了原有的居住条件，提升了生活品质。[②]

### （二）对现有城市更新模式下权利（权力）变动的反思

尽管现有城市更新模式在理想状态下能够达成多主体互利共赢的良好社会效果，但现有城市更新模式下也存在不少隐忧。在政府部门"积极不干预"、城市更新"充分市场化"的状况下，政府部门作为城市更新进程中的推动者、管控者和受益者，却在一些城市更新的关键环节中处于"缺位"或"让位"的状况，从而导致城市更新中预设的权利（权力）的变动无法按照理想的方式进行，甚至造成权利与权利或权利与权力的对抗，引发新的社会矛盾，进而使得城市更新的目标落空。

深圳市城市更新的总体原则是"政府引导、市场运作、保障权益、公众参与"，但在这一原则下不同的参与主体在城市更新中所追求的目标却并不一致，甚至是相互冲突的。政府部门追求以"非财税补偿"的手段撬动社会资金，改善城市环境、提升人居环境、优化产业空间布局结构，并获得土地出

---

① 参见刘昕：《深圳城市更新中的政府角色与作为——从利益共享走向责任共担》，载《国际城市规划》2011年第1期。

② 参见何舒文、邹军：《基于居住空间正义价值观的城市更新评述》，载《国际城市规划》2010年第4期。

让金、增加税收；市场主体所追求的目标则是通过参与城市更新获得作为稀缺资源的土地，并通过改造、更新赚取丰厚利益；权益主体则通过参与城市更新获得相应的货币或住房补偿，在无需额外支出金额的条件下，显著改善原有的居住条件，提升生活品质。

但在政府让位、市场主导的状况下，城市更新各参与主体间的利益冲突与矛盾也必然更加难以调和，特别是市场主体、权益主体要求经济利益最大化与政府部门追求城市更新公共效益之间的冲突会导致城市更新项目在用地功能规划、公共配套设施设置、开发土地容积率等方面引发各参与主体间的冲突与对立，进而降低城市更新的效率，甚至违背城市更新的初衷，牺牲弱势参与主体的利益，使得城市更新所预设的权利（权力）理想变动模式无法进行，并且引发诸多城市更新纠纷，催生社会不安定因素。

另外，现有城市更新模式在规划、设计阶段的政府主导与实际实施阶段的市场主导无法有效衔接，致使“自上而下”的规划引导意图与“自下而上”的实施过程难以协调。在深圳市城市更新实践中，往往存在城市更新项目土地（物业）权属混乱、规模零散、空间分散、规划协调困难的情况。但政府部门进行城市更新规划设计时，又往往存在城市更新定位、标准过高，实施难度大，仅以容积率作为激励，难以为市场主体、权益主体所认同的情况。这样一种矛盾就造成政府部门所制定的城市更新规划最终无法实现而被束之高阁的局面，使得城市更新预设的权利（权力）理想变动模式缺乏运转的动力。

## 六、 城市更新项目融资中的常见问题及应对

在厘清城市更新资产端中参与主体及法律关系的基础上，进一步对城市更新项目融资中的常见问题进行探讨。笔者认为，由于城市更新与出让用地的房地产开发项目不同，导致其在具体操作中存在一些特有的融资障碍及问题。

### （一）资金端的限制

城市更新项目属于房地产项目的范畴，融资主体往往被视为房地产企业，因此，从金融监管部门角度而言，城市更新融资应属于房地产项目融资，虽然个别融资项目中将其包装为股权并购融资并在监管部门获得了一定认

可，但实质上仍属于房地产项目融资，基于房地产项目融资的调控政策，在资金端则需受到相应监管政策的限制，主要包括以下几个方面。

第一，《关于规范金融机构资产管理业务的指导意见》（银发〔2018〕106号，以下简称"《资管新规》"）在限制资管产品投资资金来源、投资结构、产品嵌套层数、禁止期限错配等方面作出了明确规定，以往操作中几种常见嵌套投资模式（如理财+信托或资管+私募、理财+资管+信托等）将受到限制。

第二，从委托贷款路径的角度而言，《商业银行委托贷款管理办法》（银监发〔2018〕2号，以下简称《委贷办法》）禁止以信贷资金、关联方过桥借款等受托管理资金发放委托贷款，从资金端封堵了资管产品借助委托贷款通道进行投资之方式。

第三，此外，从私募基金监管的角度来看，中国证券投资基金业协会（以下简称"中基协"）2018年1月12日发布的《私募投资基金备案须知》从投资标的和投资方式上限制了私募基金从事借贷活动，借贷类、"名股实债"类私募基金产品在中基协的备案将存在障碍。除了《私募投资基金备案须知》外，中基协于2017年2月13日发布的《证券期货经营机构私募资产管理计划备案管理规范第4号—私募资产管理计划投资房地产开发企业、项目》对"热点城市"[①]的房地产项目融资（即债权投资）进行了相应的限制，从而将以往的"名股实债"也一并纳入了不允许、不鼓励的范围，之前存在的"保本保收益承诺、定期向投资者支付固定收益的约定、满足特定条件后由被投资企业赎回股权或者偿还本息的投资方式"等约定或安排，回购、第三方收购、对赌、定期分红等债权投资性质的约定均不宜再采用。

第四，从信托监管的角度来看，房地产项目融资一直受"四三二"等信托贷款之要求，而中国银监会《关于规范银信类业务的通知》（银监发〔2017〕55号）对银信类业务（特别是银信通道类业务）加以规范，重申了信托去通道化、回归本源之监管原则。

基于此，城市更新项目融资在上述监管政策的集体管控下，负责资金筹

---

① 热点城市共16个城市，分别为：北京市、上海市、广州市、深圳市、厦门市、合肥市、南京市、苏州市、无锡市、杭州市、天津市、福州市、武汉市、郑州市、济南市和成都市。

措、募集的金融机构也受到重重限制，因此对资金来源、项目交易结构等均产生了重要影响。

（二）资产端的限制及考量

除了资金端的限制，城市更新项目融资资产端的特殊性更为明显。众所周知，城市更新项目融资中金融机构对项目的理解和把握程度一般不如其他通过出让获得土地的传统房地产项目，由于城市更新项目流程复杂，且土地出让方式特殊，在城市更新项目中资产端对融资的限制也是金融机构需要重点考量的因素。

首先，城市更新项目推进需要较长期限，且项目结果存在一定的不确定性，因此需要灵活设置融资期限，为项目预留足够的退出时间。

其次，城市更新融资项目难以获得项目土地或在建工程[①]的抵押，除融资人另行提供资产抵押外，其担保措施以第三方保证、股权质押为主，部分在境外上市的融资者，则可由境外上市公司提供保证担保。

最后，城市更新项目的还款来源存在不确定性。已进入正常开发流程的房地产项目的预售节点及可回笼的现金流是可预见的，但在城市更新项目中，项目可进行预售的时间节点以及通过预售回笼的现金流均存在不确定性，因此对于城市更新项目的退出机制，需充分考虑还款来源是否清晰。

此外，如上文所述，城市更新项目涉及的利益主体以及法律关系较为复杂，若项目推进不顺利，融资者可能丧失对项目的把控力甚至失去项目本身，因此在投后管理环节如何对项目进行持续跟踪，以及一旦出现类似风险如何进行补救也是金融机构需要重点考虑的问题。

正是基于城市更新项目融资的上述特性，下文将通过一系列实务操作案例，从资金来源、交易结构、担保措施、项目监管、项目退出等方面逐一分析说明，以对城市更新项目融资的实际操作有一个相对全面并符合现实的理解和把握。

## 第二节　融资路径之信托计划

信托计划得益于其信托牌照、破产隔离以及不受投资者人数限制等制度设

① 截至2018年11月，深圳市内仍未能办理在建工程抵押。

计优势，作为常见的融资渠道广泛运用于各行业融资活动。与此同时，信托计划融资在房地产行业受到特别监管——中国银监会办公厅《关于加强信托公司房地产业务监管有关问题的通知》（银监办发〔2010〕54号）第3条规定，信托公司发放贷款的房地产开发项目必须满足“四证”齐全、开发商或其控股股东具备二级资质、项目资本金比例达到国家最低要求等条件。该条规定即为“四三二”监管要求，银监会后续下发的规范性文件中亦多次强调发放房地产信托贷款需满足这一要求，不符合前述要求的房地产信托贷款项目可能面临不能通过信托计划备案或者项目被叫停的风险。

在城市更新项目的前期，项目往往不满足四证齐全、项目资本金比例达到国家最低要求等条件，使开展信托贷款融资存在合规性障碍。基于此，投资方采取的较常见做法是新设或利用已有的特殊目的公司（Special Purpose Vehicle，以下简称SPV）作为借款人接收信托贷款，SPV以增资或股转方式成为项目公司股东后，将向项目公司提供一笔股东借款。如此一来，将信托贷款包装成股权并购贷款，使其具备股权投资的外观，以提高信托计划通过银监局备案的概率。

下文中，笔者将围绕一起信托公司主动管理类的信托计划向城市更新项目提供融资展开详细分析。

## 一、 案例背景

深圳市某拆除重建类城市更新项目（“目标项目”）处于城市更新单元计划申报阶段，项目公司拟申请融资用于目标项目的拆迁补偿、购买非农指标支出及偿还股东借款债务等，融资总规模不超过9亿元。

## 二、 交易流程及交易要素

本项目的交易流程简述如下。

第一步，某信托公司发起设立集合资金信托计划（“信托计划”），其中优先级信托单位规模约7亿元，向合格投资者发行并募集资金；劣后级信托单位规模约2亿元，由项目公司的原股东以其对项目公司的借款债权（“标的债权”）作为对价认购（标的债权归入信托计划财产）。在签订《信托合同》的同时，原股东、信托公司（代表信托计划，下同）、项目公司及相关担保人同步签署《债权转让协议》，约定原股东将其对项目公司的标的债权转让给信托公司，借款期限应不长于信托计划存续期限，并约定项目公司需定期支付标的债权的清偿款（定期支付金额应覆盖信托计划存续期间的信托收益），信托计划以该等清偿款定期向投资人支付信托收益。

第二步，信托公司新设全资子公司（“SPV”），在信托计划资金募集完成后，以信托资金向 SPV 发放信托贷款（“信托贷款”）。

第三步，SPV 以信托贷款资金中的 1000 万元用于支付收购项目公司 75% 股权的收购对价，支付至原股东指定的银行账户（指定项目公司银行账户接收）；在 SPV 变更为项目公司的工商股东后，SPV 向项目公司提供 8.9 亿元的股东借款。

## 三、 交易结构设计和交易流程分析

**表 5-1 交易结构设计表**

| 信托管理类型 | 主动管理型 |
| --- | --- |
| 信托期限 | 24 个月，融资人有权在满 12 个月后提前偿还信托贷款。 |
| 信托规模 | 总计 9 亿元，其中优先级 7 亿元、劣后级 2 亿元，劣后级以债权认购。 |
| 信托资金运用方式 | 股权投资分红。 |
| 信托报酬 | 在每期信托成立之日收取当年度的信托报酬，后续每年均在前端收取信托报酬。 |
| 信托收益分配 | 信托收益按年分配一次。 |
| 风控措施 | (1) 项目公司原股东以其持有的项目公司股权为 SPV 清偿信托贷款债务提供质押担保；<br>(2) 项目公司取得目标项目土地证后向信托公司（代表信托计划）追加土地抵押担保；<br>(3) 项目公司原股东在信托计划到期时需回购 SPV 持有的项目公司股权；<br>(4) 项目公司原股东、项目公司的实际控制人为信托贷款债权提供连带责任保证担保；<br>(5) 信托公司向项目公司派驻董事，对项目公司重大事项享有一票否决权；<br>(6) 项目公司银行账户、印鉴、证照共管。 |

（续表）

| 信托管理类型 | 主动管理型 |
| --- | --- |
| 信托计划退出方式 | 项目公司以目标项目开发建设销售回款或金融机构的再融资款向SPV归还股东借款，并由原股东回购SPV持有的项目公司股权；SPV向信托计划归还信托贷款本金，同时信托计划持有的标的债权所取得的项目公司归还的本金作为优先级的信托收益进行分配，剩余的劣后级信托份额按照现状分配，以实现信托计划之退出。 |

本项目交易结构如图5-6所示。

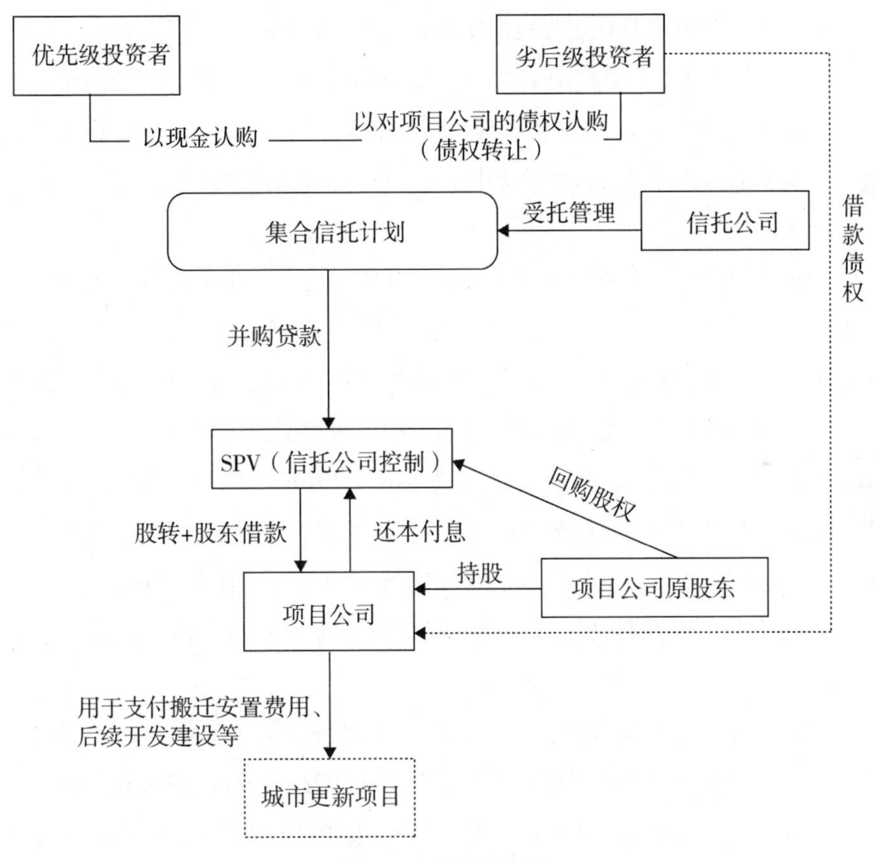


**图5-6　交易结构图**

## 四、 重点法律问题

### （一） 本交易结构的合规性风险

本项目交易模式下，如穿透至底层资产，不难看出其实质为“名股实债”投资模式。在交易方式、要素等不违反法律法规强制性规定的前提下，“名股实债”投资模式的股权转让及回购安排系作为对债权的一种非典型担保，其效力已被司法机关广泛认可，但在合规性层面还需重点关注以下几方面的法律问题：

1. 信托计划存在被认定为违规发放房地产信托贷款的风险

本交易模式下，信托计划直接向 SPV 发放信托贷款，贷款资金用于收购项目公司部分股权并向项目公司提供股东借款，形式上符合并购贷款的特点，但实质上信托计划资金系投资用于目标项目前期拆迁补偿款、非农指标支出等相关事项。

根据中国银监会办公厅《关于加强信托公司房地产业务监管有关问题的通知》（银监办发〔2010〕54 号）第 6 条的规定，各银监局要加强对既有监管规定的执行力度，强化对房地产信托融资的监管，按照实质重于形式的原则杜绝信托公司以各种方式规避监管的行为。中国银监会办公厅《关于信托公司房地产信托业务风险提示的通知》（银监办发〔2010〕343 号）规定，各信托公司应立即对房地产信托业务进行合规性风险自查。逐笔分析业务合规性和风险状况，包括信托公司发放贷款的房地产开发项目是否满足“四证”齐全、开发商或其控股股东具备二级资质、项目资本金比例达到国家最低要求等条件。

根据房地产信托监管要求，对于信托计划是否属于发放房地产信托贷款，需按照“实质重于形式原则”从信托资金用途、流向、底层资产情况等方面综合核查。上述交易模式下，SPV 系为接收信托贷款之目的新设立的壳公司，并且本信托计划项下资金绝大部分由公司以股东借款形式提供给项目公司，因此若从严理解，信托计划可能被认定为属于通过嵌套特殊目的公司、股债结合等模式变相为房地产开发企业提供融资，在该情形下，目标项目显然不符合“四三二”监管要求，信托计划存在无法通过备案的风险。

2. 信托计划的结构化比例不符合相关规定

《关于加强信托公司房地产业务监管有关问题的通知》明确规定，结构化房地产集合资金信托计划的优先和劣后受益权配比比例不得高于3∶1。同时，《资管新规》第21条规定，分级私募产品的固定收益类产品的分级比例不得超过3∶1。

本项目信托计划项下优先级资金和劣后级资金配比为7∶2，因此存在违反规定之情形，需进行调整。

（二）诉讼主体资格问题

本项目中SPV为信托公司实际控制，如资产端出现项目公司未能按期清偿债务之情形，信托公司可控制SPV采取宣布股东借款提前到期、要求原股东提前回购股权并按照合同约定支付违约金等救济性权利。在SPV为项目方控制的情况下，如SPV怠于对项目公司采取债权救济或保障措施（包括但不限于要求提前还款、追加担保或实现已有担保权利等），信托公司能否直接起诉项目公司违约并要求提前还款、行使担保权利等，是该类项目需要解决的核心问题之一。为便于分析，笔者在此将问题抽象概括为：在非通道型资金信托业务中，信托公司向项目方控制的SPV发放信托贷款，最终通过“股+债”投资于项目公司，信托公司在项目公司违约时是否具备起诉资格？

首先，信托公司与SPV之间为信托贷款法律关系，SPV与项目公司之间为股权投资与借款及担保法律关系，前者与后者的法律关系相互独立，受不同合同文件的约束。而且信托公司与项目公司之间不存在《合同法》第65条规定的“当事人约定由第三人向债权人履行债务的，第三人不履行债务或者履行债务不符合约定，债务人应当向债权人承担违约责任”情形。

其次，不同于委托贷款关系中委托人可依据《合同法》第402条的规定直接起诉借款人，以及合伙企业中有限合伙人（LP）可根据《合伙企业法》第68条的规定在执行事务合伙人怠于行使权利时以自身名义提起诉讼，信托公司与SPV、项目公司之间不存在前述委托关系或合伙关系。本项目交易模式下的起诉主体，尚无法突破合同相对性原则。

再次，符合一定条件下，信托公司可对项目公司及/或其股东提起代位诉讼。《合同法》第73条规定："因债务人怠于行使其到期债权，对债权人造成损害的，债权人可以向人民法院请求以自己的名义代位行使债务人的债权，但该债权专属于债务人自身的除外。代位权的行使范围以债权人的债权为限。债权人行使代位权的必要费用，由债务人负担。"同时，最高人民法院《关于适用〈中华人民共和国合同法〉若干问题的解释（一）》第13条进一步明确了"债务人怠于行使其到期债权，对债权人造成损害的"之适用情形——指债务人不履行其对债权人的到期债务，又不以诉讼方式或者仲裁方式向其债务人主张其享有的具有金钱给付内容的到期债权，致使债权人的到期债权未能实现。根据前述规定，信托公司提起代位诉讼的前提是信托贷款债权合法、SPV对项目公司及/或其股东的债权已到期并且SPV怠于行使债权、担保权利对信托公司造成损害的。司法实务中，为证明SPV对项目公司及/或其股东的债权已到期，信托公司至少需举证项目公司及/或其股东出现了投资端合同项下的违约情形，依照合同约定SPV拟有权随时要求项目公司提前还款及/或其股东提前回购及/或处置抵押物、质押物或实现其他担保权利，法院往往根据载明本息催告、违约警示、宣布债权提前到期等往来函件来认定举证是否足够充分。与此相冲突的一点是，基于SPV由项目方控制，其很可能不会在借款债权所处各阶段配合信托公司向项目公司及/或其股东发出书面催告、通知等债权人行权证明文件，信托公司如越过SPV直接向项目公司及/或其股东发出的书面文件证明底层债权已到期，司法机关能否据此认定也是个问题。但笔者认为，在SPV欠付信托贷款本息、项目公司出现实质违约的情况下，信托公司的"越位"通知、取证可作为其代位诉讼的证据使用。

综上，笔者认为，在资金信托业务中，项目方违约且SPV怠于行使债权人权利的，信托公司可针对项目方提起代位诉讼，直接主张SPV对其享有的到期债权。

## 五、 风控提示及防范建议

因信托投资房地产行业的监管限制，在目标项目未具备"四三二"条件的情况下，本节"四、重点法律问题"第（一）点所述的合规性风险客观存在。为降低合规性风险、提高信托计划通过银监局备案的概率，可考虑增加原股东以其对项目公司的借款债权认购劣后级信托份额的比例并不再约定股权回购安排，从形式上将“名股实债”项目包装成股权投资。

具体调整方案为：

（1）SPV 以信托贷款资金收购项目公司的股权及/或股权收益权，收购对价及股权收购款支付至项目公司银行账户，约定为原股东同意借予项目公司的股东借款，原股东应以其因此而享有的对项目公司的全部债权（“借款债权”）认购信托计划的次级信托单位。

（2）信托计划存续期间，项目公司将定期向信托计划偿还借款债权项下本金，用于支付信托计划的优先级信托收益（信托计划的优先级信托单位存续期限应不早于借款债权的借款期限届满）。

（3）在足额分配全部的优先级信托单位对应的投资本金及结清全部信托收益后，优先级信托单位将被全部注销；在优先级信托单位注销后，信托计划将全部信托财产即信托计划通过持有 SPV 的股权进而间接持有的项目公司的股权及股权收益权原状分配给信托计划的次级信托单位持有人即原股东。

就上述调整后的交易结构来说，由于信托计划项下资金用途为向 SPV 发放并购贷款，用于 SPV 收购项目公司的股权及/或股权收益权，而非用于 SPV 直接向项目公司提供借款，因此其符合股权投资的特征，在向监管部门备案时也具备一定的解释空间。

## 第三节　融资路径之私募基金

在城市更新融资市场中，除中国建设银行、平安银行等金融机构提供的拆迁贷款等融资产品外，还存在部分“真股+债权”的投融资产品，比如华融、信达等资产管理机构旗下公司推出的产品，在此类产品中，金融机构看中的是城市更新项目未来的开发收益，同时由于城市项目开发周期过长，因此就股权金额与债权金额的比例方面，在实务中一般以债为主，股权为辅，持股比例原则上不超过 20%；但基于 2017 年以来金融监管政策的调整，上述交易安排已面临合规乃至司法审查之挑战。

## 一、 案例基本情况及交易结构

某地产公司与JS集团已签署合作协议，共同推进某城市更新项目。鉴于JS集团为土地原权利人，某地产公司与JS集团约定更新项目的所有投入均由某地产公司负责，同时某地产公司应当支付5亿元保证金及相应利息至JS集团，且某地产公司负责城市更新项目全部的资金投入，包括但不限于对已有业主的拆迁补偿款项及其他费用支出。本次与私募基金开展城市更新项目私募融资即是基于私募公司流动性不足，某地产公司通过本次融资完成对JS集团的保证金支付、拆迁补偿款支付、偿还股东借款、补交地价款以及支付项目后期的建设工程款，因此融资款项将分多期发放。

该私募基金拟募集总规模为人民币403600万元，拟投资于深圳市某拆除重建类城市更新项目，基金分为优先、中间及劣后三类，其具体交易结构如图5-7所示。

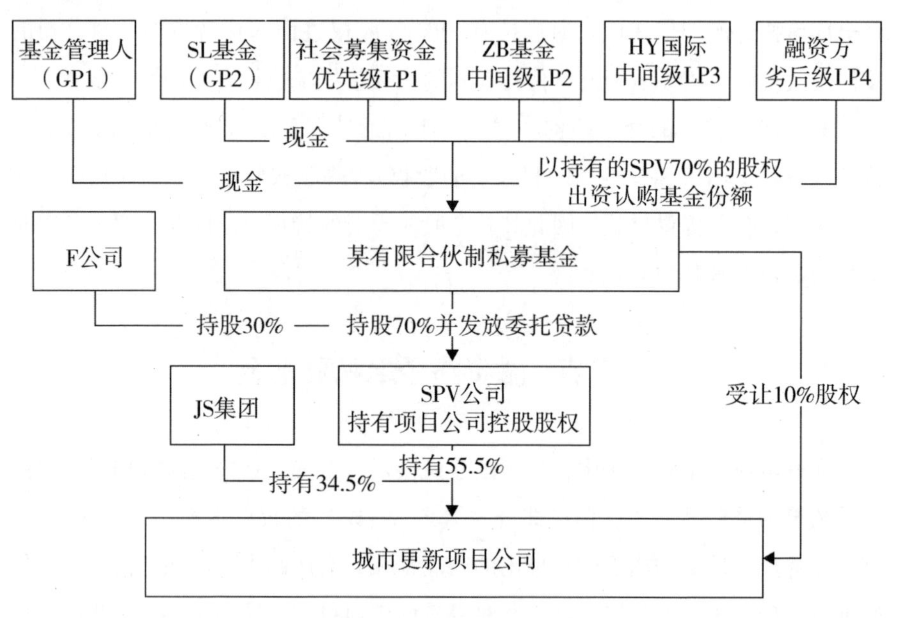


**图5-7 交易结构图**

在该私募基金中，优先级出资200000万元，约占总规模的49.55%，由基金管理人负责募集；中间级出资200000万元，约占总规模的49.65%，其中基金管理人名下基金出资170000万元，约占总规模的42.12%，HY国际出资30000万元，约占总规模的7.43%；某地产公司则以其持股平台公司（即SPV）70%股权出资，投资额为3500万元（持股平台公司的注册资本为5000万元），约占总规模的0.87%；基金管理人和SL基金共同作为合伙企业的普通合伙人，各自认缴出资人民币50万元，分别约占总规模的0.01%。未经基金管理人书面同意，某地产公司在合伙企业中的份额不得对外转让。

该基金第一期融资款于2016年已完成募集并发放，第二期款项在2018年才具备发放条件，但2017年以来的监管要求已发生变更，该基金产品第二期款项中债权款项的发放则变更为通过信托公司发放，而非原交易结构中所安排的委托贷款，这也体现了下文所提及的监管法律问题对交易结构所带来的影响。

## 二、 重点法律问题

就本次城市更新融资的交易结构而言，其资金的进入方式分为股权投资和委托贷款，并通过项目公司还本付息的方式退出债权部分，股权部分通过公司清算或第三方受让股权的方式退出，从合法性而言，该交易结构不违反法律、行政法规的强制性规定，因此在司法实践中本次融资所签署的相关交易文件的效力一般可获得认可。

从合规监管的角度而言，该产品发布后，《委贷办法》与《资管新规》先后于2018年发布实施，两份文件对此类产品结构的冲击较大，从私募基金监管以及委托贷款的限制两方面来看，需要在后期的城市更新融资中予以关注。

### （一）私募基金适用问题

按照中基协在《有关私募投资基金“业务类型/基金类型”和“产品类型”的说明》中的基金分类，私募基金分为私募证券投资基金、私募股权投资基金、创业投资基金、其他私募投资基金等。关于私募基金在多大范围内适用《资管新规》的问题，《资管新规》指出，私募投资基金适用私募投资基金专门法律、行政法规，私募投资基金专门法律、行政法规中没有明确规定的适用本意见，创业投资基金、政府出资产业投资基金的相关规定另行制定。

整体而言，现行可适用于私募基金的专门法律和行政法规较少，行政法规效力层级的“私募投资基金管理暂行条例”有望后续正式出台。目前适用并执行的具体规则主要为部门规章——《私募投资基金监督管理暂行办法》以及中基协发布的系列行业自律规则。结合《资管新规》及中基协对私募基金类别的划分，有关私募股权投资基金方面的法律、行政法规包括《公司法》《合伙企业法》等组织法，专门适用于私募证券投资基金的法律、行政法规包括《中华人民共和国证券法》《中华人民共和国证券投资基金法》。

（二）《资管新规》对资产管理产品的影响

《资管新规》规定，私募产品的投资范围由合同约定，可以投资债权类资产、上市或挂牌交易的股票、未上市企业股权（含债转股）和受（收）益权以及符合法律法规规定的其他资产，并严格遵守投资者适当性管理要求。就私募基金投资范围而言，前述规定与《私募投资基金监督管理暂行办法》并无明显差异，但结合私募基金备案专业化经营要求以及实践操作经验，目前原则上仅其他类私募投资基金管理人才能募集以债权类资产为投资对象的基金，并且《私募投资基金备案须知》明令禁止了民间借贷、小额贷款等借贷性质的底层资产投资以及委托贷款、信托贷款投资方式。因此，投资范围方面虽原则上明确可投资债权类资产，但以私募基金或其他资管产品嵌套通道进行债权投资仍受到较多限制。

在资管产品投资资金来源及投资结构方面，《资管新规》规定，投资者不得使用贷款、发行债券等筹集的非自有资金投资资产管理产品。同时规定，资产管理产品可以再投资一层资产管理产品，但所投资的资产管理产品不得再投资公募证券投资基金以外的资产管理产品。根据上述规定，借贷资金等非自有资金不得作为认购资金来源，该点与下文提及的《私募投资基金备案须知》《委贷办法》相关规定一脉相承。另资管产品不得超过两层嵌套（再投资于公募证券投资基金除外）的规定将对投资结构设计产生较大影响，几种常见投资模式如银行理财资金绕道基金专户或信托等通道嵌套私募基金投资于未上市企业股权、资管计划嵌套多层私募基金投资等将受到限制。

此外，《资管新规》明确金融机构不得为资产管理产品投资的非标准化债权类资产或者股权类资产提供任何直接或间接、显性或隐性的担保、回购等代为承担风险的承诺，以及分级资管产品不得直接或间接对优先级份额认购者提供保本保收益安排。对于私募基金而言，私募基金管理人或第三方同样不能对私募基金的投资者作出任何直接或间接的保底保收益的承诺，基金业协会的相关负责人也强调基金与信贷是两类不同性质的金融服务活动，保底保收益的安排不符合基金的投资本质，对于此类基金将不予备案（不视为私募基金）。至于在私募基金合同中进行的相关结构化收益约定是否会影响基金备案还需结合产品的具体情况、后续进一步出台的监管细则以及中基协书面咨询答复予以考虑。

（三）《资管新规》对私募基金退出的影响

《资管新规》规定，为降低期限错配风险，金融机构应当强化资产管理产品久期管理，封闭式资产管理产品期限不得低于 90 天。资产管理产品直接或者间接投资于非标准化债权类资产的，非标准化债权类资产的终止日不得晚于封闭式资产管理产品的到期日或者开放式资产管理产品的最近一次开放日。在私募股权投资项目中，基金退出方式一般为 IPO、并购重组、大股东或其他主体收购、清算等，由于未上市企业的退出受限于被投资企业多重因素制约（如股票锁定期），私募基金的退出安排具有不确定性和复杂性。

（四）《委贷办法》及证监局窗口指导意见

在规范委托贷款的资金来源方面，《委贷办法》第 10 条明确，受托管理的他人资金不得作为委托贷款资金来源，而因为受发放贷款牌照的限制，除了信托计划可直接发放贷款外，其他形式的募集资金往往需要通过银行委托贷款的形式向项目端投放借款资金，因此该条直接限制了以银行理财、信托计划、资管计划、私募基金等形式的受托管理类财产不得再以委托贷款的方式开展业务。此外，银行授信资金、其他债务性资金亦不得用于发放贷款，这意味着能用于发放委托贷款的资金基本上仅为委托人的自有资金。并且，依照监管逻辑，“自有资金”严格意义上不应包含股东借款、过桥资金、具有任何债务性质（企业集团发行债券募集并用于集团内部的资金除外）的资金等。至于能否通过有限合伙这种特殊形式（非备案基金）作为委托人发放委托贷款，笔者认为在该有限合伙基金本质不属于私募基金的情况下，合伙人使用自有资金对有限合伙基金出资并进行委托贷款发放并不违反法律、行政法规的禁止性规定，而一旦涉及受托管理资金、关联方借款资金、过桥资金等非自有资金情形时，则属于《委贷办法》禁止用作委托贷款资金来源的情形。

同时，根据有关新闻报道，中国证券监督管理委员会（以下简称证监会）于2018年1月11日出具窗口指导意见，明确不得新增集合资产管理计划（一对多）参与信托贷款、委托贷款，定向资产管理计划（一对一）参与信托贷款的，需向上穿透识别委托人的资金来源，确保资金来源为委托人自有资金，不存在委托人使用募集资金的情况。该指导意见限制了证券公司开展委托贷款、信托贷款等贷款类业务，同时封堵了私募基金绕道资管计划再通过信托贷款的方式进行债权投资。

（五）《私募投资基金备案须知》

《私募投资基金备案须知》主要从投资标的和投资方式两方面限制私募投资[①]，其明确指出“私募基金的投资不应是借贷活动”，可见监管重点在于限制私募基金从事借贷活动，而非限制所有的非标债权业务。值得注意的是，《私募投资基金备案须知》明确规定通过特殊目的载体、投资类企业等方式变相从事借贷活动不属于私募基金备案范围。而在2017年12月2日，中基协会长洪磊先生于第四届中国（宁波）私募投资基金峰会上明确提到“基金与信贷是两类不同性质的金融服务活动。从基金的本质出发，任何基金产品都不能对投资者保底保收益，不能搞名股实债或明基实贷”。这意味着“名股实债”或股东借款在中基协备案层面也将受到严格限制。

综上，本次城市更新融资之交易结构虽不违反法律、行政法规的强制性规定，但若在前述监管文件出台之后实施，即在当前的监管环境下该交易结构由于

---

① 《私募投资基金备案须知》“二、不属于私募基金范围的情形”规定，下列不符合“投资”本质的经营活动不属于私募基金范围：1. 底层标的为民间借贷、小额贷款、保理资产等《私募基金登记备案相关问题解答（七）》所提及的属于借贷性质的资产或其收（受）益权；2. 通过委托贷款、信托贷款等方式直接或间接从事借贷活动的；3. 通过特殊目的载体、投资类企业等方式变相从事上述活动的。为促进私募投资基金回归投资本源，按照相关监管精神，协会将于2月12日起，不再办理不属于私募投资基金范围的产品的新增申请和在审申请。《私募基金登记备案相关问题解答（七）》指出，民间借贷、民间融资、配资业务、小额理财、小额借贷、P2P/P2B、众筹、保理、担保、房地产开发、交易平台等业务与私募基金的属性相冲突。

委贷限制以及私募基金备案限制，将存在变相为房地产企业开展融资而无法完成私募基金备案以及委贷银行无法接受私募基金委托向持股平台发放委托贷款之问题，但作为前述监管政策发布之前的交易结构则颇具代表性，随着后续监管政策的陆续出台，交易结构也相应做了变更，将委托贷款调整为信托贷款。

## 三、 风险提示及防范建议

如上文所述，在当前监管环境下本次融资之交易结构的合规性存在一定的障碍，银行委托贷款存在操作难度，私募基金备案也可能遭遇多轮反馈而无法完成。因此在实务中需采取较多的变通方式，此类交易结构在监管政策调整之后也跟随市场需求进行了更新升级，衍生出不同的融资方式，主要包括：

第一，调整股权及债权的比例，将融资调整为股权投资，而非向地产企业发放融资款项，以解决私募基金备案之问题；当然对股权投资是真股投资还是“名股实债”，各金融机构的产品不一，结合不同的商业条件也存在一定差异，例如有的采取真股合作，有的仍然通过抽屉协议或其他安排达成实质性的“名股实债”。随着司法审判观点的不断演进，“名股实债”的交易安排的合法性能否得到法院认可，仍有待进一步检验。

第二，将委托贷款变更为股东借款，绕开《委贷办法》之限制。但与委托贷款已经充分获得司法实践认可不同，股东借款的合法性是否以真股合作为前提，若属于变相提供资金拆借而非真实的股东，该“股东借款”是否还属于股东借款，是否合法，利息是否受保护仍存在争议。

第三，将保证担保的法律关系变更为差额补足法律关系，并将抵押、质押等设定为以差额补足为主债权的担保法律关系，若项目公司未能分配足够的收益至基金或其他形式金融产品的，则该第三方应当予以补足，但该差额补足构成独立的债务关系，其不因股权关系是否认定为贷款债权以及贷款债权是否有效而存在效力瑕疵，相比直接作为股权回购的担保而言，该安排的合法性解释空间更大。

在股权投资下，差额补足应当属于股权估值调整机制，通俗来说应理解为“对赌约定”，此类做法在股权投资领域使用较多，在地产融资业务中则常见于规避监管的交易结构中。在司法实践中真正的“对赌”安排已有较多案例认可，但需要强调的是，对于融资产品来说，其所谓的“对赌”安排在司法实践中是否会认定为有效的估值调整条款也取决于诸多前提条件，比如对赌回购的触发条件是否合理（例如公司股权价值的相关性）、对赌回购的定价方式是否公允均将作为考量因素。因此，在融资类业务中，所谓差额补足可能被认定为变相为“名股实债”提供担保，而“名股实债”一旦被认定为变相发放贷款而无效（不能完全排除这类可能），则该差额补足也仍然存在无效之风险。

总体而言，虽然在司法实践中违规与违法存在一定的界限，但是长久以来法院一般从鼓励交易的角度出发，对合同无效的确认持较为审慎的态度，要求严格按照法律规定的情形加以确认。我国《合同法》第 52 条是确认合同无效的直接法律依据。最高人民法院《关于适用〈中华人民共和国合同法〉若干问题的解释（一）》第 4 条明确规定：“合同法实施以后，人民法院确认合同无效，应当以全国人大及其常委会制定的法律和国务院制定的行政法规为依据，不得以地方性法规、行政规章为依据。”最高人民法院《关于适用〈中华人民共和国合同法〉若干问题的解释（二）》第 14 条进一步确认：“合同法第五十二条第（五）项规定的‘强制性规定’，是指效力性强制性规定。”而从近期最高人民院审判的案例来看，穿透交易安排之表象按各方真实商业目的进行审判以及将合规问题一并纳入司法裁判范围及审判参考依据的动态值得各机构予以关注。

## 第四节　融资增信措施之委托代建

在现有的城市更新项目融资中，考虑到此类项目在融资中缺乏相应的担保物，大部分是由融资人及/或其实际控制人及/或其关联企业提供信用保证或由其他项目资产提供担保。在笔者处理的一个项目中，资金方通过要求融资方提前选定其控制的关联方作为项目的施工方，进而控制项目现场和施工进度从而保证项目的顺利推进，同时取得建设工程款优先权可以保证部分资金的安全，该措施也有一定的借鉴意义。

## 一、案例基本情况

某城市更新项目属于深圳市历史遗留70个旧改项目之一，已列入城市更新单元规划制定计划。2014年10月，A村与目标公司签署了《搬迁补偿协议书》，约定目标公司作为项目公司对目标地块进行旧城改造，并向A村支付拆迁补偿款。同时目标公司已与项目内大部分业主签署了搬迁补偿安置协议，并正在履行支付义务，同时正在进行城市更新单元专项规划上报审批工作，并在约定时间内完成目标地块所涉的全部拆迁、专项规划审批并使目标公司取得项目的单一实施主体资格确认。

目标公司原股东分别为甲（持股比例为75%）、乙（持股比例为25%），并通过"名股实债"的方式向金融机构E进行融资。收购方Z拟通过收购目标公司部分股权并后续作为目标项目的建设施工方的方式投资目标项目，故需要清理目标公司现有融资交易架构并做好后续项目的现场管控。

## 二、交易结构设计和交易流程分析

本次投资项目，相关交易结构如图5-8所示。

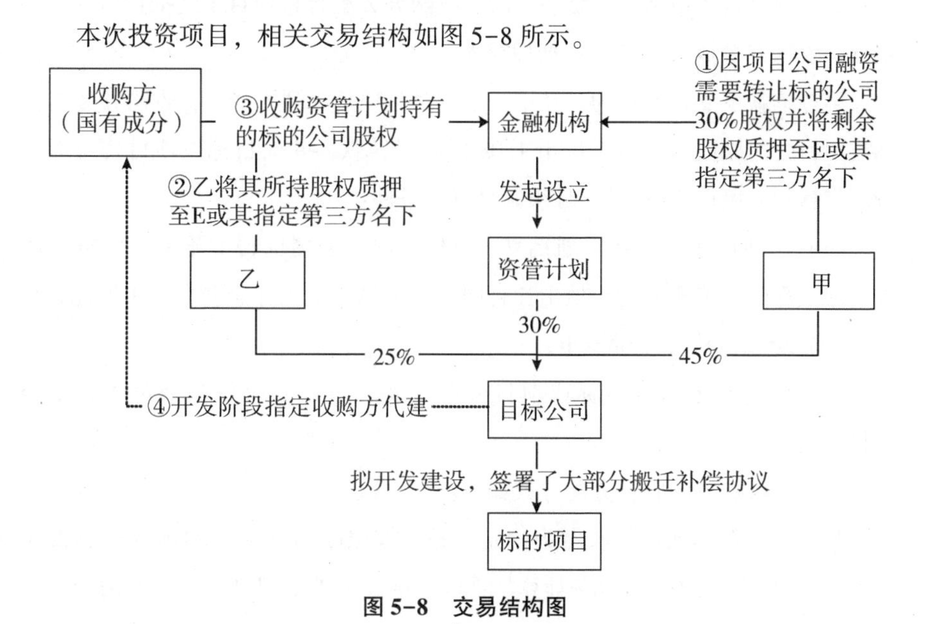


**图5-8　交易结构图**

第一，本次收购交易流程如下：

收购方Z本次投资的交易总价约为人民币60亿元，分为两笔投入目标或项目公司。其中，第一笔为：在如下条件得到满足后，收购方Z出资1.5亿元人民币取得目标或项目公司30%的股权，并向目标或项目公司提供18亿元股东借款，用于归还目标或项目公司的前期债务。

（1）目标或项目公司现有两个自然人股东及实际控制人提供连带责任担保；

（2）收购方Z与目标或项目公司原股东就公司治理中人员安排达成一致，包括法定代表人、董事、监事、总经理、工程总监和财务总监等；

（3）项目合作协议书签署后，进入过渡期，双方对项目共管，具体包括项目公司公章、证照、账户、印鉴等由双方共管；

（4）收购方Z与金融机构E就双方资金进入与退出衔接达成一致并与目标或项目公司签署相应备忘录；

（5）收购方Z与目标或项目公司关于本项目的委托代建协议签署完毕；

（6）在本项目取得土地证后，将项目土地抵押给收购方Z指定的委贷银行；后续项目具备申请开发贷条件时，收购方Z配合将项目土地抵押给开发贷银行，收购方Z成为第二顺位抵押权人。

第二笔款项支付节点为：在第一笔交易款项后3到6个月，收购方Z向目标或项目公司原股东支付人民币1.05亿元股转款，并向目标或项目公司提供股东借款约人民币40亿元，且须满足以下条件：

（1）本项目获得专项规划批复、目标或项目公司取得实施主体资格确认并与国土部门签署相应的土地出让合同（待缴纳土地出让金和办理土地证）；

（2）金融机构E全部退出；

（3）收购方Z取得目标或项目公司51%的股权并取得剩余49%股权的质权。

第二，收购方的收益分配方式如下：

收购方Z在本项目的收益为固定收益，按照收购方Z在本项目的总投入（股转款加股东借款）的18%计算。具体通过股东借款利息、代建费用和原股东回购股权的股转款等方式实现。

本项目的销售收入作为收购方Z收益的主要来源，目标或项目公司原股东方一致同意目标/项目公司销售还款在扣除应支付的工程建设款、银行贷款、税费等费用后优先偿还收购方Z的股东借款（优先于目标或项目公司原有的其他借款）。

第三，收购方的退出条件如下：

在本项目销售达到85%时，收购方Z有权选择退出，将其持有的目标或项目公司51%的股权经评估后在公开市场挂牌转让。目标或项目公司原股东及实际控制人同意按照届时评估价去交易市场回购。

退出价格按照收购方Z在本项目的资金总投入作为本金，再以本金为基础计收18%的收益。收购方Z退出的价格为上述投入本金加收益之和。具体分别通过股东借款、股转款和代建费三种方式实现。并由目标或项目公司根据税务筹划，与收购方Z分别确认三种方式的利率和价格等，确保收购方Z在本项目的收益固定并充分实现。

## 三、重点法律问题

就本次城市更新融资的交易结构而言，虽然收购方Z在融资方式中要求了固定收益回报，并采用了“股权+债权”的融资方式，但不同于一般的金融机构融资较短的固定期限，本次融资更多考虑项目实际开发建设和销售的运转周期，并同时作为目标项目的代建方参与目标项目的实际开发建设直至项目销售85%以上具备项目清算条件后才退出，其参与项目的程度、融资时间、现场管控等更偏向于“股权”性质。从合法性而言，该交易结构不违反法律、行政法规的强制性规定，因此本次融资所签署的相关交易文件的效力在司法实践中一般可获得认可。从本次融资的实施和风险控制角度而言，收购方Z之现场管理能力以及如何保障资金安全和顺利退出，是需要格外注意的问题。

### （一）关于目标项目开发风险

就金融机构E而言，其追求的是资金安全和固定收益，但考虑到融资期限较短，在金融机构E的融资期限内，目标项目暂时无法取得土地使用权证并将其抵押给金融机构E，而且项目公司部分股权通过“名股实债”的方式向金融机构E提供让与担保及剩余股权提供质押担保也并不具有实际增信作用，所以，金融机构E更多的是考虑项目本身已取得立项规划及签署一定比例的搬迁补偿协议而具有一定商业价值，且未来有类似于收购方Z这样的机构进一步接盘项目。而相较金融机构E，收购方Z则更多的是偏“股权”性的投资，目标公司及股东甲、乙能够顺利取得目标地块的开发权益并顺利开发建设，是目标公司按时、足额偿还相关借款的最大保障。事实上，一般的资金方并不会以项目的顺利推进作为融资款偿还的前提条件，而收购方Z最终通过目标项目销售回款作为还款来源，并在销售达到85%以上后方才退出，即与本项目共享收益，共担风险。

但就本案而言，在目标地块历史背景复杂的情况下，项目公司及其股东按时履行合同约定的可能性存在较大不确定性，虽然项目公司已经与A村及目标项目内大部分业主签署了《搬迁补偿协议书》，但根据《更新办法实施细则》第46条①及第49条②的相关规定，现有的深圳市城市更新政策要求实施主体必须证明其形成或为单一主体才可以向区城市更新职能部门申请实施主体资格确认。而就本项目融资而言，最大的风险在于项目公司未能通过与项目范围内全部拟搬迁业主签署完毕搬迁补偿协议或收购或合作设立公司等方式形成单一主体，以致最终无法取得项目的开发权益。对于收购方Z而言，项目公司名下除了持有与部分业主的搬迁补偿协议的债权外，并没有其他任何相应的实际权益，且如果未能在搬迁补偿协议约定的期限内完成项目开发建设及回迁，项目公司还要对相应的业主承担违约责任。至此，收购方Z通过股东借款方式提供的融资款的归还存在较大的不确定性，作为名义股东，原股东承诺的股权回购义务及回购价格均存在不确定性，极有可能损害收购方Z的利益。

笔者目前正在代理的某城市更新房屋拆迁安置补偿合同纠纷系列案，恰恰

---

① 《更新办法实施细则》第46条第1款规定：“城市更新单元内项目拆除范围存在多个权利主体的，所有权利主体通过以下方式将房地产的相关权益移转到同一主体后，形成单一主体：（一）权利主体以房地产作价入股成立或者加入公司。（二）权利主体与搬迁人签订搬迁补偿安置协议。（三）权利主体的房地产被收购方收购。”

② 《更新办法实施细则》第49条第1款规定：“城市更新单元内项目拆除范围的单一主体，应当向区城市更新职能部门申请实施主体资格确认，并提供以下材料：（一）项目实施主体资格确认申请书。（二）申请人身份证明文件。（三）城市更新单元规划确定的项目拆除范围内土地和建筑物的测绘报告、权属证明及抵押、查封情况核查文件。（四）申请人形成或者作为单一主体的相关证明材料。（五）其他相关文件资料。”

是原有的开发主体在与项目内大部分业主签署完毕拆迁安置补偿合同后，因无法与最后一家业主达成一致，且囿于城市更新的利益大、权利人多、关系复杂等情况，客观上在规定时间内未能完成相应的程序，以致先前已签署合同的业主纷纷起诉解除合同，导致开发商最终无法继续开展目标项目，已付出的时间和金钱等成本有可能无法收回，造成巨大损失。

从以上案例可以看出，城市更新融资的底层项目在确认单一实施主体并取得国有建设土地使用权之前存在巨大的不确定性，这是资金方提供融资时需要特别关注的。本项目中，收购方Z通过寻找风险承受能力不同的金融机构在项目前期代为提供融资，在目标项目确定后再进行投资，也不失为降低风险的一个措施。后续在房地产开发施工过程中，收购方Z作为大股东又提前约定其关联方作为目标项目的代建施工方，通过对目标项目现场管控及控制开发进程质量等，进一步降低了目标项目开发风险。具体施工阶段资金回笼风险见下文分析。

### （二）建设工程款优先受偿权的界限

在本项目中收购方Z为配合目标项目融资，在目标项目具备申请开发贷款条件时，收购方Z将项目土地抵押给开发贷款银行，收购方Z成为第二顺位抵押权人。如后续目标项目开发建设出现资金缺口或销售回款出现意外，无法偿还开发贷款银行的借款，则有可能出现开发贷款银行作为土地抵押权人将目标地块拍卖、折价或变卖以实现银行的债权。则此时收购方Z作为代建方、与开发贷款银行及小业主之间的界限厘清、利益平衡是需要重点关注的问题。

我国《合同法》第286条①规定，在发包人未按规定支付价款时，建设工程的价款就该工程折价或者拍卖的价款优先受偿。而最高人民法院于2002年6月就上海市高级人民法院《关于合同法第286条理解与适用问题的请示》作出的《关于建设工程价款优先受偿权问题的批复》中认为："人民法院在审理房地产纠纷案件和办理执行案件中，应当依照《中华人民共和国合同法》第

---

① 《合同法》第286条规定："发包人未按照约定支付价款的，承包人可以催告发包人在合理期限内支付价款。发包人逾期不支付的，除按照建设工程的性质不宜折价、拍卖的以外，承包人可以与发包人协议将该工程折价，也可以申请人民法院将该工程依法拍卖。建设工程的价款就该工程折价或者拍卖的价款优先受偿。"

二百八十六条的规定，认定建筑工程的承包人的优先受偿权优于抵押权和其他债权。”

《合同法》第286条仅规定“建设工程的价款就该工程折价或者拍卖的价款优先受偿”，而最高人民法院明确建筑工程承包人的优先受偿权优先于抵押权和其他债权，未必符合立法原意，在实践中仍然具有一定的局限性。同时《关于建设工程价款优先受偿权问题的批复》中提到：“消费者交付购买商品房的全部或者大部分款项后，承包人就该商品房享有的工程价款优先受偿权不得对抗买受人。”与此同时，我国《物权法》第179条规定：“为担保债务的履行，债务人或者第三人不转移财产的占有，将该财产抵押给债权人的，债务人不履行到期债务或者发生当事人约定的实现抵押权的情形，债权人有权就该财产优先受偿。前款规定的债务人或者第三人为抵押人，债权人为抵押权人，提供担保的财产为抵押财产。”因此，建设工程款优先受偿权、购房者权利和本次融资的金融机构抵押权之间界限需要厘清。

1. 建设工程价款优先受偿权并不能绝对排除抵押权人的权利

在最高人民法院公布的贵阳农村商业银行股份有限公司小河支行与泸州市永泰建筑工程有限公司第三人撤销之诉二审民事裁定书［最高人民法院(2017)最高法民终38号］中，最高人民法院认为建设工程价款优先受偿权并不能绝对排除抵押权人的权利。发包方顺康公司与施工方永泰建筑工程有限公司（以下简称“永泰公司”）签订《建设工程施工总承包协议》，工程完工后顺康公司未支付工程款。施工方永泰公司向贵州省高级人民法院提起诉讼，请求将顺康公司名下商场拍卖变现支付所欠工程款，双方达成一致并由法院作出调解书。小河支行是上述建筑物的抵押权人，小河支行认为调解书侵害了自身合法权益，向法院提起第三人撤销之诉，贵州省高级人民法院一审认为小河支行不具有第三人撤销之诉的主体资格，裁定驳回小河支行的起诉。最高人民院二审改判小河支行具有第三人撤销之诉的主体资格。

本案中永泰公司的败诉原因在于建设工程价款优先受偿权人实现优先权时，可能损害对建筑物享有抵押权的第三人的利益，故抵押权人可以对债务人与施工人之间的内容涉及实现建设工程价款优先受偿权的民事调解书提出第三人撤销之诉。最高人民法院认为，在建设工程价款优先受偿权与抵押权指向同一标的物，且该标的物拍卖、变卖所得价款不足以清偿工程欠款和抵押权所担保的主债权时，抵押权人的权益必然会因为建设工程价款优先受偿权的有无以及范围大小而受到影响。因此，抵押权人可对债务人与施工人之间的内容涉及实现建设工程价款优先受偿权的民事调解书提出第三人撤销之诉。

建设工程承包人主张工程款与银行主张抵押债权分属不同的法律关系，金融机构的抵押权和建筑承包人的工程款债权是可以并存的，两种权利不存在此消彼长的问题，两者的冲突仅在于执行中的顺序问题。

2. 权利竞合的优先顺序

建设工程承包人的建设工程款优先与金融机构的抵押权相冲突时，在司法实践中法院会参照最高人民法院《关于建设工程价款优先受偿权问题的批复》“建设工程的承包人的优先受偿权优于抵押权和其他债权”的规定。从司法实践来看，承包人在工程建设前期会大量垫资，且通常欠付劳动者工资，为保护劳动者的基本劳动权及建设工程的顺利完工，最高人民法院通过司法解释透露出司法的价值选择是保护特定利益。另外，在实践操作中，建设工程进入预售阶段后会面向更广泛的受众群体，即一般购房消费者。在购房人与建设承包人的权利竞合中，《关于建设工程价款优先受偿权问题的批复》第 2 条明确规定：“消费者交付购买商品房的全部或者大部分款项后，承包人就该商品房享有的工程价款优先受偿权不得对抗买受人。”由此可见，该条批复旨在保护更广泛的一般消费者的利益，并再次作了价值取舍。当然，实践操作需要关注的前提条件是，此处的购房消费者应当为普通的商品房购买者，且已经实际或大部分支付了购房款。现实中存在的“以租代售”或“售后返租”实则是一种变相的融资方式，投资人仅投入较小的资金获得相应的固定收益回报不应理解为此处的普通的商品房消费者，其购房款不应优先于建设工程款。

因建设工程的复杂性和阶段性，实务中常会出现多个主体同时享有承包人优先受偿权的情况，甚至承包人优先受偿权、抵押权、消费者房屋登记过户请求权三种权利并存，在这种情形下，受偿顺序应当根据实际情况详细分析。根据建筑工程法律规定及相关司法解释，承包人优先受偿权优于抵押权，但不得对抗已经交付全部或大部分购房款的消费者个人，在多个承包人同时享有优先受偿权的情形下，应先区分优先权取得的先后顺序，不能确定顺序的，按各自比例受偿。

3. 建设工程款优先受偿权能否约定放弃

发包人为了融资（包括但不限于银行贷款、信托）需要，可能会要求承包人出具放弃工程价款优先受偿权的承诺，这种承诺的法律效力在理论界和实务中一直存在很大的争议。第一种观点认为承包人可放弃优先受偿权；第二种观点认为只有获得施工企业的工人和劳动者同意，才可以放弃优先受偿权；第三种观点认为不可放弃优先受偿权。

房地产行业属于资金密集型行业，在项目开发过程中，为应付大额的资金需求，以项目土地及在建工程进行抵押是非常普遍的融资方式。为确保最大限度实现自己的债权并得到优先清偿，金融机构一般会要求开发商出具承包人放弃工程价款优先受偿权的承诺书。而承包人为了获得建设项目，或者合同履行过程中基于发包人的强势地位，有时承包人不得不作出放弃工程款优先受偿权的承诺。本项目中投资方 Z 作为目标项目的代建方，为配合目标项目开发建设及融资，如遇到金融机构抵押权人要求施工方放弃建设工程优先受偿权，如何保证投资方 Z 的建设工程款则是需要关注的问题。

《广东省高级人民法院关于在审判工作中如何适用〈合同法〉第 286 条的指导意见》（粤高法〔2004〕2 号）第 9 条规定：“承、发包双方当事人在建设工程承包合同中约定承包人不能行使建设工程价款优先权，事后承包人以建设工程价款优先权是法定权利为由向人民法院主张合同约定无效并要求行使建设工程价款优先权的，人民法院不予支持。”

另外，在重庆市某建筑工程公司与重庆某某房地产开发有限公司建设工程施工合同纠纷上诉［（2011）渝一中法民终字第 06643 号］中，重庆市第一中级人民法院认为，上诉人某建筑工程公司在被上诉人某某支行与某某公司的贷款活动中，作出了放弃工程价款优先受偿权的意思表示，促使双方贷款完成，该放弃优先受偿权的意思表示应当具有法律效力。重庆市第一中级人民法院认为，工程价款优先受偿权属于当事人享有的民事权利，法律设立该项权利的目的在于优先保障民工工资等合法权益的实现，但是该类权益的保障也可以通过当事人的其他措施予以实现，而某建筑工程公司已明确表示了放弃该优先受偿权并促使相关的贷款完成，对作出该项承诺的相应法律后果某建筑工程公司应予承担，至于依法保障民工工资等权益是另一法律问题，并不影响某建筑工程公司放弃优先受偿权承诺的效力，故对该上诉意见不予采纳。

从以上法院指导意见及判例可以看出，目前司法实务中，法院基于对当事人意思自治的保护，认可建设工程优先受偿权是可以通过协议进行放弃的；对于金融机构在承包人放弃建设工程优先受偿权的基础上提供贷款并享有的抵押权，该抵押权的实现应当优先于已放弃的建设工程受偿权。虽然现行法律、司法解释没有对此作出明文规定，但是为防止类似利益的冲突，让承包人慎重决定是否承诺放弃建设工程优先受偿权，以及更好地维护建设工程发包方、承包方、银行等多方的权益，亟待相关部门以法律的形式进一步明确细化，以避免争议发生。

### 四、 风险提示及防范建议

第一，城市更新项目前期存在很大不确定性，需根据内部投资风险要求对目标项目进行充分尽职调查并设计相应的风险防控措施，包括由不同风险承受能力的其他金融机构代为先行提供融资，具备投资条件后再进入并作为前后资金的衔接安排。

第二，实践中开发商将在建工程抵押给金融机构用以融资的情况普遍存在，而根据《合同法》第286条的规定，施工人对于建设工程享有建设工程价款优先受偿权，该优先受偿权为法定优先权，其权利顺位优先于抵押权。而投资方在配合目标项目融资时应谨慎处置其作为施工方享有的建设工程价款优先受偿权，以维护自身利益。在具体操作中需要注意的是，处置建设工程时应确保建设工程款已经合法成立且以合理的价格拍卖、变卖建设工程，以免抵押权人就此提出异议，认为侵害其抵押权并主张撤销。

## 第五节　融资增信措施之非典型担保

在现有的城市更新项目融资中，考虑到此类项目中融资方背后的实际控制人一般为大型机构，以及融资方及/或其实际控制人及/或其关联企业所持资产的特殊性，出于税务、财务或信息披露方面的考虑，资金方除了使用典型担保以外，使用非典型担保的频率也逐渐升高。在笔者处理的一个项目中，资金方就使用了包括上市公司提供暗保、以物抵债等非典型担保措施，其中有不少值得深思之处。

## 一、案例基本情况

A 公司为上市公司，其全资子公司 B 公司为某城市更新项目开发主体，其另一个全资子公司 C 公司系某房地产开发项目的开发商。为推动某城市更新项目的进展，B 公司向甲金融机构申请一笔贷款。为保障 B 公司履行还款义务，甲金融机构要求 A 公司向其提供连带责任担保；并要求 C 公司以预售商品房的方式将其名下房地产开发项目二期之控制权置于甲金融机构名下，约定当 B 公司违约时，甲金融机构能够取得相关商品房。A 公司考虑到对外提供担保需要股东会和董事会决议通过，且对此进行信息披露可能会影响公司股票价格，故拟定仅与甲金融机构签订保证合同，但不发起内部表决程序，也不对此进行信息披露。

## 二、交易结构图

本投资项目，相关交易结构如图 5-9 所示。

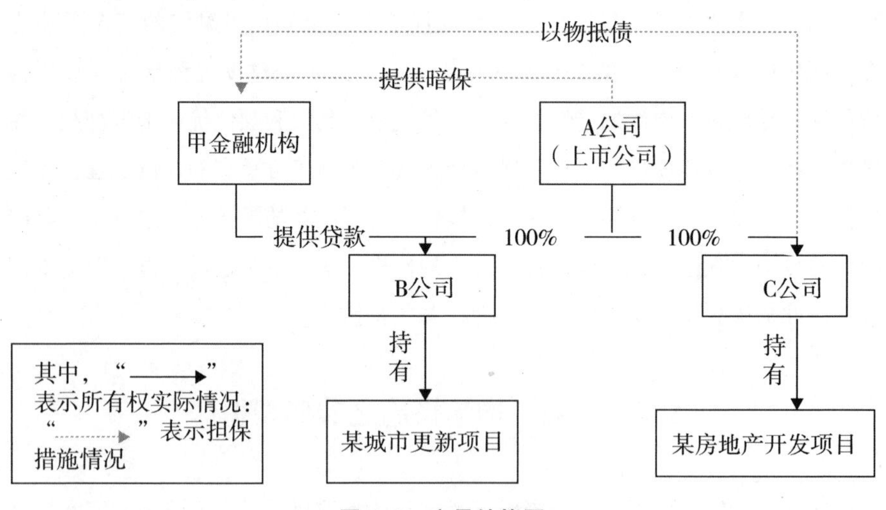


图 5-9 交易结构图

## 三、 重点法律问题

### （一）关于上市公司提供暗保的合法性问题

1. 上市公司提供暗保所涉保证合同可能被认定不成立

上市公司未经公司董事会和/或股东大会审议通过即与交易方签署连带担保合同，是否会影响担保合同的效力？

《关于提高上市公司质量意见的通知》《关于规范上市公司对外担保行为的通知》都规定上市公司对外提供担保必须经过公司董事会和/或股东大会审议通过。但根据《合同法》第52条的规定，“违反法律、行政法规的强制性规定”的，合同无效。最高人民法院《关于适用〈中华人民共和国合同法〉若干问题的解释（一）》规定，《合同法》第52条第（五）项规定的“法律、法规”应为“全国人大及其常委会制定的法律和国务院制定的行政法规”；最高人民法院《关于适用〈中华人民共和国合同法〉若干问题的解释（二）》明确规定，“强制性规定”应为“效力性强制性规定”。

就“法律法规”而言，《公司法》是全国人民代表大会制定的法律，但《关于提高上市公司质量意见的通知》《关于规范上市公司对外担保行为的通知》，并不属于国务院制定的行政法规或国务院所属的各部、委员会制定的部门规章，而属于一般的规范性文件。

就“强制性规定”而言，最高人民法院在招商银行股份有限公司大连东港支行与大连振邦氟涂料股份有限公司、大连振邦集团有限公司借款合同纠纷再审案［以下简称“案例一”，（2012）民提字第156号］中提及：《公司法》第1条开宗明义规定“为了规范公司的组织和行为，保护公司、股东和债权人的合法权益，维护社会组织秩序，促进社会主义市场经济的发展，制定本法”。《公司法》第16条第2款规定“公司为公司股东或者实际控制人提供担保的，必须经股东会或者股东大会决议”。上述《公司法》规定已然明确了立法本意在于限制公司主体行为，防止公司的实际控制人或者高级管理人员损害公司、小股东或其他债权人的利益，故其实质是内部控制程序，不能以此约束交易相对人。故此上述规定宜理解为管理性强制性规范。对违反该规范的，原则上不宜认定合同无效。

由此可见，虽然上市公司未经公司董事会和/或股东大会审议通过与交易对手方签署连带担保合同，应属于违规对外担保行为，一旦被发现，上市公司将面临受到行政处罚的风险，但就担保本身而言，并不违反我国法律法规的强制性规定。

虽然取得上市公司股东大会和/或董事会决议并非我国法律法规的强制性规定，但是作为交易一方，如果明知上市公司对外提供担保尚未经公司股东大会和/或董事会审议通过或未谨慎审查上市公司对外担保事宜是否取得股东大会和/或董事会同意，该合同是否仍对上市公司生效?

根据《关于提高上市公司质量意见的通知》的规定，上市公司任何人员不得违背公司章程规定，未经董事会或股东大会批准或授权，以上市公司名义对外提供担保。《关于规范上市公司对外担保行为的通知》“一、规范上市公司对外担保行为，严格控制上市公司对外担保风险”部分规定，上市公司对外担保必须经董事会或股东大会审议。虽然《关于提高上市公司质量意见的通知》《关于规范上市公司对外担保行为的通知》属于一般的规范性文件，但仍具有公示效力，交易各方不应随意以一般的规范性文件效力位阶不及法律为由进行抗辩。

在罗玉琴与常州友邦担保有限公司、于志宏民间借贷纠纷案（以下简称“案例二”）中，于志宏向罗玉琴借款，其同时作为友邦担保公司的总经理，但友邦担保公司对外提供担保尚未通过股东会审议。江苏省常州市中级人民法院在判决书［（2015）常商终字第352号］中提及，“是否构成表见代理，担保权人主观是否善意，才是本案担保责任认定的关键。鉴于友邦公司没有形成同意担保的股东会决议，应认定借款协议上的公章系于志宏私自加盖……既然《中华人民共和国公司法》第十六条第二款已作出限制性规定，即公司为股东担保，必须履行相应的程序性规定，须经股东会或者股东大会决议。而法律条文一经颁布即具有公开宣示效力，那么罗玉琴理应知晓并遵守该规定。因此，友邦公司为股东于志宏借款提供担保是否经股东会决议，理应成为罗玉琴‘应当知道’的内容。然本案中，除了加盖公司公章外，罗玉琴未尽审慎注意义务，即未能进一步要求于志宏提供公司股东会决议或同意证明，以此证明自己主观上系善意无过失，故其不属于受法律所保护的善意相对人。”

最高人民法院周伦军法官也曾撰文论述公司违反内部决策程序对外提供担保的效力问题，并提出应从代理的角度切入，认定公司的法定代表人或其他人员违规与交易对手方签署担保合同，但交易方能举证证明其已经对公司章程、决议、公司最近一期财务报表等与担保相关的资料进行了形式审查，有理由相信行为人有代表权或代理权的，公司法定代表人或其他人员的行为属于表见代理行为，公司应当承担担保责任，否则交易对手方不构成善意相对人。①

上市公司作为一个公众公司，对于其对外提供担保一直是国务院、证监会等政府机关重点关注的事宜，虽然《关于提高上市公司质量意见的通知》《关于规范上市公司对外担保行为的通知》等规定未上升至法律、法规的位阶，但上述规定仍具有公开宣示效力。交易各方要取得上市公司达成的股东大会决议和/或董事会决议属于正常的交易内容，如果交易方尚未对此进行书面审查或明知上市公司对外提供担保之事宜未通过公司股东大会和/或董事会批准，而是仅基于对公司公章及法定代表人或其他责任人的信任签订担保合同，交易方将不属于法律意义上的“善意相对人”。

《合同法》第50条规定：“法人或者其他组织的法定代表人、负责人超越权限订立的合同，除相对人知道或者应当知道其超越权限的以外，该代表行为有效。”因此，笔者认为，如果上市公司的法定代表人、负责人在未经公司董事会和/或股东大会审议同意的前提下违规与交易对方签署连带担保合同，且交易对方未尽到对公司决议文件的书面审查或明知公司无法提供决议文件的，交易对方应不属于“善意第三人”，此时上市公司与交易对方签署的担保协议则有被认定不成立的风险。

从目前可检索的司法判例情况来看，以上市公司未经董事会和/或股东大会审议通过对外提供担保的行为不违反法律法规强制性规定为由认定担保协议有效的司法判例较多，以上市公司未经董事会和/或股东大会审议通过对外提供担保的行为构成严重违规并损害公众利益为由认定担保协议无效的司法判例

---

① 参见周伦军：《公司对外提供担保的合同效力判断规则》，载《法律适用》2014年第8期。

也有不少，而引入代理制度和善意第三人制度的司法判例则非常少。但不可否认的是，引入代理制度和善意第三人制度为破解难以界定“公共利益”的困境提供了方案。

2. 上市公司不履行信息披露责任应不影响担保合同的效力

如果上市公司通过伪造等方式向交易对方提供了公司决议文件，但没有按照规定进行信息披露，交易对方对公司决议文件进行了书面审查，此种情况下担保合同是否有效？

《关于规范上市公司对外担保行为的通知》“一、规范上市公司对外担保行为，严格控制上市公司对外担保风险”部分规定：“上市公司董事会或股东大会审议批准的对外担保，必须在中国证监会指定信息披露报刊上及时披露，披露的内容包括董事会或股东大会决议、截止信息披露日上市公司及其控股子公司对外担保总额、上市公司对控股子公司提供担保的总额。”

深究禁止上市公司违规对外提供担保且要求上市公司进行信息披露的根本原因，如果上市公司提供“暗保”，就上市公司的投资者而言，投资者无法完整核实上市公司的价值，对于投资者的保护、资本市场稳定都是不利的。

但如果上市公司违规不进行信息披露或无法将伪造的公司决议文件进行披露，若交易对方以担保合同为由要求上市公司承担担保责任，能否认定合同效力存在瑕疵？

第一，《关于规范上市公司对外担保行为的通知》中关于披露的规定，约束的对象是上市公司，对于交易对方而言，上市公司是否严格遵守《关于规范上市公司对外担保行为的通知》的规定，是上市公司的内部管理以及行政监管问题，交易对方无法具体监督。如果将之认定为交易对方应当履行的谨慎义务，无疑会大大加重交易成本。

第二，如在案例一的判决书中，最高人民法院提及：“《股东会担保决议》中存在的相关瑕疵必须经过鉴定机关的鉴定方能识别，必须经过查询公司工商登记才能知晓、必须谙熟公司法相关规范才能避免因担保公司内部管理不善导致的风险，如若将此全部归属于担保债权人的审查义务范围，未免过于严苛，亦有违合同法、担保法等保护交易安全的立法初衷。”交易对方作为普通商务主体，无法对此进行核查，在履行谨慎交易义务后，基于对上市公司的信任签署担保合同，并无恶意损害第三方利益的目的。

第三，如果公司的中小股东认为公司的控股股东、高级管理人员等恶意损害公司利益或其自身利益的，根据《公司法》第 21 条的规定："公司的控股股东、实际控制人、董事、监事、高级管理人员不得利用其关联关系损害公司利益。违反前款规定，给公司造成损失的，应当承担赔偿责任。"第 152 条规定："董事、高级管理人员违反法律、行政法规或者公司章程的规定，损害股东利益的，股东可以向人民法院提起诉讼。"中小股东可以通过诉讼的方式解决股东间或股东与公司管理人员之间的纠纷。在此情形下，如果仍认定担保合同无效，显然有违《公司法》规定的公平原则。

综上，如果上市公司通过伪造等方式向交易对方提供了公司决议文件，但没有按照规定进行信息披露，交易对方对公司决议文件进行了书面审查，担保合同对合同双方都有约束力，债权人有权要求担保人按照担保合同履行担保义务。

3. 在上文所述之两种情况下，上市公司应当承担相应法律责任

笔者认为，当上市公司的法定代表人、负责人在未取得公司董事会和/或股东大会审议同意的前提下违规与交易对方签署连带担保合同，且交易对方未尽到对公司决议文件的书面审查或明知公司无法提供决议文件的，交易对手应不属于"善意第三人"，此时上市公司与交易对手签署的担保协议有被认定不成立的风险。

《合同法》第 42 条规定："当事人在订立合同过程中有下列情形之一，给对方造成损失的，应当承担损害赔偿责任……（三）有其他违背诚实信用原则的行为。"

《担保法》第 5 条第 2 款规定："担保合同被确认无效后，债务人、担保人、债权人有过错的，应当根据其过错各自承担相应的民事责任。"

最高人民法院《关于适用〈中华人民共和国担保法〉若干问题的解释》第 7 条规定，债权人、担保人有过错的，担保人承担民事责任的部分，不应超过债务人不能清偿部分的 1/2。

在青海贤成矿业股份有限公司、青海创新矿业开发有限公司与广东科汇发展有限公司债权转让合同纠纷案［以下简称"案例三"，（2014）粤高法民二破终字第 95 号］中，广东省高级人民法院认为，虽然贤成矿业股份有限公

司提供的担保无效，但基于贤成矿业股份有限公司存在过错，应当就债务人久成公司不能清偿的债务部分向债权人承担1/2的赔偿责任。

在案例二中，江苏省常州市中级人民法院同样基于担保公司（友邦担保有限公司）对于公章管理不善的失职行为，间接促成债权人（罗玉琴）的表面信赖，并最终导致借款未能按约清偿的实际损失，故其在缔约过程中也存在一定过错，应承担次要责任，并判决友邦公司向罗玉琴就于志宏不能偿还借款本息部分承担40%的赔偿责任。

由此可见，在前文论述成立的前提下，担保人在担保协议缔约过程中存在过错的，应按其过错程度向交易对方承担相应的赔偿责任。

此外，就上市公司通过伪造等方式向交易对方提供了公司决议文件，但没有按照规定进行信息披露，交易对方对公司决议文件进行了书面审查之情况下签署的合同为合法有效的合同，担保人应当依照合同约定，承担担保责任。

### （二）关于房屋买卖合同的合法性问题

#### 1. 名为房屋买卖合同实为借款担保的房屋买卖合同可能被认定无效

在本次融资交易中，甲金融机构与C公司签署了房屋买卖合同，但该买卖合同并非双方就商品房买卖达成的真实意思表示，其真实的商业目的在于为B公司的借款提供担保，在司法实践中该房屋买卖合同存在被认定为无效的法律风险。

该房屋买卖合同签署于借款债务履行期限届满之前，若约定债务到期之后B公司违约的，甲金融机构则相应取得房屋所有权，该约定系“以物抵债”，是否涉及《物权法》第186条①所禁止的“流押条款”，在实务中一直存在争议，司法判决也存在不一致的认定。从现有法院公开的相关案例来看，此

① 《物权法》第186条规定：“抵押权人在债务履行期届满前，不得与抵押人约定债务人不履行到期债务时抵押财产归债权人所有。”

类以物抵债存在不少被认定无效的先例①，且该风险难以通过设定合同条款予以排除，尤其是该商品房后期存在较大升值空间时，可能由于存在流质之嫌疑导致该协议显失公平而被法院认定无效，为增强合规之解释空间，建议考虑如下处理措施：

其一，就该房屋买卖合同另行签署单独的协议文件，由甲金融机构、A公司及C公司一致确认。在B公司违约后，甲金融机构有权以所签署房屋买卖合同应付的价款与其所持债权进行抵销，抵销之价格为该房屋销售的市场价格；同时应当赋予甲金融机构其他权利，包括但不限于按照届时房屋的市场价值（通过评估机构确定房屋价格等）另行折价冲抵债权或对该房屋另行对外出售，以该房屋所售价款偿还B公司之债务，以免抵债条款无效之后该房屋买卖合同缺乏实现债权的其他途径。

其二，签署该房屋买卖合同之目的在于实现担保，因此在该房屋完成产权办理之后，可考虑要求C公司直接以该房屋为本次融资提供抵押担保，设立抵押登记并解除原签署的房屋买卖合同，取得优先受偿权更有利于保护本次融资的相应债权。

其三，若B公司提出要求确认房屋买卖合同无效，可能导致该增信措施落

---

① 相关司法案例的观点简述如下：

在《人民司法·案例》2014年第16期公开的最高人民法院案例中，最高人民法院再审审理认为，嘉美公司与严欣等5人的在先交易表明，嘉美公司正是因不愿以340万元出售案涉商铺，才向杨伟鹏借款，采借新债还旧债的方式达到保住商铺所有权的目的，故可认定嘉美公司的真实意思是向杨伟鹏借款而非出售商铺。杨伟鹏将340万元直接打给严欣等5人，且以该5人出具的《关于申请撤销商品房备案登记的报告》作为办理备案登记手续的必备文件等事实可推知，其应知晓嘉美公司的真实意思。且其提交的仅是发票复印件，尚不能认定商品房买卖关系。其亦始终未说明收取嘉美公司61.1万元的原因和性质，考虑到民间借贷支付利息的一般做法，综合全案事实，在其未能证明双方存在其他经济往来的情况下，认定该61.1万元系借款利息更具可信度。综上，双方之间成立借贷关系，签订商品房买卖合同并办理商品房备案登记的行为，则系一种非典型担保。杨伟鹏作为债权人，请求直接取得商铺所有权的主张，违反了禁止流质原则，不予支持。

在《人民法院报》（2014年9月11日）中，重庆市第五中级人民法院经审理认为，本案双方形式上虽签订了商品房买卖合同，但房屋已在双方签约前于2010年10月29日作为酒店正式开业经营。张桌玮购买的房屋第1层为临街独立门面、酒店大厅、精品店及大堂吧，第2层为酒店中餐厅和西餐厅，第3层为酒店宴会厅、会议室，怡豪公司将用于酒店经营所必需的重要功能区域房屋单独分解出售，有违常理。此外，房屋为现房，卖方已具备交付条件，但双方在合同约定的交房期限到期后，并未有交接房屋的意思表示，卖方反而从合同签订的当月开始向买方支付逾期交房违约金，还约定由卖方负责人及关联公司对合同履行提供担保。此系列行为明显不符合房屋买卖的一般交易习惯，故认定双方合同名为房屋买卖实为借款担保，判决驳回张桌玮的诉讼请求。

空，因此建议在交易文件中进一步约定，一旦出现B公司要求解除、撤销、终止房屋买卖合同或确认房屋买卖合同无效的，则应当视为A公司、C公司违约，A公司、C公司应当提供甲金融机构认可的其他担保措施并承担相应的违约责任。

2. 关于预告登记的效力及案涉交易存在的失效风险

为赋予房屋买卖合同优先于其他债权人的物权效力，笔者建议，当进行此类以提供担保为目的的房屋买卖交易时对相关房屋买卖合同办理预购商品房预告登记。

根据《物权法》第20条第1款①及最高人民法院《关于适用〈中华人民共和国物权法〉若干问题的解释（一）》第4条之规定，签订买卖房屋或者其他不动产物权的协议，为保障将来实现物权，按照约定可以向登记机构申请预告登记；未经预告登记的权利人同意，转移不动产所有权，或者设定建设用地使用权、地役权、抵押权等其他物权的，不发生物权效力。据此，预告登记完成之后可获得物权保护，对C公司就该部分房产另行转让、抵押等设立物权的行为具有对抗力，未经预告权利人同意，新设立物权的行为无效。

但需要提示的是，根据《物权法》第20条第2款②的规定，对某房地产开发项目进行预告登记的物业可以办理房地产登记，超过3个月未办理房地产登记的，预告登记失效。预告登记失效之后，甲金融机构与C公司所签署的房屋买卖合同无法取得物权保护，仅对C公司享有合同债权且不能对抗善意第三人，若出现其他善意第三方另行与C公司签署了房屋买卖合同、支付了部分价款并已经实际交付房屋的，则甲金融机构与C公司所签署的房屋买卖合同可能存在无法履行之风险，届时甲金融机构将仅能依照房屋买卖合同的约定向C公司要求承担违约责任。

为避免上述风险，甲金融机构可考虑要求C公司在上述房产已经完成产权初始登记并依照房屋编号分割为多本权属证书之后，将该部分物业为本次融

① 《物权法》第20条第1款规定："当事人签订买卖房屋或者其他不动产物权的协议，为保障将来实现物权，按照约定可以向登记机构申请预告登记。预告登记后，未经预告登记的权利人同意，处分该不动产的，不发生物权效力。"

② 《物权法》第20条第2款规定："预告登记后，债权消灭或者自能够进行不动产登记之日起三个月内未申请登记的，预告登记失效。"

资提供抵押担保，签署抵押合同并办理相应的房屋抵押登记。在此过程中需要提示的是，在办理房屋登记之前，需解除甲金融机构与C公司所签署的房屋买卖合同，因此在完成房屋抵押登记之前仍存在C公司另行处置该房屋的“真空期”，建议在房屋买卖合同解除之后至房屋抵押登记办理完成之前由甲金融机构对C公司的印鉴、证照进行共管。

### 四、风险提示及防范建议

在本案例交易方案中，非典型担保措施能否最终落地存在一定的不确定性，建议金融机构注意如下两点：

第一，非典型担保并不是一个严格意义上的法律概念，对于非典型担保措施的合法性及有效性认定，并没有形成明确的标准。因此，在采用非典型担保措施前，建议考虑典型担保措施能否满足需求，以及非典型担保措施与典型担保措施之衔接。如上文所述，“以物抵债”担保措施理应能为分步骤的典型担保措施所取代，“上市公司提供暗保”能够将其尽量往典型担保靠近。

第二，除严格将有关协议及担保措施的办理作为放款前提或重点问题关注之外，建议在融资过程中加强对融资方的控制，包括但不限于派驻人员，公司印鉴、相关证照、银行账户控制和管理，实现对融资方与本次交易的动态管理，一旦出现违约事件，依约定启动救济手段。

## 第六节　融资增信措施之跨境担保

### 一、案例基本情况

A公司（项目公司）为在深圳市设立的外商独资企业（港澳台地区法人独资），香港特别行政区B公司持有其100%股权。A公司参与的某城市更新项目（以下简称“C项目”）已取得城市更新单元规划审批的批复文件，受限于境内融资路径，B公司拟在境外借款，然后再将所借款项用于C项目以支付相关拆迁补偿款，为担保B公司境外借款本息偿还义务，B公司将其持有的A公司100%股权质押给境外债权人，同时，B公司的实际控制人、境内企业D公司为B公司的债务承担连带责任保证担保。B公司实际控制人目前持有中国国籍（尚未注销中国户籍），但其已加入加拿大国籍，现长期居住在中国香港特别行政区。

## 二、 交易结构及流程分析

交易结构如图5-10所示。

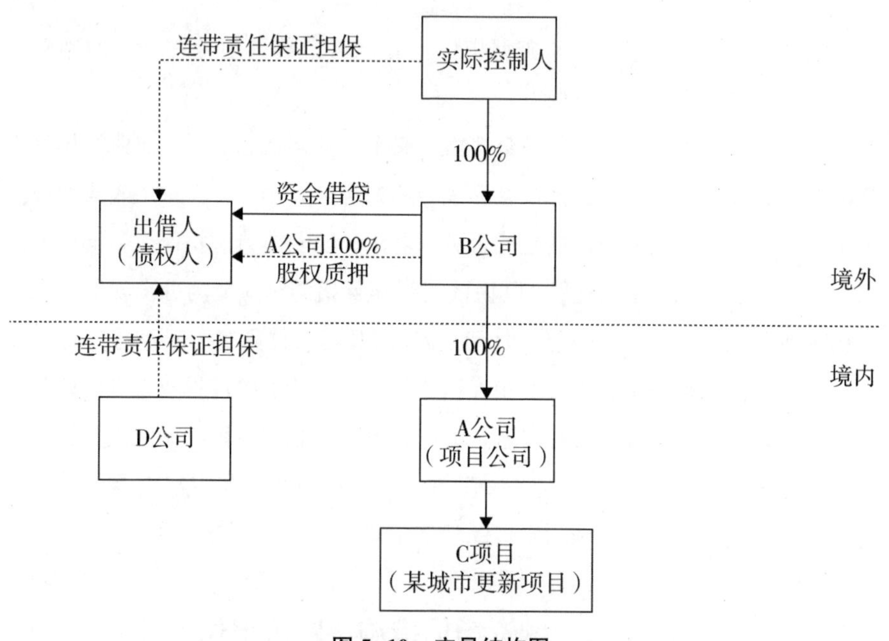


**图5-10 交易结构图**

## 三、 重点法律问题

首先，D公司为B公司此次境外贷款提供连带责任保证担保应当具备何种条件或履行何种手续？

其次，为B公司此次境外贷款提供连带责任保证担保的实际控制人实际上同时持有中国和加拿大两国国籍，其提供的保证担保是否构成内保外贷？

再次，B公司以其持有的A公司100%股权为本次境外贷款设立质押担保并签署的《股权质押合同》是否合法有效？该质押担保合法设立应当具备何种条件或履行何种手续？

最后，D公司提供保证担保与A公司100%股权担保适用何地法律？

（一）关于保证担保

1. 内保外贷登记的适用情形

《跨境担保外汇管理规定》第3条第2款规定：“内保外贷是指担保人注册地在境内、债务人和债权人注册地均在境外的跨境担保。”第9条第3款规定，担保人为非银行金融机构或企业的，应在签订担保合同后15个工作日内到所在地外汇局办理内保外贷签约登记手续。

本案中，债权人、债务人均为注册在境外的企业，D公司为在中国境内设立的一般企业法人，故D公司为B公司此次境外贷款提供连带责任保证担保属于内保外贷，应当在当地的外汇主管部门办理内保外贷之相关外汇登记。

2. 跨境担保登记之效力

《跨境担保外汇管理规定》第29条规定：“外汇局对跨境担保合同的核准、登记或备案情况以及本规定明确的其他管理事项与管理要求，不构成跨境担保合同的生效要件。”

经检索，广东省深圳前海合作区人民法院在香港上海汇丰银行有限公司与鸿某国际包装制品有限公司、高新鸿发塑胶制造（深圳）有限公司金融借款合同纠纷案［（2016）粤0391民初611号］中指出，法院在审理（2016）粤0391民初713号案件中于2016年8月24日致函国家外汇管理局深圳分局，就《跨境担保外汇管理规定》中关于外保内贷的相关条款是否属于涉及国家外汇管制等金融安全的强制性规定进行咨询，该局于2016年9月18日以深外管便函〔2016〕246号回函称：依据中华人民共和国国家外汇管理局《关于发布〈跨境担保外汇管理规定〉的通知》（汇发〔2014〕29号）的规定，国家外汇管理局对跨境担保合同的核准、登记或备案情况及本规定明确的其他管理事项与管理要求，不构成跨境担保合同的生效要件。

但根据《跨境担保外汇管理操作指引》“第四部分跨境担保其他事项外汇

管理”的规定:“有下列情形的，按照《条例》第四十八条[①]处罚：1. 违反《规定》第九条规定，担保人未按规定办理内保外贷登记的；2. 违反《规定》第十三条规定，担保人未按规定办理内保外贷登记注销手续的；3. 违反《规定》第十五条规定，担保人或反担保人未按规定办理对外债权登记手续的……”笔者认为，未办理内保外贷登记的，保证人履行保证义务时，需要先补办内保外贷登记，并将面临上述行政处罚的风险，同时在《跨境担保外汇管理规定》所规定的注销内保外贷登记情形出现之时，应当及时注销内保外贷登记。

综上，国家外汇管理局对跨境担保合同的核准、登记或备案情况不是合同生效要件，外保内贷登记与否虽不影响担保合同的效力，但可能影响担保合同的可执行性，且担保人未依法办理内保外贷登记手续的可能面临一定的行政处罚责任风险。

3. 对外债权登记

《跨境担保外汇管理操作指引》“第一部分内保外贷外汇管理”中的“七、对外债权登记”规定:“（一）内保外贷发生担保履约的，成为对外债权人的境内担保人或境内反担保人，应办理对外债权登记……债权人为非银行机构的，应在担保履约后15个工作日内到所在地外汇局办理对外债权登记，并按规定办理与对外债权相关的变更、注销手续……（三）对外债权人为非银行机构时，其向债务人追偿所得资金为外汇的，在向银行说明资金来源、银行确认境内担保人已按照相关规定办理对外债权登记后可以办理结汇。”

综上，在具体操作层面，一旦出现D公司向债权人履行担保义务，发生担保履约事件时，D公司则成为B公司的债权人，对于D公司向B公司追偿所得资金，D公司应当先行办理对外债权登记，才能办理结汇手续。

（二）实际控制人之国籍问题认定

《中华人民共和国国籍法》第3条规定:“中华人民共和国不承认中国公民

---

① 根据《中华人民共和国外汇管理条例》第48条的规定，有下列情形之一的，由外汇管理机关责令改正，给予警告，对机构可以处30万元以下的罚款，对个人可以处5万元以下的罚款：（1）未按照规定进行国际收支统计申报的；（2）未按照规定报送财务会计报告、统计报表等资料的；（3）未按照规定提交有效单证或者提交的单证不真实的；（4）违反外汇账户管理规定的；（5）违反外汇登记管理规定的；（6）拒绝、阻碍外汇管理机关依法进行监督检查或者调查的。

具有双重国籍。”第9条规定：“定居外国的中国公民，自愿加入或取得外国国籍的，即自动丧失中国国籍。”第10条规定：“中国公民具有下列条件之一的，可以经申请批准退出中国国籍：一、外国人的近亲属；二、定居在外国的；三、有其他正当理由。”

根据上述规定，我国不承认中国公民具有双重国籍，且中国国籍丧失的情形只有两种：一是长期居住在国外且加入或取得了外国国籍；二是基于合理理由自愿申请退出中国国籍并被相关部门批准。

经检索，在最高人民法院审理的胡志敏与铂隆凯特有限公司所有权确认纠纷案[（2017）最高法民终94号]中，胡志敏向法院提交了荷兰王国的护照，但铂隆凯特有限公司认为其仍常年居住在中国内地，仍属于中国公民。该案中，最高人民法院指出，胡志敏具有荷兰国籍，有护照为证；对于铂隆凯特有限公司提出胡志敏常年居住在中国内地，仍属于中国公民的说法，铂隆凯特有限公司无法提出证据支持，最高人民法院对此不予认可。

在李向军与詹姆斯·理（JAMESLEE）合同纠纷案[（2016）京02民7196号]中，北京市第二中级人民法院提出，以詹姆斯·理提供的加拿大官方更名证书及护照，可认定其已经取得加拿大国籍，中国国籍自动丧失；对于詹姆斯·理是否仍持有有效的中国国籍问题，属于公安机关户籍管理范畴，不属于民事受案范围。

综上，在司法实践中，对于当事人国籍的认定主要以其提供的身份证明文件为准，若另一方当事人对此提出异议的，则需提供充分证据证明，否则司法机关对异议将不予支持；对于双重国籍违规性认定，应属于户籍管理范畴问题。

回到本案例，B公司的实际控制人先持有中国国籍，后加入了加拿大国籍，现长期居住在中国香港特别行政区，依照《中华人民共和国国籍法》的规定，实际控制人在加入加拿大国籍的同时，其中国国籍应自动丧失，按照上述法律规定及司法判例的意见，实际控制人应被认定为外国公民。

基于实际控制人已经加入加拿大国籍，其不再属于中国公民且其是以外籍身份为本次融资提供担保，故在本案中，B公司的实际控制人提供保证担保不需要完成内保外贷登记。

（三）内保外贷中保证担保法律适用

《中华人民共和国民法通则》第 145 条第 1 款规定：“涉外合同的当事人可以选择处理合同争议所适用的法律，法律另有规定的除外。”最高人民法院《关于适用〈中华人民共和国涉外民事关系法律适用法〉若干问题的解释（一）》第 1 条规定：“民事关系具有下列情形之一的，人民法院可以认定为涉外民事关系：（一）当事人一方或双方是外国公民、外国法人或者其他组织、无国籍人；（二）当事人一方或双方的经常居所地在中华人民共和国领域外……”同时该解释第 19 条进一步规定：“涉及香港特别行政区、澳门特别行政区的民事关系的法律适用问题，参照适用本规定。”

经检索，在香港上海汇丰银行有限公司与鸿某国际包装制品公司、高新鸿发塑胶制造（深圳）有限公司金融借款合同纠纷案中，广东省深圳前海合作区人民法院明确指出，国家外汇管理局深圳分局出具的深外管便函〔2016〕246 号回函明晰，跨境担保法律关系不属于《中华人民共和国涉外民事关系法律适用法》第 4 条[①]规定的适用强制性规定的情形。

综上，本案例中，B 公司实际控制人、D 公司与债权人之间保证合同项下的民事关系构成涉外民事关系，该担保合同所适用的法律可由双方当事人自由选择。

（四）关于股权质押

根据《公司法》《担保法》《外商投资企业投资者股权变更的若干规定》《跨境担保外汇管理规定》《外商投资产业指导目录》等法律、行政法规及规范性文件的规定，我国未禁止港澳台地区法人独资企业向境外债权人提供股权质押担保。

《物权法》第 15 条规定：“当事人之间订立有关设立、变更、转让和消灭不动产物权的合同，除法律另有规定或者合同另有约定外，自合同成立时生效；未办理物权登记的，不影响合同效力。”

综上，本案例中，B 公司以其持有的 A 公司 100% 股权设立质押且签署相

① 《中华人民共和国涉外民事关系法律适用法》第 4 条规定：“中华人民共和国法律对涉外民事关系有强制性规定的，直接适用该强制性规定。”

应的股权质押合同不违反法律、行政法规的强制性规定。

## 四、 风险提示及防范建议

第一，质权设立应当履行的手续。

根据《物权法》第226条的规定，以基金份额、证券登记结算机构登记的股权出质的，质权自证券登记结算机构办理出质登记时设立；以其他股权出质的，质权自工商行政管理部门办理出质登记时设立。

本案例中，A公司系港澳台地区独资企业，根据《外商投资企业设立及变更备案管理暂行办法》第6条的规定："属于本办法规定的备案范围的外商投资企业，发生以下变更事项的，应由外商投资企业指定的代表或委托的代理人在变更事项发生后30日内通过综合管理系统在线填报和提交《外商投资企业变更备案申报表》(以下简称《变更申请表》）及相关文件，办理变更备案手续……（六）外资企业财产权益对外抵押转让……"

此外，在实务操作过程中，办理完股权质押工商登记后，还应在外商投资综合管理应用系统（http：//wzzxbs. mofcom. gov. cn/）进行备案，备案所需的具体资料因各地外资主管部门的不同要求而有所区别。

综上，本案例中A公司股权质押权在相应的工商行政管理部门完成出质登记后可有效设立，在完成出质登记后，还需在外商投资综合管理应用系统进行备案。

第二，股权质权的设立与外汇登记。

《跨境担保外汇管理规定》第23条规定："当担保人与债权人分属境内、境外，或担保物权登记地（或财产所在地、收益来源地）与担保人、债权人的任意一方分属境内、境外时，境内担保人或境内债权人应按下列规定办理相关外汇管理手续……（二）除另有明确规定外，担保人或债权人申请汇出或收取担保财产处置收益时，可直接向境内银行提出申请；在银行审核担保履约真实性、合规性并留存必要材料后，担保人或债权人可以办理相关购汇、结汇和跨境收支……"

本案例中，债权人和债务人B公司的注册地均为香港特别行政区，A公司注册地在内地，属于《跨境担保外汇管理规定》第23条规定之情形。

但在实务操作中，笔者遇到部分地区的外管部门认为股权质押的出质人与质权人如均为香港特别行政区企业，则不属于《跨境担保外汇管理规定》之内保外贷，在合同签署、质权设立及实现阶段无需办理外汇登记，在实现质权后将担保财产处置收益汇出时，凭股权质押合同、股权处置文书等资料直接到当地商业银行提出申请即可。

第三，股权质权法律适用。

《中华人民共和国涉外民事关系法律适用法》第 40 条规定："权利质权，适用质权设立地法律。"

故在本案例中，A 公司注册地在中国境内，质权设立地法律即 A 公司注册地法律，因此，以 A 公司 100%股权为 B 公司境外借款提供股权质押担保，与该质权相关的争议应适用 A 公司注册地法律。

## 第七节 融资资金退出路径分析

### 一、 退出路径概述

在现有的城市更新项目融资常见案例中，由于资金方对最终固定收益回报的偏好以及合规监管要求所需，融资项目常常通过"名股实债"的交易模式进行，在项目到期退出的时候，通常区分股权、债权、"名股实债"等不同结构有以下几种形式，包括但不限于股权转让、原股东或其关联方回购股权、项目公司回购及国有产权退出等问题，对于贷款类项目的偿还本息等不再予以分析，本节主要就股权回购、国有产权退出事宜予以重点说明。

### 二、 交易结构

交易结构如图 5-11 所示。

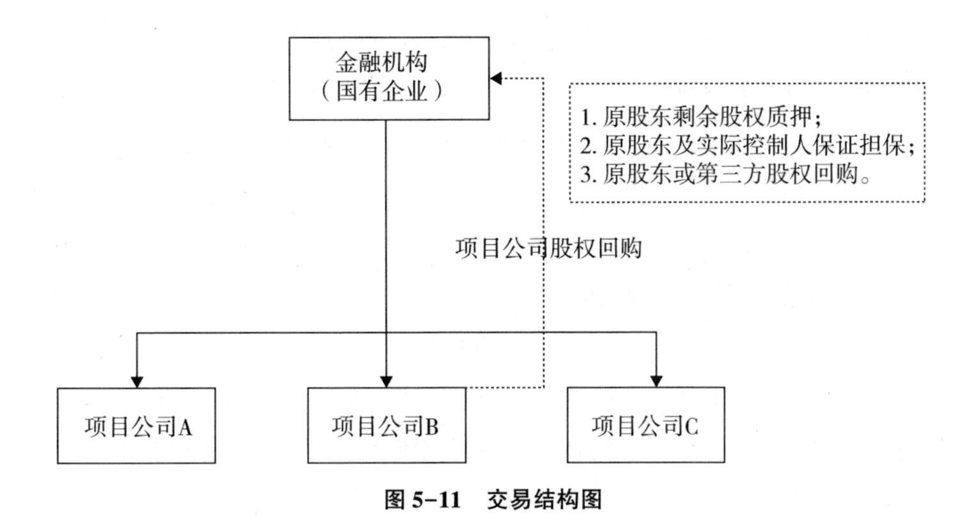


**图 5-11　交易结构图**

## 三、 重点法律问题

### （一）项目公司回购股权之法律关系

对于项目公司回购其股东所持股权，基于资本维持原则，《公司法》第 74 条列举了三种情形：（1）公司连续 5 年不向股东分配利润，而公司该 5 年连续盈利，并且符合本法规定的分配利润条件的；（2）公司合并、分立、转让主要财产的；（3）公司章程规定的营业期限届满或者章程规定的其他解散事由出现，股东会会议通过决议修改章程使公司存续的。在上文交易案例中，资金方要求项目公司回购所持股权并不满足上述规定之情形，因此项目公司回购股权的合法性及有效性存疑。

在笔者查询的法院公开裁判的案例中，对于项目公司回购股东所持公司股权基本持否定性观点。最高人民法院在苏州工业园区海富投资有限公司与甘肃世恒有色资源再利用有限公司等增资纠纷案［（2012）民提字第 11 号］中认为，如《增资协议书》中约定，如果世恒公司实际净利润低于 3000 万元，则海富公司有权从世恒公司处获得补偿。这一约定使得海富公司投资可以取得相对固定的收益，该收益脱离了世恒公司的经营业绩，损害了公司利益和公司债权人利益，因而无效。二审法院认定海富公司 1885. 2283 万元的投资名为联营实为借贷，没有法律依据，应予以纠正。最终最高人民法院撤销二审判决，并判决迪亚公司向海富公司支付协议补偿款 1998.2095 万元。其他司法判例中对此问题也大多持相似观点。

另外需要说明的是，虽然上述判决作出之后，个别仲裁裁决认为项目公司回购有效，但基于法院和仲裁在实务中裁决标准存在的差异，笔者认为，在本项目中，法院的裁决更具参考性意义。因此，关于项目公司回购股权之法律关系安排存在被法院认定无效之风险。

（二）股权转让及股东回购的效力问题

那么在“名股实债”交易模式下的股权转让及股东回购项目如何认定？该种交易模式应定性为股权投资还是债权投资？股权转让及回购的效力如何？能否得到法院支持？

《证券期货经营机构私募资产管理计划备案管理规范第 4 号——私募资产管理计划投资、房地产开发企业、项目》对“名股实债”的定义是，投资回报不与被投资企业的经营业绩挂钩，不是根据企业的投资收益或亏损进行分配，而是向投资者提供保本保收益承诺，根据约定定期向投资者支付固定收益，并在满足特定条件后由被投资企业赎回股权或者偿还本息的投资方式，常见形式包括回购、第三方收购、对赌、定期分红等。

从司法实践对“名股实债”投资纠纷的审理思路看，一般按照实质重于形式的原则认定“名股实债”的实质为借贷法律关系，在资金提供方并非以资金融通为常业的情况下，一般不认为“名股实债”属于违反国家金融管制的强制性规定的情况，而是承认其作为资本运作模式的合法性。至于股权转让及回购安排在法律上的定性及效力问题，类似案例中法院均对此作出明确回应。例如，在丁玉灿、吴俊与福建渝商投资有限公司、丁建辉民间借贷纠纷案［（2014）闽民终字第 360 号］中，二审法院认为，该讼争股权实质是作为转让方丁建辉支付股权回购款的担保，在债务履行完毕后，股权又回归于转让方；目前没有证据表明提供资金的一方即渝商公司以资金融通为常业，故本案不属于违反国家金融管制的强制性规定的情形，当事人间对于股权转让及回购效力的安排为有效。在港丰集团有限公司与深圳市国融投资控股有限公司、长城融资担保有限公司等合同纠纷案［（2015）粤高法民四终字第 196 号，后最高人民法院驳回当事人再审申请］中，二审法院认为，本案股权转让的实质是通过让与股权所有的形式担保债务履行，此让与股权所有的形式是为适应现代市场经济高度融资需求而发展成的一种非典型担保。以转让股权的方式作为债务担保约定，系双方当事人合意，不违反法律及行政法规关于合同效力性的强制性规定，应认定有效。

总之，司法实践倾向认为股权转让及回购安排是一种“让与担保”，并认可其效力。“让与担保”可以理解为债务人或第三人以担保债务履行为目的，将担保标的物的权利预先转移给债权人，由双方约定于债务清偿后，将担保标的物返还债务人或第三人；债务不履行时，债权人得就该担保标的物优先受偿的一种非典型担保方式。不同于流质条款，让与担保中，债务人到期未履行清偿义务，债权人并非当然地取得标的物的所有权（请求回购方履行股权回购义务），并且债权人负有对标的物的清算义务，就其价值超过债务的部分负有返还义务。尽管如此，新华信托股份有限公司与湖州港城置业有限公司破产债权确认纠纷案中，一审法院的审理结果对此类“名股实债”投资起到了风险警示作用。一审法院核心审理意见之一为：在名实股东问题上要区分内部关系和外部关系，在外部关系上，以当事人之间对外的公示为信赖依据。据此，对于投资方而言，在交易结构设计上应考虑“股+债”而非纯股权投资方式，并在交易文本中明确债性投资、到期回购股权退出事宜。

反观现有大量融资项目中，金融机构仅使用部分贷款资金用于收购项目公司股权，大部分资金用于向项目公司提供股东借款，并且《合作框架协议》《股权回购协议》中明确了债性融资的整体安排，约定了股权回购时点、价格及触发条件，如发生纠纷，股权回购安排不至于被认定为无效。

综上，项目交易结构不违反法律、行政法规的强制性规定，股权转让及回购安排系作为对债权的一种非典型担保，其效力已被广泛认可，但如本章前文所述，该种交易结构在目前监管政策下的合规性风险仍难以避免。

### （三）国有产权退出项目

除了退出的具体方式，涉及国有资产则需要进一步考虑国有资产的特殊监管要求。

1. 程序合法

企业国有产权，是指国家对企业以各种形式投入形成的权益、国有及国有控股企业各种投资所形成的应享有的权益，以及依法认定为国家所有的其他权益。例如，投资方通过股权转让最终实现持有目标公司51%的股权并开发建设目标项目，并由投资方操盘和并表，该目标公司为国有控股企业。待目标项目开发完毕退出时，投资方转让其持有的目标公司51%的股权则需要根据《企业国有资产法》《企业国有产权转让管理暂行办法》(已失效) 等规定履行相应的流程。

《企业国有资产法》第54条规定："国有资产转让应当遵循等价有偿和公开、公平、公正的原则。除按照国家规定可以直接协议转让的以外，国有资产转让应当在依法设立的产权交易场所公开进行。转让方应当如实披露有关信息，征集受让方；征集产生的受让方为两个以上的，转让应当采用公开竞价的交易方式。转让上市交易的股份依照《中华人民共和国证券法》的规定进行。"根据《企业国有资产交易监督管理办法》第13条的规定，产权转让原则上通过产权市场公开进行。转让方可以根据企业实际情况和工作进度安排，采取信息预披露和正式披露相结合的方式。第14条规定："产权转让原则上不得针对受让方设置资格条件，确需设置的，不得有明确指向性或违反公平竞争原则，所设资格条件相关内容应当在信息披露前报同级国资监管机构备案，国资监管机构在5个工作日内未反馈意见的视为同意。"

从以上法律、法规规定可知，对国有资产转让须按照规定采取相应的转让方式和流程，否则有可能因违反国有资产转让规定而被认定为无效。

王某某与上海富丽房地产开发公司等股权转让纠纷案［上海市第二中级人民法院（2012）沪二中民四（商）终字第443号］中，一审法院认为，王某某、富丽房地产开发公司、中国建筑工程总公司对于富丽房地产开发公司、黄河房地产开发公司系全民所有制企业，本案系争股权系国有资产均无异议。虽然王某某详细陈述了富丽房地产开发公司实际出资股东的构成及王某某取得股权的过程等事实，但富丽房地产开发公司、中国建筑工程总公司对王某某主张的事实未予认可，并否认王某某未通过进场交易而取得国有资产的合法性。因此，即便事实确如王某某所述，且不论王某某个人在2010年8月仅以10万元的对价就从黄河房地产开发公司这家全民所有制企业受让富丽房地产开发公司20%的股权是否存在问题，国有资产的转让也必须严格依法进行。根据《企业国有资产法》第54条的规定，除按照国家规定可以直接协议转让的以外，国有资产转让应当在依法设立的产权交易场所公开进行。根据国务院国有资产监督管理委员会、财政部制定实施的《企业国有产权转让管理暂行办法》（已失效）第17条的规定，企业国有产权转让成交后，转让方与受让方应当签订产权转让合同，并应当取得产权交易机构出具的产权交易凭证。王某某称其从大河拍卖公司处通过公开拍卖方式取得富丽房地产开发公司20%的股权，而非经依法设立的产权交易机构受让取得，无产权转让合同和产权交易凭证，这显然与上述规定不符。即便再如王某某所称，富丽房地产开发公司内部股权未经产权交易机构而被直接公开拍卖系黄河房地产开发公司上级主管单位建银公司审批后所决定，但在该股权系国有资产性质的背景下，也显然与立法原意相悖。综上，对于王某某的诉讼请求，难以支持。

法院根据现有法律规定，对虽然股权转让获得了国有企业内部主管部门审批通过，但是未按照法律规定通过产权交易机构进行的股权转让行为不予认可。

2. 价格合理

《企业国有资产法》第55条规定："国有资产转让应当以依法评估的、经履行出资人职责的机构认可或者由履行出资人职责的机构报经本级人民政府核准的价格为依据，合理确定最低转让价格。"

## 四、 风险提示及防范建议

第一，国有企业投资和国有资产转让应当遵守国有资产监管相关规定，履行内部审批程序和法律规定的流程，使程序合法，价格合理。

第二，关于项目公司回购股权之法律关系安排存在被法院认定为无效之风险，建议以此类方式作为融资增信措施时关注其风险及相应风险控制措施操作的可能性。

第三，股权转让及原股东回购的交易结构安排不违反法律、行政法规的强制性规定，但作为对债权的一种非典型担保，在目前监管政策下的合规性风险难以避免，需要提前做好充分的调研和沟通，以免发生合规风险导致项目难以落实。

## 第八节　投后管理和风险处置

### 一、监管环境变化对交易结构的影响

随着金融改革进程的推进，金融监管政策自2017年下半年以来发生了诸多变化，也有不少新的监管政策出台，其中包括银行委托贷款政策的变化、中基协发布的有关私募基金备案条件的要求、《资管新规》的出台以及司法审判实践中司法裁判意见的新趋势等，这些新政策对金融资管类产品的交易结构设计产生了实质性的影响。本章提到的交易结构放在当前的监管背景下则可能存在一定的合规障碍，甚至存在被法院认定为无效的风险。

基于上述原因，笔者在为金融机构提供金融资管产品的投后管理服务过程中，往往建议金融机构对存量的金融产品的交易结构按照当前的监管环境重新进行分析，若存在被认定无效的风险或存在监管瑕疵，应及时采取补救措施，包括但不限于要求重新签署补充协议或单方出具承诺函，以修正可能存在的法律风险。

### 二、融资人的实际控制人变更对履约能力的影响

在城市更新融资过程中，由于融资期限较长，难免出现融资人的实际控制人变更或通过股权转让、代持等方式失去对融资人实际控制的情形。一般情形下，对于实际控制人发生变更的情形，在融资交易文件中通常会有如下约定：①变更实际控制人一般应当征得金融机构的书面同意；②金融机构有权宣布借款提前到期并偿还全部借款本息；③新的实际控制人应当继续提供相应的担保或要求追加相应的担保措施。

虽然在交易文件中存在上述诸多保护性约定，但是在项目实际操作中则存在诸多考量因素，比如：

第一，当出现实际控制人变更时，融资人（一般为项目公司）的还款能

力是增强还是减弱；

第二，新的实际控制人是否认可继续提供连带责任保证担保；

第三，若宣布提前到期，提前还款的金额、时间、还款路径是否明确；

第四，提前还款的补偿机制是否和资金募集端的文件相匹配，以避免基金投资人对管理人提出新的主张。

因此在投后管理中，对于实际控制人的变更情况应当予以实时关注，一方面在交易文件的前期设计和起草过程中需要充分考虑实际控制人变更应当履行的程序，另一方面也应当充分考虑若宣布提前还款应当如何操作的问题，包括提前还款违约金计算、抵押合同及担保合同的提前实现等。

## 三、 城市更新融资中债权违约的风险管理

在城市更新项目中，推进城市更新的主体一般为项目公司，项目公司需通过与城市更新单元范围内的主体签署搬迁补偿协议，形成单一权利主体并最终被确认为实施主体，方可使其项目权益得到最终确定。

在笔者代理的案件中有多起此类案例，即因权利主体违约导致项目无法形成单一主体，致使项目公司之预期收益无法实现，项目公司前期投入也难以追回，并由此导致金融机构的融资本息无法从项目销售款中收回，而只能通过其他替补性的还款来源进行一定程度的补救。

为防范上述风险，在城市更新项目中，金融机构一般需要重点关注如下相关问题，尤其在完成融资款发放之后对于可能出现的增强项目公司对城市更新项目控制力的情形时，应当督促项目公司尽快采取以下措施，具体包括但不限于：

第一，除通过拆迁补偿协议形成项目公司与权利主体之间的合同关系之外，在实务中对城市更新项目中不同的物业形态，也可以通过直接收购资产并办理过户或直接收购权利主体股权的方式实现，形成多种法律关系，降低债权违约风险。

第二，对城市更新拆迁补偿进度实时更新、了解，以控制权利主体单方违约的风险，或与项目公司设立对赌条款，如在约定时点未能完成特定物业的拆迁补偿或未能按时完成实施主体确认的，则可触发融资期限提前届满之条款。

第三，对于城市更新项目融资而言，将城市更新项目销售回款作为第一还款来源的不确定性很高，因此对于第二还款来源应当确认是否具有可操作性，一旦出现项目推进不顺利，则需要从第二还款来源中实现金融机构的贷款本息。

第四，定期检索、更新融资人及关联方的涉诉信息及舆情报道。

## 四、 抵押物的持续管理及追加增信措施

融资期限一般存续较长，对于抵押物尤其是不动产抵押物的管理是一个动态的过程，在投后管理中可能出现的关于抵押物的问题有：①抵押物形态发生变化，如从土地变成在建工程，或从在建工程变成房屋；②抵押物对外进行了出租（或许未经同意）；③抵押物拟对外出售需办理解押手续；④抵押物被第三人查封或主张权利；⑤抵押物估值出现重大减损。

在上述情形中，对抵押物进行投后管理即显得非常重要，因此在实践中，针对抵押物的管理，一般应当关注下述操作：

第一，抵押物形态出现变化，应当及时办理抵押物的抵押登记变更，如将土地抵押变更为在建工程抵押，或将在建工程抵押变更为房屋抵押等。

第二，抵押物对外出租应及时考虑处置措施，从物权法的相关规定来看，虽然抵押在先、出租在后不影响抵押权的实现，但在实务操作中，抵押物的实现远比法律条文规定的程序复杂得多，若抵押权人知悉抵押物出租的情况而未明确反对，则可能被视为默认。

第三，抵押物出售时的重点在于资金监管，即应当确保出售抵押物的资金可顺利归集至抵押权人指定账户，并用于偿还借款本息，但买方可能存在其他考虑，在交易过程中仍需要各方另行协商，并确保抵押权人的权益不受影响。具体包括：①在抵押物被查封的情况下，作为有利害关系的第三人，案件审判结果对抵押权人会产生直接的影响，因此一旦出现抵押物被查封的情况，抵押权人也需要和融资人沟通并要求其置换抵押物或追加抵押物。②抵押物价值可能随着市场行情或其外在状态变化而出现价值减损，在交易文件中应对抵押物价值的抵押率实施动态控制，并提前考虑相应的应对机制。

## 五、 履约沟通的沟通记录管理

记录的重要性不言而喻，尤其是合同履行过程中的文件记录对于投后管理以及后期可能出现的风险处置尤其重要。就履约过程中的沟通记录而言，应当遵循下述原则：

第一，书面化。沟通过程的书面形式包括但不限于邮件、函件、协议等形式，其目的在于可充分记录沟通的过程和内容，后期举证难度较小。

第二，内容完整准确。对于城市更新融资项目而言，其过程沟通主要是以还款情况为主，因此对应付本息、已还本息的记录应当准确完整，定期通过书面确认的方式留底。

第三，通知送达地址应当及时更新并书面确认。通知条款在交易文件中应当属于必备合同条款，因此应当予以重视并详细描述。

## 六、 提前从诉讼角度审视项目风险

在前期，金融机构往往关注的只是尽快促成项目落地，但作为项目专项法律顾问而言，则应事先考虑一旦产生诉讼，该项目的交易结构是否会得到法院、仲裁等司法机构效力上的认可，金融机构在合同中提及的本息、违约金、律师费、诉讼或仲裁费能否获得支持。而且正如前文所述，交易结构的合法性和合规性也非一成不变，随着监管环境的变化和司法实践的发展也将随之发生变化，因此预先且实时从诉讼角度对交易结构进行检查、审视十分必要。

笔者为多家客户存量项目的交易结构提供了专项法律分析并单独出具了法律分析意见，主要从法律规定、监管要求、司法案例等角度重新对项目交易文件进行核查确认，包括涉及跨境融资的一些担保安排，对其可行性、可能存在的操作障碍等均逐项进行梳理和确认，为后期可能出现的争议解决提前排除障碍，并在争议发生之前尽量采取必要的补救措施，具体包括但不限于：

第一，股权还是债权的定性之争。如新华信托某破产债权申请案中，法院驳回其要求确认为破产企业债权人的请求。因此，定性十分关键，尤其是对于“名股实债”的项目。

第二，担保的效力。主债权是否存在或是否有效影响担保效力，但同时有无担保措施则涉及担保人的内部决议，外汇监管是否办理登记等也是需要考虑的问题。

第三，有无具体的财产线索，该财产线索有无权利限制，比如设立了抵押、质押或被行政机关采取了限制措施。

第四，确认争议解决路径。通过仲裁、诉讼抑或直接通过强制执行实现债权，不同的争议解决路径需要的条件、程序不同，也可能对当事人的诉求、实现债权的条件、时限产生影响。

# 第六章　城市更新争议的解决

## 第一节　城市更新争议概述

### 一、 城市更新争议的概念

城市更新争议，是指因城市更新活动产生的各种权益冲突及诉争的状态。一方面，由于城市更新活动涉及面广，持续过程较长，利益关系复杂，决定了我国目前已开展城市更新的城市中，此类纠纷从无到有，从少到多，且争议十分复杂；另一方面，又因为目前国家层面缺乏关于城市更新的相关立法，城市更新有关规范多由地方政策推动。司法实践中，无论诉讼还是仲裁，均未为城市更新增设新的司法规范，城市更新的争议解决仍循传统法律框架进行，如案由的设定、纠纷的实体处理等均依现行《民事诉讼法》《民法通则》有关规则进行，这决定了在我国现有司法体系内研究城市更新具有十分重要的理论意义和实践意义。

### 二、 城市更新争议的种类

按照不同的标准，可以对城市更新争议进行不同的分类。

以案件所涉及的法律关系的性质为标准，可以将城市更新争议分为民事纠纷案件、行政纠纷案件、刑事案件等。其中民事案件数量最多、比例最大。如原土地权利人和开发商之间的合同效力之诉、违约之诉，搬迁人和被搬迁人之间的搬迁合同纠纷等都是民事纠纷。

以城市更新项目所处的阶段为标准，可以将城市更新争议分为前期纠纷、中期纠纷和后期纠纷。前期纠纷多指城市更新项目立项前发生的纠纷，如因开发商征集更新意愿，开发商和原土地权利人、集体经济组织因成立项目公司，开发商和中介机构因履行中介合同等发生的纠纷；中期纠纷，多指城市更新项目立项至实施主体确认阶段发生的纠纷，如原土地权利人或开发商单方违约引发的合同效力纠纷等；后期纠纷则是指城市更新项目实施主体确认后发生的纠纷，如被搬迁人因履行搬迁合同和搬迁人发生的搬迁安置纠纷等。以时间段划分来区分不同阶段的城市更新争议，有利于准确及时地看到不同阶段城市更新争议的特点，进而总结城市更新争议与城市更新本体进程之间的关联性，并找出同一项目或同一类项目的诉讼规律。

由于篇幅所限，本章重点讨论城市更新中的民事纠纷，笔者以现行民事案件案由划分为标准，结合城市更新争议的不同阶段，将城市更新领域现存的主要纠纷进行归类，其主要类别有以下几种：

①城市更新中的确认合同效力纠纷；

②城市更新中的确权纠纷；

③城市更新中的房屋搬迁安置补偿合同纠纷；

④城市更新中的房屋租赁合同纠纷；

⑤其他城市更新争议。

## 第二节　城市更新争议的现状及趋势

### 一、 城市更新争议的现状与特征

伴随城市更新浪潮的兴起，近年来因城市更新产生的法律纠纷也逐渐增多，并呈现出许多不同于普通民事纠纷的新特征，可以概括如下。

#### （一）案件数量逐年增多

通常情况下，城市更新的各类纠纷主要通过和解、仲裁或诉讼解决。由于目前和解的案例没有统一的统计口径，民商事仲裁案件又因其自身不公开的属性，导致客观上笔者无法确切了解通过和解与仲裁裁决的城市更新争议案件的详情，只能通过法律数据检索了解目前我国法院关于城市更新的诉讼情况。笔者从公开信息收集到的人民法院审理的各地城市更新争议已结案的案件数据得出，在2014年、2015年，城市更新类案件呈爆发式增长，虽然2016年全国各级人民法院审结的案件较 2015 年有所下降，但是 2017 年案件数量达到顶峰。全国范围内人民法院裁决的城市更新案件总趋势是由少到多，从 2011 年的 2 件到 2017 年峰值时的 289 件，案件增加比例为 14350%。如图 6-1 所示。

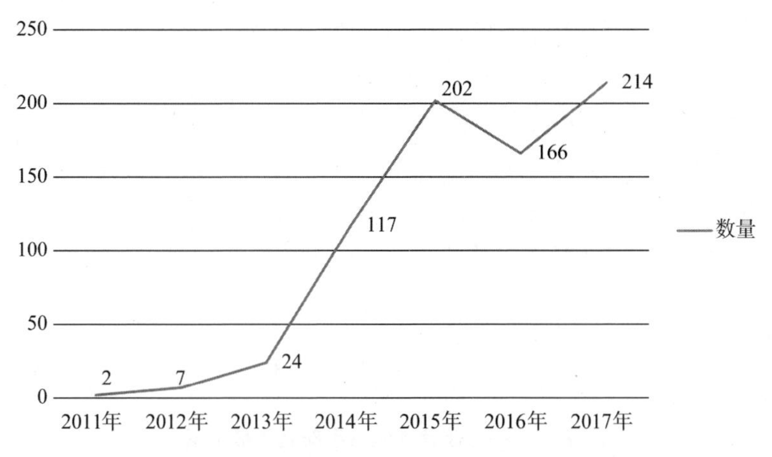


**图 6-1　全国法院裁判城市更新案件数量变化图**

（二）地区分布不平衡，案件多集中于广东省，其中深圳市最多

在全国范围内，2011 年至 2017 年裁决的城市更新案件总数为 851 件，有 593 件发生在广东省，占比 70%。而广东省的城市更新案件，发生在深圳市的有 372 件，占比 63%。具体分布如图 6-2、图 6-3 所示。

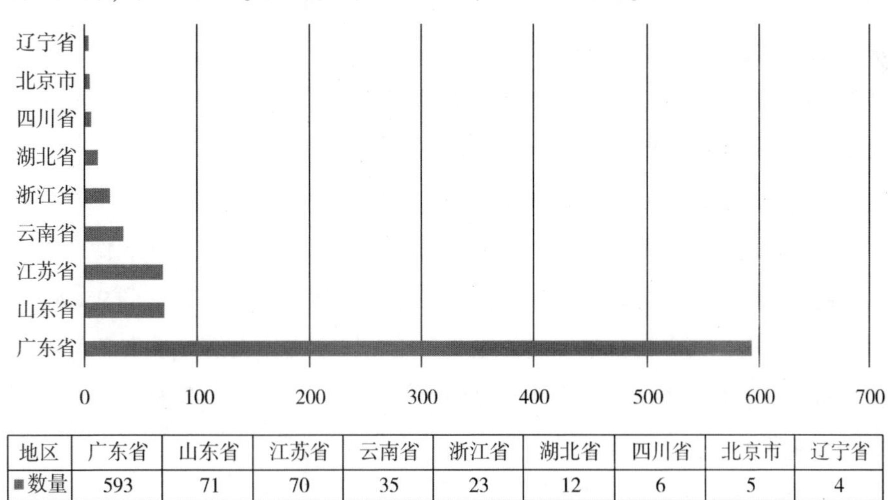


| 地区 | 广东省 | 山东省 | 江苏省 | 云南省 | 浙江省 | 湖北省 | 四川省 | 北京市 | 辽宁省 |
|---|---|---|---|---|---|---|---|---|---|
| ■数量 | 593 | 71 | 70 | 35 | 23 | 12 | 6 | 5 | 4 |

**图 6-2　全国各省、直辖市法院裁判城市更新案件分布图**

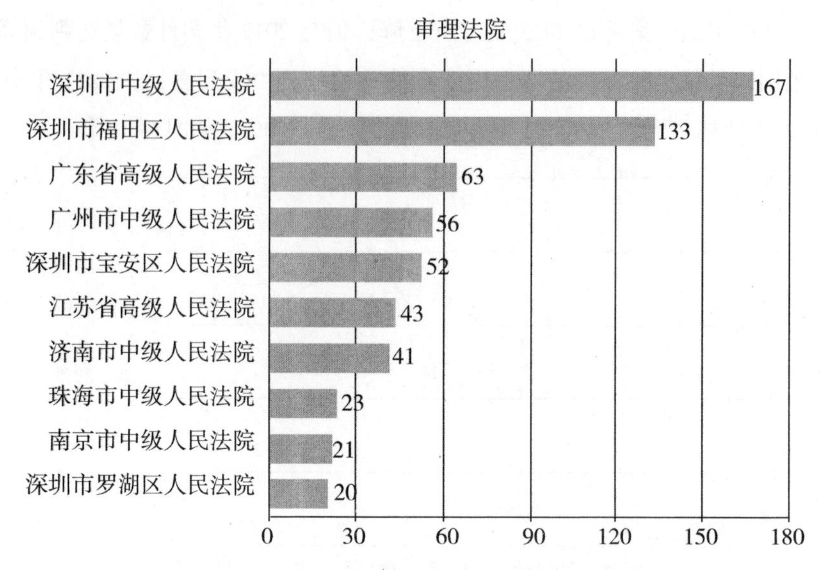


**图 6-3　各法院裁判城市更新案件数量图**

从全国范围看，发生城市更新争议的仅有 9 个省级行政区（最高人民法院审理了 9 例此类案件），其他省级行政区是否发生城市更新争议无法查及，而在这 9 个省级行政区中，广东省此类纠纷数量尤为突出。导致城市更新案件地区分布不均衡的主要因素是，目前在全国各省级行政区中出台城市更新政策的并不多，大多数仍主推棚户区改造，有关案件因政策定位的差别而落入普通民事诉讼或行政诉讼之中。深圳市城市更新案件数量之所以较其他城市多，也是基于深圳市最早（即 2009 年）出台了城市更新政策，且深圳市房地产市场本身又较为活跃，城市更新投融资比例较其他城市更高之故。

（三）民事案件为主，行政案件次之，刑事等类型案件很少

笔者收集到的与城市更新有关的 851 件案例中，民事案件有 555 件，占案件总数的 65.2%，行政案件占 30.76%，仅这两种类型的案件就占到 95.96%。由此足以看出，城市更新案件纠纷主要发生在民事主体之间（投资者与供地者之间）以及民事主体与行政主体之间（投资者、供地者和政府部门之间）。如图 6-4 所示。

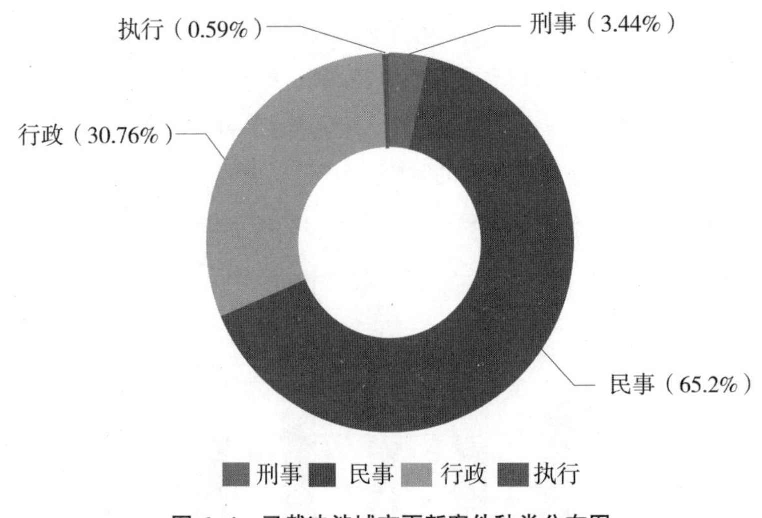


**图 6-4 已裁决涉城市更新案件种类分布图**

（四）民事案件主要涉及物权、债权、股权等民商事领域

从已发生的涉及城市更新的民事纠纷案件来看，其争议的法律关系主要涉及物权、债权、股权等民商事领域，主要包括合作开发的投资人与原土地权利人的合同纠纷；城市更新项目公司持股股东间的股权纠纷；公司治理架构下的股权纠纷以及母公司、融资方、金融机构与项目公司的借贷纠纷；房屋买卖合同纠纷；搬迁人与被搬迁人的搬迁补偿纠纷；房屋所有权确权纠纷；房屋租赁合同纠纷；基于搬迁补偿发生的继承纠纷；房屋登记与注销纠纷；债权纠纷；等等。

## 二、 城市更新争议发展趋势

根据城市更新争议发生的有关数据统计，现行法律、法规及政策和现象分析，城市更新争议呈现出以下趋势。

（一）伴随着投融资额的增加，纠纷数量将呈大幅攀升趋势

从深圳市 2011 年至 2017 年的城市更新投资变化和纠纷变化曲线表可知，城市更新争议数量变化和投资数量变化总体处于同比例增加的趋势。如前所述，就深圳地区而言，无论政府规划投资还是民间投资和融资，未来 5 年甚至更长时间，投资总量将一直处于高位运行状态。就全国而言，深圳市城市更

新的示范效应也会使更多省、市、区政府制定城市更新政策，加之城市更新本身投资大、周期长、涉及面广、利益主体众多、多种法律因素交织等原因，必将引发更多、更复杂的纠纷。可以预计，未来5~10年，深圳市和全国都将进入城市更新投资和纠纷“双高”的时代。

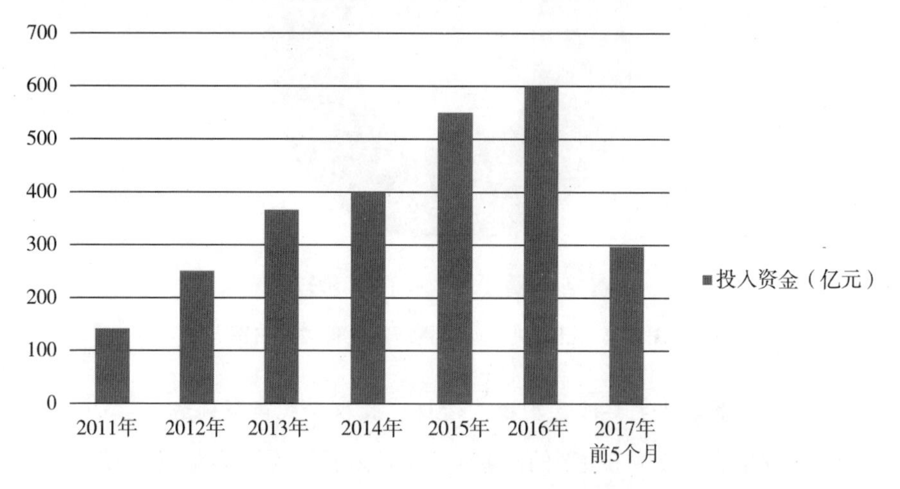


**图6-5　2011—2017年（前5个月）城市更新投资变化图**

（二）城市更新合作合同纠纷将居于突出地位，争议标的额将越来越大

从深圳市的情况看，尽管因城市更新引发的纠纷多种多样，但真正引人瞩目的纠纷，还是合同纠纷尤其是合作合同纠纷。这种合作，不论是原权利人与投资人以股权方式合作，还是原权利人与投资人以一方出资一方出地的方式合作，或是以其他约定利益分享的方式合作，都会因城市更新自身具有的周期长、利益主体多元、土地市场价值变化快、政策法规管控缺失、一方恶意违约等原因而导致纠纷频发。而且，一旦发生纠纷，标的额巨大。从深圳万科房地产开发公司与华发股份有限公司因华发光明片区城市更新合作项目引发的违约纠纷、宝源置地有限公司与布吉投资股份公司因金稻田项目引发的合同纠纷、华侨城集团与康佳公司因康佳老厂区更新项目纠纷等看，涉诉金额动辄数亿元、十几亿元。随着今后若干年内可供开发土地的进一步减少、地价持续攀升、更多投资商的涌入、可期待开发利益的增加，以及宏观经济运行中投资通道不畅，可供避险的投资工具增量不足，投资于深圳市及其他中心城市的资金

总量仍将大幅攀升，由此而衍生的合作合同纠纷不仅数量将进一步增多，而且争议标的额也将更大。

### （三）基于城市更新的新类型民商事案件将应运而生

众所周知，周期长、投资总量大、收益和风险巨大、政策变化多，是城市更新的主要特点，一旦城市更新项目运作失当，必将会导致连锁反应，引发新类型民商事案件。以资金链为例，大中型城市更新项目的中后期投融资，主要依赖向投资方母公司借款、信托资金融资、私募基金融资、银行借款以及民间借贷等融资方式，而上述投融资方式在大多数情况下都是有条件和期限要求的。如果一个城市更新项目长期无法立项或者立项后长期无法取得收益，致融资方违约，无法兑付，也极有可能因其违约而导致项目公司的清算或破产；除此之外，也有可能引发私募投资有限合伙的清算等。又如，在城市更新融资方式中，让与担保的情形十分常见，信托资金借道让与担保实现债权增信尤为突出，一旦发生债权违约，辨识股权纠纷还是担保债权纠纷，以及如何处置标的公司股权都将成为城市更新争议的新问题。

### （四）提升政策层级、制定统一的城市更新立法将提上日程

如前所述，城市更新领域目前并无国家层级的相应立法，多用地方性政策调控，这种政策调控的突出问题是：①政策多。据估算，深圳市目前生效的各级红头文件，与城市更新有关的有80多件。②变化快。一些政策刚出台几个月，就被废止了，极不严肃。例如违法用地简易方式确权的行与废，这种情况令城市更新各类主体无法适应。③差异化严重。一些重要规定，如非农指标能否跨街道调入、调出以及如何调入、调出，深圳市各区规定不尽相同。由于城市更新暴露出的矛盾越来越突出，许多矛盾恰恰是由于政策规范造成的，或者是低层级政策无法调整的。比如，关于城市更新单一实施主体的确定是否要全部业主的同意，这也是物权法层级的一个基本民事权利问题，由地方性政策调整左右为难，因此有必要结合城市更新自身的特性由立法加以统一规范。

### （五）在城市更新争议的多发领域，统一司法裁判规范势在必行

城市更新争议尤其是合作合同违约纠纷，往往以标的额大、影响广著称，由

于目前没有统一的司法裁判标准，同一类案件各地法院判决不同，甚至同一个案件一审、二审法院判决完全不同，致使此类案件在业内产生了较大影响。以合作合同解除为例，如城市更新合作项目的出地一方恶意违约，单方不愿履行合同而诉诸法院解除，一些法院往往简单地以“一方不愿履行，合同目的难以实现”为由判令解除合同。这种简单的判法客观上助长了恶意违约的现象。笔者认为，司法裁决应当尊重城市更新的规律和特点，在具备或基本具备继续履行条件的情况下，不应支持单方恶意违约，要求解除合同的主张；即便判令解除合同，也应当依循“诚实信用”“违约不获利”原则，对守约方的实际损失和可期待利益予以支持，通过司法评估，将土地升值后的现值收益部分按合同约定或公平原则判给守约方。为此，须由最高人民法院根据城市更新的规律和特点，在大量调研基础上制定全国统一的裁判规范。

## 第三节 引发城市更新争议的主要原因

梳理北京德恒（深圳）律师事务所房地产团队参与的城市更新项目，包括诉讼和非诉讼法律事务，笔者认为，司法实践中出现的城市更新争议主要源于以下几个方面。

### 一、 项目原权利人违约

城市更新项目中的原权利人，是指相对后期加入的开发企业而言，在先取得宗地范围内土地使用权的主体或项目的前期权利人，包括宗地范围内的土地使用权人，原农村集体经济组织、项目的申报主体，等等。原权利人因其对城市更新单元范围内土地占有份额的多少不同，又有单一权利人和多个权利人之分。

在城市土地供给总量受限，土地使用权价值不断攀升的情形下，一些城市更新项目的原权利人利用自身对更新项目土地的在先权利或申报主体的优势，对投资开发企业即资金方违约。原权利人违约的常见表现方式为：原权利人中止与原先的投资开发企业的合作开发协议，另寻对价更高的开发企业；一地多卖，同时或先后与多家开发企业签订合作开发合同，选择价高者履行；

原权利人为多个的情况下，其中一个违约，导致合同目的不能实现，其他原权利人也提出中止合同的履行。

[典型案例]

A公司名下持有深圳市某工业区地块的使用权及其地上厂房的所有权，目标项目作为更新单元被列入深圳市城市更新单元计划并于2012年获得深圳市规土委关于该片区更新单元规划审批情况的复函，该项目占地面积约6万平方米，计容建筑面积约24万平方米，包括住宅、商业、办公、公寓、保障性住房及公共配套设施。

2015年10月，A公司与C公司进行合作，双方合资成立了项目公司C1，相应地A公司与C公司、C1公司签署《合作协议约定书》，约定合作投资、共担风险、共享收益。A公司负责在约定的节点完成相关工作：包括2015年年底以项目公司名义取得实施主体确认书，2016年2月负责取得地价缴交通知单，且承诺在2015年11月底前协调清偿业务、拆除建筑，将净地移交项目公司；并约定了合作价款及支付时点。同时，A公司与C1公司签署《搬迁补偿安置协议》，约定货币补偿20亿元，补偿重建商业物业建筑面积8万平方米，后C公司向A公司支付了首期补偿款11亿元。由于同期深圳市地价和房价大幅攀升，2016年5月，A公司又私下与D公司签订合作协议，约定A公司和C公司合作协议解除后，A、D两公司合作，D公司在协议中承诺给予A公司高于C公司承诺的回报。

2016年8月，A公司发出解除合同通知，声称C公司支付对价太低，不公平，C公司未做回复。C公司随即于9月向法院起诉请求A公司分别支付迟延交地、迟延办理实施主体确认和地价缴交通知的违约金，涉诉金额高达4亿元，并诉请继续履行合同，且申请了财产保全。双方遂发生诉讼，涉案土地至今仍未能开发。

## 二、项目公司股权转让合同中税负条款约定不明

用收购公司股权的方式收购房地产项目，是房地产领域的常态之一。在城市更新领域，开发企业在各个阶段，收购已获取更新项目阶段性权益的项目公司的股权，进而成为城市更新项目的实际控制人和开发商的案例屡见不鲜。被

并购的项目公司通常已取得城市更新项目的部分权益，如已由项目公司对更新单元申报立项，项目公司已成为申报主体；又如，项目公司已完成单一主体所需的全部搬迁补偿谈判，成为公示的实施主体；等等。特殊情况下，一些公司可能仅仅取得部分合同权益，如仅与农村集体经济组织签订了《合作意向书》或《框架协议》，在可能成为项目合作方的情况下，其股权也会被其他开发企业并购。一般而言，被并购项目公司在城市更新项目所处的阶段不同，也决定其股权对价之高低。

与普通公司并购不同的是，城市更新项目公司的并购，股权转让款的税负问题特殊、重要且敏感。如果在《股权转让合同》中不进行特殊约定，对于收购方而言，支出股权转让款后，该笔支付由于无法冲抵土地开发成本，势必令其开发成本过低，在将来销售房产或项目结算时由于成本不真实、盈利高而承担过高比例的增值税等税项；对于转让方而言，由于收到的股权转让款的性质在《股权转让合同》中已确定，就交易真实性和合规性而言，无法将收到的股权转让款转化为其他能进入开发成本的科目，因而很难为收购方提供合规的可进入开发成本的发票。转让和收购双方极易就此发生争议，特别是房地产项目进入清算结算环节后，此类争议较多。

[典型案例]

M公司于2001年成立，注册资本为3000万元，已出资到位。M公司于2006年与N投资股份公司签署《某工业区旧城改造项目合作开发协议》，鉴于该工业区大部分用地（2.8万平方米）及厂房、宿舍等建筑物由N公司所有，属集体经济组织用地，小部分用地及厂房、宿舍由他人所有，M公司与N公司约定在与所有搬迁户达成搬迁补偿协议的基础上同意合作开发该工业区旧城改造项目，并约定M公司负责该工业区规划、建设及销售的所有费用，N公司配合办理申报手续，建成后双方进行权益分配。2009年M公司获得该区政府批准成为该项目的改造单位，M公司与搬迁户展开谈判并签署《搬迁补偿安置协议》。2011年M公司的股东A公司有意将其持有的M公司股份对外出让，当时尚有两家被搬迁户未与M公司签订《搬迁补偿安置协议》，经过协商，A公司与B公司签署《项目及股权转让协议》，约定A公司将所持有的M公司75%的股权转让给B公司，转让价格为人民币3亿元，股权变更后支付

1.7亿元，领取用地规划许可证后再支付1.3亿元，并由A公司负责与两家搬迁户签订收购协议且自筹资金支付完毕收购款。

2013年M公司与所有搬迁户签署完毕《搬迁补偿安置协议》。期间，A公司以2250万元的价款将75%的股权转让给B公司，并向工商局办理了股权变更登记手续。B公司向M公司支付了1亿元，由M公司向搬迁户支付了搬迁款1亿元，后B公司又陆续向A公司支付款项共计1.78亿元。N公司向M公司完成改造范围内房地产交付后，M公司顺利开展了搬迁、建设，建成后用地面积4万多平方米，总建筑面积约30万平方米，包括商业性办公用地、商业用地、住宅用地。

从A公司的角度看，实际上A公司仅收到1.78亿元款项。但是，B公司拒绝支付其余款项，理由在于实际股权转让款为3亿元，A公司应据此缴纳企业所得税，故2200万元由其代扣代缴；另外B公司认为，既然A公司以3亿元价款转让股权，应提供3亿元价款的合法合规票据冲抵本项目开发成本，否则应由A公司向B公司进行赔偿。然而，A公司认为，《项目及股权转让协议》并未约定由A公司提供合法合规票据冲抵成本，自己收取的3亿元应该是实收，即不愿承担税务风险。双方遂发生争议。

## 三、 交易文件瑕疵

在城市更新项目中相关交易文件数量通常很多，包括合同类文件（如合作协议、补充协议、股权转让协议等）、表决类文件（如“四会”文件）、行政审批类文件（如各类申请及批件）、权益类文件（如各类权利证书、拥有或放弃权利声明、转让权益的声明等），上述文件的起草和签署、保管都需要十分谨慎。在前述文件的起草、签订、履行过程中，确保文件的真实性、合规性非常重要，如很多文件应由本人签署的，却由他人代签，但代签行为并无授权委托书支持；又如应进行公证的文件，没有公证，应由合作方股东表决的却没有表决，导致文件效力存疑；再如，同内容的法律文件，有阴阳两个版本，需复核原件的，没有复核，轻信复印件等，均可能为交易埋下大患。

[典型案例]

A村股份合作有限公司于2007年与B公司签订《合作开发协议》，约定A

村股份合作公司将其所有的一处老旧工业区共计7万余平方米与B公司合作开发，B公司筹措不低于5亿元的建设资金；暂以容积率4计算，建设的全部商住楼宇由A、B两公司三七分成，即A村分得30%，B公司分得70%，B公司额外补偿A村1亿元人民币。此后，双方陆续签订数份补充协议，2012年7月，A村以上述土地申请工改商的城市更新项目由区政府进行公示并正式立项，2014年6月，B公司依据与A签署的各项协议要求某区城市更新局确认其为实施主体。

2014年7月，A村董事会换届后，新成立的A村董事会决定不再与B公司合作。理由是，2008年12月，A村股东代表大会开会表决上述各项协议及补充协议时，虽然协议上盖了A村公章，但并没有召开股东代表大会作出相应决议，而依公司章程和市、区两级集体资产管理办法，此类重大资产处置必须召开股东代表大会，并经2/3股东代表同意。据此，A村向B公司发出了《不予履行合作协议通知书》。B公司认为，虽然A村自签署协议时没有召开股东代表大会，但是此合同已获实际履行，B公司已向A村足额支付了1亿元补偿款，并且土地上的建筑物已由B公司全部拆除，B公司还支付了部分前期工程款和设计费，应推定A村股东已同意，因此合同应为有效且应继续履行。双方遂发生争议，并引发诉讼。

## 四、无法形成单一主体

根据《更新办法》及《更新办法实施细则》的规定，城市更新单元项目拆除范围内存在多个权利主体的，只有当所有权利主体通过以房地产作价入股成立或加入公司、签订搬迁补偿安置协议、房地产收购等方式，将房地产的相关权益转移到同一主体，形成单一主体后，才可由该单一主体向区城市更新职能部门申请进行实施主体确认。由此看来，欲成为城市更新项目实施主体，需全体权利主体同意，如果没有达到这个标准，在现行法律政策框架下，即无法继续推进项目的后续搬迁、注销原权利人房地产证等工作。在原权利人非单一主体而为多数主体的情况下，申请主体必须要说服全体权利人签订《搬迁补偿安置协议》，这成为多数城市更新项目的难题。

［典型案例］

2007年1月1日，深圳市某区城中村改造办公室《关于某片区改造项目确定改造单位相关问题的函》载明，2007年1月9日区城中村改造领导小组会议和2007年4月10日某区四届八次常务会议原则同意：①某区30万平方米范围纳入2007年年度实施计划，首期改造范围控制在约10万平方米内；②根据深某府〔2003〕×号文精神，确定A公司为该项目首期约10万平方米改造范围的改造单位；③改造单位须自城中村改造领导小组审定改造单位之日起5年内完成项目改造，半年内要启动，1年内有实质性进展，否则取消改造资格，收回重新招商。

2009年7月，A、B两公司在深圳市某区街道办事处见证下签订了《搬迁补偿安置协议书》，主要约定：①某区政府确定A公司为某片区旧城改造项目的改造单位是双方签约的前提；②B公司将原某厂位于改造片区范围内的房地产和附属设施，于2012年10月31日移交给A公司统筹开发；④2012年4月30日租期届满时，B公司不得再将房地产及附属设施出租，否则构成违约。深圳市城市更新政策出台后，约在2011年年初，A、B公司合作的土地开发项目按城市更新政策进行审批。

2011年9月25日，B公司召开股东大会，决定撤销与A公司签署的上述协议，A公司获悉后，于2011年11月23日致函B公司，对撤销事宜提出异议。

2011年12月7日，B公司的控股股东C公司与同属项目宗地范围内的另一业主D公司签订了合作协议，约定将D公司拥有的土地提供给C公司改造开发。据此，B公司认为A公司已经无法取得单一主体，不具备供地条件，将无法实施项目开发，无法通过政府取得项目改造的主体资格，遂发出《关于暂停履行〈某片区旧改项目工程搬迁补偿安置协议书〉通知书》，决定终止协议，进而引发双方诉讼。经过法院审理，二审法院判决认为：由于C公司决定不与A公司合作，D公司明确表示不会与A公司签约，客观上使得该单元内的所有权利人无法形成城市更新的单一主体，该合同目的无法实现，故终止A、B两公司签订的《搬迁补偿安置协议书》。

## 五、购置无证房产盲目进行城市更新

合法用地占比是更新项目的基础，根据深圳市人民政府的规定，拟纳入城市更新单元的合法用地不低于拟更新单元范围内土地面积的60%。通常情况下，合法用地包括建设用地、旧村屋用地、征地返还用地、非农建设用地及非农建设用地指标、历经各次历史遗留问题处理被确认的农地、政府依规确认的其他合法用地。而当下，由于深圳市土地市场的火爆，不少企业不顾门槛，不计代价，不问合法与否在深圳市投资收购各类土地资产及房产，其中就包括没有权证、权属不清的用地，隐患极大。

[典型案例]

A公司（港资独资企业）成立于1986年。1986年11月，A公司与深圳市B村村委会签订《购买地皮协议》，约定B村将B村范围内的菜地2.2万平方米卖给A公司，使用权期限50年，由A公司生产经营注塑机的开发和销售，地皮款为266万元港币，签约后A公司向B村村委会一次性支付。其后，A公司便在2.2万平方米范围内投资建厂，经营至今。A公司所建厂房没有获得房产证，也未进行违法建筑的历史遗留问题申报及处理。

2013年6月，B村股份合作公司与A公司签订《城市更新合作协议》，协议约定A公司将其厂房及2.2万平方米用地与B村共同进行城中村改造，由A、B共同成立项目公司作为申请主体，A公司占股40%，B村股份合作公司占股60%，双方各自投入注册资本并按比例分享收益。该协议签订后，B村股份合作公司未在董事会和股东代表大会上对前述合作协议投票表决。2013年年底，B村股份合作公司董事会换届后，新董事会通知A公司，中止双方的合作协议。

2014年3月，C公司与A公司实际控制人张某签订协议，由C公司100%收购A公司全资投资股东香港置业G集团的股份，即该股份由张某持有。全部交易对价为1.6亿元港币，C公司首付1600万元港币，所余股权转让款在A公司2.2万平方米土地获得深圳市人民政府城市更新正式立项后，一次性支付。C公司意图通过收购A公司控股股东的方式收购A公司，并进而取得A公司在深圳市的土地使用权及厂房所有权。其后，C公司开始运作A公司2.2

万平方米土地更新项目申请事项。而B村则在法院起诉，以非法买卖土地为由，要求法院判令A公司和B村村委会签订的《购买地皮协议》无效，并判令A公司向B村村委会退还2.2万平方米工业用地。由于A公司对2.2万平方米工业用地未有任何合法产权证明，也未进行历史遗留问题处理，且还与B村村委会有权属争议，A公司的城市更新立项申请未获得区城市更新局批准。

## 六、项目公司转让过程中隐藏债务未充分披露

城市更新项目中，不少投资商均是通过受让股权的方式控股或参股城市更新项目，这种参与方式的优势在于周期短、项目现成、审批风险小，但也存在诸多隐患。其中最大隐患之一是，投资商无法真实了解项目公司历史债务，转让方如恶意隐瞒，则因历史债务发生纠纷的概率较大，所有投资人对此均应引起足够重视。因而，应穷尽一切方法调查项目公司的历史债务。

[典型案例]

M公司2008年开发的某房地产项目因资金链问题烂尾，后介入某住宅区的旧城改造项目并获得申请主体资格。2010年A公司作为M公司的股东，向B公司以转让100%股权的方式转让该项目，转让时A公司披露M公司涉及烂尾楼的债务仅有拖欠的工程款本息、银行贷款、地价及滞纳金等约8000万元，承诺并无其他对外债务。M公司的股权及证照资料交割完毕，B公司支付绝大部分转让款后进驻项目现场，展开改造项目的后续工作。自2011年开始，M公司陆续接到揭阳、汕头市中级人民法院、南昌市中级人民法院和多家仲裁委员会发来的传票、查扣冻结通知书、催款函等。原来，转让前M公司因拖欠施工单位工程款，被层层转包分包的各路建筑商、包工头、民工等告上法庭，而且M公司还对外拖欠货款，更严重的是涉及多单民间借贷，这些借贷中有M公司自己借款，也有M公司担保的借款，担保对象包括A公司、A公司法定代表人、法定代表人的亲属，涉诉债务总额8亿元之巨。无奈之下，被B公司接手后的M公司只得硬着头皮应诉并还债，先后支付的各类债务高达数亿元，耗费了巨大的人力物力，严重影响了城市更新项目的开展进程。另外，M公司在参加诉讼和仲裁过程中，还发现这些约定在外地法院或仲裁机构管辖的纠纷中，相当大一部分纠纷所依据的证据存在伪造的嫌疑。

## 七、 政府未予审批或审批结果未达合同目的

旧住宅区的城市更新该由谁主导，业主、开发商还是政府？按《更新办法》第3条的规定："城市更新应当遵循政府引导、市场运作、规划统筹、节约集约、保障权益、公众参与的原则，保障和促进科学发展。"这里的"引导"从字面上看不是"主导"，但从该《更新办法》实施后出台的一系列规定看，包括房屋危害标准的使用与危害级别认定、更新单元批准、更新方向的确认、申请主体确认、实施主体确认、容积率确定等事项，均是由各级政府部门最终拍板。可以说，城市更新的全过程都需要政府的审批。尽管目前深圳市人民政府已将部分审批权下放至各区政府，合并和简化了部分审批事项，但政府主导城市更新的格局总体未变。因此，企业从事城市更新最大的法律风险之一，便是如果政府最终没有批准，或者批准的更新方向、容积率、土地贡献率等未达到企业预计的目标，就有可能存在前功尽弃的风险。城市更新实践中，未对实体项目的可行性、合规性进行充分尽调和评估，盲目上马、盲目投资的有之；进入老旧住宅区自行进行更新意愿收集的有之，其中的法律风险、商业风险往往由企业自行承担。

[典型案例]

深圳市某区南某村建于1985年，当时作为特区第一批公务员和教师福利房所建，总共有70栋，每栋7层、无电梯，共有2600多户业主。该小区的缺点是楼体质量较差，居民对该问题向有关部门进行了多次反映，这是由于深圳特区早期建筑标准低，楼体大量使用海砂所致。

从1996年开始，居民多次向市区政府有关部门反映，市建设局多次到现场勘察，深圳市危房鉴定委员会对房屋进行了鉴定，认定虽不构成危房，但必须对主体结构进行局部加固和补强以达到正常的安全系数。2007年又有7栋住宅楼经鉴定存在安全隐患，其中3栋进行了整体加固，2栋按照原址自用的目标完成了拆旧建新，剩余2栋由于业主意见不一致等原因，整治方案一直无法确定。2014年南某村业主委托相关检测机构依据《民用建筑可靠性鉴定标准》（GB 50292—1999）对小区房屋质量问题进行检测，经检测出具《检测报告》的认定，该批建筑物结构安全性评定为Dsu级，存在结构安全隐患，应尽

快采取加固措施。此后，深圳某公司在小区征集城市更新意愿签名，获得南某村小区90%以上签名同意拆除更新，并附上检测报告递交至某区城市更新局。

但是，某区城市更新局认为，根据《更新办法》的规定，存在重大安全隐患的旧住宅区纳入拆除类城市更新的条件为，按照《危险房屋鉴定标准》（JGJ125—99）鉴定危房等级为D级的成片城市建成区。《检测报告》资料显示，南某村60栋住宅楼采用《民用建筑可靠性鉴定标准》（GB50292—1999）鉴定等级为Dsu级，因此不符合纳入拆除类城市更新要求，即使没有纳入城市更新，政府仍高度重视和推进整治南某村建筑安全隐患。

深圳市规划和国土资源委员会认为，如果符合城市更新的旧住宅区，应由政府全程主导。经相关部门鉴定、审批，确定应纳入拆除重建类城市更新的危房住宅小区，应由政府主导，组织开展现状调研、城市更新单元拟定、意愿征集、可行性分析、计划申报等工作。旧住宅区在城市更新单元规划批准后，应由政府组织公开选择市场主体。最终，某公司未能获得南某村城市更新的参与机会。

## 八、 搬迁谈判陷入长期困局

搬迁本来就难，在深圳市城市更新环境下的搬迁更难。这种搬迁困局表现在以下几个方面：①房屋的权利主体找寻困难甚至无法找到；②找到后谈不拢、要高价、费时长；③大量违法建筑存在，对房产的性质、交易情况、交易效力难以认定；④搬迁谈判往往伴随着诉讼或仲裁；⑤政策和法规的缺失，使得某些房屋产权难以注销。凡此种种，使得已列入深圳城市更新计划的不少项目举步维艰。

[典型案例]

A花园位于深圳市盐田区，濒临大鹏湾，建于20世纪80年代，共有建筑45栋，总户数为1260户，绝大部分楼房在建设时使用了未经淡化处理的海砂。

A花园绝大多数楼房的外墙因在十多年前已出现脱落、裂缝的情况而引起政府的高度重视。2008年，深圳市盐田区重建局专门委托深圳市建筑科学研究院有限公司对A花园进行了全面的检测，判定A花园建筑结构安全等级为

D级［根据《危险房屋鉴定标准》(GJ125—99)。D级系指承重结构承载力已不能满足正常使用要求，房屋整体出现险情，构成整幢危房］，小区部分建筑结构已出现安全问题，若不及时修整将严重威胁居民的生活安全。A花园城市更新改造项目（下称“项目”）被列入《2010年深圳市城市更新单元规划制定计划第一批计划》，成为深圳市首批城市更新改造项目之一，由某上市公司控制企业作为申请主体。

在提供法律服务过程中，笔者统计发现，存在法律问题的房屋占整个项目的比例超过15%，涉及约180户业主。项目出现的法律问题主要分为六类：(1)房屋权利人死亡问题；(2)借名购房问题；(3)转让瑕疵问题；(4)房改房问题；(5)无主房及非法侵占类法律问题；(6)已签约业主转让问题。解决这些问题的关键是找人，即找到真正的业主或者真正有权和开发商谈判的人，然后才能开展谈判。为找到真正的权利人，开发商采取了各种措施，对于部分业主为香港特别行政区居民的情况，采取了在境外媒体多次登报，委托香港律师事务所进行业主身份及家庭关系确认，由长期居住在房屋内的住户签约并提供保证，由其原单位及房管部门确认房改房权利人身份、向人民法院提出确权诉讼，邀请房管部门注销关联房产的权利证书并由开发商担保等。但是即便如此，搬迁补偿谈判仍举步维艰，项目从2010年立项至今，和开发商签订搬迁补偿协议的权利人为1000余户，占项目总户数的80%左右。

A花园如此，深圳市其他城市更新项目情况也差不多，只是所遇到的问题各有不同而已。以另一个著名的更新项目木头龙小区为例，该小区也是2010年深圳市首批88个城市更新项目之一，开发商某集团从2010年至2016年12月，历经7年多的时间，签约率98%，但仍未达到城市更新实施主体所要求的完全单一主体，即100%的标准。据悉，首批88个城市更新项目中有住宅小区8个，目前8个住宅小区仅有鹤塘小区一家完成100%的签约。

## 九、开发商批量购买拟更新区域非流通房产

目前，开发商为减轻城市更新搬迁谈判的阻力，控制搬迁成本，往往对拟更新目标区域的房产先入为主，派人或自行收购部分农民自有房屋、小产权房或其他非流通房产。如果该宗土地最终未获得城市更新立项，土地的集体所有

性质未获变更，则此类土地及房屋买卖可能被人民法院认定为无效，由此会产生房屋买卖纠纷。

## 第四节 常见城市更新争议类型及裁判要旨

### 一、 合同效力纠纷

如前所述，在城市更新流程中，各方利益主体之间签署的合同种类繁多。限于篇幅，本书重点探讨房地产开发企业和原权利主体之间基于城市更新所签署的《合作开发合同》，包括以《框架协议》《项目公司章程》等形式表现出来的合作合同的法律效力。

#### （一）认定城市更新合作合同效力的主要法律依据

人民法院和仲裁机构认定城市更新合作合同效力的主要法律依据如下：

1. 《合同法》有关合同效力的规定

第52条规定，有下列情形之一的，合同无效：

（1）一方以欺诈、胁迫的手段订立合同，损害国家利益；

（2）恶意串通，损害国家、集体或者第三个人利益；

（3）以合法形式掩盖非法目的；

（4）损害社会公共利益；

（5）违反法律、行政法规的强制性规定。

2. 《城市房地产管理法》有关合同效力的规定

第38条规定，下列房地产，不得转让：

（1）以出让方式取得土地使用权的，不符合本法第39条规定的条件的；

（2）司法机关和行政机关依法裁定、决定查封或者以其他形式限制房地产权利的；

（3）依法收回土地使用权的；

（4）共有房地产，未经其他共有人书面同意的；

（5）权属有争议的；

（6）未依法登记领取权属证书的；

（7）法律、行政法规规定禁止转让的其他情形。

3.《村民委员会组织法》与合同效力相关的规定

第24条规定，涉及村民利益的下列事项，经村民会议讨论决定方可办理：

（1）本村享受误工补贴的人员及补贴标准；

（2）从村集体经济所得收益的使用；

（3）本村公益事业的兴办和筹资筹劳方案及建设承包方案；

（4）土地承包经营方案；

（5）村集体经济项目的立项、承包方案；

（6）宅基地的使用方案；

（7）征地补偿费的使用、分配方案；

（8）以借贷、租赁或者其他方式处分村集体财产；

（9）村民会议认为应当由村民会议讨论决定的涉及村民利益的其他事项。

村民会议可以授权村民代表会议讨论决定前款规定的事项。

法律对讨论决定村集体经济组织财产和成员权益的事项另有规定的，依照其规定。

4.《物权法》与合同效力相关的规定

第63条规定，集体所有的财产受法律保护，禁止任何单位和个人侵占、哄抢、私分、破坏。

集体经济组织、村民委员会或者其负责人作出的决定侵害集体成员合法权益的，受侵害的集体成员可以请求人民法院予以撤销。

5. 最高人民法院《关于审理〈房地产管理法〉施行前房地产开发经营案件若干问题的解答》（已失效）有关房地产开发经营者资格问题的规定

不具备房地产开发经营资格的企业与他人签订的以房地产开发经营为内容的合同，一般应当认定无效，但在一审诉讼期间依法取得房地产开发经营资格的，可认定合同有效。

6. 最高人民法院《全国民事审判工作会议纪要（2011年）》有关房地产纠纷案件合同效力的规定

第15条第1、2款规定，在农村集体所有土地上建造房屋并向社会公开销售，应当依据《合同法》第52条和《土地管理法》第43条的规定，认定该买卖合同无效。

将宅基地上建造的房屋出卖给本集体经济组织成员以外的人的合同，不具有法律效力；出售给本集体经济组织成员的，应当符合法律、行政法规和国家政策关于宅基地分配、使用条件的规定。

此外，广东省高级人民法院于2017年9月12日发布了《关于审理建设用地使用权合同纠纷案件的指引》，该指引第13条规定："当事人为实现转让建设用地使用权的经济目的签订公司股权转让合同的，合同效力应当按照股权转让的法律规定进行审查。"第19条第1款规定："农村集体建设用地流转、集体留用地转让等属于涉及村民利益的重要事项，根据村民委员会组织法第二十四条的规定，应当经村民会议或者村民代表会议讨论决定。对于违反民主议定程序的土地使用权流转合同，农村集体经济组织主张合同无效的，应予支持。"

（二）人民法院或仲裁机构认定城市更新合同无效的几种情形

依据前述诸多法律规定，当事人因城市更新合作合同引发争议，诉至人民法院或提请仲裁机构仲裁，人民法院或仲裁机构认定合同无效，主要依据《合同法》第52条和相关法规的规定。司法实践中，合同被认定为无效的常见情形有以下几种。

（1）以合作开发为目的的双方当事人，如均不具有房地产开发权，且在起诉前至诉讼过程中，亦未取得房地产开发权，其合作开发合同被认定为无效。

［典型案例］

A公司拥有自有工业用地1.8万平方米，原用途为工业厂房，2011年与B公司签约，由B公司出资，双方合作改造、拆除重建，拟将土地用途变更为商住。B公司在3年内，除支付A公司150万元定金外，未完成任何报建。2014年年底，A公司以B公司未履行合同义务为由，诉请"解除合同"。法院在审理过程中发现，A、B公司均不具有房地产开发资质，便向A公司释明。A公司变更诉请为"认定合同无效"。一、二审法院均支持了原告的请求。

(2) 原权利人即更新项目提供土地方为村委、村股份公司或其他集体经济组织，该集体经济组织在签署协议时，未履行法定表决程序或表决未被通过，其合作协议被认定为无效。

[典型案例]

B公司拥有房地产开发资质，A村股份合作公司拟以占地面积共4.6万平方米的老村屋及部分工业厂房与B公司合作进行城市更新。2013年7月，经A村股份合作公司董事会表决同意，与B公司签订一份合作协议，其主要内容是A村股份合作公司出地，并办理报建手续，B公司出资，双方共同成立项目公司进行旧村改造开发，所建成房屋在所有回迁房屋，所余房产按1∶9比例由A村股份合作公司、B公司分得，A村股份合作公司所分房产交由B公司代售。随后，B公司将500万元保证金支付给A村股份合作公司。2014年年底，A村股份合作公司完成换届，新成立的公司董事会以合作协议损害村民利益，且未依公司章程交由股东代表大会表决为由，诉至法院，要求判定A村股份合作公司、B公司合作协议无效。一、二审法院均认定：A村股份合作公司将村屋土地对外合作等集体经济组织重大事项，依《中华人民共和国村民委员会组织法》第24条的规定和A村股份合作公司章程的约定，须由A村股份合作公司股东代表大会表决，且须2/3以上同意方为有效。涉案合作协议虽经A村股份合作公司原董事会讨论通过，但董事会行权不应取代股东代表大会法定民主议事程序，在股东代表大会未通过的情况下，双方所签合作协议无效。

## 二、违约纠纷

### (一) 违约纠纷的表现形式

广义的城市更新的违约纠纷内容十分丰富，从理论上讲涉及因城市更新所签署的各类合同的违约纠纷，包括原权利人（即土地方）和开发商之间合作合同的违约纠纷、投资方和出借人融资合同违约纠纷、搬迁补偿合同的违约纠纷、项目公司股权转让合同的违约纠纷、投资方和中介方合作合同违约纠纷等。但本节讨论的是狭义的违约纠纷，即因合作开发合同的履行造成的违约纠纷，包括土地方违约和投资方违约两类主体的违约纠纷，其违约行为表现形式各有不同。

1. 土地方违约的表现形式

（1）土地方直接终止合同履行，如土地方通过书面通知或以其行为明示，不再履行原合作开发协议等；

（2）土地方恶意与第三人签订合同，拒绝与原投资方继续履行合同；

（3）土地方无法提供土地、无法取得项目立项等相关许可文件，或取得的土地用途与合同目的不符，致使合作开发协议实际上不能履行；

（4）在土地方为多个权利人的情况下，其中一方不同意履行，导致无法形成单一主体；

（5）由于土地方原因致使标的项目土地被查封等，造成土地方对投资方的违约；

（6）由于第三人的原因，使土地方的合同义务没有全面履行或如期履行，如租户拒不搬迁使地上建筑物难以如期腾空并交付搬迁物业，造成土地方对投资方的违约等；

（7）土地方提高要价，即随城市更新项目市场的升温，土地方要求投资方提高合作的对价，如投资方不答应，土地方便中止合同履行等；

（8）土地方在签署《意向书》或《框架协议》后，拒不签署《意向书》或《框架协议》约定的需后续签署的补充协议或后续协议；

（9）其他形式的违约。

2. 投资方违约的表现形式

（1）拒不履行合同约定的出资义务，或出资没有按合同约定进行，如出资不实、迟延出资等；

（2）拒不履行项目合作过程中的配合义务，比如不配合办理城市更新立项、项目公司的成立、完成报建手续等；

（3）不按合同约定从事开发建设；

（4）不按合同约定进行搬迁补偿；

（5）不按合同约定向土地方分配其应得房产或收益；

（6）不履行或不按合同的约定履行合作合同约定的义务；

（7）拒不签署补充协议或后续协议；

（8）不履行城市更新项目的其他法定义务，如依法纳税等。

### （二）违约案件的司法裁判要旨

1. 关于违约金

如果合同约定了违约金，约定的违约金并不高于《合同法》规定的上限，即依据《合同法》确定的实际损失的30%。在一方违约，另一方无过错的情形下，守约方关于违约金的请求，人民法院一般予以支持。

2. 关于赔偿损失

城市更新中的赔偿损失诉讼，获得赔偿的关键在于举证。一般情况下，如果守约方能够举证证明其实际支出用于城市更新项目的缴纳地价、测绘、评估、方案设计、搬迁补偿、项目建设施工等费用，则人民法院应予支持。

但城市更新实践中，一些项目支出，虽然有票据，但是票据不完整或不合法，没有得到双方的确认。比如有些支出仅有收据，是否作为实际损失，需要结合案件其他证据和双方的交易习惯，由法院自由裁量。另有些支出，虽与项目有关且在城市更新中具有普遍性但双方合作合同没有明确约定，则很难判定为实际损失，如投资方支付的财务费用、中介费用等。

3. 关于预期利益

城市更新的投资方，对预期利益的诉请数额是巨大的，但在目前的司法实务中人民法院对预期利益多不支持。理由是，预期利益是投资人开发行为实现后可得的市场收益，在没有实际投入进行开发，面对不确定的市场行情，预判的收益并非必然实现的利益，因而难以保护。

4. 关于继续履行

城市更新项目中投资方要成为单一权利主体实属不易，时刻面临来自诸多权利主体的拒绝签约、签约后根本违约，以及其他投资方的插足竞争。城市更新项目存在涉及大量的行政审批、各方配合行政审批事项过多等风险，在土地方根本违约时，若法院裁判继续履行，目前也存在履行和强制执行障碍。法院在土地方未明示不履约，也没有同第三方合作，不存在履约障碍的前提下，通常裁判继续履行合同。但如土地方拒绝签署《搬迁补偿安置协议》，或拒绝配合申请主体以及实施主体确认手续，法院的判决则存在一定差异。一些法院认为，由于在此类纠纷中，双方当事人合作事项繁多，时限较长，不确定因素较大，既然土地方不愿意合作且不再配合办理后续相关手续，合同目的已难以实现，司法强制力难以持续有效左右当事人的行为，因而判令合同解除；另一些法院则认为，由于土地方明示违约，并非不可抗拒的客观因素，是人为造成的，从诚实信用原则和违约不获利原则出发，应对违约行为加以矫正和惩罚。在没有其他客观因素的情形下，应判令合同继续履行。笔者认为，后一种裁判方式更有利于恪守诚信原则，因而也更令人信服。

（三）典型案例评析

1. A 公司与 B 公司合同纠纷案评析

（1）要点

城市更新项目中，土地方违约时，合同继续履行的可能性极低，只有土地方没有明确表示不再继续与投资方合作并且合同履行没有事实上或者法律上的障碍时，合同才有继续履行的可能性。

（2）案情

2015 年 12 月 11 日，B 公司分别召开董事会、监事会、集体资产委员会，就原属 B 公司位于深圳市××区××社区××路约 60 万平方米村屋范围内的集体土地的城市更新合作开发事宜进行审议和表决，董事会、监事会、集体资产委员会均一致同意并决议，在三家公司竞争谈判中最终确定与 A 公司或 A 公司指定的第三方公司（或项目公司）进行合作开发，并同意先期召开股东代表大会就上述事宜进行表决并签订意向协议，择期召开公司股东大会就上述事宜进行表决并签订正式合作协议，同意授权董事会与 A 公司签订合作意向协议。

2015 年 12 月 13 日，B 公司召开股东代表大会，就确定与 A 公司或 A 公司指定第三方公司（或项目公司）就上述涉案地块城市更新项目合作事宜进行审议，股东代表人数 188 人，实到会 169 人，169 名股东代表一致表决通过了与 B 公司合作事项，并授权 B 公司董事会与 A 公司签订合作意向协议。

2015 年 12 月 16 日，A 公司（乙方）与 B 公司（甲方）签订一份《深圳××区城市更新项目合作意向协议书》，双方就合作开发××区城市更新项目事项达成一致，合作开发位于深圳市××区××社区××路约60万平方米的土地。

协议签订后，对于双方责任义务有以下约定：甲方不得对本协议标的进行任何加建、转让等，不得对协议标的与任何第三方签订任何合作协议；协议签订后，甲方不得将协议标的以与第三方合作等方式处分，否则应由甲方负责解除与第三方的合作关系及支付解除与第三方合作关系的全部费用，本协议继续履行；如因乙方原因致使项目在签订本协议后5年内无任何进展，甲方有权终止协议，甲方应一次性不计利息退还乙方所付的定金。

2015年12月4日、2015年12月17日，A公司向B公司出具两张票面金额分别为100万元、400万元的支票。

2016年1月19日，B公司召开董事会、监事会、资产委员会，就B公司将持有的15000平方米非农建设用地工商指标以2000元/平方米的补偿价格提供给A公司的合作开发事宜进行决议，董事会、监事会、资产委员会均一致表决通过；同意召开股东代表大会进行表决并签订意向协议书，同意授权董事会与A公司签订意向协议书，同意召开股东大会对上述事宜进行表决并签订正式合作协议书。

2016年1月25日，B公司召开股东代表大会，就B公司提供上述非农建设用地工商指标与A公司的合作开发事宜进行审议和表决，188名股东代表实到173人，173名代表同意并通过上述决议，同时授权董事会与A公司签订合作意向协议书。

2016年1月27日，A公司（乙方）与B公司（甲方）签订《非农建设用地工商指标意向合作协议书》。2016年1月28日，A公司向B公司支付非农建设用地工商指标合作预付款2000万元。

在以上协议书签订后，A公司主张B公司部分村民收受第三方公司利益，B公司怠于推动合同履行，致使双方未能签订正式合作协议书，B公司构成违约，公司要求其继续履行合同，双方发生争议。

（3）法院观点

本案中有两个争议焦点，一为涉案《深圳××区城市更新项目合作意向协议书》《非农建设用地工商指标意向合作协议书》是否有效；二为上述协议是否应继续履行。

关于争议焦点一，依据合同法原理，合同发生法律效力应当满足三个要件：一是当事人具备相应的民事行为能力；二是当事人意思表示真实；三是不违反法律或社会公共利益。结合本案，A公司、B公司签订的《深圳××区城市更新项目合作意向协议书》系双方对××片区进行城市更新合作开发所达成的初步协议，约定了双方的权利义务，符合合同的属性；合同双方均具备缔结合同的民事行为能力，该协议的签订已由B公司按照公司章程的规定经B公司董事会、监事会、资产委员会、股东代表大会等审议表决，该协议系双方的真实意思表示；合同内容亦未违反法律、行政法规的强制性规定，不违背社会公共利益，应当认定为合法有效。有关A公司、B公司签订的《非农建设用地工商指标意向合作协议书》，符合合同特征；B公司的签约行为符合B公司章程规定的表决程序，由董事会、监事会、资产委员会、股东代表大会审议通过，该协议亦为合同双方的真实意思表示；不违反法律、行政法规的效力性强制性规定，亦应认定为有效。

关于争议焦点二，A公司、B公司签订的两份协议经法院认定有效，合同对双方当事人均具有法律约束力，双方均应按照合同约定全面履行各自的义务。有关《深圳××区城市更新项目合作意向协议书》《非农建设用地工商指标意向合作协议书》的履行，A公司已经按照约定分别向B公司支付了意向定金500万元、2000万元，A公司主张B公司部分村民收受第三方公司利益、B公司怠于推动合同履行，虽未能提供证据予以证实，但B公司亦未予以反驳，且本案现有证据也未表明本案存在事实上或法律上不能履行的障碍，原B公司应继续遵循诚实信用原则，围绕双方的订约目的，严格按照国家有关城市更新所涉及法律法规的规定，为履行后续合同义务作出具体安排并按合同约定实际履行。

2. A公司与B公司城市更新协议违约纠纷案评析

（1）要点

在城市更新合作协议中约定的义务，无论是土地方还是投资者均应严格遵守，如若违反约定则应事先征得对方的同意，否则违约方须承担相应的违约责任。本案是拆除重建类城市更新，土地方最为重要的义务之一便是提供符合约定的净地，如果无法提供，则面临违约的风险。

（2）案情

2015年8月21日，B公司作为甲方，A公司作为乙方，共同签订了《旧改合同》，属拆除重建类城市更新，其中合同约定双方共同合作开发位于××市××区××街道的旧改项目，对于合作模式及操作步骤进行了约定。对于A公司的相关工作节点进行如下约定：①2015年9月15日前，负责以项目公司名义取得旧改项目《改造实施主体确认书》；②2016年5月18日前，负责取得旧改项目一期《地价缴交通知单》，并签订《土地使用权出让合同》；③2016年8月31日前，负责取得旧改项目二期《地价缴交通知单》，并签订《土地使用权出让合同》。

合同还约定：旧改项目共有五个地块，合计建设用地面积近6万平方米，改造后的物业成为由住宅、商业、办公、商务公寓、保障房和公共配套组成的复合功能区；将设立项目公司作为旧改项目的实施主体，具体完成项目开发建设；双方将共同出资，通过项目公司为旧改项目提供资金。

A公司、B公司在合同中约定，B公司应于2015年9月1日前，负责协调清偿、解决旧改项目用地范围内的全部债务关系，拆除全部房屋及构筑物，将旧改项目用地清平、围墙闭合，将净地移交项目公司进行管理，并由项目公司出具书面确认文件。

2013年8月、2015年4月，B公司委托C公司与D公司，同E公司两次签订租赁合同，将旧改项目范围内的部分厂房、污水处理设施、铁皮房等物业出租给E公司。依据协议约定，如果在合同期内租赁物业占用的土地被改造或者业主需要进行整体开发的，出租方有权提前通知承租方终止合同，并要求承租方搬离。E公司承租上述物业后，又将其转租给其他10家生产企业，10家生产企业均从事印制电路板的生产，生产过程中会产生工业废水，因此需要污水处理并借用D公司此前申请的《排污许可证》进行排污。

2015年7月，C公司依据租赁合同约定致函E公司，通知其在2个月内搬离。E公司接到通知后，拒不配合，从2015年11月开始，E公司停止支付租金，但仍然占据租赁物业。

2015年8月，A公司向B公司支付合作价款人民币5亿元，作为旧改合同实施主体的项目公司与B公司签署了《搬迁协议》。

2015年9月22日，A公司依照《旧改合同》将其全资拥有的项目公司15%股权转让给F公司，并签订《股权转让协议书》，工商变更登记于2015年11月2日完成。

2015年9月30日，B公司进行的项目用地范围内的搬迁工作大部分已完成，但仍有少数租户未能搬迁，而且在搬迁过程中发生的租户信访事件未能妥善解决，B公司未能按照《旧改合同》约定的期限将项目的净地移交给项目公司管理。在《旧改合同》签订后，B公司未能在合同约定的2015年9月15日前取得政府颁发的《改造实施主体确认书》。

截至2015年12月，除E公司及有关企业占据的厂房、污水处理设施、铁皮房外，B公司已经将旧改项目用地范围内的其他建筑及地上物全部拆除。

2016年1月7日，环保部门依法注销了D公司的《排污许可证》，D公司将该情况通知E公司及其他10家企业，但10家企业均无视该情况，继续生产并排放废水。截至2016年2月，10家企业中有部分企业已与D公司达成调解协议，但仍有部分企业拒不搬迁。

截至2017年9月，B公司仍未依约为A公司办理《改造实施主体确认书》，也未依约拿到一期、二期《地价缴交通知书》。

2016年4月14日，A公司发送律师函要求B公司不迟延地履行合同义务，并向A公司支付违约金24180万元。

2016年7月，B公司向A公司发出《关于解除合同的通知》。

2016年12月底，B公司向A公司发出《解除合同通知》，指出由于合同约定的主要条件相互矛盾，而且发生了重大情势变更，导致合同无法履行。

至此，A公司主张，B公司未能在合同约定的期限内完成相关手续的办理，已经构成违约，且B公司主张的免责事由如承租方拒不退场等均不成立。A公司认为B公司应该按照合同约定的标准即年利率30%承担违约责任，支付违约金。

B公司则认为，城市更新项目无法按期确认实施主体的原因主要是因为A公司未及时向B公司转让项目公司股权、A公司单方提出要修改项目规划；对于违约金，B公司认为《旧改合同》中约定的违约金过高、计算方式存在错误，并且在《旧改合同》解除后违约金不应该继续计算。双方对此发生争议并诉诸法院。

（3）法院观点

①关于本案合同效力问题

《旧改合同》为双方自愿协商订立，其内容未见违反法律、行政法规强制性规定的情形，应认定为有效的商业合同，对双方具有约束力，双方对此予以确认。

②关于土地方违约问题

法院认为，《旧改合同》中已经明确约定了双方的义务，B公司作为土地方有义务严格按照约定的期限履行义务，在其未履行的情况下，显属违约。

针对B公司的未能履行合同义务的免责理由，法院认为：

A. 未能提交净地。净地通常是指那些完成征地搬迁、无权属纠纷的土地。B公司在《旧改合同》中明确承诺负责项目用地范围内的全部搬迁工作，将净地移交项目公司进行管理，对B公司自己没有处理好搬迁事务而未能完成合同义务的情形，《旧改合同》并没有约定B公司可享有任何免责事由。

B. 取得《改造实施主体确认书》。B公司认为是由于第三人E公司及有关企业占地不还的违约行为造成其无法获得改造实施主体确认书。法院认为，无论是否为第三人违约造成的原因，都不能成为B公司违约的免责事由，其在《旧改合同》中明确承诺自己的义务，如不遵守，即构成违约。

综上，法院认为，B公司在对自己的履约能力判断不足的基础上，签订《旧改合同》，承诺履约期限，后超过期限无法完成约定，理应承担违约责任。

③针对违约金问题

法院认为，B公司违约，其应该承担违约责任，支付违约金。但是根据《合同法》第114条第2款的规定，约定的违约金低于造成的损失的，当事人可以请求人民法院或者仲裁机构予以增加；约定的违约金过分高于造成的损失的，当事人可以请求人民法院或者仲裁机构予以适当减少。约定的违约金到底是高还是低？法院认为，对于约定的违约金低于实际损失、请求增加赔偿数额的，应由守约方承担举证责任；对于约定的违约金过分高于实际损失的、请求减少赔偿数额的，应由违约方承担举证责任。而B公司无法举证证明合同约定的违约金过分高于A公司的实际损失，应由其承担举证不能的不利法律后果。

至于最高人民法院《关于适用〈中华人民共和国合同法〉若干问题的解释（二）》第29条的规定，即关于约定的违约金超过造成损失30%的，可视为过分高于造成的损失。该条规定无法在本案中适用，因为B公司未能证明A公司的实际损失，也无从谈及高于实际损失多少的问题，故法院支持双方的合同约定，B公司应支付A公司违约金，以合同约定的标准年利率30%计算，以5亿元人民币为基数。

④针对合同撤销和显失公平问题

法院认为合同撤销是合同当事人的一项权利，但是合同撤销应该向法院或依约定向仲裁机构提出，而不是向对方当事人提出，只有法院或仲裁庭作出撤销合同的决定后，当事人才能免除继续履行合同的责任。而本案中B公司并未在规定的期限内向法院提出申请撤销上述合同，该合同并不因为B公司向A公司提出撤销而失去效力。

显失公平是B公司反复提及的抗辩理由，A公司与B公司签订的合同属于商业合同，只要内容不违反法律、行政法规的强制性规定，始终属于商业意思自治的领域，B公司将《旧改合同》《搬迁协议》的主要条款交付董事会和股东会讨论批准，并做出公告，显失公平的抗辩不成立。

3. A公司、B公司与C公司合作开发合同纠纷案评析

（1）要点

土地方违约，其应承担违约责任，但合同继续履行可能性极低，而且预期利益难以得到支持。

城市更新协议是一个比较特殊的合同，法院在处理城市更新违约时，如果一方当事人（大多是土地方）拒绝继续履行协议，法院一般不会判决其继续履行，另一方当事人只能通过违约方承担违约责任来得到救济，而预期利益得到支持的可能性极低。

（2）案情

2006年9月14日，C公司（甲方）与A公司、B公司（共同作为乙方）签订了一份《深圳市××区××街道××社区××居民小组城中村改造项目合作开发协议书》，约定双方合作进行××村旧改项目开发。C公司负责与A公司、B公司共同组建搬迁小组；负责组织与本项目范围内各业主进行搬迁补偿安置

协议的洽谈工作，协助乙方与被搬迁户签订《搬迁补偿安置协议》；负责协助乙方落实本项目地价标准为深圳市城中村改造标准并在此基础上争取更大优惠；负责协助乙方办理本项目实施过程中的手续申报、审批工作。乙方在拿到政府批文后，甲方不再另行招商，乙方独自开发；乙方负责该项目范围内各业主《搬迁补偿安置协议》中安置补偿条款的按时落实，并负责项目的规划、设计、报建、报批、建设、验收等工作；负责该项目的销售及物业管理工作；负责该项目改造实施过程中的所有费用，包括补缴地价、设计、施工、监理以及报批、报建等费用；负责按计划完成该项目改造进度；负责该项目的全部经济责任，并享有该项目的全部经济收益。

2007 年 6 月 11 日，双方又签订了《补充合同》，对合作内容做了进一步细化：乙方向甲方支付本项目的补偿款 1300 万元，此补偿款系指乙方对甲方公共道路、设施的补偿（甲方集体所有的楼房及旧瓦房补偿另行协商）；在签订该《补充合同》并且甲方组织××村居民及业主完成签订同意进行旧改的补偿协议后两年内乙方必须启动开发；两年届满乙方仍未启动第一期开发的，甲方可以通过与乙方协商收回开发权；乙方享有单独开发权利，未经乙方同意，甲方不得另行招商或转让开发权利；未经甲方同意，乙方不得将本城中村改造项目的开发权转让给任何第三方，否则甲方有权收回本项目的开发权。

此后，A 公司、B 公司开展一系列行动推动项目进展，诸如于 2006 年 11 月 10 日向深圳市××区政府及××区××街道办事处提交《关于××片区城中村改造的申请》；于 2007 年 5 月 17 日与 D 建筑设计公司签订《深圳市建设工程设计协议》，委托 B 建筑设计公司设计涉案项目的布置平面图；于 2007 年 6 月 18 日向深圳市××区××街道办事处提交《关于××社区××片区城中村合作改造项目的请示》，申报涉案项目；2007 年 6 月 28 日，A 公司、B 公司召集村民就该项目事宜进行意见征集，并征集到李某春等 198 名村民同意搬迁改造的意见表等。

2008 年 1 月 7 日，深圳市××区城中村（旧村）改造办公室向××街道办事处发出《审核意见》，称由于其发出《关于报送 2008 年度更新改造项目计划的通知》后，××居民小组迟报了资料，致使未能及时上报该项目。2008 年 2 月 15 日，深圳市××区城中村（旧村）改造办公室向××街道办事处发出《关于

××街道办××片区改造项目的复函》，建议就该项目申报下年度改造计划。

C公司分别于2012年2月22日、2013年3月20日以及2013年10月19日召开股东大会对上述协议书及补充合同约定的改造项目进行审议、表决并形成一致意见，即A公司、B公司至今未具体实施合同约定，严重违反了协议约定，C公司全体股东不愿与A公司、B公司协商签订搬迁补偿协议及配合任何改造事宜，同意采取法律途径或依照政府有关规定，解除与A公司、B公司签订的合作开发协议，取消其开发权。

A公司、B公司主张在其投入了大量人力、物力、财力，做了大量的工作后，土地方C公司并没有履行配合义务而使得项目无法顺利进展，此后又提出解除合同是根本违约，给其造成了严重损失。

土地方C公司则主张其在整个城市更新项目中不是起主导作用的，仅是整个项目中一部分土地的权利人，而且也对项目的开发完成了应做的工作，A公司、B公司没有按照合同的约定履行义务，属于违约，其要求解除合同合理合法。

双方对于是否继续履行合同及土地方是否应赔偿投资方、赔偿金额是否包括预期利益等发生争议，并诉至法院。

（3）法院观点

法院认为本案的争议焦点有二：一为C公司是否应向A公司、B公司赔偿损失的问题，即C公司是否构成根本违约；二为A公司、B公司向C公司主张赔偿的金额问题。

关于争议焦点一，C公司主张由于A公司、B公司迟延履行合同义务导致项目申报延迟，A公司、B公司于2007年申请将涉案项目列入2008年改造项目，在涉案项目未列入2008年城中村更新改造项目时向有关部门申请补列，并为完成审批材料要求而与规划设计单位、测绘单位签订一系列协议，在深圳市规划和国土资源委员会通过了涉案项目专项规划审批后，开展了搬迁安置协议的签订工作，制订了实施方案，实施了一系列积极的行为，并非如C公司所主张的不作为。故C公司请求解除深圳市××区××街道××社区××居民小组城中村改造项目合作开发协议书及补充合同的理由不成立，鉴于C公司不愿继续履行合同而致合同解除，对于由此而给A、B公司造成的损失应予赔偿。

关于争议焦点二，赔偿数额的认定问题。A 公司、B 公司主张的赔偿数额包含两个部分，一为实际支出损失，二为可得利益损失。对于实际支出的部分，至合同解除之时，A 公司、B 公司完成了涉案项目的审批工作，受益人为 C 公司，故对 A 公司、B 公司为完成行政审批而支出的费用应予支持，而其他如工资、奖金、办公费等费用系为公司正常运转而支出，不属于为履行合同而直接产生的损失，故不应支持。

A 公司、B 公司并未因《深圳市××区××街道××社区××居民小组城中村改造项目合作开发协议书》《补充合同》而享有开发权。根据《更新办法实施细则》第 46 条的规定，A 公司、B 公司能否成为城市更新单元的单一实施主体，并不在于 C 公司的授权或同意，而必须由业主自主选择。在双方签订《深圳市××区××街道××社区××居民小组城中村改造项目合作开发协议书》《补充合同》之时，其并未取得涉案项目的开发权，故并不能因《深圳市××区××街道××社区××居民小组城中村改造项目合作开发协议书》《补充合同》而享有开发收益，其对可得利益的主张法院不予支持。

在城市更新领域，对于合作双方的权利义务应在合作协议中明确约定，尤其是义务，由于城市更新项目进程较长，环节较多，如果不将某阶段的义务进行明确约定，则在纠纷产生时无法归责，无法追究违约责任。

从本案的审理结果也可以看出，法院对于预期利益的判决是十分谨慎的，获得预期利益的一个前提便是取得项目开发权，享有开发利益，但从司法实践看，即便享有开发权益，预期利益的举证也很困难。

（四）如何有效应对城市更新中的土地方违约

土地升值导致城市更新项目土地方违约案件持续增多。如何有效防止此类纠纷的发生，并在此类纠纷发生后有效维护投资企业的合法权益，笔者将从亲身处理的大量案例中，为您撷取相关案例进行评析。

随着建设用地价格的持续上涨，在城市更新领域，土地方即原土地权利人（含持有土地使用权的项目公司的股东）行使合作开发合同解除权，中途违约的情形时有发生，且呈不断增多之势。有资料显示，自 2011 年至 2017 年，全国共发生城市更新违约纠纷 334 件，其中原土地权利人违约的有 201 件，占全部违约纠纷总量的60.18%。

众所周知，城市更新项目周期长、投资大、利益关系复杂，一旦一方违约，项目停滞不前或陷入诉讼，便会产生巨大影响。研究土地权利人违约案件的规律，总结此类案件的经验教训，及时有效应对土地方违约，就成为城市更新投资企业的必修课。

根据笔者办理过的大量城市更新争议案件，笔者认为，虽然原土地权利人在城市更新过程中具有支配作用，但是防范和制约原土地权利人恶意违约也并非一筹莫展。在城市更新实践中，投资企业应着重做好以下几个方面的工作。

1. 对原土地权利人进行必要的信用调查

投资者投资城市更新项目，打交道的对象并非土地，而是人，包括自然人、企业法人、股东及其实际控制人等。而不同的企业法人、股东及其实际控制人，履约能力、诚信度有所不同。我们经常看到某企业将其拟改造的建设用地今天卖给A公司，明天又毁约卖给B公司，为追求土地利益最大化而不断毁约。更有甚者，有时针对同一块土地，权利人竟同时签约两家甚至三家开发企业，开发企业在背靠背的情形下，必然有一家或数家最终成为“一地多卖”行为的受害人。因而，置身复杂的土地交易市场，投资人应该把控好对原土地权利人的信用审查，包括：①原土地权利人是否涉及大量诉讼及仲裁案件；②原土地权利人是否因同宗土地和其他人发生过纠纷；③原土地权利人是否事先已将涉案土地转让给他人（或与他人合作）；④原土地权利人与他人解约或发生纠纷的原因是什么；⑤原土地权利人的信用及社会评价是否负面；⑥原土地权利人的股东如系多人，则股东之间是否就此次转让完全达成一致意见还是部分股东明确反对。关注此类信用审查事项的重要性在于，不少投资者乐于以高价从他人手里抢项目，而一旦项目到手，且土地市场持续升值，原土地权利人又有可能以更高价格将投资者本已到手的项目再转给更高出价者。这种现象是城市更新领域的常态。

2. 恰当选择拟合作项目的介入阶段

司法实践中，一旦原土地权利人提出解除或终止原土地权利人与投资企业的《合作开发合同》或《项目公司合作协议》等文件，在原土地权利人明显违约的情形下，该类合同能否继续履行，人民法院通常会重点审查项目所处的具体阶段和合同是否具备继续履行的条件。如果实施主体已经确定或虽未确定但无重大障碍，人民法院多会判令合同继续履行，驳回原土地权利人的请求。如果双方合作的项目还处在征集更新意愿、编制单元规划、签订搬迁补偿安置协议等前期阶段，原土地权利人执意违约，人民法院则多因客观条件，无法实现合同目的，判令合同解除或终止。因为城市更新项目周期较长，从意愿征集到单一主体的实现，无论是规划编制、申报立项，还是签订搬迁补偿安置协议、完成原房产的注销，诸多事务均需依靠原土地权利人的配合，既然原土地权利人已经不愿履行，且无法通过法院的强制执行一次性兑现原权利人的合同义务，在合同目的客观上不能实现的情形下，法院做出此类认定并无不妥。

上述情形显示，项目所处的阶段十分重要，如果已具备实施主体的基本条件，即已不再有需原土地权利人配合的事项或此类事项较少，原土地权利人恶意违约，带来合同被认定解除的概率较低；反之，如项目处在前期阶段，合同解除的概率较高。也就是说，项目越成熟，原土地权利人单方解除合同的目的越不易达到。故此，城市更新投资者对拟投资的项目把握好介入阶段十分重要。

3. 完善合作合同条款是关键

从合作意向书、框架协议、项目公司章程到各项补充协议，如何约定土地方、投资方的权利义务十分重要。一份好的合同往往会使原土地权利人违约的意愿难以实现，即便合同被法院判令解除或终止，投资方因原土地权利人违约获得的违约金、损失赔偿额也会有所增加。结合笔者代理的此类案件，以下几点需特别关注：

（1）合同需明确约定，违约方不得行使合同解除权，合同解除权应由守约方行使；

（2）提高违约金至合同法规定的最高上限；

（3）将司法实践中有争议的部分项目支出在合同中明确约定为项目投资，由违约方承担由此造成的损失，这些有争议支出通常包括：①投资方单方为项目融资产生的本金、利息和罚息；②投资方投资该项目产生的律师费、评估费、财务费用、中介费及其他合理费用；③项目公司的运营支出；④项目的搬迁支出。

4. 对履约过程中造成的土地升值应予特别安排

通常在城市更新项目运营过程中，由于原土地权利人和投资方的共同努力，项目范围内的土地发生了性质及用途的变化，如由原来的工业用地变更为商住用地，或由原来的农用地变为建设用地，将本来的非法用地通过城市更新使土地合法化等。在原土地权利人违约的情况下，如人民法院判令解除合同，升值的土地自然归原权利人所有，但投资人出局后，升值部分是否算作投资人的损失，如是，是可得利益还是实际损失？如何就升值部分在双方当事人之间依法平衡权利义务关系？应如何分配？这些问题在司法实践中往往争议较大，不同的法院判决大不相同，同一案件，一、二审法院判决也不尽相同。笔者认为，如果基于投资人和原权利人的共同努力，所涉土地因城市更新立项、用途变更、用地性质变更、容积率调整等实现升值，投资人的贡献与土地升值具有因果关系，若合同被判令解除，人民法院应依据投资人的实际投资在初始土地资产中所占比例，或投资人在城市更新项目公司中所占股权比例，判令原土地权利人将相应升值部分补偿给投资人，以实现合同公平。为此，建议投资人和原土地权利人在签署有关协议时，应明确如下合同条件：若遇原权利人违约，不论违约时点处在任何阶段，合作开发项目土地升值部分，按投资人与原权利人在投资总额或项目公司所占股权比例进行分配。

5. 学会运用物权保护方法

在现行的城市更新规则下，单一主体原则是各地城市更新政策的主旨。而实现单一主体，开发商就必须和所有的宗地范围内的权利人签订搬迁补偿安置协议，缺一不可。为预防与原权利人合作过程中的争议，一些开发商、投资人往往前期在拟投资更新单元内购买部分房产，如遇和原权利人发生纠纷，合作合同被解除或终止，投资人也可以以权利人的身份拒签搬迁补偿安置协议，成为制约合作对象的重要砝码。当然，运用物权保护方法，购置规划单元内的物业，还须注意购房合同的法律效力，所购置物权是否具有流通性，等等。如果购房合同无效，结果往往适得其反。

6. 投资人自身及时全面履行合同，让对方无把柄可抓

在城市更新项目中，投资方的前期义务主要是支付款项，协助原土地权利人办理项目立项手续，中后期义务主要是支付各类款项，包括地价、搬迁补偿

款、建设工程款等，以及进行工程建设、安置回迁等。诉讼实践中，有些权利人提出解除合同的诉请理由通常是投资方怠于履行义务，如拒不付款、未按期付款、未全额付款等，还有一些诉讼案件则是原权利人和投资人同时违约。故此，对于投资方而言，如要在诉讼中取得好的结果，首先是自己不违约，尤其是不根本违约，不能让原土地权利人抓住把柄；其次是在履行合同过程中权利义务的变化均应由相应的书面文件落实，如争取对方同意对相关款项的延期支付、分批支付等，均须达成补充协议，以免口说无凭。

7. 对已经签订《搬迁补偿安置协议》的房产，及时采取限制交易措施

在城市更新项目实践中，开发商和原权利人签订《搬迁补偿安置协议》后，由于《搬迁补偿安置协议》没有限制原权利人转让房产的必然功能，导致一些原权利人违约转卖房产的情形。如此类情形发生，必然会使原《搬迁补偿安置协议》失效，导致开发商需要和新的权利人再行谈判并签约，费时费力自不在言，如新的权利人漫天要价，必然拖延项目的进程。更有甚者，更新实践中出现过全部原权利人和开发商签署《搬迁补偿安置协议》之后，个别原权利人将房屋转卖，造成开发商无法达致更新项目实现单一主体。针对这类情形，笔者认为，在现行法律制度下，为制约原权利人毁约、转卖房产的行为，应该在签订《搬迁补偿安置协议》后，将已签约房产通过双方协议进行抵押，或采取其他限制房产交易的措施。

8. 适时采取正确的诉讼、仲裁策略尤为重要

当原权利人违约发生纠纷时，投资方虽未违约，但大多处于不利境地。在这种情况下，适时采取正确的诉讼、仲裁策略，往往能最大限度地止损，有时还能变被动为主动。这些策略包括：

（1）寻找合适的具有丰富的城市更新诉讼经验的律师团队；

（2）制定正确的诉讼目标，如根据个案具体情况，确定合适的诉讼请求，这些请求往往包括合同效力认定、合同解除或终止、赔偿损失，等等；

（3）采取正确诉讼措施，通常包括申请法院对项目公司股权、规划单元的宗地进行查封等，通过查封股权和宗地，使违约方难以如愿，往往能够达到以“打”促“和”的目的。

因城市更新项目引发纠纷后，投资人通过正确的诉讼策略，挽回损失或危

局的案例不少，如深圳万科公司申请仲裁与深圳华发之间的纠纷就是一例。

## 三、 确权纠纷

### （一） 确权纠纷的表现形式

城市更新过程中所遇到的确权纠纷，是指土地和地上建筑物因原始取得和继受取得发生争议，致物权状态不确定，引发的双方或多方当事人之间的纠纷。就目前的城市更新实践来看，常见的确权纠纷包括以下几类：

①因遗产继承和析产产生的纠纷；

②华侨、侨属、侨眷和港澳台同胞因历史遗留产权问题引发的纠纷；

③因小产权房转让和合作建设引发的纠纷；

④因借名买房引发的纠纷；

⑤因房改房引发的纠纷

⑥因赠与引发的纠纷；

⑦因一房两卖或数卖引发的纠纷；

⑧其他形式的纠纷。

### （二） 典型案例评析

1. 林某缄与林某华××花园房产赠与合同纠纷案评析

（1） 要点

涉及城市更新的待确权房产，在《物权法》颁布前经过未登记的物权变动后实际权益人和登记名义人不同，发生争议时，如有能证明前述物权变动合法有效的事实证据，房产权益归实际权益人所有。

（2） 案情

1991 年 12 月 19 日，林某华将其拥有的位于深圳市××路××花园 24 栋 6D 的房子通过出具《赠与书》的方式赠与林某缄，并在深圳市罗湖区公证处公证，此后，林某缄一直占有、使用房产至今。2017 年 12 月 19 日，深圳市××物业管理有限公司与深圳市××区××街道某社区居民委员会共同出具《证明》，载明“深圳市××路××花园 24 栋 6D 号（旧栋号），与××花园 12 栋 2 单元 6D（新栋号）为同一房产”。在林某华赠与房产时并没有办理房屋过户登记，在《物权法》颁布后，房屋登记人和实际占有、使用人不一致的情况下，按照《物权法》的规定，林某华为房屋所有人，现林某华下落不明，在涉及城市更新项目确认签约主体时，该房产的名义权属人为林某华，此时林某缄对于房产权属有异议，发生纠纷而诉至法院。

（3）法院观点

法院认为，本案系城市更新项目中房产确权纠纷，被告出具的《赠与书》已经深圳市罗湖区公证处公证，是林某华真实的意思表示，合法有效，林某缄已经接受林某华的赠与，林某华应当履行赠与义务，林某缄接受赠与后已实际占有、使用涉案房产，且占有使用行为发生于《物权法》实施以前，故涉案房产所有权已于当时发生变动，林某缄应为涉案房地产所有权人。根据《合同法》第187条的规定，赠与的财产依法需要办理登记等手续的，应当办理有关手续。林某缄既为所有权人，其主张林某华将涉案房产过户登记至其名下有事实和法律依据，予以支持。

（4）评析

本案看似是一个简单的赠与合同纠纷，但是涉及的情况十分复杂。本案是城市更新过程中一个关键环节——拆赔谈判确认签约主体纠纷，如果无法形成100%的签约率，城市更新项目是无法进行下去的，而对于签约主体的确认便是签约的前提。在《物权法》颁布前，房屋产权变更登记需要双方均到场，这条规定在已经废止的司法部、建设部《关于房产登记管理中加强公证的联合通知》中有所体现。具体到本案，当林某华下落不明时，其于《物权法》颁布前的“未完成”赠与行为是否能够使得房屋所有权得到变更便是主要问题。笔者认为，在实际占有、使用权人与房屋登记人不一致时，如果能够证明取得占有、使用权是通过合法途径，则实际占有、使用权人享有房屋产权。

2. 朱某与刘某贤、刘某繁所有权确认纠纷案评析

（1）要点

在房产为原集体用地转为国家所有之前自行建造的，属于农村城市化历史遗留建筑，该房屋产权性质及所有权应先由行政机关进行处理，对于因该类房产导致的纠纷，人民法院在行政机关处理前不予受理；已受理的，应驳回起

诉，告知当事人到行政机关处理。

（2）案情

1980年3月3日，朱某向原深圳镇××大队购买208平方米建房用地，并取得《深圳市附城公社××大队个人建房许可证》。1980年11月15日，朱某向深圳市城市建设局开办了《建筑许可证》，建筑层数为两层，深圳市规划国土局向朱某核发了该土地的用地红线图。1981年，朱某同意谭某与刘某佳在其建房用地上建造房屋，三方于1984年7月1日签订了《合作建房立约》，约定，刘某佳建造第一层，谭某建造第二层，朱某建第三、四层，均以朱某的名义办理报建手续。1992年6月，朱某发现刘某佳以刘某佳的名义申请《建筑许可证》，仅下了两层地基，没有补办超过原有两层建筑许可证手续，朱某提出异议，刘某佳以书面形式向深圳市规划国土局出具《要求取消刘某佳建筑许可证报告》，1992年12月24日，深圳市规划国土局向朱某发出《关于取消刘某佳的建筑许可证的通知》，确认朱某系××村××号私宅（涉案房屋）的所有人，但政府有关部门一直未为该幢房屋办理房地产证，刘某佳一直占有使用第一层。

2011年5月20日，深圳市××实业有限公司获得政府有关部门的批准，对上述房屋所在区域实施城市更新。该公司与刘某佳签署了《搬迁补偿安置协议》，约定该公司对刘某佳建造并使用的房屋进行补偿，此后该公司将房屋拆除。

朱某诉请人民法院确认朱某为房屋所有权人。朱某认为其取得案涉房屋用地红线图和建筑许可证，是该土地的合法权利人，在该土地上建造的第一层房屋的所有权及搬迁补偿安置权利应当归朱某所有。刘某佳去世，其继承人刘某贤、刘某繁对涉案房产不拥有所有权。

刘某贤、刘某繁认为，朱某已经和刘某佳约定涉案房产归刘某佳所有，且房屋已经拆迁灭失，物权也随之消灭，而朱某所谓刘某佳存在违反《合作建房立约》情形与客观情况严重不符，不能单凭深圳市规划国土局发出的《关于取消刘某佳的建筑许可证的通知》就判定涉案房产归朱某所有。双方因此发生争议，诉至法院。

（3）法院观点

法院认为，本案涉及的房产系深圳市原集体用地转为国家所有之前自行建造的，属于农村城市化历史遗留建筑，在该房屋产权性质及所有权未经行政机关确认之前，应先由行政机关作出处理。在行政部门对上述问题处理之前，人民法院不应受理，以此起诉的案件，法院都会以没有管辖权为由驳回起诉。

（4）评析

小产权房确权案件是城市更新领域常见的纠纷类型，其中涉及的关系十分复杂，不仅涉及物权、继承，还涉及赠与、继受等，而在处理确权纠纷时，不仅要注意纠纷的司法程序，同时要对纠纷的类型进行充分的判断，充分考虑是否需要行政处理前置，以更好、更有效率地解决纠纷。本案中这种历史遗留建筑物确权纠纷，便是行政处理前置的一种纠纷类型。

3. A与B房屋买卖合同效力纠纷案评析

（1）要点

投资者通过购买待更新单元内房屋的方式提高城市更新效率，在签订出让、转让、出租农村集体土地合同时，虽然所涉集体土地没有经依法批准为建设用地，但在起诉前已被依法批准为建设用地的，不影响合同的效力。

（2）案情

2013年12月11日，原告A和被告B签订了一份《深圳市××区××片区房屋买卖合同》，约定原告将坐落于深圳市××区的住宅转让给被告，转让总价款为人民币370万元，该合同签订之后10日内，被告向原告支付人民币370万元，原告应在合同签订后30日内向被告提供有效的房产证原件，并保证配合被告办理房屋搬迁、房产证注销等有关手续。2013年12月12日，被告通过同城转账的方式向原告支付了购房款人民币370万元，同日，原告向被告出具了《购房款已结清收条》。原、被告之间签订的《房屋买卖合同》是深圳市C公司委托被告与原告签订的，该370万元购房款是由深圳市C公司委托公司监事代被告向原告支付，其目的是为开发该片区城市更新项目做准备。

2014年年底，深圳市规划和国土资源委员会原则上对城市更新项目更新单元规划确定的功能定位及改造目标，将片区建设成集住宅、商业、办公等功能复合的综合社区。案涉房产所在地块位于更新单元规划范围内。2014年11月18日，深圳市××区城市建设局出具《城市更新项目一期实施主体确认书》，确认深圳市C公司为该城市更新项目一期实施主体。2015年11月4日，用地单位深圳市C公司取得深圳市规划和国土资源委员会××管理局颁发的《深圳市建设用地规划许可证》。

2016年4月20日，该房屋被列入城市更新计划，被告与C公司签订搬迁补偿协议，C公司拆除了涉案房屋。2016年5月9日，原告签署《遗失房地产证具结书》，并附登报遗失公告，于2016年5月25日由登记机关补办了《不动产权证书》。

2016年9月23日，深圳市C公司取得深圳市规划和国土资源委员会××管理局颁发的《深圳市房地产预售许可证》，准许其开发的××项目一期预售。

2016年11月23日，深圳市规划和国土资源委员会××管理局发布的《市规划国土委某管理局的复函》确认，经核【××地区】法定图则，宗地面积为125.44平方米，位于05—16地块内。【××地区】法定图则05—16地块总面积为15536平方米，用地性质代码R2，用地性质为二类居住用地。

此时，原、被告之间关于双方签订的《深圳市××区××片区房屋买卖合同》是否有效，以及原告是否违约产生争议而诉至法院。

（3）法院观点

①关于本案《深圳市××区××片区房屋买卖合同》的效力问题

该涉案房屋占用的土地原先属于村民住宅用地，而根据《合同法》第52条效力性强制性规定，涉案房屋的买卖违反法律的强制性规定。但是，根据广东省高级人民法院《关于审理农村集体土地出让、转让、出租用于非农业建设纠纷案件若干问题的指导意见》第13条规定："当事人在签订出让、转让、出租农村集体土地合同时，所涉集体土地虽然没有经依法批准为建设用地，但在起诉前已被依法批准为建设用地的，不影响合同的效力。"由于该涉案房屋已被纳入城市更新范围，该地块经市区规划国土主管机关批准，已具备开发条件，不具有违法将农民集体所有的土地使用权用于非农业建设的情形，并不违反《土地管理法》（2004年修正）第63条的规定，该《深圳市××区××片区房屋买卖合同》合法有效。

②关于原告是否违约的问题

由于《深圳市××区××片区房屋买卖合同》有效，在被告履行了支付购房款的合同义务后，原告一直没有履行配合被告办理转让房屋、办理房产证注销等相关手续，甚至采用虚假报失等手段制造假的房产证，其行为已经与合同义务相违背，理应承担违约责任。

（4）评析

通常情况下，村民向非本村村民转让私宅用地的，其所签署的转让合同将被认定为无效。本案中，原告认为，涉案房产是其在宅基地上自建的房屋，涉案合同因违反《合同法》第52条的效力性强制性规定而无效。事实上，涉案房产为原告在宅基地上自建无疑，《土地管理法》第63条确实也规定了集体所有土地使用权不得出让、转让或者出租用于非农建设，但是为何法院会认定涉案的合同有效呢？

首先，2014年年底，深圳市规划和国土资源委员会已经批准确定了案涉地块的功能定位及改造目标，将片区建设成集住宅、商业、办公等功能复合的综合社区。深圳市规划和国土资源委员会××管理局明确确认涉案房屋所在土地的用地性质为二类居住用地，据此，规划国土部门应已经完成了必要的土地征转程序。基于上述，在涉案房屋所在地块的法定图则上，用地性质被标示为代码R2，用地性质为二类居住用地。“二类居住用地”主要是城市居民住宅用地，属于国有土地，由城市居民区的业主共有土地使用权。

其次，广东省高级人民法院《关于审理农村集体土地出让、转让、出租用于非农业建设纠纷案件若干问题的指导意见》第13条规定：“当事人在签订出让、转让、出租农村集体土地合同时，所涉集体土地虽然没有经依法批准为建设用地，但在起诉前已被依法批准为建设用地的，不影响合同的效力。”本案中，《深圳市××区××片区房屋买卖合同》涉及的并非单纯的土地买卖，而是房屋买卖，房屋所占用土地原先虽为村民住宅用地，但原告起诉时该地块经市区规划国土主管部门批准，已具备开发条件，不具有违法将农民集体所有的土地使用权用于非农建设的情形，并不违反《土地管理法》第63条的规定。

最后，原告主张的房屋购买人即被告为自然人，不具有房屋所在村村民身份，购买人身份主体不符法定条件问题，亦是基于购买村民住宅用地的土地性质而言，现土地性质已经改变，购买人的特定身份要求亦不复存在。

综上，法院依法确认合同的有效性，既体现了司法保护诚实信用原则的初衷，也体现了依据客观情况，将原则性与灵活性相结合的司法原则。在城市更新的大背景下，此案判决有积极的指导意义。

## 四、 房屋搬迁补偿安置纠纷

### (一) 搬迁补偿安置纠纷表现形式

城市更新中的搬迁补偿安置纠纷，与一般的房屋搬迁补偿安置纠纷的不同之处在于，此类纠纷是伴随着城市更新项目的立项和实施，因更新活动引起的合同签订、效力、履行纠纷。由于城市更新项目一般历时较长，权利主体较为复杂，其中还夹杂着房屋权利买卖、赠与等物权变动行为，使得这类纠纷相较普通的房屋搬迁补偿安置纠纷更为复杂。

城市更新实践中，此类纠纷主要有以下几种类型：

1. 因权利主体争议引发的纠纷

例如，在房屋共有情况下，开发商只和共有人中的一人或数人签订搬迁补偿合同，其他共有人提起诉讼，要求确认合同无效或撤销；又如，小产权房的购置人将小产权房非法转让，由于此类产权变动无法从合法登记信息中获取相关信息，导致开发商和原购置人需谈判签约，引发合同效力的诉讼等。

2. 因合同效力引发的纠纷

例如，城市更新实践中，在搬迁补偿对象为众多个体的情形下，开发商和搬迁对象的谈判签约过程往往较久，有的项目少则两三年，多则十余年。在这种情况下，如初期签订的补偿合同和后期签订的补偿合同约定的补偿标准不同，往往会引发争议。房屋权利人为了取得和其他搬迁对象一致的补偿标准，要求撤销原合同或解除原合同。

3. 违约纠纷

在城市更新的搬迁补偿过程中，违约纠纷也是多种多样。就开发商的违约行为而言，有可能是未按约定进行货币补偿和搬迁期内的房租补偿，有可能是未按约定办理搬迁入住或未办理补偿房屋的房地产权证；补偿的房屋面积和质量未达标准等。就搬迁对象而言，其违约行为可能是不按约定腾退房屋，未按约定协助办理房屋产权注销手续；在签订搬迁补偿协议后，将自己的房产转卖他人，造成开发商损失；也有可能是拒不办理补偿安置房产的入住手续；等等。

4. 其他纠纷

除上述纠纷外，在城市更新活动中，还有可能出现其他搬迁补偿类纠纷，这些纠纷包括搬迁对象单个或合伙阻止搬迁引发的侵权纠纷、搬迁对象损害开发商名誉造成的名誉权纠纷等。

（二）典型案例评析

1. 深圳市××区公共物业管理局与A房地产开发有限公司房屋搬迁安置补偿合同纠纷案评析

（1）要点

搬迁谈判历时过久，房价上升后，先期签订搬迁补偿安置协议人要求更改价格、拒不履行（如未履行）合同，或主张原合同无效等情况，搬迁补偿安置协议的效力不受影响，应继续履行。

（2）案情

2005年4月1日，深圳市××区交通局作为移交单位，原深圳市××区公共物业管理局作为接收单位，双方签订了编号为××号的《××区政府物业资产产权交接书》，将其所有的××区交通局办公楼（位于××区××一路37号，建筑面积2852.2平方米）、城区交管所综合楼（旧楼）（位于××区××49区××西路北侧，建筑面积876.2平方米）以及附属设备移交给××区公共物业管理局进行统一管理。2005年4月，××公司、××区公共物业管理局共同委托B公司对涉案房产在2005年4月19日的搬迁补偿价值进行了评估，B公司于2005年4月22日作出深评字〔2005〕××号《房地产估价报告》，2006年3月23日，A房地产开发有限公司（以下简称“A公司”）作为甲方，××区公共物业管理局作为乙方，双方签订了《搬迁补偿协议书》。2006年3月30日，A公司向××区公共物业管理局支付了第一期搬迁补偿款人民币280万元，××区公共物业管理局于当日向A公司出具了收款收据。2006年3月31日，××区公共物业管理局向A公司移交了房屋所有权证原件，A公司于当日向××区公共物业管理局出具了收条。后涉案房产被纳入城市更新重点开发领域，A公司主张继续履行搬迁补偿协议，××区公共物业管理局主张情势变更，应变更合同内容，双方发生争议。

（3）法院观点

A公司与××公共物业管理局签订的合同系双方真实意思表示，内容未违反法律和行政法规的效力性强制性规定，亦无证据证明存在损害国家利益的情形，故为有效，双方均应依约履行。

对于合同内容是否应予以变更。首先，本案合同签订后房屋市场价值的变动，显然属于当事人可以预见的商业风险，故不属于情势变更。其次，××公共物业管理局依约在2006年收到第一期搬迁补偿款后即负有腾空并交付房屋的义务，其长期未履行该义务所产生的房价变动责任，显然不应由A公司承担。最后，涉案房产的用地为行政划拨用地，B公司出具估价报告认定的评估总价并不包含地价，可见涉案合同是对房屋建筑本身及其装修价值的补偿，故该价值自合同签订至今并不会发生重大变化。综上，××公共物业管理局以发生情势变更为由主张合同无法继续履行，缺乏依据，不予采信。

（4）评析

在城市更新中，一个极为重要的环节便是搬迁补偿安置谈判。因为城市更新本身的特殊性，需要达到100%业主签订拆迁补偿安置协议才能形成单一的主体，而搬迁补偿安置谈判的过程往往又是漫长的，如何保证先期签订搬迁补偿安置协议的业主会按约履行呢？笔者认为，应该在签订拆迁赔偿安置协议时，聘请专业评估机构对房产价值进行权威的评估，并且在合同中对于签订合同后房产升值利益归投资者所有进行约定，投资者应对此予以重视。

2. A公司与吴某房屋搬迁补偿安置合同纠纷案评析

（1）要点

搬迁补偿安置协议签订后，在投资方履行通知搬迁义务后，原所有权人拒不履行搬离义务，在投资方强制搬迁给其未搬离财产造成损失的，不负赔偿责任。投资者主张因迟延搬离导致项目进程迟延而主张的损失，法院一般不予支持。

（2）案情

2012年11月4日，A公司（搬迁人，甲方）与吴某（被搬迁人，乙方）签订《搬迁补偿安置协议》，约定：双方就甲方改造开发××小区—××商城城市更新项目所涉乙方房产的搬迁补偿安置事宜，达成本协议；本项目搬迁房屋采取房屋补偿、货币补偿、房屋补偿与货币补偿相结合三种补偿方式，由乙方任选一种；被搬迁人的搬迁房屋（即涉案房产）查账面积96平方米，乙方自主选择房屋补偿方式；甲方取得实施主体批复后，向乙方发出书面“搬迁房屋移交通知”，乙方应于收到通知之日起40日内，自行解除搬迁房屋租赁关系及其他性质的权利负担（包括但不限于抵押、查封等），将搬迁房屋内所有物品搬出，并将腾空的搬迁房屋移交甲方；乙方在收到搬迁房屋移交通知之日起40日后，未将搬迁房屋腾空并移交甲方的，该房屋内留存的任何物品均视为乙方放弃对其的权利，并同意甲方随意处置，甲方无需就该等物品向乙方做任何补偿，同时视为乙方授权甲方拆除搬迁房屋并且乙方不得提出任何异议。

A公司于2014年10月30日在小区公告栏张贴搬迁公告及房屋搬迁移交须知；于2014年11月19日张贴公告告知业主办理水表销户手续的时间、地点等；施工方于2014年12月4日发布了施工公告；2014年12月8日召开城市更新项目开工仪式；2014年11月2日和12月6日，搬迁办主任周某向吴某发送手机短信通知其交房。后A公司向该项目的其他被搬迁人支付安置补偿金27972919.1元。

吴某参加了A公司于2015年1月21日晚组织的聚餐，A公司说要拆房，吴某表示同意。吴某于2015年2月25日去了云南，3月份回来后房屋已经被拆除。

吴某认为A公司在拆除房屋时，发生了误拆，原计划拆除8栋楼，却误拆了10栋楼，拆除时间大概在2015年3月中旬。A公司表示涉案房产所在的10栋楼系于2015年3月27日拆除，是爆破公司在未告知A公司的情况下擅自拆除的。

A公司认为吴某拖延搬离涉案房屋，其拖延行为导致A公司搬迁施工进度受到影响，更新项目进程被耽误，吴某的违约行为给其项目造成了巨大损失。

吴某则认为，A公司在吴某尚未将房屋中的财产搬走之际便强制搬迁，导致其房屋内财产损失，应由A公司负责赔偿。

（3）法院观点

A公司与吴某于2012年11月4日签订的《搬迁补偿安置协议》是双方当事人的真实意思表示，不违反法律、行政法规的强制性规定，应当认定合法有效。该协议第4.1条约定：“A公司取得实施主体批复后，向吴某发出书面‘搬迁房屋移交通知’，吴某应于收到通知之日起四十日内，自行解除搬迁房屋租赁关系及其他性质的权利负担，将搬迁房屋内所有物品搬出，并将腾空的搬迁房屋移交 A 公司。”上述条款表明，为确保被搬迁人知晓搬迁时间，搬迁人应当采取书面的形式告知被搬迁人，并给予充裕的搬离时间。A 公司未能提交证据证明其采取了书面形式告知吴某搬迁事宜。但是吴某在二审中表示，在 2015 年 1 月 21 日晚吃饭时 A 公司告知其要拆房，吴某也表示同意。据此，可以认定 A 公司已经告知吴某要拆除涉案房屋。吴某应当本着诚实信用的原则，在约定时间内搬离涉案房屋。

《搬迁补偿安置协议》第 4.4 条约定："吴某在收到搬迁房屋移交通知之日起四十日后，未将搬迁房屋腾空并移交 A 公司的，该房屋内留存的任何物品均视为吴某已放弃对该物品的权利，并同意 A 公司随意处置，且 A 公司无需就该等物品向吴某做任何补偿，同时视为吴某授权 A 公司拆除搬迁房屋并且吴某不得提出任何异议。”本案中，吴某在知晓涉案房屋要拆除的情况下，未主动搬离涉案房屋。A 公司可以根据《搬迁补偿安置协议》第 4.4 条的约定，随意处置房屋内的任何物品。即吴某不搬离涉案房屋，并不妨碍 A 公司根据双方的约定继续搬迁进程，A 公司并不会因吴某不配合给其造成损失。

法院认为 A 公司不会因为吴某拖延搬离而导致其施工进度受阻，因为协议对于视为放弃财产的情形有相关约定，而吴某未按约定搬离导致自己的财产因搬迁受到损失的后果应由其承担，故而对于双方的主张全部否定。

（4）评析

在设计城市更新搬迁补偿安置协议时，一定要对双方的义务进行明确约定，尤其是对土地方搬离房屋的时限进行明确的约定，在协议明确约定基础上，当土地方违约迟延、拒不搬离时，投资方可以在履行通知义务后，根据协议约定强制搬离，对于财产损失无须承担责任，通过协议保证搬迁进程，保证城市更新项目顺利进行。同时，对于土地方迟延搬离而造成的项目进程迟延损失，由于双方已在协议中明确约定土地方迟延搬离时投资方的可行措施，该损失法院一般不会予以支持。

## 五、 房屋租赁纠纷

### （一）房屋租赁纠纷的表现形式

城市更新活动中，由被搬迁房屋对外出租产生的纠纷多种多样，常见的有以下几种：

1. 租赁合同的合同效力纠纷

如被搬迁房屋属小产权房或其他违法建筑，其租赁合同是否有效，无效情况下如何处理。

2. 违约纠纷

如被搬迁对象和开发商已签订搬迁补偿安置协议的情况下，与原租户延长原来所签租约，或者原租约到期后又与新的租户签订租约，引发的租户、房东之间的纠纷或租户、房东、开发商之间的纠纷。

3. 侵权纠纷

常见的侵权纠纷有侵权人未有合同依据侵占待搬迁房屋纠纷、开发商依搬迁补偿安置协议清退和拆除房屋过程中租户不予配合引发的纠纷等。

### （二）典型案例评析

1. 深圳市芯×公司与芯×群公司房屋租赁合同纠纷案评析

（1）要点

将未按历史遗留建筑处理或未取得建设工程规划许可证或者未按照建设工程规划许可证的规定建设的房屋出租，出租人与承租人签订的房屋租赁合同无效，应该退回承租人缴纳的押金，但是承租人仍需承担房屋的使用费。

（2）案情

2007年8月13日，芯×公司与上×公司签订《房屋租赁合同》，约定上×公司将其所有的某楼房租给芯×公司。2012年11月8日，芯×公司、芯×群公司签订《房屋租赁合同》，芯×公司将上述楼房的3栋2楼201号租给芯×群公司，在合同签订之后5个工作日内，芯×群公司应向芯×公司交纳房屋租赁押金64686.60元，2012年12月3日，芯×群公司向芯×公司支付了押金，2014年6月16日，芯×群公司出具《权利转让函》，将其对芯×公司享有的租赁押金债权转让给上×公司，上×公司有权根据函件直接向芯×公司追偿租赁押金。2013 年 11 月 25 日，上×公司向××科技园各园区企业发出《××科技园更新改造公示》称，××村城市更新单元于 2013 年 8 月 23 日经市政府批准，列入深圳市 2013 年第一批更新单元计划，要求所有租户于 2014 年 6 月底全部搬离，双方发生争议。

根据以深圳市××区××街道办事处为收件单位的《深圳市农村城市化历史遗留建筑普查申报收件回执》显示，××科技园 3 栋房屋无《建设用地规划许可证》《建筑许可证》、土地使用权证书、房屋所有权证书等房屋报建手续及权属证明文件。涉案房屋至今没有报建手续，也未按历史遗留建筑处理程序取得确权或使用许可。

（3）法院观点

虽然涉案房产进行了历史遗留违法建筑的申报，但是迄今未取得确权或使用许可，且涉案房产未取得建设工程规划许可证，出租人就未取得建设工程规划许可证或者未按照建设工程规划许可证的规定建设的房屋，与承租人订立的租赁合同无效，故芯×公司与芯×群公司签订的《房屋租赁合同》应认定为无效。涉案租赁合同虽无效，但芯×群公司占有使用了涉案房产，应当按照租赁合同约定的每月租金标准支付占用涉案房产期间的房屋占有使用费，至于押金，租赁合同无效，依据该合同取得的财产应予返还，芯×公司应向芯×群公司返还其收取的押金 64686. 60 元。

（4）评析

深圳经济的飞速发展也伴随着各种未处理的历史遗留问题，在 2009 年 5 月 21 日深圳市第四届人民代表大会常务委员会第二十八次会议通过的《关于农村城市化历史遗留违法建筑的处理决定》颁布之后，对一些历史遗留建筑物进行了集中统一处理。但是仍然存在诸多非法建筑，在其被纳入城市更新计划后，存在的租赁关系不会被承认。依据最高人民法院《关于审理城镇房屋租赁合同纠纷案件具体应用法律若干问题的解释》第 2 条的有关规定，该类租赁合同是无效的，但是合同无效并不影响承租人使用，承租人仍需承担房屋使用费，而在合同签订时缴纳的押金也应予退还。

2. 深圳××医院、A公司与B公司房屋租赁合同纠纷案评析

（1）要点

在签订合法有效的房屋租赁合同后，由于承租房产被纳入城市更新计划，出租人要求承租人搬离，如合同未到期则为出租人违约，如合同到期承租人不搬离则为承租人违约，由违约方承担违约责任。

（2）案情

2011年7月5日，××医院（乙方）与B公司（甲方）签订一份《房屋租赁合同》，约定B公司将位于深圳市福田区新闻路××号B公司×号单身楼1—6层外加七层一间会议室出租给××医院使用；2011年7月5日，××医院与B公司另签订一份《房屋租赁合同》，并约定，B公司将位于深圳市福田区新闻路××号B公司×号单身楼一层、二层，×号单身楼六层、七层部分房屋出租给××医院使用。2012年2月9日，B公司向××小区的租赁单位发出了一份提前停止房屋租赁的通知，称××小区城市更新改造方案已获得深圳市规划国土委审议通过，并计划于2012年4月份正式搬迁动工，要求各租赁单位于2012年3月31日前停止租赁，收回物业，××医院在B公司召开的座谈会上表示同意提前中止租约，其院长在《会议纪要》上签字认可。但其后××医院反悔，认为租赁合同应该继续履行，B公司无权要求其搬离，双方对于租赁合同是否继续履行发生争议。

（3）法院观点

××医院与B公司之间签订的《房屋租赁合同》合法有效，应受法律保护。各方当事人均应诚实、全面履行合同约定的义务。在B公司组织召开的搬迁座谈会上对于搬迁事宜已经与××医院达成合意，××医院没有在约定的时间内搬离，构成违约，应当承担相应的违约责任。

（4）评析

在城市更新项目启动时，原建筑物上的权利负担往往容易引起争议。在房屋租赁关系中，首先需要判断租赁合同是否有效，在有效的情况下，出租、承租双方发生争议的，以合同约定以及后期达成的解除协议（如有）为准，由违约方承担其应负的违约责任。

# 后　记

得益于风起云涌的中国城市化进程，十多年来，北京德恒（深圳）律师事务所房地产及基础设施部的五十多位律师才能一直关注并积极参与城市更新。到2018年底，我们为深圳市及全国各地的客户提供的城市更新法律服务项目已达三百多个，服务对象包括有关政府机关（如城市更新部门、规划国土部门、住建部门等）、城市更新投资企业、房地产开发企业、各类金融机构、房屋及土地的原权利人、购房者、村委会及村股份合作公司等。法律服务的事项众多，诸如政府制定城市更新政策的法律咨询、城市更新项目尽职调查、城市更新投资及交易方案设计、城市更新项目公司治理方案设计、城市更新融资方案及合同设计、城市更新流程审批服务、城市更新现场法律服务、搬迁补偿谈判服务、城中村改造综合法律服务、城市更新纠纷调解、仲裁与诉讼服务等。在提供上述具体法律服务过程中，我们深感当下中国的城市更新是一项专业性、政策性极强且极为复杂的系统工程，城市更新既面临较好的投资机遇，也有着较普通房地产行业更多的陷阱和风险；深感有必要对我们在城市更新实务工作中的经验、教训进行总结和分享。

本书汇聚了本所房地产及基础设施部多名律师的经验总结与理论探讨的心血。参与本书撰写的律师有：李婷婷、徐燕松（第一章第一节），李煦（第一章第三节），徐燕松（第一章第五节），熊德洲（第一章第二节、第四节），张东煜、符欣欣（第二章第一节至第五节），曹中海、余元霞（第二章第六节至第十二节），赖轶峰、秦文俊、赵裕秀、何伟、黄文静（第三章第一节、第三节），陈东银、叶智锷、孙紫涵（第三章第二节），查晓斌、潘广禄、黄训、李照亮（第四章），钟凯文、国家兴（第五章第一节），雷亚丽（第五章第二节），邓伟方（第五章第三节），郭云梦（第五章第四节），莫韵莎（第五章第五节），刘鹏礼（第五章第六节），郭云梦、钟凯文（第五章第七节），钟凯文、邓伟方（第五章第八节），李建华、郭雳、靳慧兵、雷红丽、于筱涵（第六章），全书由李建华、查晓斌律师统稿。

本书付梓之际，衷心感谢清华大学崔建远教授百忙之中为本书作序，衷心感谢北京大学出版社副总编蒋浩先生和本书责任编辑陆建华先生、李慧腾女士为本书付出的辛苦，感谢北京德恒（深圳）律师事务所肖夏依依对本书文稿的编辑校对，感谢全所律师对本书编写工作的支持。本书纰漏之处，敬请广大读者指正。

本书引用之法条更新截止日期为 2018 年 12 月 31 日，如有修订，请以最新修订的法条为准。

本书编写组

2019 年 12 月